国家出版基金项目
NATIONAL PUBLICATION FOUNDATION

宽禁带半导体前沿丛书

宽禁带半导体紫外光电探测器

编著　陆　海　张　荣

参编　陈敦军　单崇新

　　　叶建东　周幸叶

西安电子科技大学出版社

内 容 简 介

高性能紫外光电探测器是国防预警与跟踪、环境监控、生命科学等领域急需的关键部件。由于具有性能优势,因此宽禁带半导体已成为制备紫外光电探测器的优选材料,目前主要包括Ⅲ族氮化物半导体、碳化硅、氧化物半导体和金刚石材料等。

本书基于国内外宽禁带半导体紫外光电探测材料及器件的发展现状和趋势,从材料特性、探测器设计、器件工艺和紫外光电响应特性等方面详述了宽禁带半导体紫外光电探测器所面临的关键科学技术问题、主要技术成果、产业应用情况和发展前景。

本书可为从事宽禁带半导体紫外光电材料和器件研发、生产的科技工作者、企业工程技术人员和研究生提供有价值的参考,也可供从事该领域科研和高技术产业管理的政府官员和企业人员学习参考。

图书在版编目(CIP)数据

宽禁带半导体紫外光电探测器/陆海,张荣编著. —西安:
西安电子科技大学出版社,2021.12(2022.11 重印)
ISBN 978 - 7 - 5606 - 6148 - 3

Ⅰ. ①宽…   Ⅱ. ①陆…   ②张…   Ⅲ. ① 半导体材料—紫外探测器
Ⅳ. ①TN23

中国版本图书馆 CIP 数据核字(2021)第 248159 号

策　　划	马乐惠
责任编辑	许青青

电　　话	(029)88202421　88201467	邮　　编	710071
网　　址	www. xduph. com	电子邮箱	xdupfxb001@163. com

印刷单位　陕西精工印务有限公司
版　　次　2021 年 12 月第 1 版　2022 年 11 月第 2 次印刷
开　　本　787 毫米×960 毫米　1/16　印张　23.25　彩插　2
字　　数　399 千字
定　　价　128.00 元
ISBN 978 - 7 - 5606 - 6148 - 3/TN
XDUP 6450001 - 2

"宽禁带半导体前沿丛书"出版说明

当今世界，半导体产业已成为主要发达国家和地区最为重视的支柱产业之一，也是世界各国竞相角逐的一个战略制高点。我国整个社会就半导体和集成电路产业的重要性已经达成共识，正以举国之力发展之。工信部出台的《国家集成电路产业发展推进纲要》等政策，鼓励半导体行业健康、快速地发展，力争实现"换道超车"。

在摩尔定律已接近物理极限的情况下，基于新材料、新结构、新器件的超越摩尔定律的研究成果为半导体产业提供了新的发展方向。以氮化镓、碳化硅等为代表的宽禁带半导体材料是继以硅、锗为代表的第一代和以砷化镓、磷化铟为代表的第二代半导体材料以后发展起来的第三代半导体材料，是制造固态光源、电力电子器件、微波射频器件等的首选材料，具备高频、高效、耐高压、耐高温、抗辐射能力强等优越性能，切合节能减排、智能制造、信息安全等国家重大战略需求，已成为全球半导体技术研究前沿和新的产业焦点，对产业发展影响巨大。

"宽禁带半导体前沿丛书"是针对我国半导体行业芯片研发生产仍滞后于发达国家而不断被"卡脖子"的情况规划编写的系列丛书。丛书致力于梳理宽禁带半导体基础前沿与核心科学技术问题，从材料的表征、机制、应用和器件的制备等多个方面，介绍宽禁带半导体领域的前沿理论知识、核心技术及最新研究进展。其中多个研究方向，如氮化物半导体紫外探测器、氮化物半导体太赫兹器件等均为国际研究热点；以碳化硅和Ⅲ族氮化物为代表的宽禁带半导体，是近年来国内外重点研究和发展的第三代半导体。

"宽禁带半导体前沿丛书"凝聚了国内 20 多位中青年微电子专家的智慧和汗水,是其探索性和应用性研究成果的结晶。丛书力求每一册尽量讲清一个专题,且做到通俗易懂、图文并茂、文献丰富。丛书的出版也会吸引更多的年轻人投入并献身到半导体研究和产业化的事业中来,使他们能尽快进入这一领域进行创新性学习和研究,为加快我国半导体事业的发展做出自己的贡献。

"宽禁带半导体前沿丛书"的出版,既为半导体领域的学者提供了一个展示他们最新研究成果的机会,也为从事宽禁带半导体材料和器件研发的科技工作者在相关方向的研究提供了新思路、新方法,对提升"中国芯"的质量和加快半导体产业高质量发展将起到推动作用。

编委会

2020 年 12 月

序

以氮化镓和碳化硅为代表的宽禁带半导体材料被称为第三代半导体材料，是发展可见光到紫外光电子器件、射频功率器件和功率电子器件的优选材料，具有广阔的技术应用价值。目前，宽禁带半导体材料已经在多个重要产业领域得到了成功应用，如半导体照明、5G通信和新能源汽车等，具有广阔的市场前景。

基于宽禁带半导体的固态紫外探测技术是继固态红外、可见光和激光探测技术之后发展起来的新型紫外光电探测技术，是对传统紫外探测技术的创新发展，对紫外信息资源的开发和利用起着重大推动作用，在国防技术、信息科技、能源技术、环境监测、化学/生物物质检测和公共卫生等领域具有极其广阔的应用前景，成为当前国际研发的热点和各主要国家之间竞争的焦点。

紫外探测技术的关键是研制高灵敏度、低噪声和高可靠性的紫外探测器件。宽禁带半导体具有大的禁带宽度和优异的光电特性，是制备紫外光电探测器的理想材料，具有天然的带边抑制功能，不受白光背景噪声的影响。自20世纪90年代起，西方主要国家就已经开始研制宽禁带半导体紫外探测器，取得了系列初步成果；我国自2000年初也开始了对这一领域的研究，经过多年努力，综合技术水平已与国际先进水平同步。目前，宽禁带半导体紫外探测技术的发展重点是微光探测器件、成像探测器件和极紫外探测器件，以满足量子信息、医学成像、深空探测和国防预警等领域的重大需求。此外，近年来超宽禁带半导体的创新发展也为紫外光电探测技术增添了新的内容。

　　本书作者都是长年工作在宽禁带半导体紫外探测材料与器件领域第一线、在国内外有影响的著名学者。本书作者陆海教授是国内紫外光电探测领域的代表性专家，年富力强，思想活跃；张荣教授多年来一直从事宽禁带半导体材料、器件和物理研究，成果卓著；参与本书编写的其他作者也均是在宽禁带半导体领域取得优秀成果的年轻学者。本书对多种类型宽禁带半导体紫外探测材料的制备与探测器的设计、制作工艺和物理性能进行了系统而深入的论述，所述内容多为作者及其团队在该领域的长期系统性研究成果的总结，并广泛地参照了国际主要相关研究成果和进展。

　　本书系统论述了宽禁带半导体紫外探测材料和器件的发展现状和趋势，对面临的关键科学技术问题进行了探讨，对未来发展进行了展望。目前国内尚没有一本专门针对宽禁带半导体紫外探测器的科研参考书，我相信本书的出版可为从事第三代半导体材料和器件研发的科研工作者、企业技术人员和研究生提供有价值的参考。我也相信本书的出版将会对我国第三代半导体紫外探测技术的研发起到重要的推动作用。

中国科学院院士

郑有炓

2021 年 3 月

前　言

目前，可见光和红外光探测技术相对成熟，紫外光电探测技术还在发展的初期阶段，但紫外光电探测技术在很多重要的领域具有关键应用。由于各类探测器及传感器是信息采集的源头，它们无处不在，因此无论是智能制造、智慧城市、智慧医疗等，还是国防装备和大数据分析，甚至庞大的信息系统，都要从探测器及传感器做起。

以 Si 为代表的第一代元素半导体和以 GaAs 和 InP 为代表的第二代化合物半导体虽然推动了微电子和光电子技术的高速发展，但它们由于禁带宽度偏小，响应截止波长在可见光或红外波段，因此不适合用于紫外光探测。以 GaN 和 SiC 为代表的第三代宽禁带半导体材料得益于大的禁带宽度，是制备紫外探测器件的优选材料。利用宽禁带半导体制备的紫外光电探测器具有诸多性能优势，包括：紫外灵敏度高；光谱响应分布好，无须加装滤光片；耐高温和抗辐照；等等。此外，GaN 和 SiC 等宽禁带半导体材料还具有导热性好、临界电场强度高和电子饱和漂移速度高等性能优势，同时适用于高功率电力电子器件和射频微波器件等的制备。近年来，以氧化镓和金刚石为代表的超宽禁带半导体成为新兴研究热点，研究人员在基于超宽禁带半导体的紫外探测器研究方面取得了重要的进展。

得益于半导体照明与功率电子产业的高速发展和大规模产业投入，GaN 和 SiC 基紫外探测器的研制具有良好的产业链基础，相关衬底、外延和芯片工艺技术较为成熟。目前，用于辐照剂量测量的 GaN 和 SiC 基紫外探测器已经实现产业化，广泛应用于环境监控、火焰探测、紫外固化和紫外消毒设备的辐照剂量监控等，显示出了优异的性能；同时，新兴应用领域快速发展，如基于紫外 LED 光源和紫外探测器的水质检测和气体污染物检测技术已经实现批量应用。目前对宽禁带半导体紫外探测器的研究主要集中在用于极微弱紫外光信号探测的雪崩光电探测器（APD），特别是具有紫外单光子探测能力的盖革模式 APD。紫外单光子探测器是电晕监测、天文研究和国防预警所急需的关键部件。宽禁带半导体紫外探测器的另一个重要发展趋势就是由单点探测器向焦平面成像阵列方向发展，有望大幅度拓展紫外光电探测器的应用领域。目前制约宽禁带半导体紫外光电探测器性能提升的主要因素还是材料质量。

我国在宽禁带半导体紫外探测领域的发展虽然起步较晚，但由于其重要的应用前景，国家在这一领域进行了持续的研发经费投入。自 2000 年开始，科技部就通过 863 等项目对宽禁带半导体紫外探测材料和器件研发给予了支持；在此基础上，2016 年科技部通过"战略性先进电子材料"专项资助了"第三代半导体紫外探测材料及器件关键技术"项目，项目牵头单位是南京大学。经过这些年的协同努力，我国在宽禁带半导体材料和固态紫外探测研究领域取得了很大进展，与国际先进水平同步。面向新的应用需求和科学技术的发展，我国迫切需要在宽禁带半导体紫外探测技术领域取得新的突破，特别是解决器件实用化和系统集成问题，以及批量使用的可靠性、一致性和低成本问题，以满足信息技术发展和国家安全的重大需求。

本书总结和归纳了近年来国内外在宽禁带半导体紫外探测领域的主要研究进展，从材料的基本物性和光电探测器的工作原理入手，重点讨论了宽禁带半导体紫外探测材料的制备、外延生长的缺陷抑制和掺杂技术、紫外探测器件与成像芯片的结构设计和制备工艺、紫外单光子探测与读出电路技术等，并深入探讨了紫外探测器件的漏电机制、光生载流子的倍增和输运规律、能带调控方法以及不同类型缺陷对器件性能的具体影响等，简要介绍了新型结构器件的发展和技术难点，还介绍了紫外探测器产业化应用和发展，为工程领域提供参考，以促进产业的发展。

本书是在西安电子科技大学郝跃院士的统筹指导下完成的，隶属于"宽禁带半导体前沿丛书"，是国内第一本专门介绍宽禁带半导体紫外光电探测器的科研参考书。参与本书撰写的单位包括南京大学、郑州大学和中国电子科技集团公司第十三研究所等。

全书共分为八章，其中第 1 章和第 2 章分别介绍宽禁带半导体紫外光电探测器的基础知识和总体发展状况，由南京大学陆海教授负责编写；第 3 章介绍Ⅲ族氮化物半导体紫外光电探测器，由南京大学陈敦军教授负责编写；第 4 章介绍碳化硅紫外光电探测器，由南京大学陆海教授和中国电子科技集团公司第十三研究所周幸叶副研究员负责编写；第 5 章介绍氧化镓基紫外光电探测器，由南京大学叶建东教授负责编写；第 6 章和第 7 章分别介绍氧化锌基紫外光电探测器和金刚石紫外光电探测器，由郑州大学单崇新教授负责编写；第 8 章介绍真空紫外光电探测器，由南京大学陆海教授负责编写。南京大学张荣教授负责全书的整体设计和统稿。郑有炓院士对本书的编写提出了宝贵的意见，并专门为本书撰写了序，在此深表感谢。此外，还要感谢苏琳琳、王致远、陈选虎、杨珣、刘凯凯、董林、林超男、杨西贵等老师与同学的参与和帮助。

希望本书对我国宽禁带半导体光电材料和紫外探测器的研发及相关高新技术产业的发展起到促进作用。

由于作者水平有限，本书难免有不足之处，敬请广大读者提出意见和建议。

作　者
2021 年 7 月于南京

目　　录

第 1 章

半导体紫外光电探测器概述

1.1 引言

紫外线(UV)是波长在 10～400 nm 之间的电磁辐射的总称,紫外辐射波段可以分为 320～400 nm 的 UVA 波段、280～320 nm 的 UVB 波段、200～280 nm 的 UVC 波段、10～200 nm 的真空紫外波段以及 10～121 nm 的极紫外波段,如表 1－1 所示。由于紫外光的波长比较短,当其入射到物体表面后,很容易被吸收,所以紫外光的穿透能力比可见光和红外光弱。由于 200 nm 以下的紫外辐射很容易被空气中的分子吸收,不能在空气中传播,因此,对 200～400 nm 的紫外辐射的研究更为广泛。

表 1－1 紫外辐射波段的划分

名称	波长范围/nm	光子能量/eV
UVA	320～400	3.10～3.88
UVB	280～320	3.88～4.43
UVC	200～280	4.43～6.20
真空紫外(vacuum ultraviolet,VUV)	10～200	6.20～124
极紫外(extreme ultraviolet,EUV)	10～121	10.25～124

1801 年,Johann Ritter 首次在太阳辐射中发现了紫外辐射。图 1－1 所示为无大气层吸收和地球海平面的太阳辐射强度分布。太阳辐射是紫外辐射的重要来源,虽然紫外辐射仅占太阳辐射的 10%,但它对人类的生存和发展具有深远的影响。适量的紫外线有利于人体健康,可以促进维生素 D 的合成,治疗或预防佝偻病等;200～280 nm 波段的紫外线能够有效地破坏细胞中的 DNA 或 RNA 等遗传物质,可以用于对水、空气和食物中的病原体进行杀菌消毒;通过紫外辐射可以引发感光性树脂和活性稀释剂分子发生连锁聚合反应,使涂膜交联固化(这就是紫外固化技术)。相比于传统喷涂和黏结技术,紫外固化技术具有高效和节能环保等诸多优点,在印刷、电子、医疗、汽车等领域具有广泛应用,已经形成了庞大的产业。但是,过量的紫外辐射也会引起特殊的人类疾病,降低农作物产量,缩短建筑物寿命。地球大气中的臭氧层可以吸收大部分紫外辐射,对人类的生存和繁衍具有重要意义。人们从 20 世纪 80 年代开始对大气臭氧层进行监控。然而,令人担忧的是,地球南极洲上空的臭氧层空洞一

直存在变大的趋势。

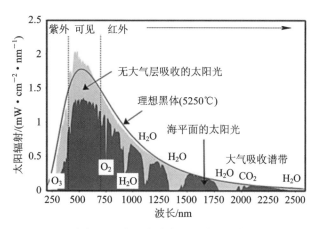

图 1-1　无大气层吸收和地球海平面的太阳辐射强度分布

　　紫外光电探测器(简称紫外探测器)的功能是将紫外线强度信息转换为可测量的电信号。随着科学技术的发展、社会的进步,工农业、医药卫生、科学研究和军事等领域对紫外探测的需求越来越广泛。紫外探测器在民用方面多用于杀菌消毒、紫外固化、环境紫外线监控、臭氧检测、石油和矿物开采、海洋溢油监控和水质检测等领域。紫外线灭菌具有无色、无味和无化学物质残留的优点,代替了传统的采用氯、臭氧等的杀菌技术,已成为水处理和空气净化领域的发展趋势[1]。图 1-2 为 UVC 波段紫外线的杀菌效率分布曲线。其中,265～270 nm 紫外线的杀菌效果最优。为了安全可靠地使用紫外线进行灭菌,必须使用紫外传感器对紫外线辐射剂量进行监控。我国卫生部颁布的《消毒技术

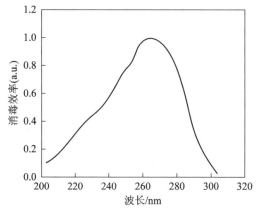

图 1-2　UVC 波段紫外线的杀菌效率分布曲线

规范(第三版)——第二分册 紫外线消毒技术规范》中明文规定：新出厂的 30 W 紫外线灯管，在其下方中央垂直 1 m 处测定的辐射强度应大于等于 90 μW/cm^2；每一季度对使用中的灯管检测 1 次，辐射强度低于 70 μW/cm^2 的紫外线灯管需要及时更换。美国给水工程协会明确提出，紫外水消毒系统必须安装在线紫外强度监测探头。USEPA 水质标准 2006 版要求：紫外辐照强度要连续监测，并至少每 4 小时做一次记录；紫外传感器至少要每月校准一次。

紫外线消毒虽然具有操作简单方便、无二次污染等优势，但是紫外线只能沿直线传播，存在消毒死角。臭氧具有弥散性，可以弥补紫外消毒灯的不足，因此臭氧和紫外线搭配使用可以实现全方位杀菌消毒的目的。但是，过量或残余的臭氧会对人体和环境造成危害。紫外臭氧检测仪利用臭氧对深紫外光的强烈吸收效应，采用紫外光源和紫外探测器实现对臭氧浓度的监测；基于紫外吸收原理的臭氧浓度检测仪已广泛应用于制药、化工、市政和污水处理等环境下的臭氧监控。

紫外固化工艺在半导体芯片制程、现代化工、涂料和印刷行业占有举足轻重的地位，涉及普通人生活的各个层面[2]。在紫外固化过程中，紫外光强度及剂量决定了最终的固化效果。若紫外光能量不足，则容易造成固化不完全；若紫外光能量过量，则会造成能源浪费，同时引起固化的负效应，如爆聚和反固化反应等。由于紫外固化过程必须保证紫外光强精准，因此目前在紫外固化系统中多采用独立紫外能量计定期对紫外光强进行检测，在线紫外光强检测正成为产业发展趋势。

过量的紫外辐照会引起皮肤癌和白内障等人类健康疾病[3]。2006 年世界卫生组织在《太阳紫外线辐射引发的全球疾病负担》报告中指出：全世界每年多达 6 万人的死亡是由于过度暴露于紫外辐射下；在这 6 万死亡病例中，估计有 4.8 万是由恶性黑色素瘤造成的，1.2 万是由皮肤癌造成的。皮肤癌在大多数欧洲国家和世界其他各地的白皮肤人口中发病率较高。据统计，瑞典和挪威的皮肤癌发病率在 45 年内增加了约 3 倍，美国的皮肤癌发病率在 30 年间增加了约 2 倍。为了在科学的基础上积极开展皮肤癌的预防工作，国际上每两年便会召开一届"International UV and Skin Cancer Prevention Conference"。为了避免人体遭受过量的紫外辐射，对环境紫外线的监控尤为重要，各种用于太阳紫外线指数监测的紫外探测器被广泛开发。2014 年，美国 Silicon Labs 公司推出了第一款单芯片数字紫外线指数传感器，可装载在智能手机和可穿戴产品上进行紫外线强度的实时监控；之后，欧洲意法半导体公司和日本罗姆集团下属的 LAPIS 半导体公司都推出了类似产品。

原油及烃源岩抽提物中的芳烃在紫外光激发下能发出特定荧光，可以通过这一特性判识含油气层，判别原油性质并对比油源。海上船舶运输是石油运输的主要途径，但会带来海面溢油污染风险。水和油对光不同的反射特性是进行溢油检测的基础，油层有很高的紫外辐射反射率，是普通海水的 1.2～1.8 倍。因此，应用紫外传感器可以观测出油层和水层之间的紫外辐射反射差值，从而在图像上显示出水面油污染及其分布情况。在紫外波段拍摄的图像中，油膜与海水间的反差大，且边界清晰明显；将紫外和红外图像叠加分析可以得到溢油层的相对厚度。中国科学院上海技术物理研究所采用自行研制的紫外 GaN 基 512 像素元线阵，结合紫外推扫相机技术于 2009 年在我国渤海海域成功获取了海洋溢油的航空紫外图像，如图 1-3 所示。同时，该相机还设置了两个可见光通道，与紫外通道进行图像对比和彩色合成。与可见光波段图像相比，海洋溢油目标在紫外波段的反射响应要明显得多。

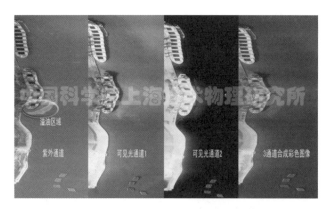

图 1-3　基于 GaN 基紫外焦平面阵列实现的渤海海域海洋溢油分布成像

　　水质检测是紫外探测器的一种新型应用[4]。评价水质状况的相关指标有化学需氧量、溶解性有机碳、色度和硝酸盐氮等，这些杂质具有不同的紫外吸光度，因此可以通过紫外探测器观察水中污染物表现出的紫外吸收情况来判断水质，检测过程如图 1-4 所示。紫外吸收水质检测法具有速度快和无二次污染等优势，可以进行实时不间断检测，及时反映水质的动态情况。

　　生物分子对 200～300 nm 的紫外光吸收系数大，而对可见光几乎不吸收，所以紫外光谱和紫外成像技术可以用于生物分子结构探测与分析，在医学、生物学等方面有广泛的应用，特别是在皮肤病诊断方面有着独特的应用效果。紫外检测不仅能判断皮肤病变细节，还可以检测血红蛋白、红细胞、白细胞、蛋白质和核酸等，具有快速、准确、直观和清晰等优势[5]。

　　紫外探测器在空间探测领域具有重要应用，主要是将紫外探测器发射到星

图 1-4　利用紫外探测器进行水质检测的过程示意图

体附近或者使用着陆器到星体表面进行直接观察[6-7]。近十几年来，欧美国家发射了多个载有紫外探测和成像功能的卫星载荷，分别对火星、金星、土星、水星、冥王星、彗星和月球等进行测量研究任务。我国于 2014 年发射了搭载紫外相机的"嫦娥三号"着陆器，首次在月球上实现了对地球等离子层形状的大视野定点观测。

　　紫外探测和可见光、红外光探测相比还存在一个日盲波段的优势。具体来讲，240～280 nm 波段的太阳光在穿过大气层时绝大部分被大气臭氧层吸收，地球表面不存在该波段的太阳辐射，该波段被称为日盲波段，如图 1-5 所示。对于日盲波段，地球表面如同一个天然的暗室，不存在太阳背景辐射的干扰，探测到的任何信号都来源于目标，具有独特的信号识别优势。因此，基于日盲波段的紫外探测器在火灾预警[8-9]、电晕检测[10-11]、导弹尾焰检测[12]和紫外光通信[13]等国防预警和电网安全领域备受关注。

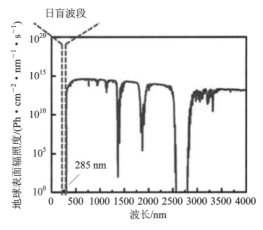

图 1-5　日盲波段

　　如图 1-6 所示，高压电力设备内部或输电线的表面由于绝缘层破损或沾污而引发的局部电晕放电会引起电力损耗，加快设备损坏，缩短导线的使用寿命，干扰无线电和高频通信等。目前普遍采用的电量检测法和红外成像检测技术在进行电晕检测时具有灵敏度低和误判率高等问题，在实际应用中存在较大的局限性。一般情况下，电晕放电的紫外光谱主要集中在 $200\sim400$ nm 波段，在进行常规紫外成像检测时，来自太阳光的紫外辐射会掩盖电晕放电信号，而利用日盲波段紫外探测器进行电晕检测就可以消除太阳背景噪声的影响，降低误报率，及时发现高压设备的早期安全隐患。目前，国际上和国内多家公司都已经开发出了基于日盲紫外探测技术的紫外电晕成像巡检仪。

图 1 - 6　高压电晕放电的紫外成像图

　　基于可见光盲和日盲的紫外探测器在紫外告警、紫外预警、紫外通信和紫外成像辅助导航以及侦察等军事领域有独特的优势。导弹飞行所产生的高温烟羽温度范围为 $1000\sim3300$ K，紫外辐射光谱分布广。另外，大量未充分燃烧的固体燃料存在于导弹的尾气流中，这些燃料随后会发生化学反应，释放出紫外线。日盲波段紫外探测器可以用于导弹尾焰检测和国防预警，基于日盲波段的优势，可以大大降低误报警率，实现 $5\sim30$ km 的预警距离。此外，利用高灵敏度的紫外探测器可以进行近距离的告警，保护直升机和运输机等慢速平台免受导弹攻击。世界上第一个紫外告警系统是美国洛拉尔公司于 1989 年为海军航空兵研制的 AAR - 47 系统，它利用四个紫外波段光电倍增管对导弹烟羽中的紫外辐射进行监测，可提供 $360°$ 的方位覆盖范围以及 $90°$ 的仰角覆盖范围。随后，国际上先后发展了多个基于像增强器的紫外告警系统，通过大孔径广角紫外物镜接收导弹烟羽中的紫外辐射，提高了目标识别能力。近年来，国内紫外告警技术也不断发展，国内某研究所研发的某型号导弹的性能逼近紫外告警系统，采用成像型探测器，其角分辨率、探测及识别能力都达到了一定水平，能判定攻击距离并发出警报，适当改进后还能装备到坦克、装甲车等作战平台上。

紫外光通信是一种新型的光通信方式。与传统的无线电通信相比，将通信波段转移到日盲波段具有低窃听率、高抗干扰性和非视距等优势，能够实现近距离保密通信；与激光通信相比，这种通信方式具有能进行全方位、多路通信和定向通信等优势，受到战术通信或高保密性通信领域研究人员的重点关注。目前，研究人员已经成功开发出紫外光通信原型系统，试用于空间飞行器与卫星间的通信以及海军战舰间、伞兵间等的通信。

1.2 宽禁带半导体紫外光电探测器的技术优势

以 Si 为代表的第一代元素半导体与以 GaAs 和 InP 为代表的第二代化合物半导体虽然推动了微电子和光电子技术的高速发展，但因为它们的禁带宽度小，响应截止波长在可见或红外波段，所以它们并不适用于紫外光探测。尽管紫外增强型 Si 基光电探测器的制作工艺已经相对成熟，但是其光谱响应范围一直延伸到近红外波段，不具备日盲和可见光盲的特性，在进行紫外光探测时，需要加装特殊设计的滤光系统，不仅昂贵，而且实现难度高。以 SiC、GaN、ZnO、Ga₂O₃ 和金刚石为代表的第三代宽禁带半导体材料，得益于大的禁带宽度，是用于制备紫外探测器的优选材料；同时，宽禁带半导体材料具有导热性好、临界电场强度高和饱和电子漂移速度高等特点，适用于大功率的电力电子器件和射频微波等应用。表 1-2 为宽禁带半导体材料和 Si 以及 GaAs 材料的特性参数比较。

表 1-2 宽禁带半导体材料和 Si、GaAs 材料的性能参数比较

材 料	禁带宽度 /eV	饱和电子漂移速度 $(\times 10^7)/(cm \cdot s^{-1})$	相对介电常数	热导率 $/(W \cdot cm^{-1} \cdot K^{-1})$
4H-SiC	3.26	2	9.7	4.9
GaN	3.39	3	8.9	1.5
ZnO	3.37	3	8.5	0.6
β-Ga₂O₃	4.8	—	10	0.3
金刚石	5.47	2	5.7	24
Si	1.12	1	11.9	1.5
GaAs	1.43	2	12.8	0.54

GaN 为直接带隙半导体，禁带宽度为 3.39 eV，临界电场强度大于 3 MV/cm，而 Si 和 GaAs 的临界电场强度分别为 0.3 MV/cm 和 0.6 MV/cm，所以 GaN 适合制备高电压器件。禁带宽度连续可调是 GaN 基材料的一个突出优势，通过控制 AlGaN 中的 Al 组分可以实现禁带宽度从 3.4 eV 向 6.2 eV 的连续调控，即光吸收截止波长从 200 nm 到 365 nm 连续可调。因此，通过控制材料组分，AlGaN 材料可以实现本征的日盲响应特性。此外，GaN 是一种稳定的化合物半导体材料，具有强硬度、高熔点、抗常规湿法腐蚀的特点，在高温和腐蚀环境下具有诱人的应用前景。得益于 GaN 基发光二极管的大规模产业化投入，目前 GaN 基材料生长和器件制备工艺均已较为成熟。

4H-SiC 为间接带隙半导体，禁带宽度为 3.26 eV，是 Si 禁带宽度的三倍左右，临界电场强度为 3.3 MV/cm，目前主要被用来制备高功率电子器件。4H-SiC 的光谱响应截止波长为 380 nm，响应峰值在 280 nm 附近，位于日盲波段。4H-SiC 材料的热导率为 4.9 W/(cm·K)，远高于 Si 和 GaAs 材料，可以有效释放器件工作时产生的热能；4H-SiC 材料具有优异的化学和物理稳定性，并且具有良好的抗辐射能力，适用于恶劣环境下的紫外探测应用；4H-SiC 材料的外延生长技术相对成熟，4 英寸(注：1 英寸≈2.54 厘米)衬底目前可以实现零微管，同时位错密度可降低到 $1000\sim2000$ cm^{-2}，优异的材料质量是制备高性能紫外探测器的前提。另外，SiC 器件的制备技术相对成熟，包括刻蚀技术、离子注入和高温退火技术等。

ZnO 是一种 II~VI 族直接带隙半导体材料，禁带宽度为 3.37 eV，对应的光响应截止波长为 365 nm；ZnO 具有激子结合能高(60 meV)、成本低廉和容易实现大面积单晶生长等优势；ZnO 的非中心对称结构和强电-力耦合可引起很强的压电效应，可以用于发展压电器件，也可以用于改善光电器件性能。但是，目前 ZnO 的 P 型掺杂仍存在稳定性、重复性、载流子浓度不可控等问题，是实现高性能紫外探测器的主要障碍。

Ga_2O_3 具有 α、β、γ、δ 和 ε 等多种结构相。其中，β-Ga_2O_3 结构最稳定。β-Ga_2O_3 的禁带宽度为 4.8 eV，对应的光响应截止波长为 260 nm，不需要利用掺杂等手段就能实现良好的日盲特性，是一种有潜力的日盲紫外敏感材料。β-Ga_2O_3 具有比 GaN 和 4H-SiC 更高的临界击穿电场，根据理论推测，可以达到 8 MV/cm。另外，通过不同的工艺技术(如分子束外延、金属有机化学气相沉积、GaN 单晶热氧化法和气相传输法等)，可以制备高质量单晶、外延薄膜以及纳米线等不同形态的 β-Ga_2O_3 材料，对应的器件也表现出各自独特的优势。

金刚石的禁带宽度为 5.47 eV，对应的光响应截止波长为 226 nm，具有强的日盲特性，可以用来制备截止波长小于 250 nm 的深紫外光电探测器。在宽禁带半导体中，金刚石具有最高的热导率，同时具有载流子迁移率高和临界击穿电场大的优势，是制备紫外探测器和高温、高功率以及高频器件的理想候选材料。

1.3 紫外光电探测器产业发展现状

"Global UV Sensors Market Research Report 2025"预测：到 2025 年，全球紫外探测芯片市场总额将达到 2.7 亿美元，而应用模块市场规模则要超过 30 亿美元。紫外探测芯片的市场规模虽然不是很大，但紫外探测芯片是很多核心领域不可缺少的关键元器件。除国防等敏感应用外，典型的民用领域包括智能穿戴用日光紫外强度监测、水体和大气污染物检测、紫外消毒辐射剂量测量、紫外固化等工业过程监控、生化检测、紫外火灾报警、高压和高铁供电线电晕巡检等。

目前，市场上的紫外光电探测器仍以 Si 基紫外增强光电二极管和紫外光电倍增管为主，应用范围广泛成熟，很多早期和现行的国家技术应用标准都基于这两类元器件。国际上最大的 Si 基紫外增强光电二极管和紫外光电倍增管制造商是日本的滨松光子公司，该公司的产品种类齐全且性能稳定。因此，日本滨松光子公司销售的 Si 基紫外增强光电二极管往往被作为研发其他类型紫外光电探测器的标定器件。基于特殊的结构设计，Si 基紫外增强光电二极管虽然可以在紫外波段获得较高的量子效率，但由于其响应峰值在可见波段，因此它在应用过程中存在诸多限制。

在多种被探索和研发的宽禁带半导体紫外光电探测器中，GaN 基和 SiC 紫外探测器技术相对成熟。国际上基于 SiC 和 GaN 宽禁带半导体材料的紫外探测器已经批量进入市场，主要用于紫外辐射剂量的监控和污染物的检测，其技术优势已经凸显。常规宽禁带半导体紫外探测技术正在向焦平面成像阵列、多谱段紫外探测以及极端条件(如高温/强辐射)下紫外传感方向发展。能够探测微弱紫外信号的宽禁带半导体雪崩光电探测器也已经进入试用阶段，多家大型公司(如美国通用电气公司和欧洲意法半导体公司)也开始进行相关研发。

目前，国际上技术领先的 SiC 紫外探测器厂商主要包括德国的 Sglux 和

IFW 公司，它们已经推出了多款 SiC 紫外探测器和应用模块产品。应用产品包括各类紫外强度检测探头、紫外强度计以及小型紫外光谱仪等。此外，德国的 Sglux 公司发展了特殊 UVC 和 UVB 光学滤膜技术，与 SiC 紫外探测器原有的响应谱段相结合，可以选择性地实现 UVA、UVB 和 UVC 等波段的单独探测。美国通用电气公司在 20 世纪 90 年代末就已经将其自行研发的 SiC 紫外光电探测器应用于其高端燃气轮机的火焰探测，相关的探头产品已经稳定批量应用超过 20 年。由于 SiC 材料晶体质量高，器件漏电流低，工作性能稳定可靠，因此特别适用于恶劣环境下的紫外光电探测。

　　与 SiC 紫外探测器相比，GaN 基紫外探测器的研发和产业化应用更加活跃。由于近年来以 GaN 发光二极管为代表的半导体照明技术的大规模产业化投入，量产型 GaN 材料生长设备和工艺设备都趋向成熟，使得 GaN 紫外探测器的制备具有潜在的成本优势。目前，国际上最大的 GaN 紫外传感器制造商是韩国的 Genicom 公司，其产品涵盖各谱段紫外探测芯片、各类紫外检测探头和监控仪表。该公司还开发了应用于手机和智能穿戴设备的小型封装紫外光电探测器，用于日照紫外指数的监控。此外，日本的 Kyosemi 公司和美国的 SVTA 公司也曾经批量生产和销售 GaN 基紫外探测器。

　　我国宽禁带半导体紫外光电探测器的产业发展起步较晚，但进步很快。国内最早的相关产业化公司是由南京大学研发团队创建的苏州镓敏光电科技有限公司（以下简称镓敏光电，其前身是镇江镓芯光电科技有限公司）。该公司专注于研发和生产新一代宽禁带半导体紫外探测芯片、紫外监测探头、紫外传感应用模块，并提供与紫外探测相关的技术服务。镓敏光电是目前国际上唯一同时拥有 GaN 和 SiC 紫外探测技术的公司，其产品已广泛应用于紫外消毒剂量监测、紫外火焰探测、水质检测、气体污染物检测、紫外固化过程监控，以及太阳紫外线指数监测等诸多领域。中国电科五十五所在基于 GaN 基材料的紫外光阴极探测和成像器件领域开展了多年工作，已形成了批量生产能力，并实现了型号装备。

　　虽然近年来国产紫外探测芯片的产业化已经取得了较大进展，但仍未完全摆脱发达国家对我国在这一领域的技术封锁。例如，我国在紫外光电校准领域完全依赖国外的元器件和设备，这些元器件和设备一旦断供，将对我国整个紫外光电产业和相关应用产业的发展造成严重影响；除常规紫外波段外，极紫外（EUV）光刻是集成电路 7 nm 及以下制程工艺的最核心技术，但我国对 EUV 波段探测和计量器件的研究仍基本处于空白状态。近年来，我国在以紫外发光二极管为主的紫外光源领域投入了大量的研发力量，但是紫外探测器件与紫外发光器件的发展应该相辅相成，互相促进，没有高可靠性紫外探测器件的监控和校准，紫外发光二极管的应用和产业化推进也难以健康发展。

1.4　本书的章节安排

本书共分为八章，各章的主要内容如下：

第 1 章：半导体紫外光电探测器概述。本章首先介绍了紫外光的来源和不同波段紫外光的特性，这些紫外光的特性决定了紫外光在不同领域的应用，随后重点介绍了紫外探测器在社会生活（如杀菌消毒、电晕检测、海洋溢油监控和水质检测等）、科学研究（如生物学、医学和深空探测等）、军事领域（如紫外告警和紫外光通信等）方面的应用，最后介绍了宽禁带半导体用于制备紫外光电探测器的优势和产业发展现状。

第 2 章：紫外光电探测器的基础知识。目前紫外光电探测器主要依靠半导体光电效应进行工作。本章介绍了基于半导体光电效应的 P-N 结型探测器、肖特基势垒探测器、光电导探测器和雪崩光电二极管的基本工作原理，以及光电导探测器和雪崩光电二极管的基本性能参数。

第 3 章：氮化物半导体紫外光电探测器。本章主要介绍了Ⅲ族氮化物半导体材料的基本特性、高 Al 组分 AlGaN 材料的制备与 P 型掺杂、GaN 基光电探测器及焦平面阵列成像、日盲紫外雪崩光电二极管的设计与制备、InGaN 光电探测器的制备及应用。

第 4 章：SiC 紫外光电探测器。本章主要介绍了 SiC 材料的基本物理特性、SiC 紫外光电探测器的常用制备工艺、肖特基型和 P-I-N 型 SiC 紫外光电探测器、SiC 紫外雪崩光电探测器、SiC 紫外光电探测器的产业化应用及发展前景。

第 5 章：氧化镓基紫外光电探测器。本章主要介绍了 Ga_2O_3 材料制备和基本器件工艺，基于 Ga_2O_3 单晶及外延薄膜的日盲探测器、基于 Ga_2O_3 纳米结构的日盲探测器、基于非晶 Ga_2O_3 的柔性日盲探测器、新型结构 Ga_2O_3 日盲探测器，辐照效应对宽禁带氧化物半导体性能的影响。

第 6 章：ZnO 基紫外光电探测器。本章主要介绍了 ZnO 材料的性质、ZnO 紫外光电探测器和 MgZnO 深紫外光电探测器（包括光导型、肖特基型、MSM

结构等）。

　　第 7 章：金刚石紫外光电探测器。本章主要介绍了金刚石材料的特性与金刚石的合成方法、金刚石紫外光电探测器（包括光电导型、肖特基型、MSM型、同质结、异质结光电探测器和光电晶体管）及其应用。

　　第 8 章：真空紫外光电探测器。本章回顾了宽禁带半导体真空紫外光电探测器的发展历程，首先介绍了真空紫外光电探测的特点及应用前景，继而讨论了极浅 P－N 结真空紫外光电探测器、肖特基结构真空紫外光电探测器以及MSM 结构真空紫外光电探测器的工作原理和器件特性，最后对各种类型真空紫外光电探测器的研究进展进行了论述。

参 考 文 献

[1]　MASSCHELEIN W, 玛斯切雷恩, 张彭义. 紫外光在水和废水处理中的应用[M]. 机械工业出版社, 2014.

[2]　魏杰, 金养智. 光固化涂料[M]. 北京：化学工业出版社, 2013.

[3]　ZAMORA D, TORRES A. Method for outlier detection：a tool to assess the consistency between laboratory data and ultraviolet-visible absorbance spectra in wastewater samples[J]. Water Science & Technology, 2014, 69(11)：2305 – 2314.

[4]　KUMAMOTO Y, FUJITA K, SMITH N I, et al. Deep-UV biological imaging by lanthanide ion molecular protection[J]. Biomedical Optics Express, 2016, 7(1)：158 – 170.

[5]　BALASUBRAMANIAN K, SHAKLAN S, GIVE'ON A, et al. Deep UV to NIR space telescopes and exoplanet coronagraphs：a trade study on throughput, polarization, mirror coating options and requirements［C］. Techniques and Instrumentation for Detection of Exoplanets V. International Society for Optics and Photonics, 2011.

[6]　ZHANG Y, GONG H, BAI Y, et al. UV detection applied to space and the research development of AlGaN detector[J]. Laser and Infrared, 2006, 36(1001)：1009 – 1012.

[7]　安莹, 董威. 火焰光谱探测器检测用光源设计[J]. 应用光学, 2011, 32(003)：498 – 504.

[8]　王抗, 郑卫红, 刘建国, 等. 基于烟雾和紫外检测的高压直流换流阀火灾探测系统[J]. 湖北电力, 2017, 41(10)：62 – 65.

[9]　WANG Y, QIAN Y, KONG X. Photon counting based on solar-blind ultraviolet intensified complementary metal-oxide-semiconductor（ICMOS）for corona detection

宽禁带半导体紫外光电探测器

[J]. IEEE Photonics Journal，2018，10(6)：1 - 19.

[10] 王少华，梅冰笑，叶自强，等. 紫外成像检测技术及其在电气设备电晕放电检测中的应用[J]. 高压电器，2011，47(011)：92 - 97.

[11] 李炳军，江文杰，梁永辉. 基于导弹烟羽紫外辐射的日盲型探测器[J]. 航天电子对抗，2006(06)：7-10.

[12] 孟庆浩，胡燎原，庞琨朋，等. 紫外无线光通信系统研究发展史及发展趋势[J]. 黄河科技学院学报，2019，021(002)：90 - 93.

[13] ZHAO T，LI Y，YUAN L. Research on relay selection of armored formations wireless UV covert communication［J］. Opto-Electronic Engineering，2019，46 (1003)：60 - 67.

第 2 章

紫外光电探测器的基础知识

2.1 半导体光电效应的基本原理

半导体光电探测器是一类把光辐射信号转变为电信号的器件,其工作原理是光辐射与物质相互作用产生了光电效应[1]。半导体光电效应有别于金属表面在光辐照作用下发射电子的光电效应,主要包括光电导效应和光生伏特效应。半导体材料吸收入射光产生光生电子-空穴对,载流子浓度增大,产生附加电导率,这种由光照引起的半导体电导率增加的现象称为光电导效应。如果光子能量 E 大于或等于半导体材料的禁带宽度 E_g,即光波长 λ 满足:

$$\lambda \leqslant \lambda_c = \frac{hc}{E_g(\mathrm{eV})} \tag{2-1}$$

其中,λ_c 为截止波长,h 为普朗克常数,c 为光速,那么入射光子因为半导体材料的本征吸收,会激发产生光生电子和光生空穴,使半导体的电导率增加,即发生光电导效应。光生伏特效应是半导体材料的结效应,包括 P-N/P-I-N 结效应、肖特基结效应和异质结效应等。光生伏特效应是指入射光激发产生的光生电子-空穴对在内建电场的作用下分开,在势垒两侧积累并形成电动势的现象。

当光在半导体材料中传播时,光强 I 随传播距离的增加而衰减,半导体对光的吸收遵循吸收定律[2]:

$$I = I_0 \mathrm{e}^{-\alpha x} \tag{2-2}$$

其中,α 为光子的吸收系数,单位为 cm^{-1};x 为入射深度。式(2-2)的物理含义为:当光在半导体中传播距离为 $1/\alpha$ 时,光强衰减到原来的 $1/\mathrm{e}$。本征吸收和杂质吸收均能产生非平衡光生载流子,引起光电效应。本征吸收为半导体价带电子吸收能量大于或等于材料禁带宽度的光子能量,使得价带电子跃迁到导带的过程。杂质吸收为杂质能级上的电子吸收入射光子能量向导带跃迁或价带电子吸收入射光子能量向杂质能级跃迁的过程。杂质吸收所需要的光子能量比本征吸收小,而且由于杂质能级数量有限,因此其吸收效率普遍低。直接带隙半导体中,价带电子可以直接跃迁到导带,其本征吸收具有一个陡峭的截止边。间接带隙半导体的光吸收伴随声子的发射或吸收过程,这种间接跃迁的吸收概率比直接跃迁的低,并且没有陡峭的吸收边。

2.2 紫外光电探测器的基本分类和工作原理

不同的应用领域对紫外光电探测器的性能有不同的要求,对应的探测器结构和工作模式也有所不同。例如，环境监控、紫外消毒和紫外固化等领域的紫外辐射较强，一般在 $\mu W/cm^2$ 以上，甚至达到几十 W/cm^2。对于这些紫外辐射强的应用领域，可以采用无增益或增益较低的半导体紫外光电探测器，如 P-N/P-I-N 结型探测器、肖特基势垒探测器和光电导探测器[3]。

2.2.1　P-N/P-I-N 结型探测器

　　P-N 结型探测器中 P-N 结二极管工作在 0 V 偏压或低反向偏压下，两个电极均为欧姆接触，其结构如图 2-1 (a) 所示。当一束光子能量大于或等于材料禁带宽度的入射光照射到器件有源区时，材料吸收入射光子的能量，产生光生电子-空穴对。当给器件外加 0 V 或反向偏压时，耗尽区内的光生电子和空穴在内建电场和反向偏压的作用下向两端电极作漂移运动，并在外电路中形成光电流。为了提高器件的响应速度和灵敏度，可以在 P 层和 N 层半导体之间加入一层本征或低掺杂的 I 层，以此来增加耗尽区宽度，即形成如图 2-1 (b) 所示的 P-I-N 结型探测器。通过合理设计器件各层的厚度，使入射光更多地在耗尽区中被吸收，可以有效地提高器件的响应度和量子效率；同时，相比于 P-N 结型探测器，P-I-N 结型光电探测器可有效降低器件的结电容和反向漏电流。但是，P-N 结型探测器和 P-I-N 结型探测器一般工作于低偏压下，理论上器件内部没有增益。

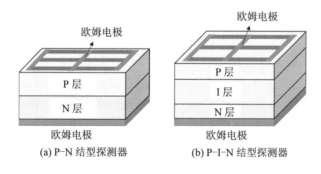

(a) P-N 结型探测器　　　　　(b) P-I-N 结型探测器

图 2-1　P-N/P-I-N 结型探测器的结构示意图

2.2.2　肖特基势垒探测器

　　肖特基势垒探测器是用于光电探测的常用器件结构，具有一个肖特基电极和一个欧姆电极，如图 2-2 所示。肖特基势垒探测器不是利用 P 型半导体与 N 型半导体电极形成 P-N 结的原理制作的，而是利用金属与半导体接触形成肖特基接触结区而制备的光电二极管。当器件工作在零偏压或低反向偏压下时，肖特基势垒下耗尽区中的光生电子和空穴在内建电场和反向偏压的作用下向两端电极作漂移运动，并在外电路中形成光电流。由于肖特基二极管的结区位于半导体材料的表面，因而减少了光生载流子的漂移时间，以及漂移过程中的光生载流子复合损失。肖特基势垒探测器具有响应时间短和制备工艺相对简单等优势，但是它也存在一些问题：光照射肖特基二极管时一般需要通过半透明金属电极入射，存在较大的光损失；肖特基二极管的金属-半导体接触界面易受界面态的影响，由于界面态中深能级缺陷的存在，可导致光生载流子复合，降低器件的量子效率，同时深能级缺陷对载流子的俘获还会引起肖特基势垒高度的改变，使器件存在寄生光电导等效应，降低器件的响应速度；与 P－I－N 结型探测器相比，肖特基势垒探测器的漏电流也比较高。

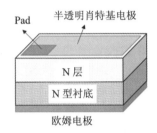

图 2－2　肖特基势垒探测器的结构示意图

　　1985 年，研究人员首次基于肖特基结构制备了金属-半导体-金属（MSM）结构探测器，如图 2－3 所示。MSM 结构探测器采用两个肖特基势垒"背靠背"的结构和叉指状的肖特基电极，当外加偏压时，一个结反偏，形成耗尽区，将光生载流子分离，另一个结正偏，收集光生载流子[4]。MSM 结构探测器的特点是：制备工艺简单，无须 P 型掺杂，结电容低，可以实现高速探测。MSM 结构探测器的缺点是：受电极对入射光阻挡的影响，器件的填充因子偏低，量子效率普遍不高，同时由于 MSM 结构探测器实质上仍为肖特基势垒探测器，因此其金属-半导体接触界面也会受到界面态的影响。

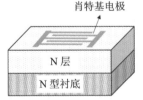

(a) MSM 结构探测器的结构示意图　　(b) MSM 结构探测器的电极的结构示意图

图 2－3　MSM 结构探测器

2.2.3 光电导探测器

光电导探测器是利用光电导效应工作的光电探测器，由半导体和两个欧姆电极组成，如图 2 - 4 所示。当没有光入射器件时，材料具有较大的电阻，器件的暗电流低。当光子入射时，半导体产生非平衡载流子，电导率增加，器件电流快速增大。光电导探测器具有一定的内部增益，但器件普遍存在响应速度慢和暗电流高等问题。

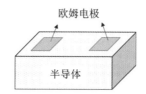

图 2 - 4　光电导探测器的结构示意图

2.2.4 雪崩光电二极管

前面介绍的常规结构紫外光电探测器一般不具有内部增益或增益较小，可以用于较低、中高紫外辐射功率监控领域；然而对于生化检测、电晕检测和国防预警等领域，待检测的紫外辐射功率非常小，一般在 pW/cm² 及以下量级，甚至单位时间根本就没有几个入射光子，此时常规结构的探测器就不能满足其微弱信号的探测需求。为了实现对这种弱紫外光的探测，甚至是对单光子的探测，人们就需要采用具有强烈内部增益的光探测器件，即一个入射光子所产生的光生电子-空穴对在器件内部发生大量倍增效应，形成一个宏观可测量的电流。雪崩光电二极管（APD）是最常见的一种用于微弱光信号探测的半导体探测器。

1. 工作原理

基于载流子雪崩倍增效应工作并具有内部增益的光电二极管为雪崩光电二极管[5-6]。图 2 - 5(a)、(b)分别为雪崩光电二极管的结构示意图和雪崩倍增过程示意图。当入射光子能量大于材料的禁带宽度时，材料吸收入射光能量，产生光生电子-空穴对。当雪崩光电二极管两端外加反向偏压时，在耗尽区电场的作用下光生载流子向相反的方向作漂移运动。光生载流子的漂移速度与电场强度以及载流子的加速距离有关。当电场强度足够大时，光生载流子在耗尽区获得足够的动能，与晶格发生碰撞，产生二次电子-空穴对。同样地，这些二次电子-空穴对将继续在电场中加速，与晶格碰撞，因此在耗尽区会发生链式

的载流子碰撞离化过程。这个过程被称为光生载流子的雪崩倍增过程。传统光电二极管工作在零偏压或低反向偏压下，而雪崩光电二极管工作在高反向偏电压条件下。

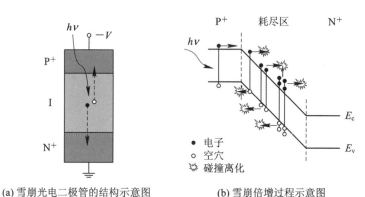

(a) 雪崩光电二极管的结构示意图　　(b) 雪崩倍增过程示意图

图 2-5　雪崩光电二极管的结构示意图和雪崩倍增过程示意图

图 2-6 为一个典型的雪崩光电二极管的增益-电压特性曲线。根据器件工作电压的大小，雪崩光电二极管可以处于两种工作模式：线性模式和盖革(Geiger)模式。线性模式 APD 的工作电压略小于击穿电压，此时的雪崩增益较低并且随外加电压的增加上升缓慢，一般在 10^3 量级及以下，因此工作在线性模式的雪崩光电二极管不能实现单光子探测，主要用于光通信等对检测速率要求非常高的领域。Geiger 模式 APD 的工作电压高于击穿电压，雪崩增益为 $10^5 \sim 10^6$。在 Geiger 模式下，P-N 结内的电场非常强，所有的光生电子和光生空穴都参与碰撞离化过程，雪崩光电二极管的电流会持续增加，发生一个自

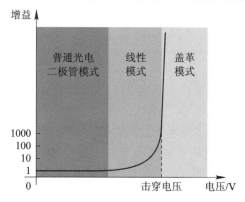

图 2-6　一个典型的雪崩光电二极管的增益-电压特性曲线

维持的雪崩倍增过程。因此，工作在 Geiger 模式的雪崩光电二极管只要在倍增层中产生一个光生载流子，这个载流子就可以触发一个高的雪崩电流，通过外电路的处理和信号转换可以实现微弱光探测，甚至单光子探测。

由于雪崩光电二极管工作在强的雪崩击穿电场条件下，因此为了保证器件稳定、可靠工作，对于材料的晶体质量有很高的要求。另外，为了避免器件过早地发生破坏性边缘击穿，器件终端结构的合理设计和工艺实现也同样重要。相关内容将在第 4.4 节作详细讨论。

2. 淬灭电路

工作在 Geiger 模式的 APD 可以实现单光子探测，但在自维持的雪崩过程中为了实现单光子计数，需要利用外部电路对雪崩电流进行淬灭，使 APD 回到雪崩前的状态并继续等待探测下一个入射光子。淬灭电路通过降低 APD 器件两端的电压来实现雪崩电流的快速淬灭，主要包括被动淬灭电路、主动淬灭电路和门控淬灭电路[7-8]。

1) 被动淬灭电路

图 2-7(a)为被动淬灭电路示意图。在被动淬灭电路中，APD 和一个大的淬灭电阻(R_L>1 kΩ)以及小的取样电阻(R_s<100 Ω)串联，电源给 APD 施加一个大于击穿电压的反向偏置，利用示波器或计数器对取样电阻两端的雪崩电压脉冲信号进行检测。当入射光子被材料吸收，APD 发生雪崩倍增过程时，APD 的电流会快速上升，此时淬灭电阻上会分得大电压，导致 APD 两端电压降低到击穿电压以下，雪崩倍增过程被有效地淬灭；当 APD 的雪崩电流降到足够低以后，APD 两端电压会重新回到工作电压值，准备探测下一个入射光子。图 2-7(b)为被动淬灭电路的等效电路示意图。图中，C_{APD} 是 APD 的结电

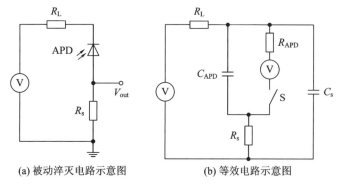

(a) 被动淬灭电路示意图　　　　　(b) 等效电路示意图

图 2-7　典型被动淬灭电路示意图和等效电路示意图

容，C_s 是寄生电容，R_{APD} 是 APD 的等效电阻。当 APD 工作时，等效电路中的开关闭合，雪崩倍增过程使器件快速产生一个大的宏观电流，APD 的结电容和电路的寄生电容通过电阻 R_{APD} 和 R_s 放电，在 R_s 上产生一个电压脉冲信号（即由一个载流子经过雪崩倍增过程产生的雪崩电压脉冲信号）。当电容放电时，APD 两端电压快速降低，器件恢复到雪崩之前的状态，等效电路中的开关断开；随后，外部电压源通过 R_L 给电容充电（一般情况下，C_{APD} 远大于 C_s，充电时间常数主要由 $R_L \times C_{APD}$ 决定）。经过充电过程，APD 两端电压恢复到雪崩电压水平，等待探测下一个光子。

淬灭时间和恢复时间是评价淬灭电路性能的主要参数。

淬灭时间为 APD 接收到光子发生雪崩倍增到雪崩电流被淬灭的时间，用 T_q 表示。淬灭时间的表达式为

$$T_q = (C_{APD} + C_s) \times \frac{R_{APD} \times R_L}{R_{APD} + R_L} \approx (C_{APD} + C_s) \times R_{APD} \qquad (2-3)$$

恢复时间为 APD 恢复到初始状态并准备探测下一个光子的时间，用 T_r 表示。恢复时间的表达式为

$$T_r = (C_{APD} + C_s) \times R_L \qquad (2-4)$$

由于 APD 处于恢复状态时难以进行新来入射光子的探测，因此恢复时间又称为 APD 的死区时间。降低 APD 器件电容或减小淬灭电阻是缩短死区时间的有效方法。被动淬灭电路虽然设计简单，但死区时间偏长，后脉冲严重，不利于进行高计数率的测量。

2）主动淬灭电路

图 2-8 为主动淬灭电路示意图。当光子入射到 APD 并诱发雪崩电流时，在取样电阻端识别到雪崩脉冲后，比较器识别出取样电阻间的电压差，从而输出方波信号并作用于单稳态电路，使单稳态电路产生一定时间的负电压脉冲并反馈到 APD 的一个偏压端，导致 APD 两端的电压差快速降至击穿电压之下，从而使雪崩过程快速淬灭。因此，主动淬灭电路通过外部电路产生的电压反馈来实现 APD 雪崩电流的淬灭。主动淬灭电路中的淬灭时间由比较器以及单稳态电路的延时所决定，一般可以做到 10 ns 左右。反馈脉冲可维持几十到几百纳秒，这段时间被称为保持时间。保持时间的引入在电路实现上比较简单，通过 RC 控制单稳态电路的输出脉冲的单稳态时间即可获得可调保持时间。反馈脉冲使 APD 的偏压迅速降到雪崩电压以下，保持时间可让 APD 器件保持低偏压一段时间。APD 发生雪崩后，大量载流子会增大半导体内部缺陷俘获载流子的概率，被俘获的载流子会在短时间内再释放出来。若此时 APD 处于待

探测状态，则会引起新的雪崩过程。这一效应被称为后脉冲效应，显然对应的脉冲计数是伪计数。保持时间的作用就是在这些被俘获载流子释放时让 APD 器件两端电压仍低于击穿电压，从而不发生因后脉冲效应而导致的雪崩效应。此过程虽然会在一定程度上增加 APD 的死区时间，降低最大计数率，但可以有效提高 APD 光子计数的准确性。图 2-9 为一个盖革 APD 主动淬灭电路中雪崩电压脉冲信号和后脉冲信号。当第一个光子计数脉冲产生后，APD 一端受到反馈电压的影响，其电位升高，而器件两端的净偏压降低，APD 发生淬灭；反馈电压的保持时间使 APD 两端偏压低于击穿电压一段时间，器件无法实现雪崩倍增，从而可以有效地抑制后脉冲信号，如图 2-9 中箭头处产生的后脉冲信号的幅度便受到了明显抑制。

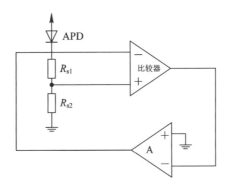

图 2-8　典型主动淬灭电路的示意图

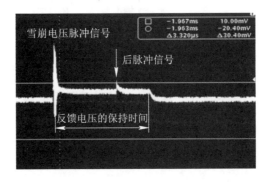

图 2-9　盖革 APD 主动淬灭电路中雪崩电压脉冲信号和后脉冲信号的典型波形图

　　主动淬灭电路中的淬灭时间主要受到电路响应时间的限制，包括比较器电路的速度和雪崩电流的大小等。主动淬灭电路的死区时间短，结合反馈电压的保持时间，可以大大降低器件产生后脉冲信号的概率，提高器件对光子探测的准确性。

3）门控淬灭电路

图 2-10 为门控淬灭电路示意图。APD 两端外加一个稍小于击穿电压的直流电压(V_{bias})，同时外加一个交流脉冲电压(被称为门控电压，脉冲高度为 V_{EX})。当没有光子到来时，APD 两端电压为 V_{bias}，低于击穿电压，不会发生雪崩倍增；当可能有光子入射时，APD 两端电压变换为 $V_{bias}+V_{EX}$，高于击穿电压，器件接收光子后就会发生雪崩倍增效应。门控淬灭电路通过周期性脉冲电压的下降沿来实现雪崩电流的淬灭。脉冲电压的门宽和高度是影响器件性能的重要参数。通过减小门宽可以减少器件产生后脉冲信号的可能性；脉冲高度则决定了器件的过偏压，过偏压越大，器件的单光子探测效率越高，但过大的脉冲高度会通过电容产生一个尖峰电压，可造成器件的不可逆热击穿。脉冲电压可以采用类正弦信号或者方波信号。方波信号便于实现更窄的门宽，并且具有更陡峭的上升沿和下降沿，有益于降低器件产生后脉冲信号的概率；正弦信号的雪崩持续时间长，有利于后期的信号处理和判别，缓慢的过偏压增加过程还有利于确保器件的稳定工作。精准地控制入射光子信号和门控电压信号的同步是门控淬灭电路的关键和难点，限制了门控淬灭电路的应用范围。由于门控淬灭电路可以有效抑制暗计数和产生后脉冲信号的概率，且计数准确度高，因此在量子通信和激光雷达等领域得到了广泛应用。

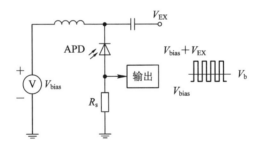

图 2-10   典型门控淬灭电路示意图

2.3   紫外光电探测器的主要性能指标

为了科学和客观地评价光电探测器的性能水平，光电探测器具有一套特定的特征参数。对于不同的器件类型，描述器件的性能参数也有所不同。光电响应谱、响应度、量子效率、暗电流、归一化探测效率等是描述光电探测器性能的常用参数；对于可探测微弱光信号的 APD 器件，还需要采用增益因子、雪崩倍增噪声、暗计数率、单光子探测效率、后脉冲等特殊的性能参数。

2.3.1　光电探测器的性能参数

1. 光电响应谱

根据半导体光电效应原理，当入射光子能量大于材料禁带宽度时才能发生带边吸收，所以探测器的光谱响应范围存在一个长波界限。在室温下，Si 的禁带宽度为 1.12 eV，对应的吸收截止波长约为 1.1 μm；GaN 的禁带宽度为 3.39 eV，对应的吸收截止波长为 365 nm；4H - SiC 的禁带宽度为 3.26 eV，对应的吸收截止波长为 380 nm。对于紫外增强型 Si 基光电二极管，其响应的短波界限可延伸至 200 nm，但其在可见和近红外波段具有很高的响应度，没有可见光响应抑制效果。图 2 - 11 为滨松公司生产的紫外到红外硅光电二极管 S1336 的光谱响应特性曲线[9]。GaN 和 4H - SiC 紫外光电探测器的响应峰值分别在 355 nm 和 280 nm 附近，紫外-可见光抑制比均在 10^4 以上。

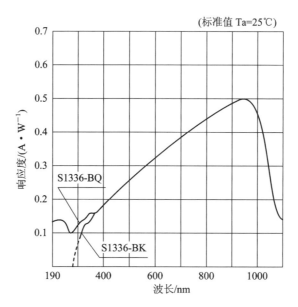

图 2 - 11　滨松公司生产的硅光电二极管 S1336 的光谱响应特性曲线[9]

2. 响应度和量子效率

响应度定义为单位入射光功率引发光电探测器产生的光电流值，单位为

A/W。响应度用于衡量器件将光信号转换为电信号的能力，其表达公式为

$$R = \frac{I_{ph}}{P_{opt}} = \frac{\eta\lambda}{hc}q \qquad (2-5)$$

其中，R 为响应度，I_{ph} 为入射光引起光电探测器的光电流，P_{opt} 为入射到光电探测器的光功率，η 为量子效率，h 为普朗克常量，c 为光速，λ 为入射光波长（单位为 μm），q 为电子电量。

量子效率定义为光电探测器所释放的电子-空穴对数与入射到器件表面的光子数的比值，其表达式为

$$\eta = \frac{Rhc}{\lambda q} = \frac{1.24 \times R}{\lambda} \times 100\% \qquad (2-6)$$

3. 暗电流

由于光电探测器自身存在漏电，因此光电探测器在没有光照时仍然有一个很小的电流，这一电流被称为光电探测器的暗电流 i_n。暗电流限制了光电探测器对最小光信号的探测能力。一般而言，当入射光功率引起的光电流 i_s 大于暗电流 i_n 时，就认为器件刚好能探测到对应的光信号。

4. 响应速度

光电探测器的响应速度用于表征光电探测器对光的响应快慢，通常由响应时间来量度。光电探测器的响应时间通常是指在脉冲光照射下，输出信号由零上升至峰值的 63.2%（即 $1-1/e$）或由信号峰值下降到峰值的 36.8%（即 $1/e$）所需的时间。也可取光电探测器的光脉冲响应曲线的上升沿的 10%～90% 的时间为上升时间，下降沿的 90%～10% 的时间为下降时间。通常限制光电探测器响应速度的因素主要有两个方面：① 电阻-电容引起的 RC 延迟时间；② 光生载流子在电极间的渡越时间。此外，对于具有寄生光电导的器件，其缺陷对光生载流子的俘获和释放也会严重影响器件的响应速度。

5. 噪声等效功率和归一化探测效率

对于光电探测器来说，除了高的光响应信号外，低噪声也是非常重要的，因为噪声决定了光电探测器的最小可探测信号的强度。半导体器件的噪声可分为白噪声和有色噪声两大类。白噪声指器件的噪声幅度值不随频率变化而变化，在噪声功率谱密度图中表现为类似水平直线的特性。白噪声主要包括热噪声和散粒噪声。有色噪声的功率谱幅值随着测试频率的变化而改变，主要有 $1/f$ 噪声、产生-复合噪声、随机电报噪声及超高频散粒噪声。热噪声、散粒噪声与频率无关，是由器件中载流子的基本运动规律决定的，本质上不能彻底消除。$1/f$ 噪声、产生-复合噪声也称为低频噪声，在很大程度上是由器件中的杂

质和缺陷与载流子相互作用引起的，能敏感地反映器件中的多种潜在缺陷。

半导体光电探测器中的噪声大都是相互独立的事件，它们加在一起构成了总噪声，其相关优值为噪声等效功率。噪声等效功率定义为信噪比为 1 时的信号光功率，用 NEP 表示。信噪比 SNR 定义为

电流信噪比：

$$SNR = \frac{i_s}{i_n} \qquad (2-7)$$

电压信噪比：

$$SNR = \frac{u_s}{u_n} \qquad (2-8)$$

NEP 的计算式为

$$NEP = \frac{i_n}{R} \qquad (2-9)$$

NEP 是描述光电探测器探测能力的参数。显然，NEP 越小，光电探测器对微弱光的探测能力越强。

NEP 的定义不符合人们的习惯，所以取 NEP 的倒数，将其定义为光电探测器的探测效率 D，D 值越大，器件的探测能力越强。但是，人们在实际比较光电探测器的性能时发现：D 值大的探测器具有更强的探测能力这一结论并不充分，光电探测器的探测性能还与器件的感光面积 A 和测量带宽 Δf 有关系。为此，为了公平评价器件的探测能力，考虑到 A 和 Δf 对探测性能的影响，定义了归一化探测效率 D^*，其表达式为

$$D^* = D\sqrt{A\Delta f} \qquad (2-10)$$

这时可以认为：归一化探测效率越大，光电探测器对微弱光的探测能力越强。

2.3.2 雪崩光电二极管的性能参数

与常规的光电探测器相比，雪崩光电二极管具有一系列特殊的性能表征参数，如增益因子、雪崩倍增噪声、暗计数率、单光子探测效率、后脉冲和死区时间等[10]。

1. 增益因子

雪崩光电二极管的增益定义为雪崩倍增后的光电流与雪崩倍增前的光电流的比值，是表征器件对光生载流子放大能力的参数，其表达式为

$$M = \frac{I_{MP} - I_{MD}}{I_P - I_D} \qquad (2-11)$$

其中，I_{MP} 和 I_{MD} 分别为雪崩倍增后的光电流和暗电流，I_P 和 I_D 分别为雪崩倍增前的光电流和暗电流。雪崩光电二极管的增益和过偏压有关，过偏压越高，耗尽区的内电场越强，载流子的碰撞离化过程越激烈，增益越高。

2. 雪崩倍增噪声

雪崩光电二极管工作在线性模式时，载流子会随机发生碰撞离化，载流子之间的雪崩增益会存在较大的差异。因此，在发生雪崩倍增后，雪崩光电二极管的光电流会有较大的随机波动，这个波动就是雪崩光电二极管的噪声源，通常用散粒噪声因子 F 来表征：

$$F = kM + \left(2 - \frac{1}{M}\right)(1 - k) \tag{2-12}$$

其中，k 为电子和空穴的碰撞离化系数之比。由式(2-12)可知，当电子与空穴的磁撞离化系数差异较大时，雪崩光电二极管可获得较低的散粒噪声。

3. 暗计数率

暗计数率定义为在没有光照的条件下，工作在盖革模式下雪崩光电二极管中的载流子在高电场作用下经过碰撞离化过程产生电流脉冲的计数频率值。暗计数率对工作在盖革模式下的雪崩光电二极管的灵敏度有很大影响，其主要来源有四个：准中性区向耗尽区的反向扩散载流子、耗尽区的热载流子、带带隧穿和缺陷辅助隧穿。随着温度的升高，热载流子增加，器件的暗计数率上升。此外，随着雪崩光电二极管过偏压的增加，耗尽区电场强度增强，价带中的载流子隧穿到导带的概率增加，也会导致暗计数率增大。

4. 单光子探测效率

单光子探测效率定义为每个入射光子被探测到的概率，其表达式为

$$\text{SPDE} = \frac{\text{PCR} - \text{DCR}}{F_{\text{li}}} = \text{PAP} \times \text{QE} \tag{2-13}$$

其中，PCR 是雪崩光电二极管在光照下的光计数率；F_{li} 是单位时间入射光子流总数；PAP 是载流子引发雪崩倍增的概率，即一个载流子发生雪崩倍增的概率；QE 是单位增益下 APD 的量子效率。当雪崩光电二极管吸收入射光子产生光生载流子后，光生载流子具有一定的概率发生雪崩倍增过程，经过外电路的淬灭形成可计数的雪崩电压脉冲信号。因此，单光子探测效率与器件的量子效率和载流子的雪崩概率均成正比。另外，随着过偏压的增加，耗尽区内电场强度增加，光生载流子可以在短时间内获得足够的能量，与晶格发生碰撞离化，

载流子的雪崩倍增概率增大，最终导致器件的暗计数率、光计数率和单光子探测效率均增大。

5. 后脉冲

后脉冲是工作在盖革模式下的雪崩光电二极管所特有的寄生效应，主要是由材料缺陷或非故意掺杂杂质对载流子的俘获和释放过程造成的。在雪崩倍增过程中，少量倍增载流子会被耗尽区中的缺陷等俘获中心俘获，经过一段时间后又会被释放出来；被释放的载流子在强电场下可再次发生雪崩倍增过程，经过淬灭电路产生二次脉冲(被称为后脉冲)。后脉冲与材料缺陷、载流子释放时间和过偏压等有关，利用门控电路或通过升高器件的工作温度可以有效降低雪崩光电二极管产生后脉冲的概率。

6. 死区时间

当一个光子被雪崩光电二极管吸收并产生雪崩时，受淬灭电路性能和器件有源区中电荷积累及释放过程的影响，APD 耗尽区的强电场不能及时恢复。此时，如果有另一个光子进入雪崩光电二极管，则器件就不会发生雪崩倍增。雪崩光电二极管有源区的强电场从淬灭下降到恢复之间的时间间隔被称为死区时间。为提高单光子计数的精度和速率，死区时间应越短越好。通常单光子探测系统的死区时间主要受到淬灭电路响应时间的影响。

参 考 文 献

[1]　施敏. 半导体器件物理与工艺[M]. 北京：科学出版社，1992.

[2]　黄德修. 半导体光电子学[M]. 北京：电子工业出版社，2013.

[3]　NEAMEN D A. 半导体器件导论[M]. 谢生，译. 北京：电子工业出版社，2015.

[4]　CARRANO J C, LI T. High quantum efficiency metal-semiconductor-metal ultraviolet photodetectors fabricated on single-crystal GaN epitaxial layers[J]. Electronics Letters, 1997, 33(23)：1980-1981.

[5]　RENKER D, LORENZ E. Advances in solid state photon detectors[J]. Journal of Instrumentation, 2009, 4(4).

[6]　AULL B F, LOOMIS A H, YOUNG D J, et al. Geiger-mode avalanche photodiodes for three-dimensional imaging[J]. Lincoln Laboratory Journal, 2002, 13(2)：335 - 349.

[7]　COVA S, GHIONI M, LACAITA A, et al. Avalanche photodiodes and quenching circuits for single-photon detection[J]. Applied Optics, 1996, 35(12)：1956 - 1976.

[8]　GALLIVANONI A, RECH I, GHIONI M. Progress in quenching circuits for single

photon avalanche diodes[J]. IEEE Transactions on Nuclear Science，2010，57(6)：3815 - 3826.

[9]　http：//www. hamamatsu. com. cn.

[10]　VILÀ A，ARBAT A，VILELLA E，et al. Geiger-mode avalanche photodiodes in standard CMOS technologies[M]. Photodetectors. InTech，2012：175 - 204.

第 3 章

氮化物半导体紫外光电探测器

3.1 引言

  作为第三代半导体材料的代表，Ⅲ族氮化物半导体材料因其具有禁带宽度大、击穿电场高、热导率大、电子饱和漂移速度高、介电常数小、抗辐射能力强、化学稳定性好等特点，在大功率高频电子器件、固态照明与显示、短波长激光器等领域得到了重要应用。Ⅲ族氮化物半导体材料主要包括氮化镓(GaN)、氮化铝(AlN)、氮化铟(InN)以及它们的三元、四元合金 AlGaN、GaInN、AlGaInN。其中，AlGaN 三元合金半导体材料的带隙可通过改变 Al 组分在 $3.4 \sim 6.2$ eV 之间调节，覆盖了 $200 \sim 365$ nm 的 UVA、UVB 和 UVC 紫外波段窗口，是发展紫外光电探测器的理想材料，特别是在制备本征日盲紫外光电探测器方面，具有其他材料无法替代的优势。

  在过去的二十多年里，AlGaN 基材料及其紫外光电探测器都得到了快速发展。普通的肖特基和 P-I-N 结 AlGaN 紫外及日盲紫外光电探测器制备技术相对成熟，已经达到商业化水平。AlGaN 基光电探测器的焦平面阵列及成像因受材料的均匀性和器件性能的一致性的影响，还有待进一步提高。而具备单光子探测能力的雪崩光电探测器的发展相对缓慢。关于 GaN 基雪崩光电二极管，已有报道实现了单光子的探测与计数，单光子探测效率达到 30%；而 AlGaN 基雪崩光电二极管还相当不成熟，仍处于发展初期。总之，不管是普通无增益结构的还是雪崩高增益结构的 AlGaN 基紫外光电探测器，要想大规模商业化应用，还需要解决两大关键的基础性问题。第一大问题是难以获得高晶体质量的 AlGaN 材料，其重要原因是 AlGaN 材料没有现存的合适衬底，现有技术一般是基于 AlN 或者 GaN 模板来制备，因其与模板存在大的晶格失配，故厚膜的生长会因失配应力的积累而导致大量位错甚至裂纹的产生，很难得到质量非常好的薄膜材料，其材料位错密度一般为 $10^8 \sim 10^{10}$ cm^{-2}，导致器件的漏电流较大。对雪崩光电探测器而言，容易提前局部击穿，且高密度的位错散射对载流子碰撞离化的影响也会加剧，因而难以制作高性能的器件。另一大问题是 AlGaN 材料的 P 型掺杂效率太低，难以获得高空穴浓度与高电导率的 P-AlGaN 材料，其原因为 P-AlGaN 半导体材料中 Mg 受主激活能较高，室温时，GaN 中 Mg 受主激活能高达 250 meV，且随 Al 组分增加，Mg 受主激活能线性增加，很难进行有效掺杂，不易得到高空穴浓度的 P-AlGaN，需要采取有效掺杂方法降低 Mg 受主激活能，提高 AlGaN 材料的 P 型掺杂效率。

3.2 氮化物半导体材料的基本特性

3.2.1 晶体结构

Ⅲ族氮化物半导体材料存在三种晶体结构：六方纤锌矿结构、立方闪锌矿结构以及氯化钠型盐岩结构，如图 3-1 所示。其中，盐岩结构只有在极端高压条件下才会形成，而闪锌矿结构也是亚稳态结构，只有纤锌矿结构是热力学稳态结构，也是氮化物半导体最常见的结构。纤锌矿结构又称为六方结构，具有六方对称性，其晶格结构是由两类原子各自组成六方排列的双原子层沿[0001]方向堆积而成的，是一种共价化合物晶体。本书所介绍的氮化物材料及器件都为纤锌矿结构。

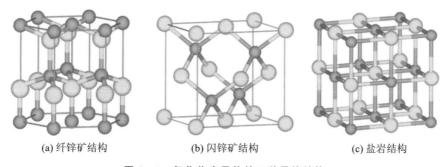

(a) 纤锌矿结构　　　　　　(b) 闪锌矿结构　　　　　　(c) 盐岩结构

图 3-1　氮化物半导体的三种晶格结构

3.2.2 能带结构

纤锌矿结构 GaN 的能带结构图如图 3-2 所示，AlN、InN 的能带结构与其类似。导带由 A 能谷、Γ 能谷和 $M-L$ 能谷构成，价带则劈裂成重空穴带、轻空穴带和晶体场-自旋轨道耦合带。GaN 的跃迁主要发生在重空穴带顶与 Γ 能谷，其禁带宽度一般定义为从重空穴带顶跃迁到 Γ 能谷的能量。而 AlN 的跃迁主要发生在晶体场-自旋轨道耦合带顶与 Γ 能谷之间。

从图 3-2 中可以看出，GaN 的导带能量最小值和价带能量最大值均位于布里渊区的中心 $k=0$ 的 Γ 点，是直接带隙半导体。GaN、AlN、InN 的带隙宽度及其对应的发光波长如图 3-3 所示，它们的发光波长覆盖了从深紫外到近红外这样一个宽波段范围。表 3-1 给出了它们的基本物理特性。

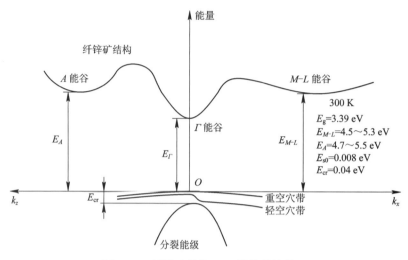

图 3-2　纤锌矿结构 GaN 的能带结构图

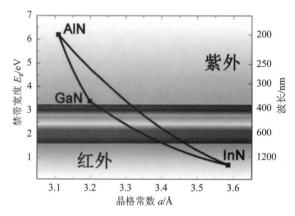

图 3-3　GaN、AlN、InN 的带隙宽度及其对应发光波长

表 3-1　氮化物半导体材料的基本物理特性(室温)

材料	结构	晶格常数/Å	带隙/eV	带隙种类
GaN	纤锌矿	$a=3.189$ $c=5.182$	3.39	直接带隙
AlN	纤锌矿	$a=3.111$ $c=4.978$	6.2	直接带隙
InN	纤锌矿	$a=3.544$ $c=5.718$	0.65	直接带隙

续表

材料	电子饱和速度 ($\times 10^7$)/(cm·s^{-1})	击穿电场 /(MV·cm^{-1})	电子迁移率 /(cm^2·V^{-1}·s^{-1})	空穴迁移率 /(cm^2·V^{-1}·s^{-1})
GaN	2.5	3~5	≤1000	≤400
AlN	1.9	12~18	≤300	14
InN	3.4	—	≤3200	—

材料	热导率 /(W·cm^{-1}·K^{-1})	介电常数	折射率
GaN	2.0~2.4	8.9	2.3
AlN	3.0~3.3	8.5	2.1~2.2
InN	0.6~1.0	15.3	2~3.05

3.2.3　极化效应

在一定温度范围内，单位晶胞内正负电荷中心不重合，形成偶极矩，呈现极性，这种无外电场作用下存在的极化现象称为自发极化。自发极化主要存在于铁电陶瓷材料中。纤锌矿结构的Ⅲ族氮化物半导体，其晶格结构沿 c 轴方向缺乏反演对称性，而仅有单一对称轴，其晶胞内的正负电荷中心不重合，从而形成了电矩，因此存在自发极化效应。通常采用金属有机化学气相沉积(MOCVD)方法生长的薄膜材料多呈现出 Ga 极性面[1]，而使用分子束外延(MBE)技术生长的薄膜材料多呈现出 N 极性面。但使用 MBE GaN 薄膜时，如果首先在衬底上生长一层低温 AlN 缓冲层，然后生长 GaN 薄膜，那么就可以使 N 极性面转变为 Ga 极性面。一般情况下，Ga 极性面半导体材料的电学性质要比 N 极性面半导体材料的更稳定，并且器件性能也很稳定，所以市场上大多数Ⅲ～Ⅴ族半导体材料是 Ga 极性面的氮化物材料。规定沿 c 轴从Ⅲ族原子(Al、Ga、In)指向最近邻Ⅴ族原子(N)为[0001]方向，如图 3-4 所示。实验表明，Ⅲ族氮化物的自发极化方向均为负，即反平行于[0001]方向。

GaN、InN、AlN 的自发极化强度分别为 -0.034 C/m^2、-0.042 C/m^2、-0.090 C/m^2。可以看到，AlN 的自发极化强度要比 GaN 的大得多，近似于铁电材料的极化强度。它们的三元化合物 Al$_x$Ga$_{1-x}$N、In$_x$Ga$_{1-x}$N、Al$_x$In$_{1-x}$N 的自发极化强度可以用以下公式计算：

$$P_{sp}(A_x B_{1-x} N) = P(AN)x + P(BN)(1-x) + b(1-x)$$

$$\begin{cases} P_{sp}(Al_xGa_{1-x}N) = -0.090x - 0.034(1-x) + 0.021x(1-x) \\ P_{sp}(In_xGa_{1-x}N) = -0.042x - 0.034(1-x) + 0.037x(1-x) \\ P_{sp}(Al_xIn_{1-x}N) = -0.090x - 0.042(1-x) + 0.070x(1-x) \end{cases} \quad (3-1)$$

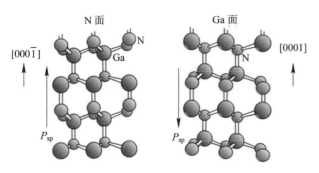

图 3-4 GaN 自发极化方向

氮化物材料还具有良好的压电极化特性。对于离子型晶体，当晶格产生形变时，正、负离子之间产生的偏移可使半导体内产生电场，称为压电效应。例如，在 GaN 薄膜上外延制备的 AlGaN 薄膜，当其厚度小于临界厚度时，将形成应变异质结构，AlGaN 层发生横向张应变，纵向发生压应变，由此产生压电极化效应。压电极化矢量可由以下公式计算：

$$P_{pz} = e_{33}\varepsilon_z + e_{31}(\varepsilon_x + \varepsilon_y) \quad (3-2)$$

其中，$\varepsilon_z = (c-c_0)/c_0$，是沿着 c 轴的应变；$\varepsilon_x = \varepsilon_y = (a-a_0)/a_0$，为平面内双轴应变；$e_{33}$、$e_{31}$ 是压电常数。c、a 和 c_0、a_0 分别是应变后的和本征的晶格常数，晶格常数之间的关系为

$$\frac{c-c_0}{c_0} = -2\frac{C_{13}}{C_{33}}\frac{a-a_0}{a_0} \quad (3-3)$$

其中，C_{13} 和 C_{33} 是弹性常数。

由以上公式可得出，沿 c 轴方向的压电极化强度为

$$P_{pz} = 2\frac{a-a_0}{a_0}\left(e_{31} - e_{33}\frac{C_{13}}{C_{33}}\right) \quad (3-4)$$

$$P_{pz}(Al_xGa_{1-x}N/GaN) = -0.525x + 0.0282x(1-x) \ (C/m^2) \quad (3-5)$$

$$P_{pz}(In_xGa_{1-x}N/GaN) = 0.148x - 0.0424x(1-x) \ (C/m^2) \quad (3-6)$$

$$P_{pz}(Al_xIn_{1-x}N/GaN) = -0.525x + 0.148(1-x) + 0.0938x(1-x) \ (C/m^2)$$
$$(3-7)$$

总极化强度为自发极化强度（P_{sp}）和压电极化强度（P_{pz}）的总和[2]，$P = P_{sp} + P_{pz}$，因此对于压应变薄膜，其总极化强度减小，对于张应变薄膜，其总极化强

度增大。

3.3　高 Al 组分 AlGaN 材料的制备与 P 型掺杂

3.3.1　高 Al 组分 AlGaN 材料的制备

　　针对如何提升高 Al 组分 AlGaN 外延薄膜的晶体质量，研究人员尝试了各种方法来控制材料生长过程中的应力，降低材料的位错密度。2007 年，Turgut Tut 等人[3]在 c 面蓝宝石衬底上通过低温外延一层薄的 AlN 成核层，再升到高温下外延一层 AlN 高温缓冲层，将低温下的岛状三维生长模式转变为高温下的二维生长模式，这样三维过渡到二维生长模式时，部分位错会发生弯曲，在形成闭环后消失；同时，AlN 缓冲层可调节应力，缓解后续 AlGaN 外延薄膜应力积累，有利于获得较高质量的免裂纹的高 Al 组分 AlGaN 晶体薄膜材料。Adivarahan 等人[4]提出生长高 Al 组分 AlGaN 时，掺入少量 In 元素作为生长表面的润滑剂，可增强 Al 原子在生长表面的迁移，缓解 Al 原子在生长表面因迁移慢而导致缺陷产生这一问题，共掺 In 元素还可以明显提高 N‑AlGaN 的有效掺杂浓度。他们利用这种方法获得了表面平整光滑、粗糙度很低的表面形貌，并且明显减小了材料的螺位错与刃位错密度。Jiang 等人[5]通过在 AlN 模板和 AlGaN 层之间插入 25 nm 厚的高温 GaN 层来阻挡位错从 AlN 贯穿到 AlGaN 层，他们发现高温生长的 GaN 层能有效地阻挡刃位错的垂直贯穿，同时螺位错密度基本保持不变，采用这种方法可将 AlGaN 晶体薄膜中的总位错密度降低一个量级。Bethoux 等人[6]在 GaN 模板上先制备一层厚的完全塑性应变弛豫的 AlGaN 开裂层，然后在开裂处通过横向外延生长掩埋裂纹得到表面平整光滑且无裂纹的高质量 AlGaN 薄膜材料。Zhang 等人[7‑8]则在 AlGaN 外延生长时插入了 AlGaN/AlN 超晶格层来调节 AlGaN 薄膜应力，这种生长技术可以用来生长厚的无裂纹的 AlGaN 薄膜层。更常用的方法是直接在高质量的 AlN 模板或者图形模板上外延生长高 Al 组分的 AlGaN 材料[9‑10]。一般随着外延 AlGaN 薄膜的厚度增加，位错密度会下降。另外，在 AlGaN 层中插入超晶格应变结构也可阻挡并过滤掉部分位错。

3.3.2　高 Al 组分 AlGaN 材料的 P 型掺杂

　　在Ⅲ族氮化物中，通常采用 Be、Mg 和 Zn 元素作为 P 型掺杂剂。这三种元素在 GaN 中的激活能分别为 60 meV、160 meV 和 370 meV 左右，且它们的激活能均随 AlGaN 材料的铝组分的增加而增加。Be 元素的激活能虽然比其他元素低，但它是一种有毒的金属，并且容易引入间隙原子而补偿受体。因此，通常采用 Mg 作为 GaN 基材料 P 型掺杂的杂质受体。由于 Mg 受主激活能高，所以难以获得高空穴浓度与高电导率的 P - AlGaN 材料，这一问题长期阻碍着 AlGaN 基光电器件的发展。为了克服 AlGaN 材料 P 型掺杂的困难，研究人员发展了多种方法来抑制自补偿过程，提高 Mg 的溶解度并降低 Mg 在 AlGaN 中的激活能。这些方法包括 Delta 掺杂、调制掺杂、超晶格掺杂、共掺杂、极化诱导掺杂和多维超晶格掺杂等。

Delta 掺杂方法是在保持恒定的 V 族源（NH_3）供给条件下，III 族（Al 和 Ga）和掺杂剂（Mg）进行交替的源供给，这样 Mg 源是在只有 NH_3 环境下供应的。由于 Al 和 Ga 供应的中断，Mg 极有可能与 Al 或 Ga 空位结合，从而增加了 Mg 以替位式原子在 AlGaN 中的掺入，减少了自补偿效应，同时提高了 Mg 原子的并入效率。

采用超晶格(SL)掺杂方法提高 AlGaN 的 P 型掺杂效率主要是利用能带工程来降低 Mg 受主杂质激活能。如图 3-5 所示，在 III 族氮化物异质结构中，晶格失配引起的极化效应会产生极化电场，引起界面附近的能带弯曲，从而降低界面附近的受主杂质激活能，有利于提高 Mg 受主激活效率，改善 P 型材料的电导率。

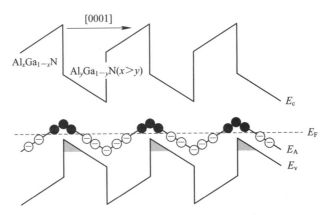

图 3-5　AlGaN 超晶格掺杂能带分布

中山大学江灏等人[11]提出了采用低维补偿结构的 In 辅助 Mg 脉冲掺杂方法，这一方法显著提高了 AlGaN 材料的 P 型掺杂效率。其方法主要通过 Mg 脉冲 Delta 掺杂来增强 Mg 杂质并入量，利用有表面活性剂作用的 In 来辅助掺杂抑制自补偿效应，同时利用超晶格结构中的极化效应来降低异质结面处的受主激活能，提高 P - AlGaN 材料的电导率，实现了 AlGaN(Al 占 40%)的高效掺杂，空穴浓度达到了 4.75×10^{18} cm^{-3}。

美国圣母大学 Simon 等人[12]提出了一种 Al 组分渐变的异质层，首次实现了 AlGaN 极化诱导 P 型掺杂。他们在 AlN 上生长了 Al 组分渐变的 AlGaN，由于极化诱导的 AlN/AlGaN 界面上的净电荷为负，因此在渐变的 AlGaN 层感应出了自由移动的空穴，类似于 P 型掺杂作用，实现了空穴浓度超过 2×10^{18} cm^{-3}、电阻率为 0.6 Ω·cm 的 P - AlGaN 材料。

另外，在 2016 年厦门大学康俊勇等人[13]提出了一种新的多维 Mg 超晶格 (SL)掺杂方法，试图提高 AlGaN 材料的垂直电导率。他们通过第一原理计算沿[0001]方向非掺和 Mg 掺结构价带的态密度发现，三维 SL Mg 掺杂降低了空穴势垒，在全区提高了空穴浓度，并将之归因于 AlGaN 材料具有更强的 P_z 杂化度。根据上述理论结果，他们制备出了 P 型 Al$_{0.63}$Ga$_{0.37}$N/Al$_{0.51}$Ga$_{0.49}$N SL 结构，并获得了高效 P 型掺杂，空穴浓度达到 3.5×10^{18} cm^{-3}，在室温下电阻率达到 0.7 Ω·cm。

表 3-2 列出了典型的 P - AlGaN 掺杂方法及效果。

表 3-2　AlGaN P 型掺杂研究进展（室温下的测试结果）

方法	材料	空穴浓度 /(cm^{-3})	迁移率/(cm^2· V^{-1}·s^{-1})	电阻率 /(Ω·cm)	年份	文献
极化诱导掺杂	Al$_x$Ga$_{1-x}$N：Mg ($x=0.7\sim 1$)	8×10^{16}	40	1.95	2013	[14]
	Al$_x$Ga$_{1-x}$N：Be ($x=0.7\sim 1$)	9×10^{18}	30	0.0231		
In 表面活性剂辅助 Delta 掺杂	Al$_{0.4}$Ga$_{0.6}$N：Mg	4.75×10^{18}	1.34	0.98	2015	[15]
调制 V/Ⅲ比	Al$_{0.7}$Ga$_{0.3}$N：Mg	1.3×10^{17}	1.02	47	2013	[16]
选择性共掺	Al$_{0.4}$Ga$_{0.6}$N：Mg	6.3×10^{18}	1	0.99	2011	[17]
Mg - Si Delta 共掺 SL	Al$_{0.2}$Ga$_{0.8}$N/GaN SL	5.77×10^{18}	3.21	0.37	2009	[18]
多维 Mg 掺杂 SL	Al$_{0.63}$Ga$_{0.37}$N/ Al$_{0.51}$Ga$_{0.49}$N SL	3.5×10^{18}	2.55	0.7	2016	[13]
C 掺杂	Al$_{0.1}$Ga$_{0.9}$N：C	3.2×10^{18}	0.4	20	2012	[19]
非均匀掺杂	Al$_{0.2}$Ga$_{0.8}$N：Mg	—	—	0.71	2009	[20]

3.4 GaN 基光电探测器及焦平面阵列成像

1992 年，Khan 等人研制出了世界上第一只 GaN 基紫外探测器，该探测器为光电导型探测器[21]；1995 年，Zhang 等人研制出了 GaN 光伏型紫外探测器[22]；1997 年，Flannery[23] 研制出了叉指式 MSM 结构 GaN 基紫外探测器；随后，Honeywell 公司、APA 公司和美国西北大学成功研制出了 P－I－N 型 AlGaN 紫外探测器[24]，并应用于火焰监测；2000 年，南京大学研制出了第一个硅基 GaN MSM 型紫外探测器[25]。

最早见诸报道的 GaN 基紫外探测器阵列是由美国北卡罗来纳州立大学、美国军方夜视实验室和 Honeywell 公司一起合作研制的一种紫外焦平面探测器阵列[26]，其阵列规模为 32×32，器件响应波段为 $320 \sim 365$ nm，响应峰值位于 358 nm 处，此处峰值响应度可达 0.2 A/W，内量子效率为 82%，峰值探测效率为 6.1×10^{13} cm·$Hz^{1/2}$·W^{-1}。2001 年，BAE system 的 P. Lamarre 等人与 Cree Lighting 公司、德克萨斯州立大学合作，采用 AlGaN 材料研制出了工作于可见盲与日盲波段的背照式紫外焦平面，其阵列规模为 320×256，像元中心距为 30 μm，工作波段分别为 $337 \sim 365$ nm、$309 \sim 326$ nm、$265 \sim 285$ nm[27]。2002 年，美国北卡罗来纳州立大学的 Long 等人[28] 研制出了 P－I－N 结构的 320×256 可见盲及日盲紫外焦平面探测器阵列，其响应峰值位于 265 nm 处，峰值响应度为 0.0952 A/W。2005 年，美国西北大学报道了 320×256 像元日盲紫外探测器，像元中心距为 30 μm，峰值响应度在 278 nm 处达到 0.0932 A/W[29]。2006 年，美国多家单位联合研制出了 256×256 像元日盲紫外焦平面探测器，其像元中心距为 30 μm，响应峰值位于 270 nm，盲元率仅为 0.6%[30]。美国西北大学、BAE、北卡罗来纳州立大学等研究机构，在 2015 年获得了阵列规模为 320×256 的日盲紫外波段焦平面组件，并实现了成像[31]。

我国第一只 GaN 基紫外探测器阵列是由中国科学院上海技术物理研究所研制的 64×1 像元探测器线阵。此后该研究所又研制出了 320×256 像元 GaN 基紫外焦平面探测器阵列，并实现了日盲紫外成像。

3.4.1 GaN 基半导体的金属接触

N 型 GaN 基材料的欧姆接触一般采用 Ti/Al/Ni/Au 多层金属通过在 N_2 气氛下 850℃左右快速热退火 30 s 左右完成，其形成机制为：金属 Ti 在退火过程中与 N 原子合金化形成 TiN 欧姆接触层，这样在电极接触处 GaN 表面层留下了 N 空位，N 空位作为施主存在，相当于对 GaN 进行了重掺，电子浓度的增加有利于形成低接触电阻的欧姆接触。Al 具有良好的导电特性，Ni 可以阻止 Au 向下扩散进入 GaN 半导体，Au 则对电极起到了保护作用，防止电极氧化。

　　P 型 GaN 基材料的欧姆接触的形成相对较难，并随着 AlGaN 材料 Al 组分的增加会更难。P 型 GaN 基材料的欧姆接触一般采用 Ni/Au 双层金属，其退火通常在一定的 $N_2 : O_2$ 气氛中进行，退火温度在 550℃ 左右。P-GaN 欧姆接触的形成机制为：Ni 在退火过程中向两个方向扩散，向下与 P-GaN 形成金属间化合物，从而形成欧姆接触；同时，在高温下，原子半径比较小的 Ni 原子向上扩散，穿过 Au 原子层到达表面，与 O 原子在表面形成 NiO 化合物，还有一部分 Ni 原子与 Au 原子形成 Ni-Au 合金化合物，这种合金化形成过程中会有金属岛的存在，更利于 O 原子向金属间扩散。退火过程中形成的合金化合物能有效减少金属和 P-GaN 基材料之间的接触势垒。

　　GaN 基材料的肖特基接触可选择功函数比 GaN 半导体的功函数大的金属，如 Ni、Au、Al、Pt、Pd、W 等都能与 GaN 材料形成肖特基接触，势垒高度一般能超过 1 V，理想因子接近 1。肖特基接触的金属的选择原则是：功函数要高，以便得到高的肖特基势垒；黏附性要好，通常采用 Ni 就是出于这种考虑；金属在 GaN 中的热扩散能力要尽量弱；熔点要高，在高温环境下能保持良好的表面形貌。为了提高肖特基接触的稳定性，通常采用多层金属或者合金化合物，如 Ni/Au、Pt/Au、Pd/Au、Ni/Ir/Au、W_2B/Ti/Au、WN_x 等。GaN 基材料的肖特基接触的电流输运机制较为复杂，与 GaN 基材料和金属之间的界面态密度、深能级缺陷以及接触势垒高度有很大关系。一般认为，常温下反偏电流输运机制主要表现为场发射，而高温下反偏电流输运机制主要表现为热电子场发射，这是因为 GaN 基材料的表面缺陷密度相对较高，通常还伴有缺陷辅助的隧穿电流。

3.4.2　GaN 基光电探测器

　　对于基本的成像单元，GaN 基紫外探测器按照工作原理及器件结构可以分为光导型探测器、肖特基探测器、MSM 结构探测器和 P-I-N 结探测器等类型。由于 P-I-N 结探测器具有量子效率较高、可靠性高、易与读出集成电路（ROIC）互联、适合制备大规模阵列探测器等优点，因此在制备紫外焦平面探测器时多采用背入射 P-I-N 结紫外探测器。Li 等人[32] 报道了 $Al_xGa_{1-x}N$ 背照式探测器。与正入射相比，背入射探测器有如下显著优势：

　　（1）避免了光信号被顶层 P 型 GaN 吸收。在 P-GaN 层表面一定深度内的耗尽区存在能带下弯，表面附近耗尽区的光生电子不能被 P-N 结内建场快

速移走，这部分光生电子容易被复合掉，形成所谓的光死区，降低了器件的量子转换效率；而背照式结构的光信号先到达吸收层，设计好吸收层厚度即可避免这种情况的发生，可以提高器件的量子效率。

（2）降低了制备 P 型接触的工艺难度。因为背入射不存在金属电极吸收和反射等问题，在制作 P 型欧姆接触时不需要刻蚀凹型窗口，并可增加 P 型接触的金属厚度，提高接触质量，而不降低器件的外量子效率。

（3）由于背照式探测器的光由衬底入射，采用倒装焊技术，因此器件的正面可用于读出电路布线连接，易于实现大规模焦平面阵列。

最早由 Khan 等人[22]实现的 GaN 基探测器是光电导型的，因为结构和工艺简单，所以只需要在 GaN 薄膜上淀积两个金属欧姆接触。光电导型探测器的一个主要优点是其内部光电子增益比较高，光电流响应度在 10^5 A/W 以上，但缺点也很明显，就是响应速度慢，暗电流和漏电流大，因此在实际应用中很少采用。

GaN 基肖特基型探测器的结构和工艺也相对简单，由一个金属肖特基接触和一个欧姆接触构成，其光电响应速度快，响应时间一般在 ns 量级，但会受到 RC 时间常数的限制。在所有类型的探测器中，肖特基探测器在短波长方向具有最宽的平带响应窗口，非常适合制作探测器和阵列，零偏下其响应度接近 0.1 A/W，紫外-可见光响应比一般为 $10^3 \sim 10^4$。1998 年，Osinsky 等人[33]研制出了第一个 AlGaN 肖特基型日盲紫外光电二极管，其在零偏下 272 nm 处的峰值响应度为 70 mA/W，相应的外量子效率为 32%，他们制备的 AlGaN 肖特基探测器具有很好的日盲特性，其日盲-可见光响应比达到 10^4。

Miyake 等人[34]基于 AlN/蓝宝石模板制备出了一个大面积的 AlGaN 肖特基型日盲紫外光电二极管，其响应覆盖了 $100 \sim 265$ nm 的宽窗口范围，日盲-可见光响应比达到了 10^4。Biyikli 等人[35]也报道了一个低噪声和高探测效率的 AlGaN 肖特基型日盲紫外光电二极管，该器件在 $0 \sim 25$ V 反偏下的暗电流密度为 1.8 nA/cm², 在 267 nm 处外量子效率达到了 42%，探测效率超过 2.6×10^{12} cm · $Hz^{1/2}$ · W^{-1}，在 10 kHz 下 $1/f$ 限制的器件噪声功率密度小于 3×10^{-29} A²/Hz。

金属-半导体-金属（MSM）型光电探测器由两个背靠背的肖特基二极管组成，具有结构和制造工艺简单、暗电流低、响应快、易于平面集成等优点，并且可以通过控制叉指结构电极的间距来降低 RC 时间常数，适合应用于高速光电转换。1997 年，Carrano 等人[36]报道了 MSM 结构的肖特基型 GaN 紫外探测器，10 V 偏压下暗电流仅为 57 pA，6 V 偏压下响应度为 0.4 A/W。1999 年，Monroy 等人[37]研制出了 N 型和 P 型 MSM 结构 GaN 紫外探测器，响应时间分别为 10 ns 和 200 ns。2004 年，Li 等人[38]研制出了 MSM 结构的 GaN

紫外光电探测器，其响应时间仅为 4.9 ps。几个研究小组研制出了正入射或背
入射 MSM 结构的 AlGaN 深紫外探测器[39-42]。Xie 等人[43]基于高温 AlN 缓冲
层外延和制备出了超低暗电流的 MSM 结构 AlGaN 日盲紫外探测器，在室温
和 150℃温度下，其暗电流都在 fA 量级，如图 3-6 所示；该器件在 10 V 偏压
室温下的外量子效率达到了 64%（在 275 nm 处），日盲紫外-近紫外光抑制比
超过 10^4；该器件即使在 150℃温度下外量子效率仍保持在 50% 以上，日盲紫
外-近紫外光抑制比大于 8000，如图 3-7 所示。他们的结果也证实了宽禁带半
导体紫外探测器可以耐受更高的工作温度。

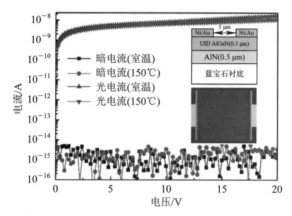

图 3-6　不同温度条件下暗场和 254 nm 紫外光照射下器件的 I-V 特性曲线

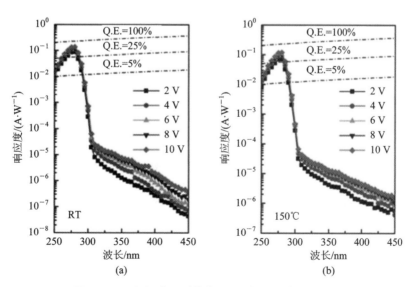

图 3-7　不同温度下测量的 MSM 探测器的光谱响应

P-N 结或 P-I-N 结探测器的主要优点表现为：工作偏压低，输入阻抗高，工作频率高，制作技术与半导体平面工艺相融合等。不像 P-N 结，在 P-I-N 结中，空间电荷区的宽度不依赖于 P-N 结电场，而主要由 I 型层的厚度决定。因此，I 型层厚度的设计非常重要，厚的 I 型层可以保证充足的光吸收，从而提高探测器的量子效率，并且有利于降低结电容，减小 RC 时间常数，但同时会增加光生载流子的渡越时间，降低器件的响应速度，需要根据实际应用折衷设计。1999 年，Parish 等人[44]在横向外延的 GaN 模板上生长制备了 P-I-N 结的 AlGaN 日盲紫外探测器，其在 285 nm 处的峰值响应度为 0.05 A/W，在 25 V 偏压下暗电流密度为 10 nA/cm²，响应时间低至 4.5 ns。Biyikli 等人[45]通过对 P-I-N 结 AlGaN 日盲紫外探测器进行 P⁺-GaN 帽层凹槽刻蚀，使得器件在 6V 偏压下暗电流低至 3 fA，探测效率达到 4.9×10^{14} cm·Hz$^{1/2}$·W^{-1}。Collins 等人[46]采用高 Al 组分的 N-Al$_{0.6}$Ga$_{0.4}$N 作为 P-I-N 结 AlGaN 日盲紫外探测器的光学窗口层，使透射到 AlGaN 日盲吸收区的光增强，得到了高达 2.0×10^{14} cm·Hz$^{1/2}$·W^{-1} 的探测效率。美国西北大学通过采用高 Al 组分的 P-Al$_{0.7}$Ga$_{0.3}$N 作为 P-I-N 结 AlGaN 探测器的光学窗口层，得到了零偏下峰值（在 262 nm 处）响应度为 0.20 A/W、UV-可见光抑制比达到 6 个量级的日盲紫外探测器[47]。2013 年，Cicek 等人[48]利用 Si-In 共掺 Al$_{0.5}$Ga$_{0.5}$N 窗口层和高质量的 AlN 模板制备了一个背入射 P-I-N 结 AlGaN 日盲紫外探测器，在零偏下获得了 80% 的外量子效率（在 275 nm 处），在 5 V 反偏下获得了 89% 的外量子效率，UV-可见光抑制比超过了 6 个量级。当制备 AlGaN 日盲紫外探测器时，高温的 AlN 缓冲层和 AlN/AlGaN 超晶格结构常常被用来抑制 AlGaN 层生长过程中拉应变的积累和减少 AlGaN 层的位错密度。南京大学的研究团队就采用该方法制备了一个 P-I-N 结 AlGaN 日盲紫外探测器[49]，如图 3-8 所示，其漏电流低至 1.8 pA，峰值处的量子效率达到了 64%，热噪声限制的探测效率为 3.3×10^{13} cm·Hz$^{1/2}$·W^{-1}。

3.4.3 焦平面阵列成像

焦平面阵列（FPA）需要与读出电路相结合来完成信号探测。图 3-9 为背入射 Al$_x$Ga$_{1-x}$N 基日盲紫外探测器的 FPA，成像元件由探测器阵列和硅基 CMOS 读出集成电路（ROIC）组成。Al$_x$Ga$_{1-x}$N 基日盲紫外探测器的焦平面阵列探测紫外信号，将目标发出或反射的紫外光转换为电信号；硅基 CMOS ROIC 将紫外探测器的焦平面阵列收集的电信号存储在积分电容中，并将按空间分布的电信号以一定时序关系读出，自动完成二维成像。当 Al$_x$Ga$_{1-x}$N 基日盲紫外探测器的 FPA 工作在大气层下太阳光谱盲区时，由于其具有本征日盲

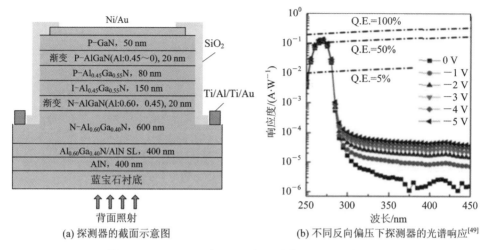

(a) 探测器的截面示意图　　　　　(b) 不同反向偏压下探测器的光谱响应[49]

图 3 - 8　P - I - N 型 AlGaN 探测器的结构和光电特性

特性，因此无须或使用很少的紫外滤光片，即可提高探测器在日盲波段的探测效率。

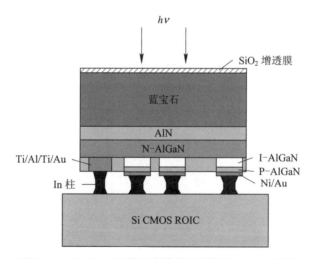

图 3 - 9　$Al_xGa_{1-x}N$ 基日盲紫外探测器的 FPA 示意图

硅基 CMOS 读出集成电路采用了电容反馈跨阻放大器（CTIA），其原理图如图 3 - 10 所示。CTIA 结构主要由跨接在一个高增益的放大器两端的积分电容和复位开关组成的负反馈电路构成。

由图 3 - 9 可见，FPA 所使用的探测器结构为 P - I - N 型，具体的背入射结

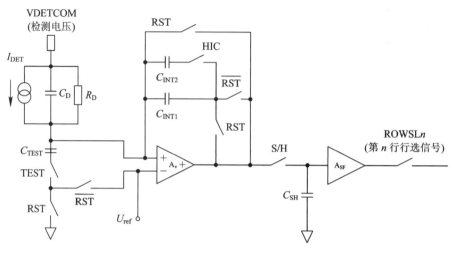

图 3-10   CTIA 单元电路原理图

构如图 3-11 所示[50]。探测器光谱响应范围由 N-Al$_{0.7}$Ga$_{0.3}$N 和 I-Al$_{0.54}$Ga$_{0.46}$N 的 Al 组分确定，调整窗口层的 Al 组分可以调节器件短波方向的截止波长，调整吸收层的 Al 组分可以调节器件长波方向的截止波长。该探测器的波长响应范围为 260～280 nm。为了减小 AlN 缓冲层的晶格失配，选取 Al 组分在 70% 左右的 AlGaN 窗口层。同时考虑到光子在 N 型接触层中的吸收损耗，需要采用 Al 组分尽量高于吸收层的 N 型 AlGaN 重掺杂欧姆接触层。因为同时考虑了吸收损失和 AlGaN 窗口层与吸收层间的晶格失配，图 3-11 选取了 Al 组分为 65% 的 AlGaN 重掺杂欧姆接触层。

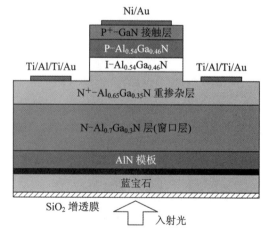

图 3-11   Al$_x$Ga$_{1-x}$N 背入射 P-I-N 探测器结构[50]

图 3 - 12 是一个典型的 $Al_xGa_{1-x}N$ 紫外 FPA 局部俯视图和结构截面图[50]。阵列的 N 型电极环绕四周并连接在一起，N 型电极通过 In 柱与硅 CMOS ROIC 连接。各 P 型电极独立通过 In 柱与硅 CMOS ROIC 内各单元的电极 In 柱相连。探测器阵列与硅 CMOS ROIC 接触的表面制备了厚 Al 层用作光屏蔽膜。$Al_xGa_{1-x}N$ 紫外 FPA 芯片采用了混合集成方式，即先将 320×256 $Al_xGa_{1-x}N$ 基紫外探测器阵列和 CMOS 读出集成电路分别制作在 $Al_xGa_{1-x}N$ 材料和硅材料上，然后将 $Al_xGa_{1-x}N$ 紫外探测器阵列与硅 CMOS 读出集成电路通过 In 柱倒装回流焊实现电连接和机械连接。

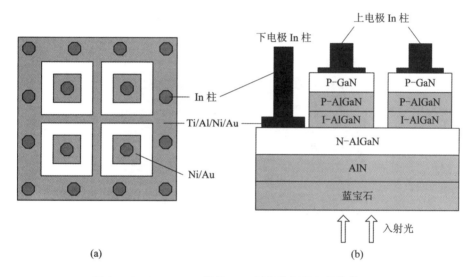

图 3 - 12　$Al_xGa_{1-x}N$ 紫外 FPA 局部俯视图和结构截面图

图 3 - 13 给出了紫外 FPA 成像装置示意图。该装置主要由紫外光源、紫外镜头、紫外 FPA、驱动电路与信号处理电路、带有反射 Al 板的成像目标台等组成，可用于探测器的峰值探测效率测试和物体紫外成像。封装好的焦平面阵列芯片如图 3 - 14 所示。

美国西北大学 Razeghi 课题组在 2005 年也研制出了 320×256 $Al_xGa_{1-x}N$ 基紫外探测器阵列[29]。他们制备的 FPA 由 320×256 个 $25~\mu m \times 25~\mu m$ 像元的阵列组成，周期为 $30~\mu m$，在阵列的外围有一个公共的 N 型接触环。在将 FPA 与 ROIC 结合之前，他们对阵列中单个像元的电学特性进行了研究。阵列中央的一个代表性像元的 I-V 曲线如图 3 - 15 所示。像元的开启电压为 $4.7~V$，串联电阻为 $4.3~k\Omega$，通过 I-V 曲线拟合得到的器件的理想因子为 3.6。对数刻度的 I-V 曲线显示了像元具有很好的 P - N 结特性，反向漏电流非常低。

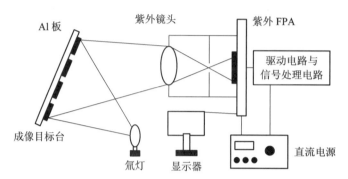

图 3-13　紫外 FPA 器件成像装置示意图

图 3-14　320×256 AlGaN 日盲 P-I-N 焦平面阵列芯片

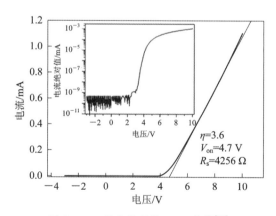

图 3-15　单个像元的 I-V 曲线[29]

图 3-16 显示了 FPA 中不同位置的器件的性能参数的变化趋势。在整个
FPA 中挑选出中间那一行，将这一行中处在不同列位置的器件的性能参数随
列位置作变化趋势图，其中 0 列表示离 N 型电极最近，160 列表示离 N 型电极
最远。从图 3-16 中可以看到，随着器件离 N 型电极的距离变远，其开启电压
有所下降，但很快就保持到一个基本不变的定值；串联电阻逐渐增大，到 80 列
后也达到一个定值，这说明 N-AlGaN 具有好的横向电导；器件的理想因子在
整个阵列中保持在一个相对恒定的范围内。

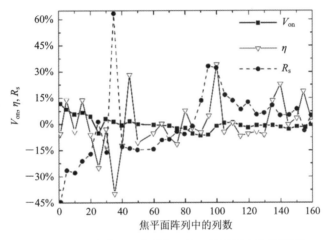

图 3-16 开启电压、串联电阻和理想因子变化趋势[29]

无引脚芯片载体将阵列装在相机头上，在阵列的正前方是一个用来阻挡杂
散光的光圈，紧接着的是 280 nm 的带通滤波器，然后使用一个 32 mm 焦距的
CaF 光学元件收集光子并在 FPA 上形成图像，另外采用 SiO_2 沉积作为 In 柱连
接保护层。理想情况下，相机系统是不需要带通滤波器的，尽管所用的 AlGaN
光电二极管是日盲的，但硅基的 ROIC 会吸收可见光。如果没有这个带通过滤
器，则大量的可见光将会透过 AlGaN 探测器 FPA 照射到硅基 ROIC 上，造成
可见光对硅基 ROIC 器件电信号的干扰。目前其他不需要带通过滤器的可替代
工艺也在研究中，例如将不透明的金属嵌入 SiO_2 保护层中，使 AlGaN 探测器
FPA 对可见光不透明。

因为 280 nm 的光辐射在自然界中不容易找到，所以相机的成像需要人工
场景来协作。一个简单的场景可以使用短波紫外线灯和一个阴影掩模道具来实
现，这些道具组成一定的形状后通过相机成像。图 3-17(a)显示了道具字母
CQD 的图像。紫外相机还可以成像电弧和日冕，可用于高压设备的诊断，还可
以用于军事导弹告警、船舶港口雾天靠泊的精确定位成像等众多日盲成像领

域。图 3-17(b)为小型反激变压器产生高频电弧的日盲图像。可通过提升工艺和采用 FPA 处理技术(背景差分)来提高像素单元器件的良率，消除坏扫描点的存在。

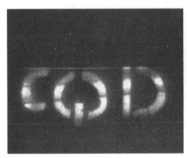
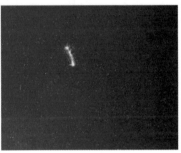

(a) 紫外灯照射的剪纸成像　　　　　　(b) FPA电弧成像[29]

图 3-17　FPA 成像图

3.5　日盲紫外雪崩光电二极管的设计与制备

随着现代化信息武器装备竞争的日益激烈，普通结构非增益或低增益的光电探测器难以满足未来的作战需求，需要采用高灵敏度的单光子探测技术，以实现对极微弱目标信号乃至单光子的探测。单光子探测技术能将现有的机载光电探测距离从几十公里提升到几千公里，势必带来机载目标探测系统的革命，极大地改变未来空天战场的作战方式。要发展新一代光信号量子探测技术，就必须依赖超高灵敏度的单光子探测器。虽然真空光电倍增管可实现单光子探测水平，但在量子效率、分辨率、寿命、小型化、低功耗和造价方面难有大的提升空间，严重影响了军事作战的灵活性以及飞行器的作战距离，不适合进一步发展未来的光信号量子探测技术。半导体雪崩光电二极管(APD)因具有单光子探测效率高、体积小和易于集成等优点而备受关注，被公认为是发展单光子量子探测的主流技术方案。

传统的 GaN 基 APD 的基本结构有肖特基型、P-N 结、P-I-N 结等。在肖特基型和 P-N 结中，耗尽区或空间电荷区为雪崩发生的主要区域，但是它们的厚度的可控性和电场分布的非均匀性使得碰撞离化难以产生最大效益，因而发展并形成了 P-I-N 结 APD，即以非故意掺杂层作为雪崩区，其厚度、组分等参数可根据需要设计，可以做到完全可控。在氮化物半导体材料中空穴离化系数比电子离化系数更高，这使得以空穴发动雪崩倍增的背入射型 APD 能够获得更高的增益，且背入射型 APD 避免了金属电极对入射光的遮挡，具有有利于阵列读出电路的设计，使得集成更简单。此外，对于背入射方式，光吸收主要靠近 N 型层，所产生的光生电子空穴对中的电子在反偏电场下向离得更近的 N 型电极漂移，因距离短，故不易产生雪崩离化；而光生空穴被电场加速到远端的 P 型电极，可以导致空穴发动的离化雪崩过程。因此，背入射方式主要由空穴单载流子发动雪崩倍增，会大大降低器件的过剩噪声。

雪崩探测器的工作模式主要分为线性模式和盖革模式两种。在线性模式下，GaN 基 APD 的雪崩增益因子可以超过 1000，而在盖革模式下增益可以达到 10^7。国际上有关 GaN 紫外雪崩光电探测器的报道主要来自美国西北大学、麻省理工学院、佐治亚理工学院和 APA Optics 公司等著名科研机构。美国西北大学的 Razeghi 课题组和佐治亚理工学院 Dupuis 课题组在同质外延衬底上制备的 GaN 紫外雪崩光电探测器已达到了相当高的水平，其内部增益已超过 10^6，并已实现了单光子的探测与计数，单光子探测效率达到 30%[51]。

3.5.1　P–I–N 结 GaN 基 APD

1999 年，美国麻省理工林肯实验室首次制备了 GaN 雪崩光电二极管[52]。尽管该器件的光学增益只有 10，但是其结构非常简单，仅仅在 Zn 掺的 GaN 层上淀积了一层 Au 作为肖特基结。他们发现 GaN 的雪崩电场强度高达 4 MV/cm，开始产生离化倍增时的电场为 1.6 MV/cm。随后，他们又证实了 GaN 雪崩光电二极管在盖革模式下的光子计数，在暗计数率为 400 kHz 下的光子探测效率为 13%[53]。

2007 年，美国西北大学 Razeghi 研究组基于 AlN 模板实现了背入射 P–I–N 结 GaN 雪崩光电二极管的盖革模式操作，单光子探测效率达到了 20%，暗计数率小于 10 kHz[54]。该器件的 I–V 曲线如图 3–18 所示，因为采用了同质结的 P–I–N 结，所以不管是正入射光还是背入射光，上面的 P 型 GaN 层或者下面的 N 型 GaN 都会降低 I–GaN 吸收区对光的吸收，因而他们在背入射条件下将 N–GaN 层设计得很薄，只有 200 nm，导致器件的暗电流在雪崩前一直在快速增加。同时，I–V 曲线显示，随着器件面积增加，暗电流会大幅增加。随后，他们在自支撑的 GaN 衬底上外延了质量更高的 GaN 同质 P–I–N 结[51]，同时将 N–GaN 也增加到了 1 μm，这时暗电流得到了明显的抑制，器件增益达到了 10^5 量级，单光子探测效率也提高到了 24%。可见，采用背入射可得到更高的单光子探测效率。采用不同衬底制备的 GaN 基 APD 在不同入射

方式下的 I-V 曲线和单光子探测效率如图 3-19 所示。可以看出，自支撑衬底上外延的 APD 的器件性能相比蓝宝石 APD 的有显著提升，因衬底吸收，不能准确测试自支撑衬底上 APD 在背入射条件下的单光子探测效率，所以无法提供背入射自支撑衬底上 APD 的单光子探测效率。

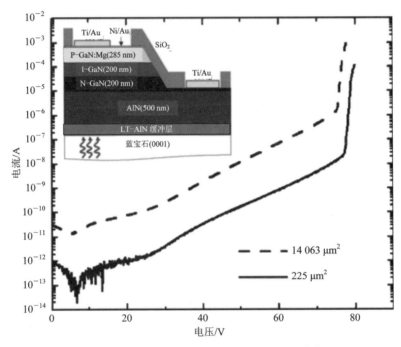

图 3-18　不同面积 GaN APD 的 I-V 曲线[54]

根据图 3-19(b)所示的蓝宝石衬底上 APD 在正入射和背入射条件下单光子探测效率的差异可知，如果剥离衬底，则自支撑衬底上外延的 APD 在背入射条件下单光子探测效率可能接近 50%，这是一个非常高的单光子探测效率。

2005 年，McClintock 等人[55]制备出了 P-I-N 结 AlGaN 基日盲紫外 APD，在 60 V 反偏时获得了 700 的光学增益，不过器件表现为软击穿特性。中山大学基于高温的 AlN 缓冲层和六个周期的 $Al_{0.4}Ga_{0.6}N/AlN$ 超晶格层生长制备了 P-I-N 结 AlGaN 日盲紫外 APD，该器件在 62 V 反偏下雪崩增益为 2500。同时，他们测试了该器件在不同温度下的 I-V 特性，器件的雪崩电压呈现为正的温度系数，这证明其增益机制与雪崩过程相关[56]。因为随着温度的升高，AlGaN 材料的晶格振动加剧，晶格对载流子的散射增强，载流子会因晶格散射的增强而失去部分能量，所以需要更高的电场强度来提供额外能量，以加速载流子，产生碰撞离化，而更高的电场强度意味着需要更高的外加

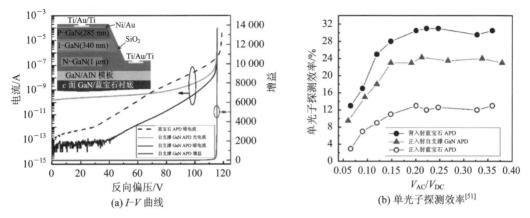

(a) I-V 曲线

(b) 单光子探测效率[51]

图 3-19　不同衬底和入射方式下的 GaN 基 APD 的探测性能

偏压，从而雪崩电压表现出正的温度系数。注：隧穿导致的电流增加是一个非温度依赖的过程。

3.5.2　SAM 结构 GaN 基 APD

由于 GaN 材料的空穴离化率高于电子的离化率，因此为了实现空穴发动的倍增过程，有人提出采用分离吸收层与倍增层(SAM)结构的 GaN 基雪崩光电探测器(APD)。所谓 SAM 结构，就是在传统的 P-I-N 结的 I 型本征层中插入一个薄的 N 型层，变成 P-I_1-N_1-I_2-N_2 结，如图 3-20 所示。中间 N 型层的作用是调控两边 I 型本征层的电场，从而使光吸收区和雪崩倍增区在结构和功能上进行分离。这种结构采用背入射方式进光，下面的 I_2 本征层作为光吸收区，具有较低的电场，主要作用是分离光生载流子，驱动空穴至雪崩区，其厚度主要依据对入射光的完全吸收来设计，与材料的吸收系数有关；上面的 I_1 本征层是高场雪崩区，空穴发动的雪崩离化过程发生在这一层，其厚度需要依据材料的离化系数和器件结构进行优化设计。SAM 结构 GaN 基雪崩光电器件的探测原理为：紫外光从器件背面透过衬底和具有光学窗口作用的 N 型欧姆接触层进入 I_2 本征层吸收区，在吸收区产生光生电子-空穴对，电子-空穴对在电场作用下分离，电子被驱动到 N 型欧姆电极，空穴则会在电场作用下与电子反方向漂移，穿过中间 N 型层后进入 I_1 层雪崩区，在强场下加速，发生离化雪崩，所以这种 SAM 型 GaN 基雪崩探测器为空穴发动的离化雪崩过程，不仅可以靠一种载流子发动雪崩过程来大大降低器件的过剩噪声，还可以降低载流子复合的概率。

N_1 层厚度和掺杂浓度对器件性能有重要影响，如果 N_1 层厚度很厚或者掺

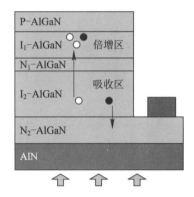

图 3 - 20　分离吸收层与倍增层结构(SAM)的 GaN 基雪崩光电探测器

杂浓度过高，则反偏电压会绝大部分降落在 I_1 层上，在 I_1 层达到雪崩电场强度时，N_1 层也很难被耗尽，电场无法到达 I_2 吸收层。这时，SAM 型结构就退化为 P - I - N 结，I_2 吸收层所产生的光生空穴因无电场驱动而无法漂移进入 I_1 雪崩层。如果 N_1 层厚度过薄或者掺杂浓度过低，则 N_1 层在较低的偏压下会过早耗尽，I_1 雪崩层同样会过早耗尽，I_2 吸收层将承担大的反偏电压降，直接参与载流子的雪崩离化，器件转变成 P - I - N 结，雪崩层就包括 I_1、N_1、I_2 层，其厚度明显增加，因此器件所需的雪崩击穿电压也会明显增大，不利于提高器件的增益和可靠性。同时，光生电子和光生空穴都会参与碰撞离化过程，器件总的暗电流也会增大，导致噪声变大。因此，N_1 层厚度需要根据实际材料的离化系数、击穿场强分布等进行优化设计。

　　美国西北大学提出了一个背入射 SAM 结构 GaN 雪崩光电探测器[57]，其结构如图 3 - 21 所示。该器件由 P - I - N - I - N 纯 GaN 结构组成，这个结构虽然是纯空穴注入发动的雪崩倍增，能得到低的噪声等效功率，但底层也采用了GaN 层，严重影响了 I - GaN 吸收层对光的吸收，因此，他们采用了很薄的N - GaN 层，但这样会导致 N - GaN 层的欧姆接触电阻过大。为了避免 N - GaN 层对光的吸收，佐治亚理工学院提出了正入射 SAM 结构 GAN 基 APD 的P - I - P - I - N 结[58]，如图 3 - 22 所示。他们采用 P - AlGaN 作为窗口层，将吸收层放在雪崩层上面，主要通过吸收层的光生电子漂移过渐变的 P 型 GaN 电荷层，进入雪崩层而发动雪崩倍增，这样可以利用 GaN 体单晶进行同质外延，得到高晶体质量的 GaN 雪崩探测器结构。他们在较低的雪崩击穿电压（72.5 V）下得到了近 10^6 量级的雪崩增益和优异的雪崩击穿电压的均匀性。

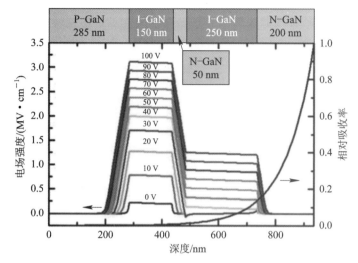

图 3 - 21　SAM 结构 GaN 基 APD 的结构和不同电压下的电场分布[57]

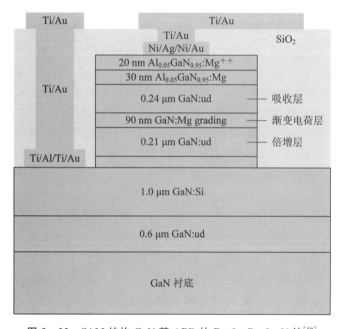

图 3 - 22　SAM 结构 GaN 基 APD 的 P - I - P - I - N 结[58]

黄等人[59]发展了背入射 SAM 结构 AlGaN 日盲雪崩光电探测器结构，如图 3 - 23(a)所示。为了减少 P 型 GaN 欧姆接触层与高 Al 组分的 AlGaN 雪崩

层之间的晶格失配，他们在这两层之间插入了组分渐变的 P 型 AlGaN 层。雪崩器件在光暗条件下的 $I-V$ 特性曲线如图 3-23 (b) 所示，器件雪崩增益达到了 3000，但是因为 N-AlGaN 欧姆接触层和下面的 I-AlGaN 层太薄，不利于得到高晶体质量的 AlGaN 雪崩层，所以，该器件的漏电流随电压一直以指数上升。在器件工艺上，他们通过刻蚀引入了双台面结构，外台面刻蚀主要是为了制备 N 型层欧姆接触，内台面刻蚀到接近雪崩层，保留一层薄的 P-AlGaN，形成侧壁漏电通道的高阻区，以减小侧壁刻蚀损伤导致的漏电流。

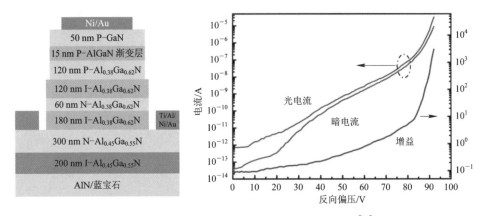

图 3-23　SAM 结构 APD 器件结构和 $I-V$ 特性[59]

邵等人[60]在黄等人的基础上进行了工艺改进，在制备器件时对刻蚀表面除了用 KOH 溶液处理外，还进行了光电化学处理，即将样品放在光电化学处理装置中，让样品与阳极相连，部分浸泡在 1 Mol/L 的 KOH 溶液中，电极不与溶液接触，阴极为 Pt，参比电极为 Ag/AgCl，同时用 500 W 氙灯进行照射，用循环伏安法对样品进行处理，扫描区间为 0～10 V，进行两个循环扫描，扫描步长为 0.05 V，总时长为 2 min。扫描电镜图显示经过光电化学处理后，对刻蚀的修复效果比仅仅使用 KOH 溶液处理要好，用 KOH 溶液浸泡过的台阶侧壁会留下许多金字塔形状或者四面体形状的锥状物，如图 3-24(a)所示。这些四面体的侧面相互平行，沿一定的晶面方向，在四面体的顶端留下了很小的尖端，这些尖端很可能成为电荷积累区，成为器件在高场下发生微等离子体击穿或者提前击穿的区域；而采用光电化学方法进一步处理后，侧面平滑了很多，如图 3-24(b)所示，锥体尖端和棱边都基本被腐蚀掉了，只剩下沿一定方向的微小突起，并且这些突起也很光滑，这样电荷就不易在光滑的侧壁进行积累，侧壁电场分布的均匀性也会得到改善，有利于降低侧壁过早击穿的风险。

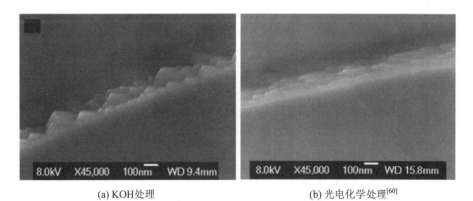

(a) KOH处理　　　　　　　　　　　(b) 光电化学处理[60]

图 3 - 24　APD 侧壁 SEM 图像

图 3 - 25 显示，刻蚀后的器件经过 KOH 溶液加热处理后，其暗电流比未经处理过的器件降低了两个量级，再经过光电化学处理，暗电流又得到了进一步降低。经过光电化学处理修复刻蚀损伤后，AlGaN 日盲雪崩光电探测器的性能能得到了明显改善，其光暗条件下的 I - V 特性如图 3 - 26 所示，测试时设置的保护电流为 10^{-5} A，器件处于明显的盖革击穿模式，雪崩前光电流曲线非常平坦，在 84 V 反偏下其光电倍增因子达到了 1.2×10^4，雪崩点的暗电流密度也明显下降。

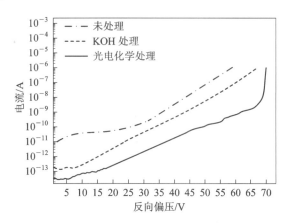

图 3 - 25　不同方法处理后的 APD 的暗电流[60]

为了确认光电雪崩探测器的光电增益机制，邵等人在不同的温度下测量了器件的暗电流曲线，如图 3 - 27 所示。结果显示，暗电流和雪崩击穿电压随温度升高而增大，具有很强的温度依赖性。当温度从 298 K 升高到 348 K 时，雪

宽禁带半导体紫外光电探测器

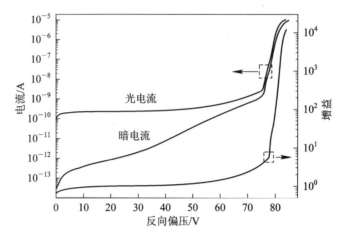

图 3-26　AlGaN APD 的 *I-V* 特性和增益曲线[60]

崩电压上升了 3 V，即器件的雪崩电压具有正的温度系数，其值为 0.06 V/K。正的温度系数说明增益是由雪崩引起的，而不是由齐纳击穿等现象引起的。

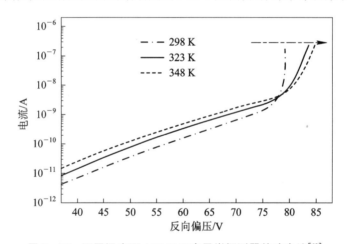

图 3-27　不同温度下 AlGaN 日盲雪崩探测器的暗电流[60]

3.5.3　极化和能带工程在雪崩光电二极管中的应用

　　众所周知，Ⅲ族氮化物自发极化和压电极化引起的内建电场可以达到 MV/cm 量级，这和氮化物半导体雪崩击穿电场在同一个量级。因此，完全可以通过器件结构设计将极化场引入器件中，调控器件的载流子输运和离化过程。董和邵等人[61-62]在设计 AlGaN 雪崩光电二极管时在雪崩区引入了极化场，他们采用了 AlGaN 异质结，如图 3-28 (a)所示，让 P-AlGaN 层的 Al 组分低于 I-AlGaN 雪崩层，这样会因 AlGaN 异质结自发极化系数的差异以及应变导致的压电极化在 P-AlGaN/I-AlGaN 界面处产生负的极化电荷，这些负的极化电荷在雪崩层中引入的极化电场与外加反向偏压电场一致，如图 3-28 (b)所示。因此，该器件产生雪崩击穿所需要的外加反向偏压会因为极化场的介入而降低，降低外加雪崩电压可以降低器件因局部电场过高而引发的提前击穿的风险，同时可以减小器件在雪崩点的总暗电流，有利于提高器件的光电增益。

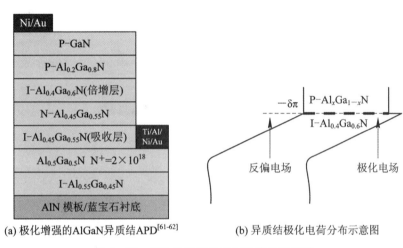

(a) 极化增强的AlGaN异质结APD[61-62]　　(b) 异质结极化电荷分布示意图

图 3-28　AlGaN 雪崩光电二极管极化工程

为了分析极化场对雪崩击穿电压和倍增因子的影响，董等人[62]计算了采用不同 Al 组分的 P-$Al_xGa_{1-x}N$ 层与 I-$Al_{0.4}Ga_{0.6}N$ 倍增层组成的异质结雪崩二极管的电场分布，如图 3-29 所示，参考结构采用与倍增层 Al 组分相同的 P-$Al_{0.4}Ga_{0.6}N$ 同质结构。在雪崩击穿点，倍增层内的电场强度随 P-$Al_xGa_{1-x}N$ 层 Al 组分的减小显著上升，这是因为 P 型层 Al 组分越小，P-$Al_xGa_{1-x}N$/I-$Al_{0.4}Ga_{0.6}N$ 异质结自发极化系数的差异越大，失配应力也越大，由此在异质界面产生的极化电荷也越多，形成的极化场则越强。当外加偏压一定时，P 型层 Al 组分越低，倍增层的总电场就越大。在倍增层内，极化产生的电场大小约为 10^5 V/cm 量级。当然，P 型层 Al 组分的选择还需要综合考虑其与 AlGaN 倍增层异质结之间的晶格失配等问题，需要进行优化设计。

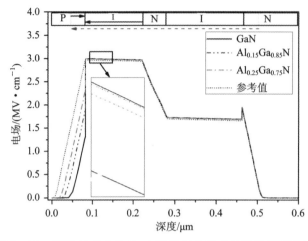

图 3 - 29 不同 **Al** 组分的 **P - AlGaN** 层的光电二极管在雪崩击穿
电压点的电场分布[61-62]

另外，降低 P 型层的 Al 组分后，在 P 型层内极化场的方向与外电场方向相反，极化场的作用削弱了 P 型层内的总电场，抑制了耗尽区向 P 型层的扩散。众所周知，高 Al 组分 AlGaN 的 P 型掺杂非常困难，难以得到高空穴浓度的 P - AlGaN，低的 P 型掺杂很容易使 P 型层完全耗尽，而当 P 型层完全耗尽时，耗尽区的电场将会贯穿至金属欧姆接触电极，产生极强的暗电流，降低雪崩器件的性能。极化场的存在抑制了低掺杂效率的 P - AlGaN 层的完全耗尽，避免了因电场的穿通而产生大的暗电流。同时，降低 P 型层的 Al 组分有利于获得更高空穴浓度的 P 型 AlGaN 电导层，降低了 P - AlGaN 层的制备难度。

图 3 - 30 对比了有无极化场引入情况下两种结构的光电流和暗电流特性，测试时保护电流设置为 10^{-5} A。从图 3 - 30 中可以明显看出，极化增强雪崩探测器的雪崩电压为 62.6 V，而传统雪崩探测器的雪崩电压是 75.5 V，极化增强雪崩探测器的雪崩电压显著减小，主要归因于极化场的引入；由于雪崩电压的减小，雪崩点的暗电流也比传统结构明显降低。在同样的测试条件下，传统结构的雪崩倍增增益在 84 V 达到最大值，为 1.2×10^4；而极化增强结构在 71.3 V 时达到最大值，为 2.1×10^4，其增益比传统结构提高了近一倍。

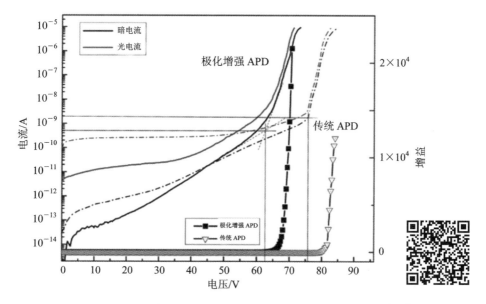

图 3 – 30　传统结构和极化增强结构的光电流和暗电流曲线[61-62]

　　如图 3 – 31 所示，理论计算发现 AlGaN 材料的离化系数随 Al 组分的增加以指数衰减[63]。因此，在设计 AlGaN 日盲雪崩探测器时，如果能将 AlGaN 倍增层的 Al 组分适当降低，提高载流子的离化系数，可以大幅提升器件的雪崩增益。邵等人[64]依此提出了一种异质结倍增层结构来提高倍增层空穴的平均离化系数，器件结构如图 3 – 32 (a)所示，其能带示意图如图 3 – 32(b)所示。在这个背入射 SAM 结构中，在倍增层采用了 $Al_{0.2}Ga_{0.8}N/Al_{0.4}Ga_{0.6}N$ 异质结替代传统设计中的 $Al_{0.4}Ga_{0.6}N$ 单一倍增层。这样除了可以有效地提高倍增层的空穴平均离化系数外，在异质界面导带势垒还可以阻挡电子碰撞离化，降低器件的雪崩过剩噪声，同时也减少了由于部分使用低 Al 组分雪崩层而导致的长波长光生电子的碰撞离化，抑制了日盲带外吸收产生的暗电流倍增。另外，价带的带偏有利于促进空穴的离化。图 3 – 32 (c)给出了异质结倍增层结构 APD 器件在光电流和暗电流条件下的 $I-V$ 曲线。图 3 – 32(c)显示，器件具有典型的雪崩击穿特性，与传统 AlGaN 雪崩器件相比其增益有了明显提高，达到了 $5.5×10^4$。

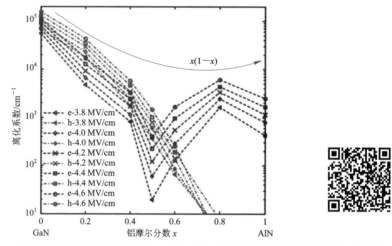

图 3-31 不同 Al 组分 AlGaN 材料中电子和空穴在不同电场下的碰撞离化系数[63]

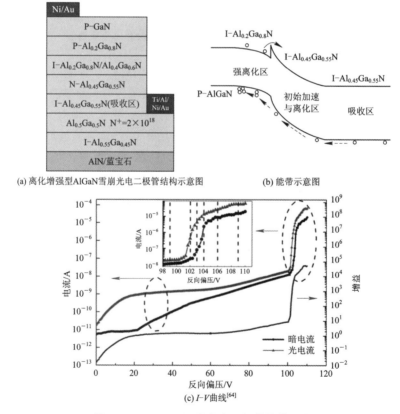

(a) 离化增强型AlGaN雪崩光电二极管结构示意图   (b) 能带示意图

(c) I-V曲线[64]

图 3-32   AlGaN 雪崩光电二极管能带工程

但是该异质结倍增层设计方法可能会损失器件的日盲特性，因为在倍增区采用了低 Al 组分的 AlGaN，这样会导致日盲波段以外的近紫外光的吸收，产生日盲带外光电流噪声，尽管异质结导带带偏产生的电子势垒可以在一定程度上阻碍电子的倍增离化。为了抑制这种异质结增强型雪崩器件对日盲带外光的响应，蔡等人[65] 提出了在器件蓝宝石衬底背面（即光入射面）集成一个 Si_3N_4/SiO_2 光子晶体紫外滤波器结构[66]，如图 3 - 33（a）所示，他们在已经制备好器件的蓝宝石衬底上采用 PECVD 淀积了带有抗反射涂层设计的 Si_3N_4/SiO_2 一维光子晶体结构作为紫外滤波器。图 3 - 33（b）显示该滤波器在 $280\sim340$ nm 紫外波段有高达 98% 的反射率，可以将低 Al 组分的 AlGaN 在日盲波段外长波长的可吸收光反射

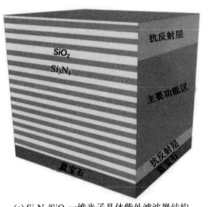

(a) Si_3N_4/SiO_2 一维光子晶体紫外滤波器结构

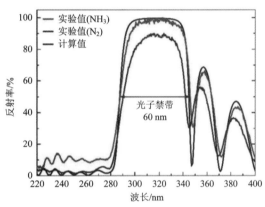

(b) 滤波器反射谱

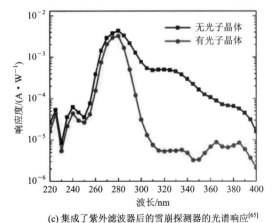

(c) 集成了紫外滤波器后的雪崩探测器的光谱响应[65]

图 3 - 33 一维光子晶体滤波

掉，能很好地改善上述日盲问题。集成了紫外滤波器后的雪崩探测器的光谱响应如图 3 - 33（c）所示，相比没有集成紫外滤波器的器件，其在日盲带外的光电流响应降低了近两个数量级。

能带结构是实现器件功能的物理基础和调控载流子输运的基本手段，在器件结构设计中至关重要。强极化是氮化物半导体体系特有的性质，极化场对异质结的能带结构有很强的调制作用，会显著影响器件的性能。极化诱导的能带工程在器件结构设计中极其重要，如何利用极化场来增强器件性能或者规避极化场的负面作用，是氮化物半导体器件结构设计中必须要考虑的一个设计元素。

3.6 InGaN 光电探测器的制备及应用

InGaN 是由 InN 与 GaN 组成的三元合金，为直接带隙半导体材料。其禁带宽度为 $0.63 \sim 3.44$ eV，对应波长为 $360 \sim 1968$ nm。InGaN 材料通常用于制备发光二极管和激光器的有源层，也可用于制造高效太阳能电池和光电探测器。InGaN 蓝光探测器可作为光接收部件，在 LED 可见光通信领域有重要的应用，近年来得到了广泛关注。

LED 可见光通信系统多以蓝光 LED 为信号光源，其发光光谱峰值在 455 nm 左右，半峰宽值在 20 nm 左右。为了减少背景噪声的影响，光接收器端的响应窗口应与之相对应。此外，为了在高速率传输下精确地接收信号，光接收器还需具备高灵敏度、高响应速度和低噪声等特点。

在目前的可见光通信系统的相关研究中，光接收器端的光电探测器多采用 Si 基或 GaAs、GaP 基商用光电二极管探测器。然而，Si 基和 GaAs 基光电探测器会对红外光产生响应，需附加红外截止滤波器，滤波后的蓝光波段信号强度会损失 $30\% \sim 40\%$。这不仅增加了成本，也降低了探测器的光响应度。尽管 GaP 基光电探测器的光谱响应截止波长在可见光区域，但由于其为间接带隙材料器件，因此存在量子效率低的问题。

与上述半导体材料相比，InGaN 材料具有较大优势。InGaN 为直接带隙半导体，带边吸收系数高达 10^5 cm^{-1}，比 GaAs 和 Si 分别高出一个和两个数量级，能降低器件的吸收区的厚度，提升响应度和量子效率。同时，InGaN 具有低的电子有效质量、高的载流子迁移率和电子饱和漂移速度，可提升器件的响应速度。此外，InGaN 几乎覆盖整个太阳光谱，且 In 组分连续可调，具有良好的信号波长选择性。InGaN 还具有良好的抗辐照性能和化学稳定性：在经过

10 MeV/g 的高能质子轰击后，其 PL（光致发光）强度和电子浓度均未发生明变化。总之，InGaN 是一种优异的光电转换材料。

3.6.1　材料外延

早在 1972 年，K. Samura 等人就报道了全 In 组分 InGaN 合金材料的生长研究。限于当时的生长技术和衬底材料，他们制备的材料基本上是多晶。1989 年，Nagatomo 等人通过金属有机化学气相沉积（MOCVD）方法获得了 InGaN 单晶[67]。2002 年，俄罗斯约飞研究所、美国劳伦斯国家实验室和康奈尔大学几乎同时发现室温下 InN 的禁带宽度约为 0.7 eV[68-69]，引起了人们对全 In 组分 InGaN 研究的关注。2004 年国际上已经开始进行全组分 InGaN 材料的外延和 P 型掺杂研究工作，但是进展不大，直到 2009 年才实现了 In 组分为 35％的 P 型 InGaN[70]。

目前国内在该领域的主要研究单位有北京大学、中国科学院半导体研究所、南京大学和厦门大学等。2003 年，中国科学院半导体研究所生长出 InN 薄膜并验证其禁带宽度约为 0.7 eV[71]；2012 年，北京大学在蓝宝石衬底上实现了高质量 InN 薄膜，其在室温下的电子迁移率超过 3000 $cm^2/(V \cdot s)$[72]；但是，目前高 In 组分 InGaN 的材料其质量还非常有限，这也直接影响了器件的性能。因此，如何实现高性能的 InGaN 材料是 InGaN 光电子器件发展的关键。

目前，MOCVD 是制备 InGaN 材料最常用的方法。在 MOCVD 外延 InGaN 的过程中，通常采用三甲基镓（TMGa）、三甲基铟（TMIn）和氨气（NH_3）分别作为镓源、铟源和氮源。含有Ⅲ族元素的金属有机物蒸气源，通常以高纯度的 H_2 或 N_2 为载气。在实际生长过程中，温度、压力、气流量、Ⅴ-Ⅲ比和载气均会影响生长结果。InGaN 可见光探测器结构所需要的 In 组分为 15％～30％，采用 MOCVD 法可以实现制备。

另一种制备 InGaN 材料的技术为分子束外延（molecular beam epitaxy，MBE）。与 MOCVD 方法相比，MBE 法能够提供更有效的氮源。特别是等离子辅助 MBE 能直接提供氮原子，在低温生长高 In 组分 InGaN 时其优势尤为明显。由于 MBE 生长需要在超高真空条件下进行，且生长不是依靠扩散来实现的，因而难以实现量产化，限制了其在产业化过程中的应用与推广。

InGaN 外延层通常表现为 N 型导电，且背景电子浓度随着 In 组分的增大呈上升趋势。在采用 MOCVD 法制备的 InN 和高 In 组分 InGaN 中，其背景电子浓度更是高达 1×10^{19} cm^{-3}。用于蓝光探测的 InGaN 材料，In 组分在 20％附近，背景电子浓度也高达 1×10^{18} cm^{-3}。目前的研究倾向于将其归因为氮空位关联杂质的形成。高背景电子浓度不仅对 N 型掺杂的控制造成影响，而且会妨碍 I 层、P 型层的制备。将背景电子浓度降低到 1×10^{17} cm^{-3} 是 InGaN 材料制备的目标。

MOCVD 制备 P 型 InGaN，多采用 Mg 作为掺杂剂，掺杂浓度一般为 3×10^{19} cm^{-3}。此时 InGaN 中背景电子浓度比 Mg 受主浓度低一个数量级，因此不对空穴浓度产生明显影响。随着 In 组分从 0 增加至 25%，InGaN 的禁带宽度逐渐减小，Mg 受主激活能 E_A 随之下降，而空穴浓度逐渐增大[73]。霍尔测试结果显示，在 In 组分从 0 至 0.25 的 InGaN 中均可实现空穴浓度高于 2×10^{17} cm^{-3} 的 P 型掺杂。

与 MOCVD 法相比，采用 MBE 法制备 InGaN 由于不受高温裂解氨气的制约，因而能生长出背景载流子浓度较低的 InGaN 外延层。在这一基础上，研究人员采用 RF-MBE 外延 Mg 掺杂 P-InGaN，在全 In 组分范围内获得了 1×10^{18} cm^{-3} 以上的空穴浓度。

尽管 InGaN 外延取得了很大的进展，但仍面临着诸多挑战。首先，缺少与 InGaN 材料晶格匹配的衬底。In 组分越高，这种趋势越明显。晶格失配会导致高的位错密度，甚至导致表面不平整。其次，InN 与 GaN 的溶隙大，导致 InGaN 容易产生相分离。相分离使得实际的 InGaN 材料是包含两种或者多种不同 In 组分的 InGaN 混合物。此外，由于氮空位或其他缺陷的影响，InGaN 薄膜的背景载流子浓度仍然较高。最后，InGaN 与 GaN 之间存在巨大的压电极化效应。这种压电极化效应会在一定程度上改变 InGaN 的能带形状，影响载流子的输运特性，甚至光电转换效率。

3.6.2　器件制备

1993 年，日本研究者中村修二首先研制成功了基于 InGaN/GaN 多量子阱的蓝光 LED[74]。1997 年，美国克莱姆森大学的研究者就尝试利用蓝光 LED 作为光电探测器进行色度分析[75]。1998 年，日本香川大学报道了利用 Zn 掺杂 InGaN 蓝光 LED(峰值为 450 nm)进行高速响应、波长选择和可见光探测的研究结果，结果显示其光响应速度可达 2.6 ns[76]。此后，中国台湾和西班牙的学者又在光谱探测灵敏度、低频噪声特性、器件结构方面进行了更深入的分析[77-78]。2005 年，日本丰田技术研究所、中央 R&D 实验室研制了基于蓝宝石衬底的 InGaN/GaN 层低暗电流、窄带的 InGaN 可见光 MSM 结构探测器，其光接收面积达 1 mm^2，−10 V 处暗电流为 100 pA，光响应速度达 10 ns，带通光谱响应范围为 360～417 nm，400 nm 处峰值外量子效率达 30%[79]。2006 年，南京大学在 MIS 结构 In$_{0.3}$Ga$_{0.7}$N 光电二极管探测器中实现了截止波长为

500 nm、在 450 nm 处峰值外量子效率达 50% 的性能[80]。这些研究结果代表着 InGaN 基可见光探测器在量子效率、响应速度、探测器灵敏度、光接收面积等主要特性上取得了重要进步。

InGaN 基 MSM 光电探测器的研究始于 2001 年[81]。研究者对采用不同金属电极的 $In_{0.2}Ga_{0.8}N$ 肖特基 MSM-PD 的光、暗电流特性进行了分析，结果显示采用 Au(功函数=5.1 eV)电极的器件比采用 Ti(功函数=4.33 eV)电极的器件具有更低的暗电流，符合肖特基接触中功函数大的金属可获得高整流势垒的规律。随后的研究显示，采用具有更高功函数的 Pt(功函数=5.65 eV)作为第一接触层，以双金属组合 Pt/Au 作为电极，可以使 MSM-PD 在低至 10 V 偏压下的暗电流小于 100 pA，光响应速度可以达到 10 ns 量级，1 V 偏压下的峰值响应度达 0.1 A/W。

InGaN 基 MSM 探测器面临的主要问题是暗电流较高。研究者通过在金属电极与半导体之间插入高阻绝缘层(insulator 层，I 层)形成 M-I-S-I-M 结构来降低暗电流。如图 3-34 所示，在厚度为 300 nm 的 InGaN 有源层上，采用真空溅射的方法沉积一层 5 nm 厚的 CaF_2(萤石，又名氟石)层后，器件在 5 V 偏压下的暗电流从 1.12×10^{-4} A 减小到 1.47×10^{-10} A，降低了 6 个数量级[82]。除了 CaF_2 绝缘层外，SiO_2 绝缘层也具有抑制暗电流、降低噪声的作用[83]，但效果不如 CaF_2 层显著。后来的研究发现，高阻氮化物半导体也具有类似绝缘层的效果。有研究者在 InGaN 有源层上原位沉积了厚度为 30 nm、Mg 掺杂(未激活)的 GaN 帽层。GaN 帽层可以充当势垒层，同时钝化 InGaN 表面的高密度表面态，进而起到抑制暗电流的作用[84]。

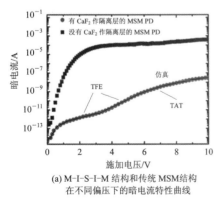

(a) M-I-S-I-M 结构和传统 MSM 结构在不同偏压下的暗电流特性曲线

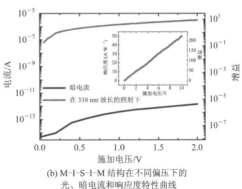

(b) M-I-S-I-M 结构在不同偏压下的光、暗电流和响应度特性曲线

图 3-34　InGaN 探测器的电学性能[82]

InGaN 基 MSM 探测器的另一个研究目标是提高器件的响应度，也就是量子效率。一个有效的方法是通过制作凹槽型电极结构，改善金属电极与半导体接触的维度来提高量子效率[85-86]，如图 3 - 35 所示。在 5 V 偏压下，常规器件和凹槽电极结构器件的峰值响应度都发生在 470 nm 处，分别为 0.038 A/W 和 0.144 A/W，器件响应度明显提升。

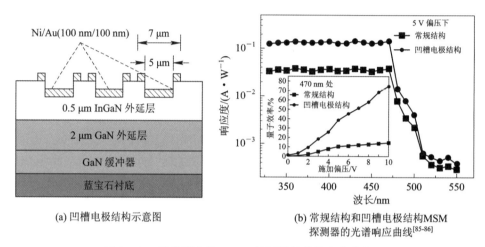

(a) 凹槽电极结构示意图

(b) 常规结构和凹槽电极结构 MSM 探测器的光谱响应曲线[85-86]

图 3 - 35　凹槽型电极 InGaN 探测器的结构和电学性能

与 MSM 相比，肖特基势垒结构的优点是可以利用内建电场在低偏置电压下或零偏压下工作，因而噪声较低；缺点是需要 N 型掺杂层和欧姆接触工艺，这也导致其研制晚于 MSM 结构。

一般 InGaN 基肖特基二极管的反向漏电流太高，无法作为光电二极管来进行光信号探测。与 MSM 型探测器类似，采用 MIS 结构能有效降低反向漏电流。研究表明，在 InGaN 有源层上，采用等离子增强化学气相沉积法制备 Si_3N_4[87]、采用真空溅射法制备 CaF_2[88]、采用原子层沉积法制备 Al_2O_3 绝缘层薄膜[89]都具有钝化 InGaN 层表面态的作用，可显著降低器件的漏电流。其中，以 10 nm 厚度的 Si_3N_4 为绝缘层的 $In_{0.3}Ga_{0.7}N$ 肖特基 MIS - PD 可见光探测器中，在零偏压下 450 nm 处，实现了 0.18 A/W 的峰值响应度，对应外量子效率达 50%，显示了 InGaN 基可见光探测器在量子效率上的优越性[87]；采用 CaF_2 作绝缘层的 MIS - PD 则表现出了良好的高温稳定性，可以在 523 K 温度下工作[88]。

值得一提的是，通过刻蚀方法在肖特基 MIS - PD 中形成台面结构后，器件由平面结构变为准垂直结构，载流子输运路径发生了变化。在平面结构中，

InGaN 高密度表面态所导致的电子变程跃迁传导被抑制，横向表面漏电流减小[90]；在准垂直结构中，光生载流子大多在体内输运，远离缺陷密度过高的表面，避免过多的光生载流子在表面复合，这样载流子的收集效率也会变高。如图 3－36 所示，台面结构的器件不仅光响应度显著增加，反向漏电流也因表面电子变程跃迁传导的抑制而减小了约 2 个数量级。

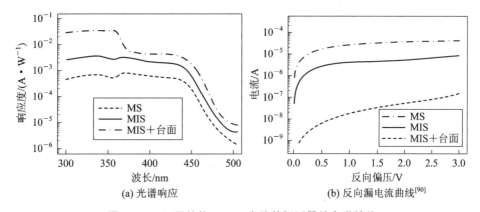

(a) 光谱响应　　　　　　　　(b) 反向漏电流曲线[90]

图 3－36　不同结构 InGaN 肖特基探测器的电学性能

　　从器件的稳定性和整流特性来看，P－I－N 型光电探测器比肖特基探测器更优。但受限于外延技术，InGaN 基 P－I－N 光电二极管的相关研究非常少。P－I－N 结外延相对复杂，如果在 I 型 InGaN 层上生长 P 型 InGaN，则随着厚度的增加，极易产生相分离、层中应力不均匀、位错增加、表面粗化等问题。

　　2008 年美国北卡罗来纳州立大学研究组采用 MOCVD 法，在蓝宝石衬底及其上的 N－GaN 外延层上制备了 P－I－N 结的 InGaN 可见光探测器，如图 3－37 所示[91]。Si 掺杂的 N－InGaN 层的 In 组分为 7%～11%，层中的电子浓度 $n = 1.2 \times 10^{19}$ cm^{-3}；Mg 掺杂的 P－InGaN 层的空穴浓度 $p = 4 \times 10^{16}$ cm^{-3}，I 型层中轻掺了 Mg，以获得高阻。该器件表现出了对可见光的探测特性，在 428 nm 处峰值响应度达到了 0.037 A/W。

　　InGaN 基光电探测器的材料外延和器件制备遵循由易到难的技术路线，即从低 In 组分的近紫外光电探测器发展到具有更高 In 组分的可见光探测器，而器件类型则由结构相对简单的 MSM 结构开始，进而进入肖特基型和 P－I－N 型探测器的研制。关于基于量子阱结构的探测器的研究较少，但 InGaN/GaN 多量子阱型结构探测器是一个特例，这要得益于商用化的 InGaN/GaN 基蓝光 LED 的发展，其多量子阱结构的制备已相当成熟，因此该类探测器也得到了较为深入的研究。图 3－38 显示了一种 InGaN/GaN 多量子阱型结构光电探测

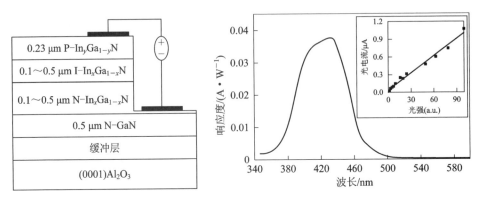

图 3 - 37　In 组分为 0.07 的 InGaN 基 P - I - N 型光电探测器的器件结构和光谱响应[91]

器[92]，采用 InGaN/GaN 多量子阱型结构，可以精确地控制 InGaN 层的 In 组分，避免 InGaN 层厚度增加所导致的合金分离、In 聚积、位错增加等问题，能有效改善器件性能。

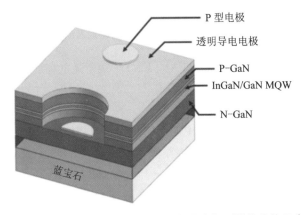

图 3 - 38　InGaN/GaN 多量子阱型结构光电探测器的结构示意图

通常情况下，基于 InGaN/GaN 多量子阱型结构的可见光电探测器的主要问题是有源量子阱层的光吸收不足，从而导致探测器的响应度较低。为了提高光生载流子的收集效率和器件的响应度，应尽可能扩大耗尽层的宽度并把更多的量子阱层放到耗尽层中，这与传统 P - I - N 结光电探测器结构的设计原则是一致的。具体的优化思路是：减小多量子阱中势垒层的厚度，增加耗尽区 InGaN 量子阱中有源层的数量；提高 P 型层与电子阻挡层的空穴浓度；避免在多量子阱区的掺杂，降低阱区内的载流子浓度。

马德里理工大学的研究者制作了两种具有不同结构参数的 InGaN/GaN

MQW 光电探测器，其结构如图 3－39 所示[93]。两个器件都是沿用标准的 InGaN/GaN MQW 蓝光 LED 结构，其主要区别在于：器件 A 中 GaN 势垒层厚度为 12 nm，且掺杂了浓度为 $1×10^{19}$ cm^{-3} 的施主杂质 Si；而器件 B 中 GaN 势垒层厚度为 9 nm，且将势垒层改为非掺杂层，并在 AlGaN 电子阻挡层中掺杂了浓度为 10^{20} cm^{-3} 的 Mg 以获得 P 型导电性。两个探测器的响应度随波长而变化的趋势是非常相近的，在长波长端截止在 InGaN 量子阱层的带边 460 nm 处，在短波长端则截止在 GaN 缓冲层的带边 360 nm 处。它们在可见光 400～440 nm 范围内有稳定的光响应。器件 B 的可见光响应度是器件 A 的可见光响应度的 70 倍，最高值达 0.1 A/W（对应外量子效率为 33%）。结果表明，扩展耗尽区，增加耗尽区中 InGaN 量子阱层的数量，有助于提高 InGaN/GaN MQW 光电探测器的光响应度。

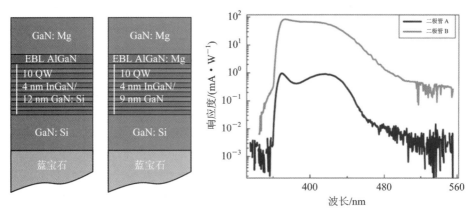

图 3－39　两种具有不同结构参数的 InGaN/GaNMQW 光电探测器的器件结构和光谱响应[93]

InGaN 基光电探测器的研究已经取得了一系列进展，这表明其作为可见光探测器的巨大潜力。但是要实现广泛的商用化，仍然面临着一些挑战性的问题，其中材料质量是主要限制因素。由于组成 InGaN 的两种合金材料——InN 和 GaN 的共价半径和生长温度都有较大差异，因此外延层中会出现相分离、In 聚积、背景载流子浓度高以及纳米范围的材料具有不均匀性等问题，并导致光电探测器产生吸收边不陡峭、探测光谱波长抑制比差、整流特性差等问题。一些重要的研究方向包括：发展更高效的 MOCVD 外延沉积 InGaN 的前驱体来改善对异质外延生长的可控性，减少杂质的并入；发展 GaN 同质衬底，提高 GaN、InGaN 外延层的结晶质量，大幅降低位错密度。随着 InGaN 外延材料问题的解决，InGaN 可见光探测器一定会表现出其应有的优越特性。

3.7　波长可调超窄带日盲紫外探测器

　　窄带光电探测器具有探测并区分波长较小区间的光信号的特性，凭借着较强的色彩选择和识辨能力，在保密通信、生物医疗及机器视觉等领域具有广阔的应用前景[94-96]。当前窄带探测主要通过宽带探测器协同滤波片工作的方式实现[97-99]。当引入滤波片后，能够较为精确地选择所要的光信号，特别是已开发出的带通滤波片已覆盖至日盲光谱范围，其半高宽最窄为 10 nm 左右，为进行日盲区特定光信号的超窄带分辨和采集创造了条件。现在多数日盲紫外探测器的吸收层采用 $Al_xGa_{1-x}N$ 半导体材料[100-101]，体材料的能带色散特性使得所制备探测器不具备针对特定光信号识辨的能力。尽管将滤波片与日盲紫外宽带探测器相结合，理论上能够实现针对日盲波段特定光信号的窄带探测，但滤波片的附加使用将增大系统的体积和规模，同时增大复杂程度，使稳定性变差，而且极大地增加了整个系统的制作难度[102-103]。

　　研究人员提出将具有滤波作用的薄膜材料直接集成到探测器结构中，同时满足"滤波层的有效带宽大于吸收层"这一条件，当光从背面入射时便可以限制短波区域的吸收波长，既实现了窄带探测，又简化了光学通道。U. Karrer[104] 和 S. K. Zhang[105] 等先后报道了引入 $Al_xGa_{1-x}N$ 滤波层的探测结构，在背入射情况下将紫外探测器的响应半高宽从 55 nm 进一步减窄至 30 nm，然而该方式获得的响应半高宽不够窄，难以实现真正意义上对所探测波长的精确选择和识辨。

　　为了进一步增强对特定光信号的选择和识辨能力，研究人员制备了非极性 GaN 面偏振敏感型紫外光电探测器[106-108]，利用电子在非对称半导体结构中的跃迁选择定则及光学各向异性，能够实现响应波长在 360 nm 附近其半高宽不超过 10 nm 的紫外超窄带探测。然而，受限于 GaN 的禁带宽度，基于半导体价带结构对称性调制的超窄带探测目前只能延伸到紫外波段，而无法满足更短波长日盲紫外探测的超窄带需求。因此，从材料结构与特性入手开发日盲紫外超窄带探测器，已成为紫外探测领域内广泛关注的热点与难点。

　　利用半导体低维结构材料量子能级的离散特性，可为研发日盲紫外波段的超窄带探测器创造契机。众所周知，当半导体材料形成低维结构时，其准连续的能带结构将分裂成为离散的量子能级，与体结构具有显著的差异；吸收的光子能量由两能级间特定的差值来确定[109]，为选择性单波长探测提供了新的解决方案。在多种低维结构中，二维量子结构容易形成二维电子气或二维空穴气，更有利于电流的传输[110]，且二维量子结构较易实现宏观器件，为大规模应用奠定基础。基于上述优势，N. Gao 等设计了分子层厚度级别的超薄 GaN/AlN 超短周期超晶格结构，运用第一性原理计算模拟，从理论上预测了 AlN/GaN 超短周期超晶格的光吸收选择性跃迁及载流子隧穿输运等特性并采用 MOCVD 方法制备了超窄带日盲紫外探测器件[111]。

从图 3-40(a)中可以看出，当光沿垂直于超晶格界面方向入射时，两个分子层厚度的超薄 GaN 势阱中的电子能级和空穴能级均表现出了分立的量子能级特性，对沿法线方向入射的光子能量具有选择性吸收作用。进一步的计算表明，当保持 GaN 阱宽为 2 ML（单分子层，monolayer，ML），仅改变 AlN 垒厚时，光子吸收能量由两量子能级间特定的差值来确定，如图 3-40(b)所示，其中能量位于 4.58 eV 附近的吸收峰是源于 1h-1e 量子能级间的电子跃迁，跃迁概率最大，同时观察到源自 1h-1e 电子跃迁的峰值其半高宽很窄。

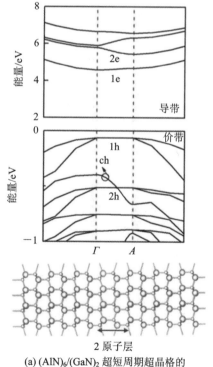

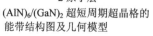

(a) (AlN)₆/(GaN)₂ 超短周期超晶格的能带结构图及几何模型

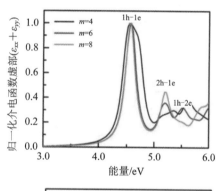

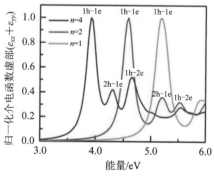

(b) 光子垂直入射的归一化介电函数虚部 ($\varepsilon_{xx}+\varepsilon_{yy}$) 在不同情况下的变化趋势

图 3-40　AlN/GaN 超短周期超晶格结构

其他峰值相对较弱的吸收谱峰依次出现在更高能量 5.10 eV 和 5.50 eV 附近，其强度约为 1h-1e 吸收峰值强度的 20%～40%。经确认，二者分别源自 2h-1e、1h-2e 跃迁，跃迁概率相对较小。

另一方面，当 AlN 垒厚从 4 ML 增加至 6 ML 时，可明显看出吸收谱峰的半高宽由 380 meV 减小至 230 meV，而 AlN 垒厚从 6 ML 继续增加至 8 ML 时，吸收谱峰则几乎保持不变，这一现象源于相邻势阱中载流子波函数耦合程度的差异。当势垒厚度减小时，势阱中 1e 电子能级色散增大，相邻势阱间的载流子波函数耦合增强，促进了载流子在垂直异质界面方向的隧穿输运，为提高探测器的载流子收集能力提供了重要途径，但同时也增大了吸收谱峰的半高宽。当减小 GaN 势阱宽度时，源自 1h-1e 量子跃迁的电子所吸收的光子能量逐渐增大，尤其当阱宽仅为 1 ML 时所吸收的光子能量高达 5.19 eV。可见，通过调控 GaN 势阱中的量子能级高度，可实现超窄带光吸收波长的调制。

理论预测为实现波长可调的超窄带日盲紫外探测器提供了依据，而 AlN/GaN 超短周期超晶格的生长质量则直接决定了所制备器件的性能。美国、日本以及一些欧洲国家从 20 世纪 90 年代起开始攻关 AlN/GaN 短周期超晶格的生长研究[112-113]。2011 年，日本 NTT 实验室 Taniyasu 等运用金属有机物气相外延（metal organic vapor phase epitaxy，MOVPE）技术，在 SiC 衬底上外延获得了短周期超晶格并用作深紫外 LED 的有源层[114]；2014 年 Kuchuk 等使用等离子体辅助分子束外延（MBE）技术，基于蓝宝石衬底生长出了阱、垒可清晰辨别的超晶格，但存在组分涨落和不均匀的情况[115]；2017 年美国康奈尔大学 Islam 等利用 MBE 技术先后外延出了阱层薄至 1～2 个分子层的 GaN/AlN 结构，实现了深紫外波长 230～270 nm 的电致发光[116-117]；2017 年华中科技大学联合阿卜杜拉国王科技大学，制备出了 AlN/GaN 量子结构并实现了波长短至 249 nm 的深紫外光泵浦激射[118]。比较而言，运用 MBE 技术较容易控制短周期超晶格的阱垒质量，但 MOVPE 作为氮化物生长的主流技术之一，具有生长速率更快和更利于规模化生产及应用的优势，已成为制备氮化物的理想选择。然而，运用 MOVPE 技术实现 AlN/GaN 超短周期超晶格的原子级可控生长，仍是国际上共识的技术难题。

为了从根本上突破 AlN/GaN 的原子级生长难题，并从动力学角度深入揭示其生长规律，Gao 等运用第一性原理计算模拟了不同原子反应单体其晶体生长的表面化学势[119]，探索了 AlN/GaN 超短周期超晶格生长的本质。Zhuang 等在 2013 年计算了不同生长条件下 AlN 表面 Al 原子、N 原子及 AlN 分子等反应单体的形成能，基于此提出了 AlN 分选生长机制，利用"两步生长法"实现了平整的二维生长界面[120]。进一步地，Gao 等通过计算发现，在 Ga 终端的

GaN 上吸附 N 原子需要提供极端富 N 的环境，其后在 GaN 表面的 N 吸附层上再吸附 Al 原子则需要提供富 Al 的氛围。类似地，在 Al 终端的 AlN 上吸附 N 原子同样需要富 N 的氛围，而在 AlN 表面的 N 吸附层上再吸附 Ga 原子则对化学势环境不敏感，无论富 Ga 还是富 N 氛围均可以很好地吸附 Ga 原子[119]。

Gao 等通过瞬间改变 MOVPE 生长氛围的时序，获得了不同反应单体的分选方式，成功外延了阱、垒可调控的超短周期 $(AlN)_m/(GaN)_n$ 超晶格。图 3-41(b) 所示的高分辨 X 射线衍射谱显示，衍射峰强而尖锐，位于 AlN 基底 (0002) 面衍射峰和 0 级卫星峰左右两侧按强度逐次递减，呈现的卫星峰可达 −3 级；进一步地，高分辨透射电镜揭示了晶体的内部结构，所外延生长的阱、垒清晰可辨，而且异质界面极为陡峭。这充分表明通过调控晶体生长的化学势场，可以确保吸附单体的一致性和原子级表面的平整度，从而实现对不同原子反应单体的分选生长，特别是阱、垒层可精准地控制到单分子层量级，攻克了运用 MOVPE 技术实现 AlN/GaN 分子层级别可控生长的技术难题。

基于所外延的 AlN/GaN 超短周期超晶格，运用光刻、沉积及热退火等标准微加工技术即可制备出 MSM 结构光电探测器。该器件在 20 V 的偏置电压下暗电流逼近 10^{-13} A 的测试极限，这主要得益于高质量非掺杂的 GaN 各势阱层内较低的本征载流子浓度。紫外光辐照时，该器件的 I-V 曲线呈现明显的整流特性，同时光电流明显提升了 1～2 个数量级。响应光电流特性是表征探测器的关键性能参数，也呈现出光电流随波长变化的特征。光电流谱线如图 3-41(e) 所示。由图 3-41(e) 可见，仅在特定深紫外波长处才产生光辐照响应，响应峰呈现对波长高度选择的窄带吸收特征。当改变 GaN 阱宽分别为 6 ML、4 ML、2 ML 及 1 ML 时，光电探测器的响应波长依次出现在 266 nm、248 nm、240 nm 及 230 nm 处，基本实现了日盲波谱的可控波长超窄带探测。其中，光响应波长为 230 nm 和 240 nm 的器件，当外加 3 V 偏压时，相应响应谱线的峰值半高宽仅有 210 meV(9 nm) 左右，良好地符合了理论预期。

在不影响超窄带吸收特征的前提下，将 AlN/GaN 超短周期超晶格的垒厚减薄，可增强电子在垂直于界面方向的输运性能以获得更高的响应度及量子效率，进而提升器件的光电响应。Gao 等将 $(GaN)_2/(AlN)_6$ 的样品垒厚降低至 4 ML，所制备器件的光响应波长依旧位于 240 nm 附近，外加 5 V 偏压时其响应光电流峰值急剧上升，较垒厚为 6 ML 的探测器的光电流增强了约 20 倍。但与理论预期相似，较薄的垒层造成了响应光电流谱峰的拓宽。实验数据表明，在垒厚

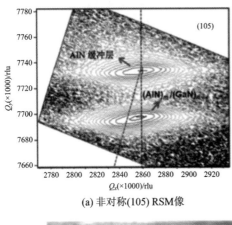

(a) 非对称(105) RSM像

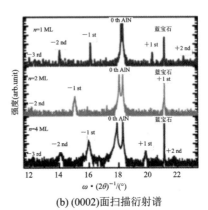

(b) (0002)面扫描衍射谱

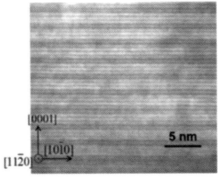

(c) 高分辨TEM截面观测

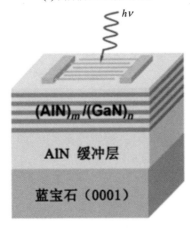

(d) MSM 探测器的结构示意图

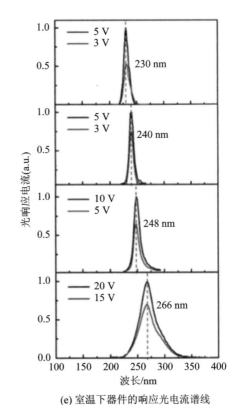

(e) 室温下器件的响应光电流谱线

图 3 - 41　超短周期 AlN/GaN 超晶格日盲紫外探测器

从 6 ML 减至 4 ML 的同时，探测谱峰半高宽从原先的 9 nm 增至 12 nm。这也从实验上证明了适当地减薄垒厚可增强相邻势阱间载流子的隧穿，使波函数耦合增强态密度有所增大，有利于提高电子的垂直输运能力。在 40 V 偏压下，该深紫外超窄带探测器的响应度约为 51 mA/W，外量子效率接近 26%。

综上可知，通过调控半导体低维结构的量子态工程，深入结合量子能级间选择性跃迁及载流子隧穿输运等特性，可以制备日盲紫外区波长可调、同时具有精确识辨能力的超窄带探测器件。该探测器突破了传统以体材料为吸收层的响应宽带的技术限制，极大地简化了光路系统，减少了紫外辐射能量传输过程中不可避免的损失，并进一步丰富了紫外区的"色彩"，为从黑白成像时代向彩色成像时代的跨越开辟了全新的技术路径。

参 考 文 献

［1］　IBBETSON J P，FINI P T，NESS K D，et al. Polarization effects，surface states，and the source of electrons in AlGaN/GaN heterostructure field effect transistors［J］. Applied Physics Letters，2000，77(2)：250 – 252.

［2］　BERNARDINI F，FIORENTINI V，VANDERBILT D. Spontaneous polarization and piezoelectric constants of Ⅲ-Ⅴ nitrides［J］. Phys. Rev. B，1997，56(16)：10024 – 10027.

［3］　GKKAVAS M，BUTUN S，TUT T，et al. AlGaN-based high-performance metal-semiconductor-metal photodetectors［J］. Photonics and Nanostructures-Fundamentals and Applications，2007，5(2 – 3)：53 – 62.

［4］　ADIVARAHAN V，SIMIN G，TAMULATIS et al. Indium-Silicon co-doping of high-aluminum-content AlGaN for solar blind photodetectors［J］. Applied Physics Letters，2001，79(12)：1903 – 1905.

［5］　JIANG H，EGAWA T，HAO M，et al. Reduction of threading dislocations in AlGaN layers grown on AlN/sapphire templates using high-temperature GaN interlayer［J］. Applied Physics Letters，2005，87(24)：S141.

［6］　BETHOUX J M，VENNÉGUÈS P，NATALI F，et al. Growth of high quality crack-free AlGaN films on GaN templates using plastic relaxation through buried cracks［J］. Journal of Applied Physics，2003，94(10)：6499 – 6507.

［7］　ZHANG J P，WANG H M，GAEVSKI M E，et al. Crack-free thick AlGaN grown on sapphire using AlN/AlGaN superlattices for strain management［J］. Applied Physics Letters，2002，80(19)：3542 – 3544.

［8］　CHEN C Q，ZHANG J P，GAEVSKI M E，et al. AlGaN layers grown on GaN using

strain-relief interlayers[J]. Applied Physics Letters, 2002, 81(26): 4961 - 4963.

[9]　IMURA M, NAKANO K, KITANO T, et al. Microstructure of epitaxial lateral overgrown AlN on trench-patterned AlN template by high-temperature metal-organic vapor phase epitaxy[J]. Applied Physics Letters, 2006, 89(22): 139.

[10]　IMURA M, NAKANO K, NARITA G, et al. Epitaxial lateral overgrowth of AlN on trench-patterned AlN layers[J]. Journal of Crystal Growth, 2007, 298(Jan): 257 - 260.

[11]　WU H, WU W, ZHANG H, et al. All AlGaN epitaxial structure solar-blind avalanche photodiodes with high efficiency and high gain [J]. Applied Physics Express, 2016, 9(5): 052103.

[12]　VERMA J, SIMON J, PROTASENKO V, et al. N-polar Ⅲ-nitride quantum well light-emitting diodes with polarization-induced doping[J]. Applied Physics Letters, 2011, 99(17): 2390.

[13]　ZHENG T C, LIN W, LIU R, et al. Improved P-type conductivity in Al-rich AlGaN using multidimensional Mg-doped superlattices [J]. Scientific Reports, 2016, 6: 21897.

[14]　LI S, ZHANG T, WU J, et al. Polarization induced hole doping in graded $Al_x Ga_{1-x}$ N ($x=0.7\sim1$) layer grown by molecular beam epitaxy[J]. Applied Physics Letters, 2013, 102(6): 132103.

[15]　CHEN Y, WU H, HAN E, et al. High hole concentration in P-type AlGaN by indium-surfactant-assisted Mg-delta doping[J]. Applied Physics Letters, 2015, 106 (16): 162102.

[16]　KINOSHITA T, OBATA T, YANAGI H, et al. High P-type conduction in high-Al content Mg-doped AlGaN[J]. Applied Physics Letters, 2013, 102(1): 012105.

[17]　AOYAGI Y, TAKEUCHI M, IWAI S, et al. High hole carrier concentration realized by alternative co-doping technique in metal organic chemical vapor deposition[J]. Applied Physics Letters, 2011, 99(11): 112110.

[18]　LI J, YANG W, LI S, et al. Enhancement of P-type conductivity by modifying the internal electric field in Mg-and Si-δ-codoped $Al_x Ga_{1-x}$ N/$Al_y Ga_{1-y}$ N superlattices [J]. Applied Physics Letters, 2009, 95(15): 151113.

[19]　KAWANISHI H, TOMIZAWA T. Carbon-doped P-type (0001) plane AlGaN (Al= 6%~55%) with high hole density[J]. Physica Status Solidi (B), 2012, 249(3): 459 - 463.

[20]　XIAOWEI Z, PEIXIAN L, SHENGRUI X, et al. Growth and electrical properties of high-quality Mg-doped P-type $Al_{0.2} Ga_{0.8}$ N films [J]. Journal of Semiconductors, 2009, 30(4): 043002.

[21]　KHAN M A, KUZNIA J N, OLSON D T, et al. High-responsivity photoconductive

ultraviolet sensors based on insulating single-crystal GaN epilayers[J]. Applied Physics Letters, 1992, 60(23): 2917 - 2919.

[22] ZHANG X, KUNG P, WALKER D, et al. Photovoltaic effects in GaN structures with P-N junctions[J]. Applied Physics Letters, 1995, 67(14): 2028-2030.

[23] FLANNERY L B, HARRISON I, LACKLISON D E, et al. Fabrication and characterisation of P-type GaN metal-semiconductor-metal ultraviolet photoconductors grown by MBE[J]. Materials Science and Engineering: B, 1997, 53(1 - 3): 307 - 310.

[24] YANG W, NOHOVA T, KRISHNANKUTTY S, et al. Back-illuminated GaN/AlGaN heterojunction photodiodes with high quantum efficiency and low noise[J]. Applied Physics Letters, 1998, 73(8): 1086 - 1088.

[25] ZHAO Z M, JIANG R L, CHEN P, et al. Metal-semiconductor-metal GaN ultraviolet photodetectors on Si (111)[J]. Applied Physics Letters, 2000, 77(3): 444 - 446.

[26] BROWN J D, YU Z, MATTHEWS J, et al. Visible-blind UV digital camera based on a 32×32 array of GaN/AlGaN pin photodiodes[J]. Materials Research Society Internet Journal of Nitride Semiconductor Research, 1999, 4(1).

[27] LAMARRE P, HAIRSTON A, TOBIN S P, et al. AlGaN UV focal plane arrays[J]. Physica Status Solidi(A), 2001, 188(1): 289 - 292.

[28] LONG J P, VARADARAAJAN S, MATTHEWS J, et al. UV detectors and focal plane array imagers based on AlGaN pin photodiodes[J]. Optoelectronics Review, 2002 (4): 251 - 260.

[29] MCCLINTOCK R, MAYES K, YASAN A, et al. 320×256 solar-blind focal plane arrays based on $Al_x Ga_{1-x} N$[J]. Applied Physics Letters, 2005, 86(1): 011117.

[30] REINE M B, HAIRSTON A, LAMARRE P, et al. Solar-blind AlGaN 256×256 pin detectors and focal plane arrays[C]. Gallium Nitride Materials and Devices. International Society for Optics and Photonics, 2006, 6121: 61210R.

[31] MCCLINTOCK R, RAZEGHI M. Solar-blind photodetectors and focal plane arrays based on AlGaN[C]. Optical Sensing, Imaging, and Photon Counting: Nanostructured Devices and Applications. International Society for Optics and Photonics, 2015, 9555: 955502.

[32] LI T, LAMBERT D J H, WONG M M, et al. Low-noise back-illuminated $Al_x Ga_{1-x}$ N-based pin solar-blind ultraviolet photodetectors[J]. IEEE journal of quantum electronics, 2001, 37(4): 538 - 545.

[33] OSINSKY A, GANGOPADHYAY S, LIM B W, et al. Schottky barrier photodetectors based on AlGaN[J]. Applied Physics Letters, 1998, 72(6): 742 - 744.

[34] MIYAKE H, YASUKAWA H, KIDA Y, et al. High performance Schottky UV

detectors (265~100 nm) using N – $Al_{0.5}Ga_{0.5}N$ on AlN epitaxial layer[J]. Physica Status Solidi(A), 2003, 200(1): 151 – 154.

[35] BIYIKLI N, AYTUR O, KIMUKIN I, et al. Solar-blind AlGaN-based Schottky photodiodes with low noise and high detectivity[J]. Applied Physics Letters, 2002, 81(17): 3272-3274.

[36] CARRANO J C, GRUDOWSKI P A, EITING C J, et al. Very low dark current metal-semiconductor-metal ultraviolet photodetectors fabricated on single-crystal GaN epitaxial layers[J]. Applied Physics Letters, 1997, 70(15): 1992 – 1994.

[37] MONROY E, CALLE F, MUNOZ E, et al. AlGaN metal-semiconductor-metal photodiodes[J]. Applied Physics Letters, 1999, 74(22): 3401 – 3403.

[38] LI J, XU Y, HSIANG T Y, et al. Picosecond response of gallium-nitride metal-semiconductor-metal photodetectors[J]. Applied Physics Letters, 2004, 84(12): 2091 – 2093.

[39] YANG B, LAMBERT D J H, LI T, et al. High-performance back-illuminated solar-blind AlGaN metal-semiconductor-metal photodetectors[J]. Electronics Letters, 2000, 36(22): 1866 – 1867.

[40] BRENDEL M, HELBLING M, KNAUER A, et al. Top-and bottom-illumination of solar-blind AlGaN metal-semiconductor-metal photodetectors[J]. Physica Status Solidi(A), 2015, 212(5): 1021 – 1028.

[41] AVERINE S V, KUZNETZOV P I, ZHITOV V A, et al. Solar-blind MSM-photodetectors based on $Al_xGa_{1-x}N$/GaN heterostructures grown by MOCVD[J]. Solid-State Electronics, 2008, 52(5): 618 – 624.

[42] BRENDEL M, HELBLING M, KNIGGE A, et al. Solar-blind AlGaN MSM photodetectors with 24% external quantum efficiency at 0 V[J]. Electronics Letters, 2015, 51(20): 1598 – 1600.

[43] XIE F, LU H, CHEN D, et al. Ultra-low dark current AlGaN-based solar-blind metal-semiconductor-metal photodetectors for high-temperature applications[J]. IEEE Sensors Journal, 2012, 12(6): 2086-2090.

[44] PARISH G, KELLER S, KOZODOY P, et al. High-performance (Al, Ga) N-based solar-blind ultraviolet P-I-N detectors on laterally epitaxially overgrown GaN[J]. Applied Physics Letters, 1999, 75(2): 247 – 249.

[45] BIYIKLI N, KIMUKIN I, AYTUR O, et al. Solar-blind AlGaN-based pin photodiodes with low dark current and high detectivity[J]. IEEE Photonics Technology Letters, 2004, 16(7): 1718-1720.

[46] COLLINS C J, CHOWDHURY U, WONG M M, et al. Improved solar-blind detectivity using an $Al_xGa_{1-x}N$ heterojunction P-I-N photodiode[J]. Applied physics letters, 2002, 80(20): 3754 – 3756.

[47]　MCCLINTOCK R, YASAN A, MAYES K, et al. High quantum efficiency AlGaN solar-blind pin photodiodes[J]. Applied Physics Letters, 2004, 84(8): 1248 - 1250.

[48]　CICEK E, MCCLINTOCK R, CHO C Y, et al. $Al_x Ga_{1-x} N$-based back-illuminated solar-blind photodetectors with external quantum efficiency of 89% [J]. Applied Physics Letters, 2013, 103(19): 191108.

[49]　GUO-SHENG W, HAI L, FENG X, et al. High quantum efficiency back-illuminated AlGaN-based solar-blind ultraviolet P-I-N photodetectors [J]. Chinese Physics Letters, 2012, 29(9): 097302.

[50]　李艳炯. $Al_x Ga_{1-x} N$ 的 MOCVD 外延生长及日盲 P-I-N 型焦平面阵列探测器的研制 [D]. 重庆: 重庆大学, 2011.

[51]　CICEK E, VASHAEI Z, MCCLINTOCK R, et al. Geiger-mode operation of ultraviolet avalanche photodiodes grown on sapphire and free-standing GaN substrates [J]. Applied Physics Letters, 2010, 96(26): 261107.

[52]　MCINTOSH K A, MOLNAR R J, MAHONEY L J, et al. GaN avalanche photodiodes grown by hydride vapor-phase epitaxy[J]. Applied Physics Letters, 1999, 75(22): 3485 - 3487.

[53]　MCINTOSH K A, MOLNAR R J, MAHONEY L J, et al. Ultraviolet photon counting with GaN avalanche photodiodes[J]. Applied Physics Letters, 2000, 76 (26): 3938 - 3940.

[54]　PAU J L, MCCLINTOCK R, MINDER K, et al. Geiger-mode operation of back-illuminated GaN avalanche photodiodes[J]. Applied Physics Letters, 2007, 91(4): 041104.

[55]　MCCLINTOCK R, YASAN A, MINDER K, et al. Avalanche multiplication in AlGaN based solar-blind photodetectors[J]. Applied Physics Letters, 2005, 87(24): 241123.

[56]　SUN L, CHEN J, LI J, et al. AlGaN solar-blind avalanche photodiodes with high multiplication gain[J]. Applied Physics Letters, 2010, 97(19): 191103.

[57]　PAU J L, BAYRAM C, MCCLINTOCK R, et al. Back-illuminated separate absorption and multiplication GaN avalanche photodiodes [J]. Applied Physics Letters, 2008, 92(10): 101120.

[58]　JI M H, KIM J, DETCHPROHM T, et al. Pipin separate absorption and multiplication ultraviolet avalanche photodiodes [J]. IEEE Photonics Technology Letters, 2017, 30(2): 181 - 184.

[59]　HUANG Y, CHEN D J, LU H, et al. Back-illuminated separate absorption and multiplication AlGaN solar-blind avalanche photodiodes[J]. Applied Physics Letters, 2012, 101(25): 253516.

[60]　SHAO Z G, CHEN D J, LU H, et al. High-gain AlGaN solar-blind avalanche

photodiodes[J]. IEEE Electron Device Letters, 2014, 35(3): 372 - 374.

[61] SHAO Z, CHEN D, LIU Y, et al. Significant performance improvement in AlGaN solar-blind avalanche photodiodes by exploiting the built-in polarization electric field [J]. IEEE Journal of Selected Topics in Quantum Electronics, 2014, 20(6): 187 - 192.

[62] DONG K X, CHEN D J, LU H, et al. Exploitation of polarization in back-illuminated AlGaN avalanche photodiodes[J]. IEEE Photonics Technology Letters, 2013, 25(15): 1510 - 1513.

[63] BELLOTTI E, BERTAZZI F. A numerical study of carrier impact ionization in $Al_x Ga_{1-x} N$[J]. Journal of Applied Physics, 2012, 111(10): 103711.

[64] SHAO Z G, YANG X F, YOU H F, et al. Ionization-enhanced AlGaN heterostructure avalanche photodiodes[J]. IEEE Electron Device Letters, 2017, 38 (4): 485 - 488.

[65] CAI Q, LUO W, YUAN R, et al. Back-illuminated AlGaN heterostructure solar-blind avalanche photodiodes with one-dimensional photonic crystal filter[J]. Optics Express, 2020, 28(5): 6027 - 6035.

[66] YUAN R, YOU H, CAI Q, et al. A high-performance SiO_2/SiN_x 1 - d photonic crystal UV filter used for solar-blind photodetectors[J]. IEEE Photonics Journal, 2019, 11(4): 1 - 7.

[67] NAGATOMO T, KUBOYAMA T, MINAMINO H, et al. Properties of $Ga_{1-x} In_x N$ films prepared by MOVPE[J]. Japanese Journal of Applied Physics, 1989, 28(8A): L1334.

[68] DAVYDOV V Y, KLOCHIKHIN A A, SEISYAN R P, et al. Absorption and emission of hexagonal InN: evidence of narrow fundamental band gap[J]. Physica Status Solidi(B), 2002, 229(3): r1 - r3.

[69] WU J, WALUKIEWICZ W, YU K M, et al. Unusual properties of the fundamental band gap of InN[J]. Applied Physics Letters, 2002, 80(21): 3967 - 3969.

[70] PANTHA B N, SEDHAIN A, LI J, et al. Electrical and optical properties of P-type InGaN[J]. Applied Physics Letters, 2009, 95(26): 261904.

[71] CAO Y G, XIE M H, LIU Y, et al. InN island shape and its dependence on growth condition of molecular-beam epitaxy[J]. Applied Physics Letters, 2003, 83(25): 5157 - 5159.

[72] WANG X, LIU S, MA N, et al. High-electron-mobility InN layers grown by boundary-temperature-controlled epitaxy[J]. Applied Physics Express, 2012, 5(1): 015502.

[73] IIDA D, IWAYA M, KAMIYAMA S, et al. High hole concentration in Mg-doped a-plane $Ga_{1-x} In_x N$ ($0<x<0.30$) grown on r-plane sapphire substrate by metalorganic

vapor phase epitaxy[J]. Applied Physics Letters, 2008, 93(18): 182108.

[74] NAKAMURA S, SENOH M, MUKAI T. High-power InGaN/GaN double-heterostructure violet light emitting diodes[J]. Applied Physics Letters, 1993, 62 (19): 2390 - 2392.

[75] SINGH R, CHERUKURI K C, VEDULA L, et al. Low temperature shallow junction formation using vacuum ultraviolet photons during rapid thermal processing [J]. Applied Physics Letters, 1997, 70(13): 1700 - 1702.

[76] MIYAZAKI E, ITAMI S, ARAKI T. Using a light-emitting diode as a high-speed, wavelength selective photodetector[J]. Review of Scientific Instruments, 1998, 69 (11): 3751 - 3754.

[77] SHEU J K, CHANG S J, KUO C H, et al. White-light emission from near UV InGaN-GaN LED chip precoated with blue/green/red phosphors[J]. IEEE Photonics Technology Letters, 2003, 15(1): 18 - 20.

[78] HERNÁNDEZ S, CUSCÓ R, PASTOR D, et al. Raman-scattering study of the InGaN alloy over the whole composition range[J]. Journal of Applied Physics, 2005, 98(1): 013511.

[79] OHSAWA J, KOZAWA T, HAYASHI H, et al. Low-dark-current large-area narrow-band photodetector using InGaN/GaN layers on sapphire[J]. Japanese Journal of Applied physics, 2005, 44(5L): L623.

[80] KONG Y, ZHENG Y. Progress in two-dimensional electron gas in group-Ⅲ-nitride heterostructures[J]. Progress in Physics, 2006, 26(2): 127-145.

[81] SU Y K, CHIOU Y Z, JUANG F S, et al. GaN and InGaN metal-semiconductor-metal photodetectors with different Schottky contact metals[J]. Japanese Journal of Applied Physics, 2001, 40(4S): 2996.

[82] SANG L, LIAO M, KOIDE Y, et al. High-performance metal-semiconductor-metal InGaN photodetectors using CaF_2 as the insulator[J]. Applied Physics Letters, 2011, 98(10): 103502.

[83] CHANG P C, CHEN C H, CHANG S J, et al. InGaN/GaN multi-quantum well metal-insulator semiconductor photodetectors with photo-CVD SiO_2 layers [J]. Japanese Journal of Applied Physics, 2004, 43(4S): 2008.

[84] LEE K H, CHANG P C, CHANG S J, et al. InGaN metal-semiconductor-metal photodetectors with triethylgallium precursor and unactivated Mg-doped GaN cap layers[J]. Journal of Applied Physics, 2011, 110(8): 083113.

[85] YU C L, CHEN C H, CHANG S J, et al. $In_{0.37}Ga_{0.63}N$ metal-semiconductor-metal photodetectors with recessed electrodes. IEEE Photonics Technology Letters, 2005, 17(4): 875 - 877.

[86] LI B, ZHANG Z, ZHANG X, et al. InGaN-based MSM visible light photodiodes

with recessed anode[J]. IEEE Photonics Technology Letters, 2019, 31(17): 1469 – 1472.

[87] ZHOU J J, WEN B, JIANG R L, et al. Photoresponse of the $In_{0.3}$ $Ga_{0.7}$ N metal-insulator-semiconductor photodetectors[J]. Chinese Physics, 2007, 16(7): 2120.

[88] SANG L, LIAO M, KOIDE Y, et al. High-temperature ultraviolet detection based on InGaN Schottky photodiodes[J]. Applied Physics Letters, 2011, 99(3): 031115.

[89] ZHANG K X, MA A B, JIANG J H, et al. InGaN metal-insulator-semiconductor photodetector using Al_2O_3 as the insulator[J]. Science China Technological Sciences, 2013, 56(3): 633-636.

[90] CHEN D J, LIU B, LU H, et al. Improved performances of InGaN schottky photodetectors by inducing a thin insulator layer and mesa process[J]. IEEE Electron Device Letters, 2009, 30(6): 605-607.

[91] BERKMAN E A, EL-MASRY N A, EMARA A, et al. Nearly lattice-matched N, I, and P layers for InGaN P-I-N photodiodes in the 365 ~ 500 nm spectral range[J]. Applied Physics Letters, 2008, 92(10): 101118.

[92] LEE H J, BAEK S H, NA H, et al. Effect of a patterned sapphire substrate on InGaN-based pin ultraviolet photodetectors [J]. Journal of the Korean Physical Society, 2019, 75(5): 362 – 366.

[93] PEREIRO J, RIVERA C, NAVARRO Á, et al. Optimization of InGaN-GaN MQW photodetector structures for high-responsivity performance [J]. IEEE Journal of Quantum Electronics, 2009, 45(6): 617-622.

[94] SANDVIK P, MI K, SHAHEDIPOUR F, et al. Al_x Ga_{1-x} N for solar-blind UV detectors[J]. Journal of Crystal Growth, 2001, 231(3): 366 – 370.

[95] MONROY E, CALLE F, PAU J L, et al. AlGaN-based UV photodetectors [J]. Journal of Crystal Growth, 2001, 230(3 – 4): 537 – 543.

[96] MONROY E, CALLE F, MUNOZ E, et al. Visible-blindness in photoconductive and photovoltaic AlGaN ultraviolet detectors[J]. Journal of Electronic Materials, 1999, 28(3): 240 – 245.

[97] MUNOZ E, MONROY E, PAU J L, et al. Ⅲ nitrides and UV detection[J]. Journal of Physics: Condensed Matter, 2001, 13(32): 7115.

[98] YUAN R, YOU H, CAI Q, et al. A high-performance SiO_2 /SiN_x 1 – D photonic crystal UV filter used for solar-blind photodetectors[J]. IEEE Photonics Journal, 2019, 11(4): 1 – 7.

[99] MUÑOZ E, MONROY E, CALLE F, et al. AlGaN photodiodes for monitoring solar UV radiation[J]. Journal of Geophysical Research: Atmospheres, 2000, 105(D4): 4865 – 4871.

[100] KNIGGE A, BRENDEL M, BRUNNER F, et al. AlGaN metal-semiconductor-

metal photodetectors on planar and epitaxial laterally overgrown AlN/sapphire templates for the ultraviolet C spectral region[J]. Japanese Journal of Applied Physics, 2013, 52(8S): 08JF03.

[101] TANG Y, CAI Q, YANG L H, et al. An improved design for AlGaN solar-blind avalanche photodiodes with enhanced avalanche ionization[J]. Chinese Physics B, 2017, 26(3): 038503.

[102] KOOYMAN R P H, LENFERINK A T M, EENINK R G, et al. Vibrating mirror surface plasmon resonance immunosensor[J]. Analytical Chemistry, 1991, 63(1): 83 – 85.

[103] SIUZDAK J, STEPNIAK G, KOWALCZYK M, et al. Instability of the multimode fiber frequency response beyond the baseband for coherent sources[J]. IEEE Photonics Technology Letters, 2009, 21(14): 993 – 995.

[104] KARRER U, DOBNER A, AMBACHER O, et al. AlGaN-based ultraviolet light detectors with integrated optical filters[J]. Journal of Vacuum Science & Technology B: Microelectronics and Nanometer Structures Processing, Measurement, and Phenomena, 2000, 18(2): 757 – 760.

[105] ZHANG S K, WANG W B, ALFANO R R, et al. Photoionization study of deep centers in GaN/AlGaN multiple quantum wells[J]. Journal of Vacuum Science & Technology B, Nanotechnology and Microelectronics: Materials, Processing, Measurement, and Phenomena, 2010, 28(3): C3I10 – C3I12.

[106] WANG W, YANG Z, LU Z, et al. High responsivity and low dark current nonpolar GaN-based ultraviolet photo-detectors[J]. Journal of Materials Chemistry C, 2018, 6 (25): 6641-6646.

[107] WANG W, ZHENG Y, LI X, et al. High-performance nonpolar a-plane GaN-based metal-semiconductor-metal UV photo-detectors fabricated on $LaAlO_3$ substrates[J]. Journal of Materials Chemistry C, 2018, 6(13): 3417 – 3426.

[108] WANG X, ZHANG Y, CHEN X, et al. Ultrafast, superhigh gain visible-blind UV detector and optical logic gates based on nonpolar a-axial GaN nanowire[J]. Nanoscale, 2014, 6(20): 12009 – 12017.

[109] BONACCORSO F, SUN Z, HASAN T A, et al. Graphene Photonics and optoelectronics[J]. Nature Photonics, 2010, 4(9): 611 – 622.

[110] WHITESIDE M, ARULKUMARAN S, CHNG S S, et al. On the recovery of 2DEG properties in vertically-ordered h-BN deposited AlGaN/GaN heterostructures on Si substrate[J]. Applied Physics Express, 2020.

[111] GAO N, LIN W, CHEN X, et al. Quantum state engineering with ultra-short-period $(AlN)_m/(GaN)_n$ superlattices for narrowband deep-ultraviolet detection[J]. Nanoscale, 2014, 6(24): 14733 – 14739.

[112] MAJEWSKI J A, ZANDLER G, VOGL P. Stability and band offsets of AlN/GaN heterostructures: impact on device performance[J]. Semiconductor Science and Technology, 1998, 13(8A): A90.

[113] SHIRASAWA T, MOCHIDA N, INOUE A, et al. Interface control of GaN/AlGaN quantum well structures in MOVPE growth[J]. Journal of Crystal Growth, 1998, 189: 124-127.

[114] TANIYASU Y, KASU M. Polarization property of deep-ultraviolet light emission from C-plane AlN/GaN short-period superlattices[J]. Applied Physics Letters, 2011, 99(25): 251112.

[115] KUCHUK A V, KLADKO V P, PETRENKO T L, et al. Mechanism of strain-influenced quantum well thickness reduction in GaN/AlN short-period superlattices [J]. Nanotechnology, 2014, 25(24): 245602.

[116] ISLAM S M, LEE K, VERMA J, et al. MBE-grown 232~270 nm deep-UV LEDs using monolayer thin binary GaN/AlN quantum heterostructures[J]. Applied Physics Letters, 2017, 110(4): 041108.

[117] ISLAM S M, PROTASENKO V, LEE K, et al. Deep-UV emission at 219 nm from ultrathin MBE GaN/AlN quantum heterostructures[J]. Applied Physics Letters, 2017, 111(9): 091104.

[118] ISLAM S M, PROTASENKO V, LEE K, et al. Deep-UV emission at 219 nm from ultrathin MBE GaN/AlN quantum heterostructures[J]. Applied Physics Letters, 2017, 111(9): 091104.

[119] GAO N, FENG X, LU S, et al. Integral monolayer-scale featured digital-alloyed AlN/GaN superlattices using hierarchical growth units[J]. Crystal Growth & Design, 2019, 19(3): 1720-1727.

[120] ZHUANG Q, LIN W, YANG W, et al. Defect suppression in AlN epilayer using hierarchical growth units[J]. The Journal of Physical Chemistry C, 2013, 117(27): 14158-14164.

第 4 章

SiC 紫外光电探测器

4.1 SiC 材料的基本物理特性

4.1.1 SiC 晶型与能带结构

碳化硅(SiC)是IV-IV族二元化合物半导体,也是元素周期表IV族元素中唯一的一种固态化合物,是自第一代元素半导体材料(如硅(Si)、锗(Ge))和第二代化合物半导体材料(如砷化镓(GaAs)、磷化镓(GaP)、磷化铟(InP)等)之后发展起来的第三代宽禁带半导体材料,具有禁带宽度大、击穿电场强度高、电子饱和漂移速度大、热导率高及抗辐照能力强等优点,是制备高压、高温、高频、耐辐照、紫外探测和粒子探测等半导体器件的优良材料。

1. SiC 晶体结构

SiC 晶体的基本结构单元为 SiC_4 或 CSi_4 四面体结构,属于密堆积结构,单位原胞中相同平面因硅原子(Si)和碳原子(C)堆垛次序不同而形成各种不同的晶型(即同质异形体)。目前已经发现的 SiC 晶型有 200 余种,可以分为立方结构(cubic)、六方结构(hexagonal)和菱形结构(rhombohedral)。SiC 的所有同质异形体都是由 1:1 化学当量的 Si 和 C 组成的,作为离子共价键半导体材料,其每种原子被四个异种原子所包围,通过定向的强四面体 SP³ 键结合在一起,并具有一定程度的极化[1],如图 4-1 所示。图中,a 表示晶格常数,即相邻两个硅原子或碳原子之间的距离。

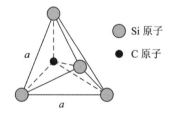

○ Si 原子

● C 原子

图 4-1 SiC 立方体结构示意图

不同的 SiC 晶型具有不同的结构对称性,这取决于 C-Si 双原子层在一维方向的堆垛次序。如图 4-2 所示,SiC 中的 C-Si 原胞具有不同的堆垛顺序,分别记为 A、B、C,如果第一层占据 A 位置,则根据密排结构原则,第二层将位于 B 位置或 C 位置;如果第二层占据 B 位置,则第三层将占据 A 位置或 C 位置;如果第二层占据 C 位置,则第三层将占据 A 位置或 B 位置;依次类推。

C‑Si 双原子层在这三种位置上的不同排列形成了不同构型的 SiC 晶体，包括闪锌矿（立方）和纤锌矿（六方）结构。不同的 SiC 晶型用单位原胞中双原子层的个数标出。例如，4H 表明在六方对称结构中 4 个双原子层重复出现。

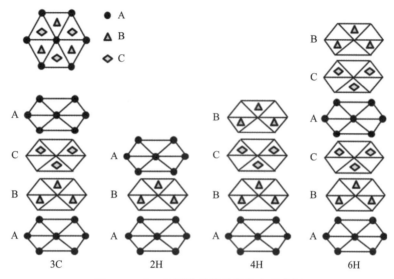

图 4‑2　SiC 晶型的几种堆垛顺序示意图

在已发现的所有多型体中，稳定存在的只有 4H、6H、15R 和 3C。其中，4H、6H 和 15R 统称为 α‑SiC，而 3C‑SiC 是唯一具有闪锌矿结构的晶型。图 4‑3 给出了 3C‑SiC、2H‑SiC、4H‑SiC、6H‑SiC 和 15R‑SiC 的 $(11\bar{2}0)$ 晶面的结构示意图。C‑Si 双原子层的一维堆垛顺序分别是：3C‑SiC 为 ABCABC…，2H‑SiC 为 ABAB…，4H‑SiC 为 ABCBA…，6H‑SiC 为 ABCACBA…，15R‑SiC 为 ABCACBCABACABCBA…。3C‑SiC 为纯立方密排结构晶型，2H‑SiC 为纯六方密排结构晶型，其他多型体是以上两种堆积方式的混合结构。在某种 SiC 晶型中，并非所有的 C‑Si 双原子层都处于等价的位置上，或者说，并非所有的 Si 原子或 C 原子都处于等价的位置上，这种不等价性来源于某种晶型中 C‑Si 双原子层之间相对位置的差异。以 4H‑SiC 为例（见图 4‑3），C‑Si 双原子层在 A 位置上与其最近邻的上、下层为六方堆垛关系，而 B 位置与各自最近邻的上、下层均为立方堆垛关系。因此，在 4H‑SiC 中，A 位置称为六方位置，而 B 位置称为立方位置。除 3C‑SiC 外，其他多型体的 C‑Si 双原子层都呈现出"之"字形折线特征。为了定量描述 SiC 多型体中位置的不等价性，引入"六方百分比"（hexagonality）来描述某一 SiC 多型体中六方位置所占的百分比。3C‑SiC、2H‑SiC、6H‑SiC、4H‑SiC 和 15R‑SiC

的六方百分比分别为 0％、100％、33.3％、50％、40％。

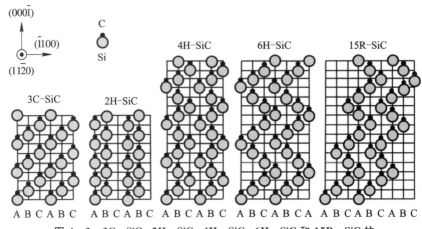

图 4-3　3C-SiC、2H-SiC、4H-SiC、6H-SiC 和 15R-SiC 的
(11$\bar{2}$0)晶面的结构示意图

晶型鉴别在晶体生长中非常重要。SiC 多型结构的鉴别主要有以下两个技术途径：

(1) 采用某种物理方法直接获取样品的结构信息，通过对所得信息进行处理与分析，得出关于样品多型结构的结论。该技术途径主要包括 X 射线衍射法和高分辨率透射电子显微镜法。

(2) 根据不同 SiC 多型体在物理特性上的差别，采用某种物理方法对样品的某一物理性质进行表征，进而得到关于样品多型结构的结论。该技术途径主要包括吸收光谱法和拉曼光谱法。由于拉曼光谱法对具有共价键结构材料的散射效率高，空间分辨率高，易于获取信号，不需要对样品进行特殊处理，测量过程简单、便捷，因此该法是目前表征 SiC 晶体结构最普遍的方法。

拉曼效应起源于分子振动(和点阵振动)与转动，因此从拉曼光谱中可以得到分子振动能级(点阵振动能级)与转动能级结构的知识。当光照射到晶体上时，晶体中的电子将被极化并产生感应电偶极矩，产生散射光。其中，除了与激发光的频率相同的弹性成分(瑞利散射)外，还有与激发光的频率不相同的非弹性成分，而由光学声子引起的非弹性散射称为拉曼散射。晶体中周期性排列的原子在其平衡位置附近不停地振动，这种振动是一种集体运动，会形成格波。研究中可将格波分解成许多彼此独立的振动模，电子极化率会被晶格振动模调制，光利用这种调制即可对 SiC 晶型进行鉴别。

由 C-Si 双原子层以不同堆垛方式形成的不同 SiC 晶型归纳起来有三类：3C，nH 和 3nR。其中，C(立方)、H(六方)和 R(三方)表示晶体的点阵类型，n 表示原胞中包含化学式单位(SiC)的数目。3C-SiC 只有一个拉曼活性模,此振动模是三重简并的,可分裂为一个波数为 796 cm^{-1} 的横模和一个波数为 972 cm^{-1} 的纵模。nH-SiC 和 $3n$R-SiC 的结构则要复杂一些,n 愈大,其原胞中含有的原子数目($2n$)愈多,拉曼活性模的数目也就愈多。理论上预言,2H-SiC、4H-SiC、6H-SiC 和 15R-SiC 的拉曼活性模的数目分别为 4、10、16 和 18。不同结构 SiC 的拉曼活性模的数目不同,产生拉曼峰的位置也不同。不同晶型 SiC 的拉曼光谱数据如表 4-1 所示。

表 4-1　不同晶型 SiC 的拉曼光谱数据

晶型	晶系	点群	拉曼谱线波数/cm^{-1}
3C-SiC	立方	T_d	796$_s$、972$_s$
2H-SiC	六方	C_{6v}	264$_w$、764$_s$、799$_w$、968$_m$
4H-SiC	六方	C_{6v}	196$_w$、204$_s$、266$_w$、610$_w$、776$_s$、796$_w$、964$_s$
6H-SiC	六方	C_{6v}	145$_w$、150$_m$、236$_w$、241$_w$、266$_w$、504$_w$、514$_w$、767$_m$、789$_s$、797$_w$、889$_w$、965$_s$
15R-SiC	三方	C_{3v}	167$_w$、173$_m$、255$_w$、256$_w$、331$_w$、337$_w$、569$_w$、573$_w$、769$_s$、785$_s$、797$_m$、860$_w$、932$_w$、938$_w$、965$_s$

注:拉曼谱线波数中,s 表示强,m 表示中等,w 表示弱。

2. SiC 能带结构

　　无论是导体、半导体或者绝缘体,都有相应的能带结构。能带结构决定了材料的许多特性,如电学特性、光学特性、抗辐照性能等。不同 SiC 同质异形体的禁带宽度 E_g 不同,为 2.3~3.4 eV。其中,最常用 SiC 晶型的禁带宽度:3C-SiC 为 2.4 eV,4H-SiC 为 3.26 eV,6H-SiC 为 3.0 eV。

　　图 4-4 是根据理论计算给出的不同 SiC 晶型的能带结构简化示意图[2]。需要说明的是,由于理论计算得到的禁带宽度 E_g 小于实际测量值,因此,此处标出的禁带宽度 E_g 为实验结果。由图 4-4 可以看出,这三种 SiC 晶型都属于间接带隙半导体。3C-SiC 价带顶位于布里渊区中心的 Γ 点,导带底位于布里渊区的 X 点;4H-SiC 价带顶位于布里渊区的 Γ 点,导带底位于布里渊区的 M 点;6H-SiC 价带顶位于布里渊区中心的 Γ 点,是 3 重简并的,而导带底位于 M 点,为单重态。

　　与 3C-SiC 和 6H-SiC 相比,4H-SiC 的禁带宽度 E_g 最大为 3.26 eV,根据入射光波长与能量的关系 $\lambda = \dfrac{hc}{E_g} \approx \dfrac{1240}{3.26}$(nm),其中 h 为普朗克常量,c

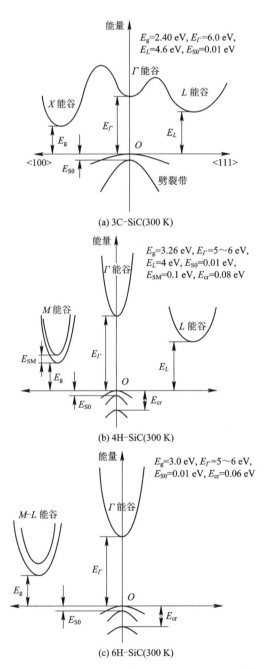

图 4－4 不同 SiC 晶型的能带结构简化示意图[2]

为光速，对应的截止波长 $\lambda = 380$ nm。当入射光波长大于 380 nm 时，光子能量无法被材料吸收，从而不会产生电子-空穴对，因此，4H – SiC 具有先天的可见光盲特性，适用于制备固态紫外探测器件，在实际应用时不需要加装昂贵的滤光片。

4.1.2　SiC 外延材料与缺陷

早在 1824 年，瑞典科学家 Jöns Jacob Berzelius 在人工合成金刚石的过程中就观察到了 SiC。1885 年，Acheson 将焦炭和硅石的混合物以及一定量的氯化钠在熔炉中高温加热，从而生长出了小尺寸 SiC 晶体。当时的 SiC 晶体由于存在大量缺陷，因此不能用于电子器件的制作，而仅仅用于材料的切割和磨抛。1955 年，飞利浦实验室的 J. A. Lely 发明了一种采用升华法生长高质量 SiC 的新方法，开辟了 SiC 材料和器件的新纪元[3]。1981 年，苏联科学家 Tairov 和 Tsvetkov 发明了改良的 Lely 法，从而获得了较大晶体的 SiC 生长技术[4]。1987 年，Cree Research 公司成立，成为第一个销售 SiC 单晶衬底的美国公司。经过几十年的发展，SiC 材料的晶体质量得到了极大提升。目前，美国在整个 SiC 市场居于领导地位，占有全球 SiC 产量的 70%～80%，其产品以 2～6 英寸的 4H – SiC 衬底为主。我国对 SiC 单晶的研究始于 2000 年左右，主要研制单位有中科院物理所、中科院上海硅酸盐研究所、山东大学、中国电科四十六所等高校院所，国内现已实现 2～4 英寸 N 型和半绝缘 SiC 衬底的产业化，并完成了 6 英寸 SiC 单晶衬底的研发，主要生产单位包括山东天岳、天科合达、同光晶体等公司，但由于起步迟，因此与发达国家还有相当大的差距。

对于半导体器件的制备，半导体材料的掺杂浓度、掺杂深度、掺杂类型以及缺陷密度等会严重影响半导体器件的性能。传统的单晶制备法得到的 SiC 材料缺陷较多，而且难以控制掺杂浓度和深度，很难达到 SiC 器件的要求。因此，外延生长法是获得不同掺杂浓度 N 型和 P 型 SiC 薄膜材料的主要方法。SiC 外延薄膜的生长技术有很多，包括液相外延生长（LPE）、分子束外延（MBE）、化学气相沉积法（CVD）等。下面重点介绍 CVD。

1. CVD

CVD 是借助空间气相化学反应在衬底表面沉积固态薄膜的一种气相外延生长技术，利用化学气相可以控制薄膜的组分和结构，具有可重复性好、薄膜质量较高和生长速度较快等优势，成为目前大批量生产 SiC 外延薄膜广泛使用的方法。

CVD 是将含有薄膜元素化学成分的若干种源气体输运到衬底表面，并使用不同的加热方法促使气体直接发生气相反应或表面相反应，反应后的生成物在衬底表面沉积形成外延薄膜。这里的反应是在衬底表面和表面附近气相中发生的各种反应的组合，具体的反应过程可以简单归结为如下几个步骤：① 反应物气体分子随载气以一定流量输运至反应室内；② 反应物气体分解形成中间态；③ 气流中的反应物分子和其中间态扩散到衬底上；④ 反应物分子进一步吸附在衬底表面上；⑤ 生长层的表面发生化学反应，生成外延薄膜和副产物分子；⑥ 副产物分子向外扩散，从而脱离表面；⑦ 副产物分子进入输运气体中被带出。图 4-5 给出了 CVD 生长中反应原子吸附、扩散、成核生长和脱附的过程示意图。CVD 外延 SiC 的硅源主要有 SiH_4、SiH_2Cl_2、$SiCl_4$ 和 Si_2H_6，而碳源主要有 C_3H_8、CH_4、C_2H_2 和 CCl_4，H_2 则作为载气用于所有的生长过程。

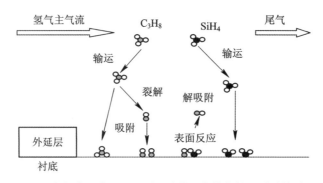

图 4-5 CVD 生长中反应原子吸附、扩散、成核生长和脱附的过程示意图

同质外延生长是指 SiC 外延薄膜的多型结构和 SiC 衬底的多型结构保持一致。在 4H-SiC 和 6H-SiC 的同质外延生长中，3C-SiC 晶型的产生是一个不可忽视的问题。3C-SiC 晶型在六方 SiC 外延层上会呈现明显的三角形状，这一现象被称为三角形缺陷。台阶控制外延技术通过在偏晶向衬底上生长 SiC 外延层，能够实现外延层对衬底多型结构的准确复制，从而有效抑制三角形缺陷。

图 4-6 和图 4-7 分别给出了在正晶向和偏晶向 6H-SiC 衬底上的外延生长过程示意图。从图 4-6 中可以看出，正晶向[0001]面具有较大的台阶平面和极低的台阶密度，其生长过程是一个平台表面高度过饱和而引起的二维成核过程，生长过程受表面的吸附和解吸附反应的控制。因此，决定外延层多型结构的主要因素是生长温度。若以 ABC 来表示 SiC 双层结构，则 6H-SiC 的堆垛顺序是 ABCACB，3C-SiC 的堆垛顺序是 ABC 或者 ACB。当 6C-SiC 在正晶向表面生长时，相邻的两个成核位可能会导致两种 3C-SiC 堆垛顺序（孪

晶)，从而形成缺陷。如图 4-7 所示，偏晶向衬底的表面台阶密度大，台阶平面窄，较小的平台宽度确保了吸附原子通过表面扩散到达台阶位置，并在台阶处与晶格结合。因此，台阶控制生长过程能够确保对衬底多型结构的准确复制，抑制材料缺陷的形成。

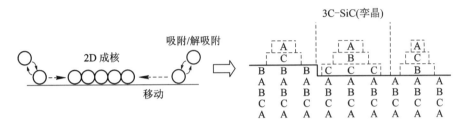

图 4-6　正晶向 6H-SiC 衬底外延生长的过程示意图

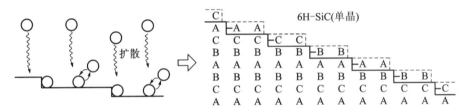

图 4-7　偏晶向 6H-SiC 衬底外延生长的过程示意图

　　台阶控制外延技术最初用于 6H-SiC 材料同质外延，同样适用于包括 4H-SiC 在内的其他多型衬底的外延生长。研究发现，台阶控制生长过程是一个传质控制过程，而不是表面反应控制过程。因此，应该严格控制过饱和条件以促进传质控制生长，从而抑制二维成核的发生。如果 SiC 衬底表面与(0001)晶面偏晶向角度<1°，就会由于外延生长条件不合适或者台阶间距过大，导致吸附的原子在平台表面出现不受控制的岛状成核，形成质量较差的 3C-SiC 晶型。为了抑制外延过程中出现平台成核而形成 3C-SiC 三角形包裹体，大多数商品化的 4H-SiC 和 6H-SiC 衬底都是偏(0001)晶面 8°或 4°进行斜切抛光。

　　此外，对于 SiC 外延材料，掺杂类型和掺杂浓度的可控对于制备高性能 SiC 器件有着至关重要的作用。在 SiC 的外延掺杂中，氮(N)是 SiC 最主要的浅施主杂质，铝(Al)和磷(P)是最主要的浅受主杂质。在利用外延生长实现掺杂的研究中，被广泛接受的是 D. Larkin 提出的"位置竞争外延"掺杂理论模型，即通过控制生长过程中的 C/Si 值来控制掺杂浓度。研究指出，掺杂剂原子在 SiC 晶格中将占据 C 原子或 Si 原子的位置，其中，N 原子占据 C 原子的位置，而 Al 原子占据 Si 原子的位置，如图 4-8 所示。当 C/Si 值较高时，生长环境中的 C 浓度变大，使 C 在 SiC 晶格表面与 N 的生长竞争中形成优势，从而降低 N 的掺杂浓度。同理，降低 C/Si 值，就会使生长环境中的 Si 浓度增大，从而使 Si 在晶格表面与 Al 的生长竞争中占据优势，获得低掺杂浓度的 P 型 SiC 外延生长。因此，可以通过控制源气体的 C/Si 值来实现对外延层掺杂浓度的控制。

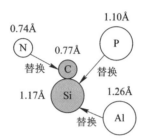

图 4 - 8　SiC 外延材料常用的掺杂剂原子的替换

"位置竞争外延"理论不仅可以用来调控 SiC 外延中人为掺杂杂质的浓度，有效延伸和调节 N 型和 P 型 CVD 外延 SiC 的掺杂范围，还可以有效减少外延生长中非故意混入 SiC 外延层中的杂质原子，降低外延层的背景掺杂浓度。目前，SiC 外延产品已实现商品化，尺寸为 3 英寸、4 英寸和 6 英寸，掺杂浓度范围为 $1 \times 10^{14} \sim 1 \times 10^{19} \, \mathrm{cm}^{-3}$。

2. SiC 外延材料的缺陷

SiC 外延材料的缺陷是制约其走向大规模商业化应用的一个关键问题。无论是单晶衬底还是外延层，材料的缺陷都会对 SiC 器件的性能和可靠性产生严重影响。因此，必须对 SiC 外延中的缺陷进行研究分析，掌握其类型、密度、转化等信息，并找到降低缺陷密度的方法。

在 4H - SiC 外延生长过程中，温度、气体压强、饱和度、杂质类型以及浓度、晶体生长速度、衬底表面粗糙度、衬底缺陷等因素都可能在材料中引入各种缺陷。SiC 的物理缺陷主要分为结构缺陷和表面缺陷。结构缺陷存在于整个外延层内，包括微管(MP)、螺旋位错、低角度晶粒间界和基平面位错；表面缺陷包括三角形凹陷、生长坑和胡萝卜状凹槽。SiC 中密度较高的缺陷主要是螺旋位错(TSD)、刃位错(TED)、基平面位错(BPD)、堆垛层错(SF)和小角晶界等。表 4 - 2 中列出了目前商品化的 4H - SiC 和 6H - SiC 和外延产品中已知的主要位错缺陷。由表 4 - 2 可见，大部分外延层缺陷源于外延生长前的 SiC 衬底。由于器件的有源区位于 SiC 外延层，因此外延层材料的缺陷将直接影响 SiC 器件的性能。

表 4-2　SiC 衬底和外延层中的主要缺陷类型

缺陷类型	衬底缺陷密度/cm^{-2}	外延层缺陷密度/cm^{-2}	备　　注
微管（空心螺旋位错）	$0\sim100(0)$	$0\sim100(0)$	严重影响功率器件的击穿电压，会增大漏电流
螺旋位错	$10^2\sim10^4(10^2)$	$10^3\sim10^4(10^2)$	降低击穿电压，增大漏电流，缩短载流子的寿命
基平面位错	$10^2\sim10^3(10^2)$	$0\sim10(0)$	引起双极功率器件退化，缩短载流子的寿命
刃位错	$10^2\sim10^3(10^2)$	$10^3\sim10^4(10^2)$	影响未知
堆垛层错	$10\sim10^4(0)$	$10\sim10^4(0)$	使双极功率器件退化，缩短载流子的寿命
胡萝卜状凹槽	N. A.	$1\sim10(0)$	功率器件的击穿电压剧烈下降，漏电流增大
小角晶界	$10^2\sim10^3(0)$	$10^2\sim10^3(0)$	晶圆边界处的密度较大，影响未知

注：括号中标注的数字为实验室报道的最好结果。

微管（MP）是对 SiC 器件危害最大的缺陷，被称为"器件杀手"。微管的位错线位于[0001]晶向（c 轴），其伯格斯矢量平行于位错线，长度等于或大于 c 的两倍（不同的晶型有不同的值），所以，MP 有一个直径范围为 0.1 nm～0.1 μm 的空核。

螺旋位错（TSD）与微管类似，位错线位于[0001]晶向（c-轴），伯格斯矢量平行于位错线且其长度等于 c。与微管不同的是，TSD 是闭核的，会导致器件提前击穿，商用 SiC 衬底中的 TSD 密度通常为 $10^2\sim10^4$ cm^{-2}。衬底中的 MP 和 TSD 都可以沿着生长方向延伸至外延层中。另外，TSD 有时还会衍生出其他外延缺陷，如胡萝卜状凹槽。图 4-9 给出了 MP 和 TSD 的氢氧化钾（KOH）腐蚀形貌。如图 4-9(a)所示，微管的 KOH 腐蚀形貌的特点为：① 腐蚀坑的形状为六角形；② 从坑的边缘到坑底有许多台阶；③ 微管是空心结构。如图 4-9(b)所示，螺旋位错的 KOH 腐蚀形貌的特点为：① 腐蚀坑的形状为大的六角形；② 有尖的底部，且底部稍偏于一边；③ 从底部到坑边缘有六条暗的条纹，为不同侧向腐蚀面的交线。经过多年的努力，SiC 材料的微管密度已经降低为原来的 1/100，实现了零微管的 SiC 衬底材料。

(a) 微管　　　　　　　　　　　　　(b) 螺旋位错

图 4 - 9　4H - SiC 微管和螺旋位错的 KOH 腐蚀形貌

刃位错（TED）是 SiC 衬底中的另一种结构缺陷，通常分散在衬底中，密度约为 10^3 cm^{-2}。刃位错的位错线垂直于基平面，并且其伯格斯矢量线位于三个等价的 $\langle 11\bar{2}0 \rangle$ 晶向之一，伯格斯矢量长度 $b = 1/3 \langle 11\bar{2}0 \rangle$。外延层中的 TED 一部分来源于衬底中 TED 的延伸，另一部分来源于衬底中 BPD 的转变。与 TSD 和 BPD 等相比，TED 对 SiC 电子器件的危害要小得多，可以认为是一种"良性位错"。但是，TED 对 SiC 雪崩光电探测器的击穿电压和临近击穿点的漏电流仍有重要影响。如图 4 - 10 所示，TED 的 KOH 腐蚀形貌的特点为：① 腐蚀坑的形状为小的六角形；② 有尖的底部，并且底部稍偏于一边；③ 从底部到坑边缘有六条暗的条纹，为不同侧向腐蚀面的交线。

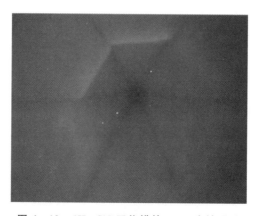

图 4 - 10　4H - SiC 刃位错的 KOH 腐蚀形貌

基平面位错(BPD)也是能够从衬底延伸至外延层的结构缺陷，商用 SiC 衬底中的 BPD 密度为 $10^3 \sim 10^4 \, \mathrm{cm}^{-2}$。基平面位错是在单晶衬底生长过程中由温度分布引起的热弹性应力产生的基平面上的滑移位错，对器件性能有较严重的影响，还会为堆垛层错的产生提供成核位。如图 4-11 所示，基平面位错的 KOH 腐蚀形貌的特点为：① 腐蚀坑的形状为椭圆形(或称为贝壳形)；② 底部严重地偏向椭圆长轴的一边。

图 4-11　4H-SiC 基平面位错的 KOH 腐蚀形貌

随着 SiC 材料中微管密度的降低，基平面位错和堆垛层错越来越受到研究人员的重视。通常认为微管和螺旋位错会引起二极管早期的反向击穿，而刃位错对器件性能的影响较小。在外延层生长过程中，绝大部分 BPD 会转化为良性的 TED，目前，从衬底直接延伸至外延层的 BPD 几乎可以实现 100% 转化，从而实现外延层中 BPD 密度几乎为零。

4.1.3　SiC 的电学特性

表 4-3 给出了 3C-SiC、4H-SiC 和 6H-SiC 的基本电学参数。这些参数除了与掺杂种类和浓度有关以外，还受到测试温度、测试方法、材料质量等因素的影响。由表 4-3 可以看出，SiC 具有禁带宽度大、击穿电场强度高、饱和电子漂移速度大、热导率高及抗辐照性能强等优点。

表 4 - 3　SiC 材料的基本电学参数

材料	禁带宽度 /eV	临界击穿场强 /(MV·cm^{-1})	热导率 /(W·cm^{-1}·K^{-1})	本征载流子浓度 /cm^{-3}
3C - SiC	2.4	2	3.2	1.5×10^{-1}
4H - SiC	3.26	3	4	5×10^{-9}
6H - SiC	3.0	3	3.8	1.6×10^{-6}

材料	饱和漂移速度 ($\times10^7$)/(cm·s^{-1})	电子迁移率 /(cm^2·V^{-1}·s^{-1})	空穴迁移率 /(cm^2·V^{-1}·s^{-1})	介电常数
3C - SiC	2.0	800	40	9.72
4H - SiC	2.0	1000	115	10
6H - SiC	2.0	600	101	9.66

1. 本征载流子浓度

SiC 作为宽禁带半导体材料，其禁带宽度远大于 Si 等半导体材料。由于 SiC 材料具有较大的禁带宽度，因此 PN 结的耗尽区具有较低的载流子产生率，降低了 SiC 电子器件中漏电流的产生；而在金属-半导体接触中，由于禁带宽度大，因此 SiC 材料会形成较高的肖特基(Schottky)势垒，降低了肖特基器件(如 Schottky 整流器、MESFET 等)的漏电流。

SiC 材料的本征载流子浓度是由热激发产生的越过半导体禁带宽度的电子-空穴对决定的，可以表示如下：

$$n_i = \sqrt{N_c N_v}\exp\left(\frac{-E_g}{2kT}\right) \qquad (4-1)$$

其中，N_c 和 N_v 分别是导带和价带的有效态密度(单位为 cm^{-3})，E_g 是带隙宽度，k 是玻尔兹曼常数，T 是绝对温度。4H - SiC 材料的导带和价带的有效态密度与温度的关系分别为

$$N_c = 3.25\times10^{15}\times T^{3/2} \qquad (4-2)$$

$$N_v = 4.8\times10^{15}\times T^{3/2} \qquad (4-3)$$

由式(4-1)~式(4-3)可以看出，本征载流子浓度与温度以指数关系增长，所以在高温状态下本征载流子浓度占主导地位。图 4-12 给出了 3C - SiC、4H - SiC 与 6H - SiC 的本征载流子浓度随温度的变化曲线[5]。

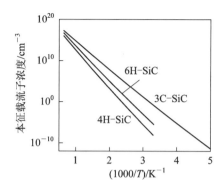

图 4 - 12　3C - SiC、4H - SiC、6H - SiC 的本征载流子浓度与温度的关系曲线[5]

2. 迁移率与漂移速度

载流子的迁移率对器件性能具有很大影响，其与材料的掺杂浓度有关。图 4 - 13 给出了室温下 4H - SiC 和 6H - SiC 的载流子迁移率与掺杂浓度的关系[6]。由图 4 - 13 可见，随着掺杂浓度的增加，载流子受到的散射增强，导致迁移率不断降低。

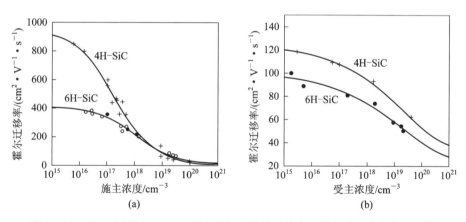

图 4 - 13　4H - SiC 和 6H - SiC 中电子和空穴的迁移率与掺杂浓度的变化关系[6]

载流子在电场作用下会发生定向运动，即漂移运动，这属于载流子的一种输运方式。载流子的平均漂移速度 v_d 与迁移率 μ 和电场强度 E 有关，可以表示为

$$v_d = \mu |E| \tag{4-4}$$

低电场下，载流子的漂移速度随外加电场的增加而增大。但是，当电场达到一定值时，载流子的漂移速度达到饱和，不再随电场增加，此时的漂移速度称为载流子饱和漂移速度。在不同温度下，载流子的饱和漂移速度是不同的。图 4 - 14 给出

了在不同温度下 4H-SiC 材料的电子漂移速度与电场强度的变化关系[7]。

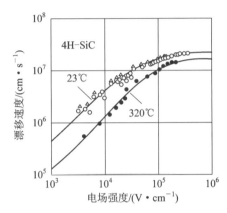

图 4-14 4H-SiC 中的电子漂移速度与电场强度的变化关系[7]

3. 碰撞离化系数(离化率)

碰撞离化(impact ionization)是指半导体中的自由载流子在强电场作用下加速到具有足够高的能量,在与晶格的相互作用中使另一个电子从价带跃迁到导带,从而产生新的电子-空穴对的过程。碰撞离化能力的大小通常由电子和空穴引起离化碰撞的离化系数 α 和 β 表征。离化系数的单位为 cm^{-1},它表示一个初始的载流子沿电场作用的方向移动 1 cm 所产生的二次电子-空穴对数。离化系数的倒数是一个载流子在离化碰撞发生前所移动的平均距离。通常电子的离化系数 α 和空穴的离化系数 β 是不相等的,取决于半导体的电子能带结构,并强烈依赖于所处的电场强度。

4H-SiC 的空穴离化系数 β 与温度和电场的关系满足 Chynoweth 公式:

$$\beta = \beta_0 \exp\left(\frac{-E_{p0}}{E}\right) \qquad (4-5)$$

其中,$\beta_0 = 6.3 \times 10^6 - 1.07 \times 10^4 \times T$(单位为 cm^{-1}),T 为绝对温度;$E_{p0} = 1.8 \times 10^7$(单位为 $V \cdot cm^{-1}$);E 为电场强度。随着耗尽区电场强度的增加,离化系数增大。

图 4-15 给出了测量得到的 4H-SiC 中空穴和电子的离化系数与反向电场强度的变化关系。其中,图 4-15(a)为 300K 温度下空穴与电子的离化系数与反向电场强度的变化关系[8],图 4-15(b)为不同温度下 4H-SiC 中空穴的离化系数与反向电场强度的关系[9]。可以看出,对于 4H-SiC 材料,其空穴的离化系数远大于电子的,电子与空穴的离化系数之比约为 0.02,且碰撞离化系数随着温度的升高而降低。

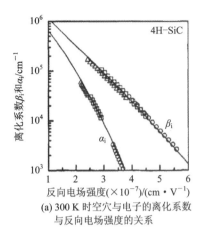

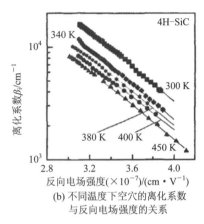

(a) 300 K 时空穴与电子的离化系数
与反向电场强度的关系

(b) 不同温度下空穴的离化系数
与反向电场强度的关系

图 4 - 15　4H - SiC 中空穴和电子的离化系数与反向电场强度的变化关系[8-9]

4. 临界击穿场强

　　4H - SiC 的禁带宽度较大，电子-空穴对的平均离化能可达到 5.05eV，临界击穿电场比 Si 要高一个数量级。基于 4H - SiC 二极管的均匀雪崩击穿，A. O. Konstantinov 等人通过测量电子-空穴的离化率，得到 4H - SiC 的临界电场强度与掺杂浓度的经验公式如下：

$$E_{cr} = \frac{2.49 \times 10^6}{1 - \frac{1}{4} \lg (N/10^{16})} \text{V/cm} \qquad (4-6)$$

　　图 4 - 16 给出了 4H - SiC 的击穿电压和临界场强与掺杂浓度的关系曲线[8]。由图 4 - 16 可以看出，随着掺杂浓度的增加，4H - SiC 的临界击穿场强会随之增加，而击穿电压则快速减小。

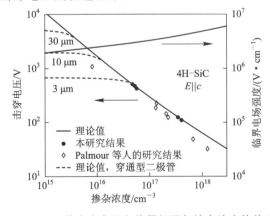

图 4 - 16　4H - SiC 的击穿电压和临界场强与掺杂浓度的关系曲线[8]

4.1.4 SiC 的光学特性

光电探测器设计过程中，材料的吸收系数是一个非常重要的参数，它决定了光电探测器的材料结构和参数。光在介质中传播时，光的强度随着传播距离（穿透厚度）而衰减的现象称为光的吸收。半导体材料通常具有较大的吸收系数，能强烈地吸收光能。当入射的光子能量大于或等于半导体的禁带宽度时，半导体会吸收光子而产生电子-空穴对，即发生本征跃迁，而产生这种跃迁的光子吸收称为本征吸收。半导体的吸收系数除了与材料本身有关外，还与光的波长有关。光能在半导体中随着入射深度以指数衰减，可以表示如下：

$$I = I_0 e^{-\alpha L} \tag{4-7}$$

其中，I_0 为吸收前的初始光能，α 为与光强无关的吸收系数，L 为光波在半导体中的入射深度。

目前，关于 4H-SiC 材料在紫外波段(200～400 nm)吸收系数的测定方法还非常有限。1998 年，S. G. Sridhara 等人报道了 4H-SiC 在 325～390 nm 波段吸收系数的实测结果[10]，如图 4-17 所示。在不同温度下利用不同的常用紫外激光器测定的 4H-SiC 材料的吸收系数如表 4-4 所示。

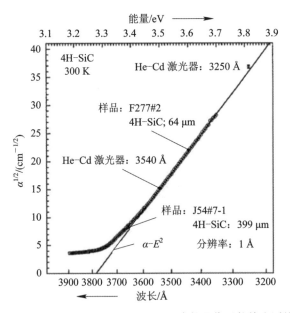

图 4-17　4H-SiC 材料在 325～390 nm 波段吸收系数的实测结果[10]

表 4 - 4　不同波长激光器测定的 4H - SiC 材料的吸收系数[10]

波长/Å	激光器	T＝300 K		T＝2 K	
		吸收系数 α /cm^{-1}	入射深度 α^{-1} /μm	吸收系数 α /cm^{-1}	入射深度 α^{-1} /μm
3250	He - Cd	1350	7.4	1160	8.6
3336	Ar$^+$ ion	860	11	750	13
3371	N$_2$ gas	720	14	620	16
3511	Ar$^+$ ion	290	35	225	44
3540	He - Cd	230	44	170	59
3550	3X Q/Nd：YAG	210	48	155	64
3564	Kr$^+$	180	54	130	75

此外，H. Y. Cha 等人基于能带之间的载流子跃迁机制，利用 TCAD 软件 Silvaco 对 4H - SiC 的紫外光吸收谱进行了模拟计算，得到了日盲波长范围内的光吸收系数的理论值[11]，如图 4 - 18 所示。图中，曲线Ⅰ和曲线Ⅱ分别表示材料吸收光子能量后电子发生 Γ-M 和 Γ-L 能谷间直接跃迁的吸收系数，曲线Ⅲ表示材料吸收光子能量后电子发生 Γ-Γ 能谷直接跃迁的吸收系数。由于 4H - SiC 为间接带隙半导体材料，所以，基于 4H - SiC 的光电探测器在截止波长 380 nm 处不会出现陡峭的截止边。

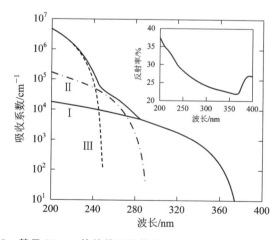

图 4 - 18　基于 Silvaco 软件模拟计算的 4H - SiC 紫外波段吸收系数[11]

4.2 SiC 紫外光电探测器的常用制备工艺

典型的半导体制备工艺流程主要包括清洗、光刻、刻蚀、溅射、电子束蒸发、退火、钝化和检测封装等工艺，并且会多次重复上述工艺步骤。虽然半导体制备工艺已日趋成熟，但是由于 SiC 材料具有一些特殊的物理和化学性质，使得现有某些关键制备工艺条件无法满足 4H‒SiC 器件的制备要求，因此，在制备 4H‒SiC 器件时，需要进行适当的工艺摸索与改进。本节主要针对 SiC 紫外光电探测器的常用制备工艺进行详细说明。

4.2.1 清洗工艺

半导体微加工对材料表面洁净程度的要求非常严格，一个微小颗粒黏附在材料表面都将导致器件制备的失败，因此，清洗工艺对器件的制备具有非常重要的影响，通常在每一步器件工艺之前或之后都需要对器件样品进行清洗。清洗工作均在清洁度很高的超净间完成，且在样品清洗之前，用于清洗的器皿清洗溶液和取片工具均应做好清洁准备，防止引入其他沾污。

RCA 标准清洗采用的是有机溶剂、酸性和碱性溶液。其清洗方法是工业上用来去除杂质污染的标准清洗方法，主要包括以下步骤：

（1）依次用甲苯、丙酮、无水乙醇超声清洗样品 3～5 分钟，重复三遍，然后用去离子水冲洗，除去样品表面的油污和有机物。

（2）将样品放入浓硫酸中加热，直至冒烟后再加热 10 分钟，取出后用热、冷去离子水冲洗 5 分钟以上。

（3）采用 RCA Ⅰ 号液清洗，氨水：过氧化氢：水＝1：1：5（体积比），加热 20 分钟，然后用热、冷去离子水各冲洗 10 分钟，去掉步骤（1）中不能溶解的有机污染物。

（4）采用 RCA Ⅱ 号液清洗，盐酸：过氧化氢：水＝1：1：5（体积比），加热 20 分钟，然后用热、冷去离子水各冲洗 10 分钟，除去离子和重金属原子污染物。

（5）用稀释的氢氟酸溶液（HF：H_2O＝1：1）浸泡 30 秒，去除样品表面生成的薄氧化层，用去离子水冲洗，用氮气吹干。

在器件的实际制备过程中，对加工前的 4H‒SiC 外延片样品可以采用 RCA 标准工艺进行清洗，而在后续其他工艺步骤中应该根据需求对样品进行合理清洗，清洗工艺可做适当调整。

4.2.2　台面制备

器件隔离是器件制备过程中的一个非常重要的加工步骤，可使不同的器件之间实现相互电隔离。目前已报道的 SiC 紫外光电探测器具有多种隔离方式，主要分为台面隔离和离子注入隔离两大类，台面隔离又包括垂直台面隔离、多台面隔离、倾斜台面隔离等。另外，还可将多种隔离方式相结合来实现器件隔离。

1. 垂直台面

垂直台面的制备较为简单，刻蚀掩模制备方便，通常采用金属作为刻蚀掩模，刻蚀条件易于控制。图 4-19 给出了垂直台面的制备工艺流程图，具体包括：① 为防止刻蚀过程对外延片样品表面造成污染，使用 PECVD 法在样品表面淀积一层 SiO_2 薄膜，作为牺牲层；② 涂胶并光刻，确定台面图形区域；③ 采用电子束蒸发金属 Ni 作为刻蚀掩模；④ 采用剥离技术去除台面以外区域的金属掩模；⑤ 利用 ICP 干法刻蚀技术对样品进行刻蚀，实现垂直台面结构；⑥ 将样品置于盐酸溶液中，去除 Ni 金属掩模；⑦ 将样品置于 BOE 溶液中，彻底去除 SiO_2 薄膜。

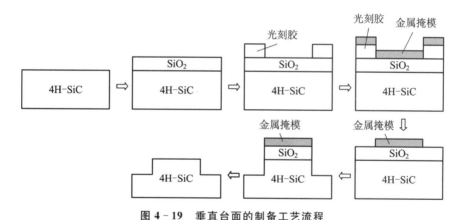

图 4-19　垂直台面的制备工艺流程

垂直台面适用于低电场工作的紫外探测器，如肖特基紫外探测器、MSM 紫外探测器、P-I-N 紫外探测器等，但是对于雪崩光电二极管（APD）紫外探测器，由于垂直台面的边缘电场强度远高于体内的电场强度，因此容易导致器件边缘发生提前击穿，且器件的暗电流受偏压的影响较大。

2. 倾斜台面

为了有效抑制器件的边缘电场，通常采用倾斜台面进行器件隔离。在制备倾斜台面时，主要采用厚光刻胶作为掩模，刻蚀出具有正倾角的倾斜台面，抑制台面边缘的电场强度，避免器件发生边缘提前击穿，并且具有更低的暗电流。倾斜台面的具体制备工艺流程如图 4 - 20 所示，主要包括：① 涂覆厚光刻胶并进行光刻，形成台面图形区域；② 对厚光刻胶进行高温烘烤或电子束坚膜，从而通过光刻胶回流改变光刻胶的形状，实现具有正倾角的侧壁，同时提高其抗刻蚀能力；③ 通过 ICP 干法刻蚀技术实现倾斜角度的转移，最终制备出倾斜台面。

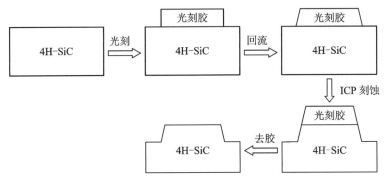

图 4 - 20　倾斜台面的制备工艺流程

光刻胶 AZ4620 是倾斜台面制备中常用的厚光刻胶。在制备 4H - SiC 倾斜台面时，一个很重要的因素是对光刻胶 AZ4620 倾斜角度的控制，主要利用光刻胶的表面张力及流动性对光刻胶 AZ4620 进行高温烘烤以实现回流，从而改变光刻胶的倾斜角度。随着烘烤时间和温度的增加，光刻胶的倾斜角度会逐渐减小。

在倾斜台面的制备过程中，光刻胶回流的加热温度和加热时间是两个非常关键的参数，需要进行合理优化。光刻胶的加热方式可以分为恒温加热和变温加热。恒温加热方式是指在某一特定温度下对样品进行加热，比如将样品在 135℃下烘烤 30 秒；变温加热方式是指加热温度在光刻胶回流过程中按照某种方式进行变化，比如加热温度随时间的增加而缓慢增加。光刻胶变温回流技术可以避免低温加热时间长、高温加热台面侧壁不平滑等问题，可实现具有较小正倾角、超级平滑侧壁的倾斜台面。图 4 - 21 给出了采用恒温加热回流和变温加热回流方式制备的倾斜台面侧壁形貌图[12]。由图 4 - 21 可以看出，采用恒温加热回流方式容易导致台面侧壁不平滑，而采用变温加热回流方式制备的台面具有非常平滑的侧壁。

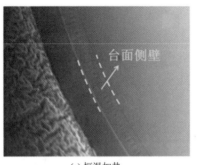

(a) 恒温加热

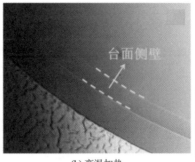

(b) 变温加热

图 4 - 21　采用不同加热回流方式制备的倾斜台面侧壁形貌[12]

虽然倾斜台面可以抑制边缘电场,避免器件提前击穿,但是由于倾斜台面需要占用一定的面积制备台面倾角,因此器件的有源区面积会相对减少,会导致器件的填充因子较低。

3. 离子注入隔离台面

采用离子注入隔离台面可以实现与垂直台面类似的器件隔离效果,其制备工艺流程如图 4 - 22 所示,具体包括:① 用 PECVD 法在样品表面淀积一层 SiO_2 薄膜,作为牺牲层;② 涂胶并光刻,形成台面图形区域;③ 采用 BOE 湿法腐蚀技术去除台面以外的 SiO_2;④ 以光刻胶和 SiO_2 作为掩模,对样品进行离子注入;⑤ 去除光刻胶;⑥ 去除 SiO_2。

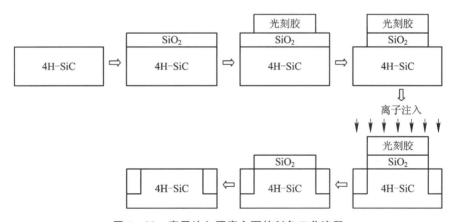

图 4 - 22　离子注入隔离台面的制备工艺流程

离子注入隔离台面虽然能够提高器件的填充因子,但器件的边缘电场仍然较强，暗电流会随着偏压的增加而增大。

4.2.3　电极制备

　　SiC 紫外探测器的电极制备涉及肖特基接触和欧姆接触。根据金属-半导体接触理论，肖特基接触和欧姆接触的形成主要取决于金属和半导体的功函数。常用金属的功函数如表 4-5 所示。

表 4-5　常用金属的功函数

金属	功函数/eV	金属	功函数/eV	金属	功函数/eV
Ag	4.26	Al	4.28	Mg	3.68
Au	5.1	Cs	2.14	Nb	4.3
Cu	4.65	Li	2.9	Na	2.28
Pb	4.25	Sn	4.42	Zn	4.3
Cr	4.6	Mo	4.37	Pt	5.65
Cd	4.07	Ca	2.9	Tu	4.5
C	4.81	Co	5.0	Ti	4.33
Pd	5.12	Fe	4.5	Se	5.11
U	3.6	Hg	4.5	Ni	4.6
K	2.3	Be	5.0		

1. 肖特基接触

　　肖特基接触是指金属和半导体材料相接触的时候，半导体的能带在界面处发生弯曲，形成肖特基势垒（势垒高度一般记为 Φ_B），势垒的存在导致产生较大的界面电阻，因此，在金属与半导体边界处形成了具有整流作用的区域。图 4-23 给出了金属与 N 型半导体形成的肖特基接触能带示意图（金属的功函数 ＞半导体的功函数）。

　　在 N 型 4H-SiC 材料上制备肖特基接触电极，要求金属具有较高的功函数，而对于 4H-SiC 肖特基型紫外探测器，还要求金属在紫外波段具有较好的透过率。从表 4-5 中可知，Ni 和 Pt 均具有较高的功函数，是制备肖特基接触电极的常用金属材料。

　　肖特基接触电极的制备比较简单，主要包括光刻、电子束蒸发或溅射、剥离等。为了提高肖特基型紫外探测器的响应度，在制备肖特基电极时，通常沉

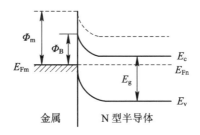

图 4 - 23　金属与 N 型半导体形成的肖特基接触能带示意图

积一层薄薄的金属膜，形成半透明金属电极，以提高电极的紫外波段透光率。

2. 欧姆接触

欧姆接触是指金属和半导体接触时，在接触面不存在势垒或势垒很小，而是一个纯电阻。该电阻越小越好，接触电阻的大小直接影响器件的性能指标。图 4 - 24 给出了金属与 N 型半导体形成的欧姆接触能带示意图（金属的功函数＜半导体的功函数）。

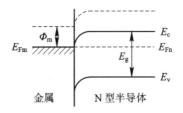

图 4 - 24　金属与 N 型半导体形成的欧姆接触能带示意图

欧姆接触的实现方法包括：① 选取具有合适功函数的金属，在金属与半导体界面处形成较低的势垒高度；② 对半导体表面进行高浓度掺杂，使半导体耗尽区变窄，载流子有更多的机会直接隧穿过势垒；③ 在界面处引入大量复合中心。对于禁带宽度较大的半导体，如 4H - SiC 等，由于没有具有合适功函数的金属，所以较难形成欧姆接触，必须在半导体表面进行高浓度掺杂，掺杂浓度大于 $1 \times 10^{18} \, \mathrm{cm^{-3}}$，具体工艺包括重掺杂、光刻、电子束蒸发或溅射、剥离、高温快速退火等。

目前，4H - SiC 的 N 型欧姆接触问题已经基本解决，Ni 作为最常用的金属可以制备较低的 N 型欧姆接触。此外，为了形成良好的欧姆接触，还可以采用多种金属组合，如 Ni/Ti/Al/Au，并在氮气或氩气氛围中 900～1000℃下进行高温快速退火。然而，在 4H - SiC 上制备高质量的 P 型欧姆接触时，面临的主要问题包括：① 对于 P 型 4H - SiC 材料，缺乏功函数足够高的金属；② 很难形成重掺杂的 P 型 4H-SiC。因此，制备高质量可重复的 P 型欧姆接触，仍是 4H-SiC 器件急需解决的重要问题之一。

4.2.4 器件钝化

为了降低器件的暗电流，提高器件的稳定性和可靠性，需要在器件表面生长一层钝化层，从而减少器件表面的悬挂键和复合中心，并将器件表面与外界环境隔离开来，消除环境气氛对材料表面及器件的直接影响，提高器件的可靠性和稳定性。

一般情况下，4H-SiC 光电探测器的钝化层可采用热氧化 SiO_2 层，但是由于热氧化生长的 SiO_2 层较薄，抗 Na 离子沾污能力较弱，而且 SiO_2 层本身也存在可动离子和固定电荷，不能起到满意的钝化层效果，因此 4H-SiC 光电探测器的钝化层多采用氧化硅/氮化硅复合介质层结构。

具体工艺流程是：① 将清洗后的样品置于氧化炉中，采用干氧氧化工艺生长一层薄的 SiO_2；② 取出样品并置于 BOE 溶液中，去除表面氧化层，改善表面形貌；③ 将清洗后的样品重新置于氧化炉中，再采用干氧氧化工艺生长一层薄的 SiO_2；④ 采用 LPCVD 或 PECVD 继续生长一层厚的 SiO_2；⑤ 采用 PECVD 生长一层 SiN_x。

为了实现高质量的钝化层，可以对钝化工艺进行优化，比如，采用适当的温度对钝化层进行退火处理等。另外，根据钝化介质的不同，钝化工艺与电极制备工艺等的先后顺序需要做适当调整。

4.2.5 其他工艺

对于 SiC 紫外光电探测器的制备，除了上述几个关键工艺步骤外，为了提高器件性能和实现应用，还会涉及光敏窗口的制备、减反射膜或增透膜的制备、集成滤光片的制备、焊盘的制备、压焊封装等工艺，这里不再赘述。

4.3 常规类型 SiC 紫外光电探测器

4.3.1 肖特基型紫外光电探测器

肖特基型紫外光电探测器是一种表面型结构器件，具有器件结构和制备工艺简单、成本低、短波光信号响应好等优点，适合制备具有超大光敏面积的器件。

1. 器件结构

4H - SiC 肖特基型紫外光电探测器的结构如图 4 - 25 所示，包括 N 型 4H - SiC 衬底、轻掺杂的 N⁻型 4H - SiC 外延层、肖特基电极（阳极）、欧姆接触电极（阴极）以及钝化层。其中，肖特基电极与 N⁻型 4H - SiC 外延层形成肖特基结，即紫外光电探测器的主要工作区域。

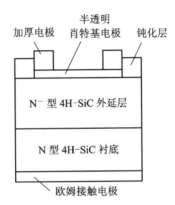

图 4 - 25　肖特基型紫外光电探测器的结构示意图

2. 工作原理

4H - SiC 肖特基型紫外光电探测器是一种结构简单的光电探测器，其基本原理是光生伏特效应，如图 4 - 26 所示。当肖特基结受到紫外光照，且光子能量大于或等于 4H - SiC 材料的禁带宽度时，价带电子就会吸收光子能量而跃迁到导带，产生自由电子-空穴对，即光生载流子。其中，在耗尽区（耗尽区宽度为 W_B）被激发的电子和空穴在内建电场作用下被分开，并分别向相反的方向漂移，而在耗尽区外被激发的光生载流子首先通过扩散运动到耗尽区，然后在内建电场的作用下漂移至耗尽区的边界，两者共同作用在肖特基结的耗尽区两侧产生电势差。当探测器与外电路连接时，在外加反向偏压 V_R 和内建电势产生的电场的共同作用下，电子向阴极方向漂移，空穴向阳极方向漂移，从而在外电路中产生电流，即光生电流。

由于肖特基势垒位于半导体表面，因此入射光尤其是短波长的光子可直接被探测器表面吸收并产生光生载流子，有助于减少载流子的扩散时间以及在扩散过程中的复合损失，具有较快的响应速度和较高的量子效率。然而，表面金属电极对紫外光的反射和吸收较大，而且肖特基探测器受表面态的影响严重，导致器件的量子效率降低。为了提高探测器的量子效率，半透明肖特基金属层的厚度通常小于 10 nm。

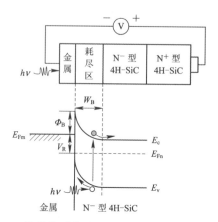

图 4‑26　肖特基型紫外光电探测器的工作原理示意图

肖特基势垒高度是 4H‑SiC 肖特基型紫外光电探测器的一个重要指标，势垒越高，器件的暗电流越小。因此，在器件制备过程中，应尽量选择功函数大的金属，以实现高的肖特基势垒。

3. 研究进展

2004 年，美国 J. H. Zhao 课题组的 F. Yan 首次报道了光敏面积达 1 cm² 的肖特基型 4H‑SiC 紫外探测器[13]，如图 4‑27 所示。为了减少紫外光的吸收损耗，该二极管以半透明的 Pt 作为阳极，采用热氧化工艺生长一层 SiO₂，然后采用 PECVD 淀积的 SiO_2 和 Si_3N_4 薄膜对器件进行钝化。结果显示，该器件具有良好的钝化层，可以有效地抑制暗电流，暗电流约为 0.1 pA，当器件面积为 1 cm×1 cm 时，暗电流有所增大，约为 100 pA，在 300 nm 处的最大外量子效率为 37%。由于约有 50% 的光子被金属 Pt 膜吸收，因此探测器的量子效率较低。

图 4‑27　国际上第一只肖特基型 4H‑SiC 紫外光电探测器[13]

为了减少金属电极对入射光的反射和吸收，提高探测器的量子效率，2007 年意大利的 A. Sciuto 等人报道了自对准的指状结构肖特基电极 4H‑SiC 紫

外探测器[14]，该器件的面积为 1 mm²。其中，肖特基电极采用 Ni₂Si 金属，肖
特基电极没有完全覆盖器件的有源区，而是由宽度为 4.8 μm、间距为 5.4 μm
的金属条组成，从而可以使入射光从指缝间进入半导体材料，提高了量子效
率。结果显示，器件的肖特基势垒高度为 1.66 eV，理想因子为 1.04，在反偏
电压为 50 V 时暗电流约为 200 pA，最大内量子效率为 78%（在波长 254 nm
处），紫外-可见光抑制比超过了 1×10^3。2010 年，该课题组基于高功率密度的
汞灯紫外辐射（10 mW/cm²）对指状肖特基型 4H－SiC 紫外探测器进行了 200
小时的老化实验和可靠性研究[15]。结果显示，该器件对大功率密度紫外光具
有很好的抗辐照性能。2014 年，该课题组针对半透明肖特基金属薄膜的均匀性
问题，制备出了 Ni₂Si/4H－SiC 肖特基型紫外探测器[16]，肖特基电极的厚度约
为 21 nm，粗糙度为 1.8 nm。该器件具有很好的一致性，常温下零偏时的暗电
流约为 1 pA，最大外量子效率为 19%，器件在 250℃ 的氮气氛围中高温存储
120 小时后的性能几乎无变化。

2015 年，南京大学报道了具有较低暗电流和较高量子效率的肖特基型
4H－SiC 紫外探测器[17]，并对探测器的高温可靠性进行了初步研究，如图
4－28 所示。其中，探测器的器件面积为 1 mm×1 mm，采用 5 nm 半透明 Ni
金属作为肖特基电极。在室温下，肖特基势垒高度为 1.58 eV，理想因子为
1.074，探测器的最大量子效率约为 50%。在温度低于 100℃ 时，器件的暗电流
小于 1 pA，即使温度升到 200℃ 时，器件的暗电流仍低于 0.1 nA。此外，无论
是在氮气氛围中 200℃ 高温下存储 100 小时还是在 300～550℃ 范围内高温快
速退火 60 秒，探测器的性能均无明显退化。

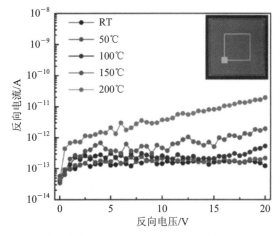

图 4－28　肖特基型 4H－SiC 紫外光电探测器及其高温可靠性研究[17]

除了分立器件之外，针对紫外成像等应用，紫外光电探测器阵列是未来的一个发展趋势。目前，关于肖特基型 4H‐SiC 紫外光电探测器阵列研究的报道较少。2008 年，美国罗格斯大学的 J. Hu 报道了 1×16 的 4H‐SiC 肖特基型紫外光电探测器阵列[18]，如图 4‐29 所示。该探测器阵列采用金属 Pt 作为肖特基电极，每个像素的宽度和长度分别为 750 μm 和 15.6 mm，芯片的总面积为 136.6 mm²，在 230 nm 处的最大量子效率为 78.9%。基于该探测器阵列实现了色散率为每像素 1.5 nm。

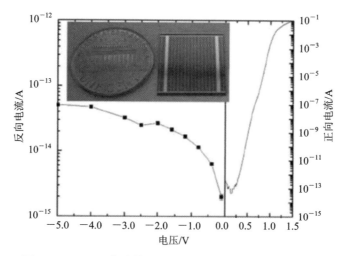

图 4‐29　1×16 肖特基型 4H‐SiC 紫外光电探测器阵列[18]

4.3.2　P‐I‐N 型紫外光电探测器

P‐I‐N 型 4H‐SiC 紫外光电探测器是一种类似于 P‐N 结的光电二极管器件。作为使用最广泛的光电探测器之一，P‐I‐N 型紫外光电探测器的显著优点在于引入了本征 I 层或低掺杂 I 层。在正常工作条件下，通过调节反向偏压可使 I 区全部耗尽。而且，根据入射波长的吸收长度（$1/\alpha$），优化设计 I 层的厚度，可以提高探测器对该波长的光电响应。另外，由于大部分光电流是在耗尽区 I 层中产生的，光生载流子在强大的电场作用下被迅速收集，因而可以获得比 P‐N 结光电探测器快得多的响应速度。

因此，I 层的引入一方面可以增加耗尽区宽度，即增加光吸收及光电转换区的厚度，提高光电灵敏度；另一方面可以显著减小结电容，缩短响应时间，提高频率响应。此外，I 层为高阻层，还有利于抑制暗电流。

1. 器件结构

P－I－N 型 4H－SiC 紫外光电探测器结构如图 4－30 所示，主要包括 N 型 4H－SiC 衬底、重掺杂的 N^+ 型 4H－SiC 外延层、轻掺杂的 N^- 型 4H－SiC 外延层、重掺杂的 P^+ 型 4H－SiC 外延层、阳极、阴极以及钝化层。其中，阳极和阴极均为欧姆接触电极；轻掺杂的 N^- 型 4H－SiC 外延层为光子吸收区，即紫外光电探测器的主要工作区域。

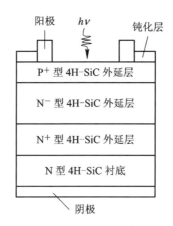

图 4－30　P－I－N 型 4H－SiC 紫外光电探测器的结构示意图

2. 工作原理

P－I－N 型 4H－SiC 紫外光电探测器的工作原理如图 4－31 所示。该器件工作在反向偏置条件下，反向偏压为 V_R，外加电场与内建电场的方向相同。当入射光子能量大于或等于材料的禁带宽度（$h\nu \geqslant E_g$）时，入射光子被半导体材料吸收，并激发价带的电子跃迁至导带，产生光生电子-空穴对，电子和空穴在电场作用下分离，电子向 N 区运动，空穴向 P 区运动，在外电路中形成光电流，即将接收到的光学信号转换成电学信号后输出。

由于 I 区有较高的阻抗，因此大部分电压会降在宽度为 W_B 的耗尽区。而且，由于 I 区的掺杂浓度很低，因此在零偏压或者反向偏压较低时，I 层也会全部耗尽，器件内部的耗尽层宽度 W_B 近似等于 I 层宽度，与外加反向偏压关系不大。

为了提高探测器对短波长紫外光的灵敏度，P－I－N 紫外光电二极管中的 P 区应该尽量薄，以减少重掺杂层对光子的吸收。由于入射光在 I 层被吸收形成的光生载流子在强电场下加速，渡越时间很短，因此，I 层厚度对于渡越时间的影响可忽略。性能良好的 P－I－N 光电二极管的扩散和漂移时间为 ps 量

级，结电容可控制在 pF 量级。所以，P-I-N 型紫外光电探测器的响应时间主要取决于电路时间常数，合理选择电路的负载电阻是提高其频率特性的关键。

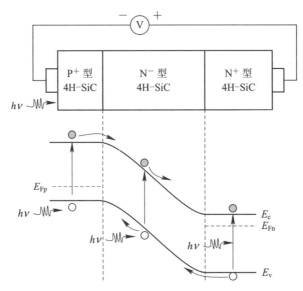

图 4-31　P-I-N 型紫外光电探测器的工作原理示意图

3. 研究进展

1999 年，J. T. Torvik 等人报道了采用 6H-SiC 制备的 P-I-N 紫外光电探测器[19]，并与 GaN 器件进行了对比，如图 4-32 所示。他们报道的 P-I-N 型 6H-SiC 探测器的漏电流约在 pA 量级，光谱响应范围为 200～400 nm 波段，在 276.5 nm 波长处的峰值响应度为 0.15 A/W，对应的内量子效率为 82%。

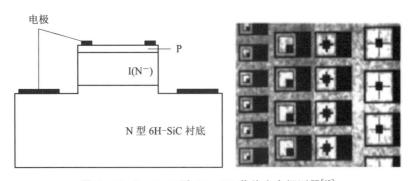

图 4-32　P-I-N 型 6H-SiC 紫外光电探测器[19]

2006 年，厦门大学的 X. P. Chen 报道了 P‑I‑N 型 4H‑SiC 紫外探测器。该器件在 0.5 V 反向偏压下的暗电流在 pA 以下，紫外‑可见光抑制比为 100。2007 年，该小组进一步提高了器件性能[20]，实现了在反向偏压为 5 V 时的暗电流密度小于 2.5 pA/mm²，最大外量子效率为 61%，紫外‑可见光抑制比大于 10^3。其结构如图 4‑33 所示。

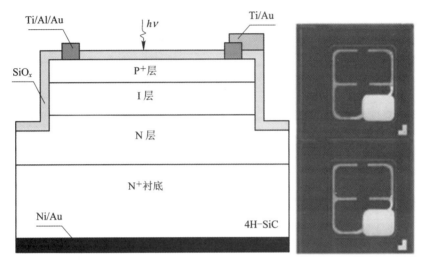

图 4‑33　P‑I‑N 型 4H‑SiC 紫外探测器[20]

2015 年，A. Sciuto 等人采用 Al 离子注入的方法形成 P 型层，制备出了 P‑I‑N 型 4H‑SiC 紫外探测器[21]，如图 4‑34 所示。该器件的面积为 1 mm²，在温度为 90℃、反向偏压为 100 V 时测得的暗电流密度小于 1 nA/cm²，最大外量子效率约为 50%（波长位于 280 nm 处），紫外‑可见光抑制比大于 10^3。2016 年，南京大学也报道了采用 Al 离子注入的高性能 P‑I‑N 型 4H‑SiC 紫外探测器[22]，如图 4‑35 所示。该器件的直径为 170 μm，实现了在温度为

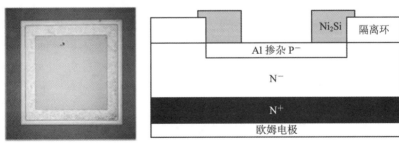

图 4‑34　A. Sciuto 等人报道的离子注入 P‑I‑N 型 4H‑SiC 紫外探测器[21]

175℃、反向偏压为 100 V 时器件暗电流密度小于 1 nA/cm²，在室温下最大外量子效率为 44.4%（波长位于 270 nm 处），紫外-可见光抑制比大于 10⁴。

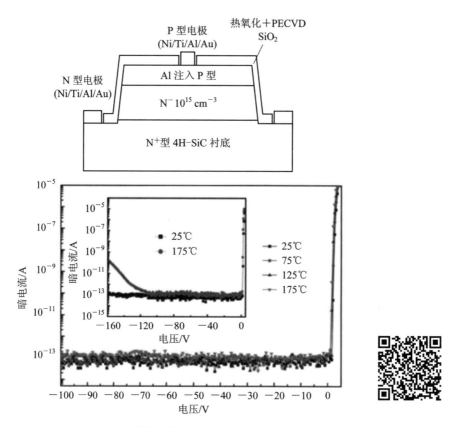

图 4 - 35   南京大学报道的离子注入 P - I - N 型 4H - SiC 紫外探测器[22]

2016 年，瑞典皇家理工学院的 S. Hou 等人报道了 P - I - N 型 4H - SiC 紫外探测器阵列[23]，如图 4 - 36 所示，并分析了探测器阵列在 550℃下的高温特性。该探测器阵列的像素面积为 200 μm×200 μm，采用双层金属工艺实现阳极和阴极的互联，在 300℃以下时，暗电流小于 10 fA，当温度增加至 550℃时，暗电流仍低于 1 nA。

目前，P - I - N 型 4H - SiC 紫外探测器已经相对比较成熟，并逐步实现了产品的商业化。

图 4-36　P-I-N 型 4H-SiC 紫外探测器阵列[23]

4.4　SiC 紫外雪崩光电探测器

肖特基型和 P-I-N 型探测器的工作电压低，不具有内部增益，适用于中高辐照剂量监控领域的应用；然而在生化检测、电晕检测和导弹预警等领域，紫外辐射光功率小，一般在 pW/cm^2 级及以下，甚至只有几个光子，此时常规结构探测器不能满足其探测需求。目前，用于微弱光检测的单光子探测器主要有光电倍增管(PMT)等真空光电探测器、超导纳米线单光子探测器和雪崩光电二极管(APD)。

PMT 是基于光电子发射效应，将入射光转换为光电子并通过多级放大后输出电流信号的真空光电探测器，通过合理设计其光窗和光电阴极可以实现紫外光探测。PMT 发展较为成熟，综合性能优异，具有低暗电流、高增益和高辐照灵敏度等优势，可以实现对微弱光的探测。但是，PMT 在实际应用中存在如下局限性：① 体积大，易破损，寿命短；② 工作电压高，一般在 1000 V 以上；③ 量子效率低，一般小于 30%。超导纳米线单光子探测器的工作原理是基于光子能量实现超导纳米线库伯对的拆对，从而在超导纳米线局域发生超导-非超导相变。超导纳米线探测器在量子通信、深空激光通信和激光雷达等领域受到了广泛关注，但 4 K 以下工作温度的要求使其在很多领域中的应用受到了极大的限制。

现代紫外探测器不仅需要具备高稳定性、高灵敏度、高速和高信噪比等优

势以用于国防预警、紫外通信等领域，还需要满足灵活小巧、工作智能等新型要求，以适应基础设施、无人值守等监测条件。APD 工作在雪崩击穿条件下，具有大的内部增益，耗尽区中的光生载流子经过雪崩倍增过程形成一个大的雪崩电流，该电流通过外部淬灭电路转化为一个电压脉冲信号，最终可以实现微弱光探测，甚至单光子探测。APD 具有体重小、功耗低、量子效率高以及便于集成等优势，是紫外单光子探测领域的一个主要发展方向。

紫外增强的 Si 基 APD、(Al)GaN 基 APD 和 SiC 基 APD 是常见的紫外 APD 器件。得益于 Si 材料成熟的外延生长技术和器件制备技术，紫外增强的 Si 基 APD 作为一种微弱紫外光探测器件受到了广泛的研究，并且已经成功研制出了商用器件。虽然 Si 在紫外波段具有可观的响应度，但是其光谱响应范围一直延伸到近红外波段，不具备"日盲"和"可见光盲"特性，因此在使用 Si 基 APD 进行紫外探测时，需要加装特殊设计的滤光系统，这不仅花费很高，而且实现难度较大。禁带宽度连续可调是(Al)GaN 材料的一个突出优势，通过控制 Al 和 Ga 的比例可以实现截止波长从 200 nm 到 365 nm 的连续调控；但是 GaN 的外延生长技术不够成熟，其材料具有较高的缺陷密度，不利于器件在高电场强度下可靠工作。与之相比，目前 SiC 材料可以实现零微管，同时位错密度降低到 $1000 \sim 2000$ cm^{-2}。对于工作在 Geiger 模式下的 APD 器件，高的电场强度使器件性能对材料的缺陷十分敏感，因此高质量的 SiC 材料更适用于紫外 APD 的制备。

本节主要介绍 SiC APD 的研究进展、物理机制和成像阵列等问题。

4.4.1　新型结构 SiC 紫外雪崩光电探测器

国际上 SiC APD 的研究单位主要是美国的罗格斯大学、弗吉尼亚大学和美国通用电气公司。国内在 SiC APD 领域的研究起步较晚，主要研究单位包括南京大学、厦门大学、西安电子科技大学和中国电科十三所等。

2000 年，美国罗格斯大学 Zhao 教授团队报道了世界上第一个 SiC 紫外 APD[24]。图 4-37 为第一个 SiC APD 的结构示意图。该器件由一个掺杂浓度为 2.5×10^{19} cm^{-3}、厚度为 0.15 μm 的 P$^+$ 层和一个掺杂浓度为 $(5.4 \pm 0.5) \times 10^{17}$ cm^{-3}、厚度为 0.4 μm 的 N 层形成 PN 结，采用垂直台面的结构，热氧化的 SiO$_2$ 和 LPCVD SiO$_2$ 用于表面钝化，Al 和 Ni 分别用于 P 型和 N 型欧姆接触，器件的尺寸为 85 $\mu m \times$ 85 μm，光学窗口为 57 $\mu m \times$ 57 μm。测试结果表明：随着温度从室温增加到 257℃，器件在 95% 击穿电压下的暗电流分别为 3 nA 和 0.2 μA，暗电流比较高；击穿电压从 93 V 增加到 97 V，对应 16 mV/℃的正温度系数，这表明击穿过程确实为雪崩击穿；另外，在 90 V 的反向偏压下，光谱响应峰值位于 270 nm 处，对应响应度为 106 A/W。

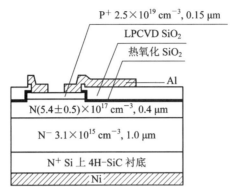

图 4 - 37　国际上第一个 SiC APD 的结构示意图[24]

国内在 SiC APD 领域的研究起步较晚，2009 年厦门大学吴正云等人报道了国内首个 SiC APD[25]。该器件的增益为 10^4 以上，但暗电流较高，在 0 V 下的归一化探测效率为 3.1×10^{13} cm·$Hz^{1/2}$·W^{-1}，在 0 V 时响应峰值位于 270 nm，对应的响应度为 0.078 A/W，量子效率为 35.8%，随着外加偏压的增加，响应峰值位置不变。

1. 倾斜台面 SiC APD

对于垂直台面结构 APD，器件的边缘电场高于体内电场，台面边缘尖峰电场的存在会使台面的边缘击穿早于体内击穿，引起器件的暗电流增加，甚至导致器件在高压下的不可逆击穿。目前，基于光刻胶回流技术的倾斜台面结构是降低 APD 边缘电场的一个最常用且有效的方法。器件台面的倾斜角度一般控制在 10° 以内，通过增加台面边缘的耗尽区宽度，可以有效地减小边缘电场，使 APD 体内击穿先于边缘击穿。

光刻后的高温烘烤是制备倾斜台面的关键，通过高温烘烤引起光刻胶回流可以改变光刻胶的角度，经过后续的 ICP 刻蚀，形成具有倾斜角度的台面。在制备倾斜台面 SiC APD 的过程中，台面的倾斜角度与光刻胶的后烘温度和时间有关。美国罗格斯大学 Zhao 教授团队详细研究了后烘温度和时间对台面倾角的影响：对于光刻胶 AZ4620，当后烘温度为 140℃，时间为 10 s 时，台面倾角为 40°；当时间增加到 3 min 时，台面倾角减小为 23°；当后烘温度为 150℃，时间为 3 min 时，台面倾角减小至 10°[26]。增加后烘温度或延长后烘时间会使光刻胶高度降低，从而有效减小台面的刻蚀倾角。除了光刻胶高温烘烤后的形状外，台面的倾斜角度还与 SiC 材料和光刻胶的刻蚀速率有关。若光刻胶的刻蚀速率过快，则会使 SiC 台面的有效面积减小，甚至在台面刻蚀完成之前，光刻胶被完全刻蚀掉，最终导致倾斜台面制备失败。增加刻蚀气体中 CF_4 的浓度，减小 O_2 的浓度，可以降低光刻胶的刻蚀速率。另外，高温烘烤和电子束坚膜可以提高光刻胶的抗刻蚀能力。

闫锋等最先于 2002 年成功制备了具有 2° 倾斜台面的 SiC P-N 结型 APD（见图 4-38）[27]。他们的研究表明，器件的击穿电压具有正温度系数，在室温和 150 ℃ 时，在 95% 击穿电压下的暗电流分别为 10^{-5} A/cm² 和 10^{-4} A/cm²，当雪崩增益为 10^4 时，峰值响应为 100 A/W，在 325 nm 入射光条件下的过噪声因子约为 0.1。

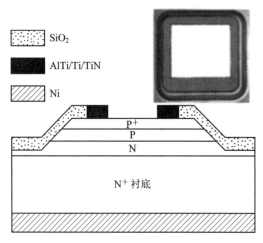

图 4-38 倾斜台面 SiC APD 结构示意图和器件俯视图[27]

美国弗吉尼亚大学 Campbell 教授团队详细研究了垂直台面和倾斜台面终端结构 SiC APD 的边缘击穿现象[28]。垂直台面和倾斜台面 SiC APD 的 I-V 曲线和增益特性曲线表明，垂直台面器件的暗电流在电压比较低的情况下便开始增加，到雪崩倍增前增加超过 2 个数量级；倾斜台面器件的暗电流在雪崩击穿前一直保持在低量级水平；由于边缘击穿，垂直台面器件的击穿电压相对小。垂直台面和倾斜台面 SiC APD 在增益为 130 时的 2D 光电流扫描图像表明，垂直台面器件的台面边缘存在一个明显的大电流，这是由边缘电场集聚造成的，而倾斜台面器件边缘不存在大电流，如图 4-39(a)和(b)所示。Chong 等制备了台面倾角为 10.5° 和 28.5° 的 SiC APD，在 0.5 V 过偏压时，10.5° 倾角 APD 器件的暗计数为 3×10^3 Hz；当台面倾角增加到 28.5° 时，器件的暗计数增加到 1×10^6 Hz[29]。因此小角度倾斜台面结构可以显著改善 SiC APD 的边缘击穿，有利于降低器件的暗电流和暗计数，保证器件在高场下稳定工作。

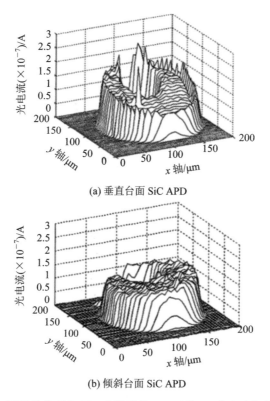

(a) 垂直台面 SiC APD

(b) 倾斜台面 SiC APD

图 4-39　不同结构 SiC APD 在增益为 130 时的 2D 光电流扫描图像[28]

　　小倾角台面有效地抑制了 APD 器件的边缘击穿，但在器件的制备过程中，台面通常刻蚀到底部接触层，刻蚀深度一般大于 1 μm。对于这种深槽刻蚀工艺，台面边缘占据了较大的器件面积，降低了器件的填充因子，严重缩小了器件有效的光敏区域。为了解决这个问题，南京大学陆海教授团队提出了部分刻蚀的半台面浅槽隔离 SiC APD[30]。不同于传统 APD 结构的深槽刻蚀(见图 4-40(a))，半台面结构仅仅刻蚀了顶部接触层和小部分的倍增层(见图 4-40 (b))，能够有效地将器件的填充因子提高到 60% 以上。半台面结构器件具有与传统深槽刻蚀器件相同的雪崩特性和台面边缘电场抑制效果(见图 4-40(c)和(d))，两类器件的暗电流和击穿电压基本相同。半台面结构器件的光电流是传统深槽刻蚀器件的两倍，因此采用半台面结构是增大小尺寸 APD 器件填充因子的有效手段。

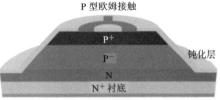

(a) 深槽隔离 SiC APD 的结构示意图

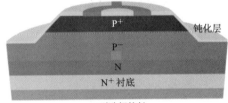

(b) 浅槽隔离SiC APD 的结构示意图

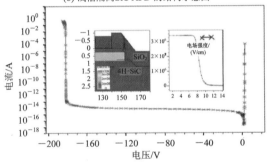

(c) 深槽隔离SiC APD 的 I-V 曲线及 Silvaco 模拟 2D 电场分布

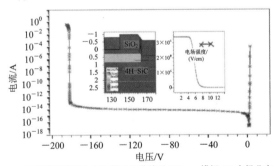

(d) 浅槽隔离SiC APD 的 I-V 曲线及 Silvaco 模拟 2D 电场分布

图 4 - 40　深槽隔离和浅槽隔离 SiC APD 的结构示意图和 I-V 特性及 Silvaco 模拟 2D 电场分布[30]

2. 具有单光子探测能力的 SiC APD

得益于 SiC 功率器件的发展,低缺陷密度的大尺寸 SiC 单晶衬底和外延技术得到了稳步发展,常规结构 SiC APD 的制备工艺也基本完善(即采用光刻胶回流技术制备倾角台面(小于 $10°$)以抑制器件台面边缘的尖峰电场,采用牺牲氧化＋热氧化＋PECVD SiO_2 的钝化方案以降低器件的表面漏电,采用 Ni、Ti、Al、Au 等作为 N 型和 P 型接触金属),器件均能实现低暗电流和高增益,具有优异的紫外敏感特性。

2005 年,美国罗格斯大学 Zhao 教授团队和美国弗吉尼亚大学 Campbell 教授团队先后报道了具有单光子计数能力的紫外 SiC APD[31-32]。

图 4-41 为美国罗格斯大学 Zhao 教授团队报道的 SiC APD 的器件结构。该器件采用双台面结构,热氧化 SiO_2 和 PECVD SiN_x 层用于表面钝化,Ti 用于 P 型欧姆接触,Ni 用于 N 型欧姆接触,器件尺寸为 $160\ \mu m \times 160\ \mu m$,光学窗口为 $74\ \mu m \times 34\ \mu m$。该器件的光谱响应峰值位于 270 nm 到 280 nm 之间,在 50% 击穿电压时,器件的峰值量子效率为 20%。

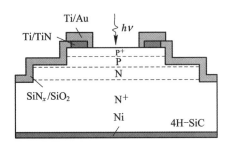

图 4-41　Zhao 团队报道的具有单光子探测能力的 SiC APD 的器件结构[31]

图 4-42(a)所示的被动淬灭电路用于表征器件的单光子探测能力。图中,APD 器件与一个 $200\ \Omega$ 的电阻串联,高速示波器用于观测光子引起的雪崩电压脉冲信号,紫外光源为 353 nm 的 LED,待测光子数为 280 光子/μs。图 4-42(b)为器件暗计数和光计数图谱。当反向偏压为 77.9 V 时,器件的暗计数低于 500 kHz,电压脉冲幅值为 3 mV;当反向偏压为 80 V 时,暗计数约为 650 kHz,电压脉冲幅值增加到 8 mV。在 353 nm 的紫外光辐射下,器件的光计数为 4.5 MHz,对应的单光子探测效率为 2.6%。美国弗吉尼亚大学 J. Campbell 教授团队利用门控淬灭电路表征了 SiC APD 的单光子探测性能。APD 器件为 P-N 结型,采用倾斜台面结构,P 型接触金属为 Ti/Ni/Ti,N 型接触金属为 Ni,钝化层为 SiO_2。

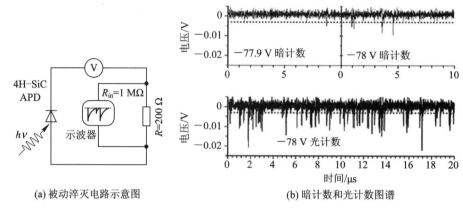

(a) 被动淬灭电路示意图　　　　(b) 暗计数和光计数图谱

图 4-42　SiC APD 的被动淬灭电路示意图和暗计数及光计数图谱[31]

图 4-43(a)为该研究中门控淬灭电路示意图，APD 器件与电压源和一个 33 kΩ 的淬灭电阻串联，脉冲电压通过 100 nF 的电容施加到 APD 上，脉冲高度为 3.8 V，频率为 10 kHz，光源采用 325 nm HeCd 激光器，每门的光子数为 0.42 个光子，最后利用光子计数器辨别并记录雪崩脉冲信号。图 4-43(b)为器件暗计数可能性和单光子探测效率的关系，当暗计数发生的可能性为 0.07 时，器件的单光子探测效率为 2.9%。

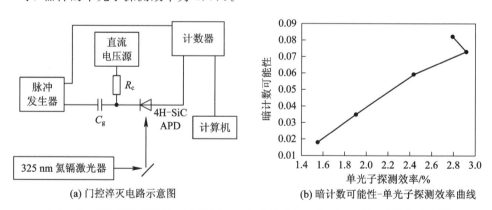

(a) 门控淬灭电路示意图　　　　(b) 暗计数可能性-单光子探测效率曲线

图 4-43　SiC APD 门控淬灭电路示意图和暗计数可能性-单光子探测效率曲线[32]

3. P-I-N 结 SiC APD

SiC APD 多为 P-N 结型，通常在 P-N 结中插入一个低掺杂的 I 层以增加耗尽区的宽度，提高器件的量子效率并抑制暗电流。通常来讲，基于 P-N 结的 SiC APD 可以分为两种：一种是顶部为 P 型接触层、底部是 N 型导电衬

底的 P－I－N 型 APD；另一种是顶部为 N 型接触层、底部是 P 型接触层的
N－I－P 型APD。SiC P－I－N APD 制备于 N 型衬底上，其外延结构从上向下
分别为 P 型接触层、I 雪崩层和 N 型接触层，采用 N 型背电极，在集成到电路
中时，背电极可作为公共电极。然而，现今 P 型 SiC 欧姆接触的电导率和稳定
性仍不理想，是制约 SiC P－I－N APD 器件性能的一个因素。高质量的 P 型欧
姆接触可以降低 P 层的电阻率，提高电极对雪崩载流子的收集效率，有利于改
善 SiC P－I－N APD 器件的非均匀雪崩击穿，提高器件的探测性能。

　　由于 P 型 SiC 衬底技术研发滞后，具有缺陷密度高和电阻率高等问题，目
前难以用于 APD 的制备，所以在制备 SiC N－I－P APD 器件时，仍采用 N 型
SiC 衬底，其外延结构从上向下分别为 N 型接触层、I 雪崩层和 P 型接触层。
为了形成 P 型欧姆接触，台面由上至下从 N 型接触层跨越 I 层一直刻蚀到 P
型接触层以暴露 P 型层。这种准垂直结构 SiC N－I－P APD 器件的刻蚀深度
过大，极大地减小了 APD 器件的有效面积。为了解决准垂直结构 N－I－P
APD 器件填充因子低的问题，南京大学陆海教授团队设计并制备了半台面的
垂直结构 SiC N－I－P APD，如图 4－44 所示[33]。垂直结构的 N－I－P APD
实际上是一个 N－I－P－N 结，与传统的准垂直结构 N－I－P APD 相比，垂直
结构增加了一个 P 型外延层和 N 型衬底之间的 P－N 结。垂直和准垂直结构
SiC N－I－P APD 具有基本一致的 I-V 特性和雪崩击穿特性，在雪崩击穿之
前器件的暗电流均为 0.1 pA 量级，表明垂直结构 N－I－P APD 是可行的，该
结构在简化器件制备过程的同时极大地改善了器件的填充因子。

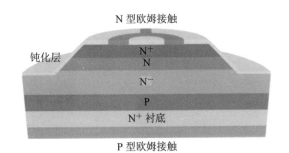

图 4－44　半台面的垂直结构 SiC N－I－P APD 的结构示意图

　　在进行深紫外光探测时，由于 SiC 材料对深紫外光的吸收系数大，因此光
生载流子主要在 APD 器件的上表面产生。对于 SiC P－I－N APD(见图 4－45
(a))，在反向偏压下，空穴向 P 层(即 APD 表面)漂移，小的漂移距离很可能
使空穴仅仅经历了几次碰撞离化过程；而电子向 N 层(即衬底方向)漂移，将会

通过整个耗尽区，这意味着电子会经历更长的加速距离和碰撞离化距离。所以，在进行深紫外光探测时，SiC P-I-N APD 的雪崩机制主要为电子主导碰撞离化过程；相反，SiC N-I-P APD 的雪崩机制主要为空穴主导碰撞离化过程（见图 4-45(b)）。在 SiC 材料中，空穴的碰撞离化系数比电子的碰撞离化系数大[34-35]，因此，SiC N-I-P APD 具有更低的临界电场和更小的击穿电压，低临界电场也为 N-I-P APD 带来了一个显著优势，即器件具有更低的暗计数。另外，与电子碰撞离化系数相比，空穴碰撞离化系数的变化受电场变化的影响较小，因而增益受击穿电压波动的影响较小，容易实现多元像素器件间增益的一致性，更适用于制备紫外成像阵列。

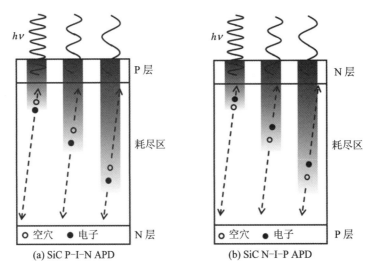

(a) SiC P-I-N APD   (b) SiC N-I-P APD

图 4-45 SiC P-I-N 和 N-I-P APD 在不同波长紫外光条件下的雪崩过程示意图

4. 凹槽窗口结构 SiC APD

SiC 对深紫外光的吸收系数比较高，入射深度比较浅。当 SiC APD 进行深紫外光（如 UVC 日盲波段）探测时，顶部接触层会吸收一部分入射紫外光，由于在高掺杂层载流子的扩散距离非常短，通常只有 50 nm，所以在接触层产生的光生载流子会发生复合，对光响应的贡献非常小。如果 SiC APD 器件的顶部接触层过厚，将不利于器件获得高的量子效率；如果接触层变薄，则有限的电导率又会引起电极对载流子的收集效率降低，随后导致器件发生非均匀雪崩击穿，这会使 APD 的探测能力下降。此外欧姆接触的合金化过程还会消耗一定厚度的 SiC 材料，如果接触层过薄，则合金化过程造成的不均匀界面可能会导致器件在高场下穿通。因此，在 SiC APD 设计中，为了平衡有效的光吸收和良好的欧姆接触，对顶部接触层的设计至关重要，一个有效的方法是通过凹槽刻蚀技术，部分减薄金属电极以外的顶部接触层厚度以制备凹槽窗口 SiC APD，如图 4 - 46 所示。美国弗吉尼亚大学 Campbell 教授团队最先制备了凹槽窗口 SiC APD，经过减薄顶部接触层，器件的峰值量子效率从 40% 增加到 64%，当暗计数率为 8×10^{-4} 时，器件的单光子探测效率提高到 30%[36-37]。

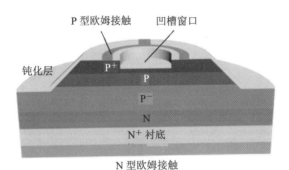

图 4 - 46　凹槽窗口 SiC APD 的结构示意图

5. 吸收层-电荷控制层-倍增层分离(SACM)结构 SiC APD

在 SiC P - I - N APD 结构中，为了保证对待测紫外光的有效吸收，倍增层的厚度都比较大。APD 器件的工作电压一般高于 200 V，降低击穿电压有利于降低器件的功耗。减小倍增层的厚度是降低 APD 器件的击穿电压的一个有效方法，然而倍增层厚度的减小会减弱器件对入射紫外光的吸收，降低器件的量子效率。为了解决这个问题，美国通用电气首先提出并设计了 SACM 结构 SiC APD。图 4 - 47(a) 为 SiC SACM APD 的结构示意图。SACM 结构主要通过增加吸收层的厚度来提高入射光吸收，通过控制倍增层的厚度来调控击穿电压，通过调节电荷控制层的厚度和掺杂浓度来调控电场分布，最终实现低暗电流和高量子效率的 SiC APD。

通用电气先后报道了穿通型和非穿通型 SiC SACM APD，其电场分布如图 4 - 47(b) 所示[38-41]。穿通型 SiC SACM APD 的倍增层、电荷控制层和吸收层均具有比较强的电场，吸收层的电场有利于光生载流子向倍增层漂移，随后在倍增层的强电场作用下发生碰撞离化过程，但吸收层中漂移电流的存在增加了器件的暗电流，降低了器件的信噪比。非穿通型 SiC SACM APD 的电场位于倍增层和电荷控制层，可以降低器件的暗电流，但吸收层中的光生载流子只能通过扩散运动进入倍增层，部分光生载流子在进入倍增层前便发生复合，不利于提高器件的量子效率。

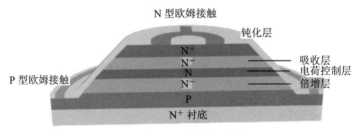

(a) SACM APD 的结构示意图

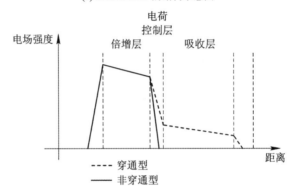

(b) SACM APD 的电场强度分布

图 4-47　SiC SACM APD 的结构示意图和电场强度分布图

　　Green 等人根据 4H-SiC 对紫外光的吸收系数设计了在 244 nm 入射光条件下纯空穴注入的 SiC SACM APD[42]。该器件结构从上到下分别为 0.2 μm N$^+$ 接触层（N 型层掺杂浓度 $N_D = 4 \times 10^{18}$ cm^{-3}）、1.35 μm N$^-$ 吸收层（$N_D = 7.5 \times 10^{15}$ cm^{-3}）、0.45 μm N$^+$ 电荷控制层（$N_D = 3 \times 10^{17}$ cm^{-3}）、2.69 μm N$^-$ 倍增层（$N_D = 7.5 \times 10^{15}$ cm^{-3}）和 2.0 μm P$^+$ 层（P 型层掺杂浓度 $N_A = 3 \times 10^{17}$ cm^{-3}）。由于 4H-SiC 对深紫外光的吸收系数大，因此在进行 244 nm 光探测时，光子吸收发生在吸收层，器件的雪崩倍增过程由空穴主导，在此条件下，器件的过噪声因子为 0.007，电子-空穴的碰撞离化系数之比为 1/124。

　　Wu 等人通过模拟方法研究了倍增层厚度对 SiC SACM APD 器件的击穿电压和光谱响应特性的影响，提出倍增层厚度的改变会引起器件的电场分布的变化，结合碰撞离化理论和光吸收系数，存在一个倍增层厚度使器件的击穿电压最小，光响应度最高[43]。2008 年，通用电气发布了用于进行 266 nm 紫外光探测的暗计数为 10 kHz、单光子探测效率为 30% 的 SiC SACM APD[41]。2016 年南京大学陆海教授团队报道了非穿通型 SiC SACM APD，其外延层结构自

上而下分别为 $0.1~\mu m$ 的 P^+ 接触层（$N_A = 2 \times 10^{19}~cm^{-3}$）、$0.1~\mu m$ 的 P 层（$N_A = 2 \times 10^{18}~cm^{-3}$）、$0.9~\mu m$ 的 P^- 吸收层（$N_A = 2 \times 10^{15}~cm^{-3}$）、$0.2~\mu m$ 的电荷控制层（$N_A = 2 \times 10^{18}~cm^{-3}$）、$0.1~\mu m$ 的 P^- 倍增层（$N_A = 1 \times 10^{15}~cm^{-3}$）和 $2~\mu m$ 的 N^+ 层。为了将击穿电压控制在 100 V 以内，结合电荷控制层同样存在高电场，将倍增层厚度设计为 $0.1~\mu m$。为了保证材料对峰值量子效率附近的光子的有效吸收，吸收层厚度设计为 $1~\mu m$。测试表明，器件实现了 84 V 的低击穿电压、10^6 的高增益和 80% 的高峰值量子效率[44]。

6. 基于离子注入技术制备的 SiC APD

常规的 SiC APD 器件的 P 型层都是通过外延生长获得的。考虑到 P 型外延对后续 N 型外延的记忆效应，在 SiC 功率器件的制备工艺中，研究人员多采用离子注入技术实现 SiC P 型掺杂。另外，当前 SiC APD 器件多采用倾斜台面结构抑制边缘击穿，但该结构在一定程度上限制了器件的有效光敏区。基于离子注入技术的全平面 APD 器件可以平衡这两个问题。

南京大学陆海教授团队于 2016 年首次实现了 Al 离子注入的 SiC APD[45]。如图 4 - 48 所示，该器件的外延结构为 N 型 SiC 衬底上的 $1~\mu m~N$ - SiC 外延层，整个 P 型层均通过 Al 离子注入形成，两次 Al 离子注入用于形成 P^+ 欧姆接触层，注入的能量分别为 15 keV 和 55 keV，注入的剂量分别为 $2 \times 10^{13}~cm^{-2}$ 和 $1 \times 10^{14}~cm^{-2}$，随后注入能量为 200 keV、剂量为 $1 \times 10^{13}~cm^{-2}$ 的 Al 离子，用于形成 P 型过渡层。在理想条件下，该离子注入条件形成的 P^+ 层和 P 型层的厚度分别为 $0.07~\mu m$ 和 $0.29~\mu m$，对应地，Al 元素浓度分别为 $1 \times 10^{19}~cm^{-3}$ 和（$1 \sim 7$）$\times 10^{17}~cm^{-3}$。最后利用高温退火激活注入的 Al 元素并修复晶格损伤，退火温度为 $1650~℃$，时间为 30 min。该器件采用倾斜台面结构，N 型和 P 型接触金属均为 Ni/Ti/Al/Au。该器件的表征结果表明，APD 器件的击穿电压具有正温度系数，雪崩增益在 10^6 以上，峰值量子效率为 44%，紫外-可见光抑制比大于 10^4；APD 在低电压下的暗电流保持在 pA 量级，但在高温高压下，暗电

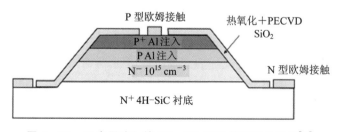

图 4 - 48　Al 离子注入的 4H - SiC APD 的结构示意图[45]

流异常增加,这与 Al 离子注入在 SiC 中引入的深能级缺陷有关。另外,该器件的 $C-V$ 曲线具有明显的频散特性,这进一步表明器件中存在大量由离子注入引入的深能级缺陷,在后续的研究工作中需要继续完善离子注入后的材料修复。

为了增加器件的有效光敏区域并避免边缘击穿,2017 年 Sciuto 等人首次报道了基于离子注入技术的全平面 SiC APD[46]。该器件的结构示意图如图 4-49 所示,一个低能量、高剂量的 Al 离子注入过程用于形成 P^+ 层,一个高能量、低剂量的 Al 离子注入过程用于形成 P^- 层以抑制边缘电场。对于活性区直径为 50 μm、横向长度为 6 μm 的全平面 APD 器件,其填充因子为 65%。该器件在 30 V 的反向偏压下暗电流小于 10 nA/cm^2,雪崩增益达到 10^5,在 270 nm 的峰值响应度为 0.06 A/W,对应的最大量子效率为 29%,但器件在雪崩前的暗电流比较高,在后续的工作中需要对 P^- 区域进行优化,以减小边缘的漏电。

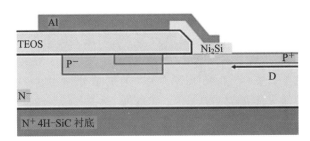

图 4-49　全平面 SiC APD 的结构示意图[46]

为了有效控制器件的边缘电场并提高器件的填充因子,美国弗吉尼亚大学 Campbell 教授团队报道了基于垂直台面和离子注入隔离技术的 SiC APD[47]。该器件的结构示意图如图 4-50 所示。首先对 N^+ 接触层进行浅槽隔离,形成每个器件的有源区;随后进行深槽隔离,用来形成 P 型欧姆接触;5 次注入能量为 70~270 keV 的 H 质子,用于形成相邻器件间的半绝缘区域。浅槽隔离边缘到半绝缘区域的距离为 10 μm,半绝缘区域至相邻器件的距离为 25 μm,通过缩短相邻器件间的距离,有效地增大了器件的填充因子,可用于制备 APD 探测阵列。该器件具有优异的雪崩特性和光响应特性:增益在 10^6 以上,当增益为 1000 时,暗电流为 1.7 $\mu A/cm^2$,在 260 nm 和 285 nm 入射光条件下,过噪声因子分别为 0.1 和 0.26,在 260 nm 处的峰值响应度为 0.53 A/W,当增益为 1 时,最大量子效率为 75%。

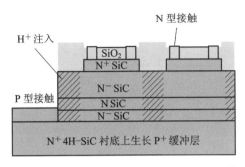

图 4 - 50　基于垂直台面和离子注入隔离技术的 SiC APD 的结构示意图[47]

7. 双台面结构 SiC APD

倾斜台面终端虽然可以有效抑制器件的边缘击穿，但是以损失填充因子为代价，不利于提高器件的探测性能。另外，基于离子注入技术的 SiC APD 还有待解决由离子注入引入的材料损伤问题。美国弗吉尼亚大学 Campbell 团队制备了双台面的 SiC APD(见图 4 - 51(a))，该器件采用垂直台面结构，并将 P^+ 接触层的欧姆接触外环区域全部刻蚀，用来建立高的横向电阻，从而有效地减弱了器件的边缘电场[48]。图 4 - 51(b)所示的 TCAD 模拟的 2D 电场分布表明，当外环台面突出内环台面 5 μm 以上时，便可有效地抑制边缘电场。双台面结构大幅降低了器件的边缘低场区域的面积，同时显著提高了器件的填充因子。假设 APD 器件的直径为 100 μm，台面刻蚀深度为 1.5 μm，双台面结构器件的填充因子将比倾斜台面器件的高 20%。另外，双台面结构器件在增益为 1000 时的暗电流为 214 nA/cm^2，雪崩增益在 10^5 以上。

8. 大面积 SiC APD

受材料缺陷等因素的制约，国际上报道的 SiC APD 的探测面积通常都非常小(直径＜250 μm)，远远小于真空探测器的探测面积(厘米量级)。大尺寸 SiC APD 面临暗电流较大和边缘提前击穿等问题，中国电科十三所基于光刻胶变温回流技术，突破了大尺寸、低损伤、超缓斜面的台面刻蚀工艺，实现了超级平滑的台面侧壁，有效抑制了表面漏电和边缘提前击穿，成功研制出了直径为 800 μm 的大面积、高性能 SiC APD[12, 49]。器件的结构示意图如图 4 - 52 所示，外延结构从下至上包括 3 μm P^+ 层($N_A = 1 \times 10^{19}$ cm^{-3})、0.5 μm N^- 倍增层($N_D = 1 \times 10^{15}$ cm^{-3})、0.2 μm N 电荷层($N_D = 5 \times 10^{18}$ cm^{-3})、0.5 μm N^- 吸收层($N_D = 1 \times 10^{15}$ cm^{-3})以及 0.3 μm N^+ 接触层($N_D = 1 \times 10^{19}$ cm^{-3})。制备该器件时，首先采用 ICP 干法刻蚀形成台面(为了抑制边缘击穿，制备了具有正倾角的台面结构)，其中采用变温光刻胶回流技术进行高温回流时加热温度以 5℃ 每分钟的速率从 90℃ 增加到 145℃（见图 4 - 52），最终获得具有超级平滑侧壁的倾斜台面，台面倾角小于 8°；对样品进行钝化后，将位于接触电极区和有源区的钝化层去除，形成光敏窗口；然后，采用电子束蒸发和剥离技术形成阳极/阴极接触电极 Ni/Ti/Al/Au（35 nm/50 nm/150 nm/100 nm）；最后，将样品在 N_2 氛围中采用 850 ℃ 快速退火 3 分钟，形成欧姆接触。结果显示，在室温下，器件的增益在 10^6 以上，暗电流为 1 pA（0.2 nA/cm²），量子效率为 81.5%。

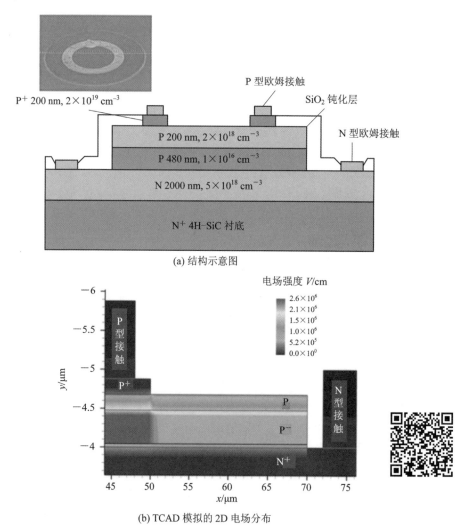

(a) 结构示意图

(b) TCAD 模拟的 2D 电场分布

图 4 - 51 双台面结构 SiC APD 的结构示意图和 TCAD 模拟的 2D 电场分布[48]

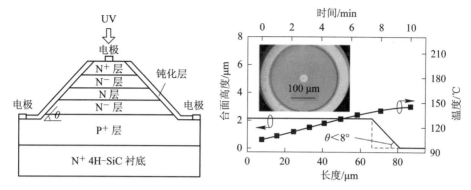

图 4 - 52　大面积 SiC APD 的结构示意图和变温回流条件[12]

4.4.2　SiC APD 的高温特性

2014 年南京大学陆海团队首次报道了 SiC APD 在高温下的单光子探测能力[50]。SiC APD 采用 N - I - P 结构(见图 4 - 53(a)),台面的倾斜角度约为

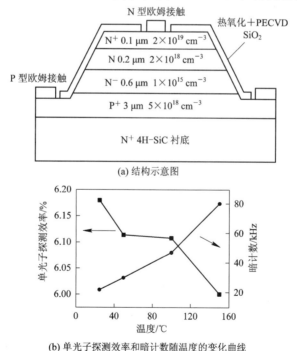

(a) 结构示意图

(b) 单光子探测效率和暗计数随温度的变化曲线

图 4 - 53　SiC APD 的结构示意图和单光子探测效率及暗计数随温度的变化曲线[50]

4.3°，P 型和 N 型欧姆接触电极均为 Ni/Ti/Al/Au，表面钝化采用牺牲氧化层、热氧化和 PECVD SiO₂ 工艺。SiC APD 的 I-V 特性曲线表明：增益为1000 时，器件的暗电流为 96 nA/cm²，过偏压为 4 V 时，增益达到 $2×10^6$。SiC APD 在 25℃ 和 150℃ 时的光谱响应曲线结果表明：紫外-可见光抑制比达到 10^4；室温下响应峰值位于 290 nm，峰值量子效率约为 53%；随着温度增加，响应曲线红移并且响应度整体增加，这与高温下 SiC 材料的禁带宽度减小引起的光吸收系数增加有关。图 4-53(b) 为 SiC APD 在高温下的单光子探测能力，当温度从 25℃ 增加到 150℃ 时，器件的暗计数增加为原来的 4 倍，单光子探测效率仅仅从 6.17% 降低到约 6%，这表明 SiC APD 在 150℃ 高温下仍然具有优异的单光子探测能力，适用于高温的极端环境。

4.4.3 材料缺陷对 SiC APD 性能的影响

不同于常规结构的紫外探测器件，SiC APD 的工作条件非常极端，在进行微弱紫外光探测时，器件需要长期工作在 3.3 MV/cm 的临界电场条件下，这使得 SiC APD 的性能对于材料缺陷非常敏感。SiC 材料更多地应用于功率器件，与微管和基平面位错相比，穿透型位错对功率器件性能的影响较小。在SiC 外延生长过程中将影响较大的基平面位错转化为影响较小的刃位错是一项较成熟的技术，如今，通过外延生长条件优化，高于 99% 的基平面位错都可以成功转化为外延层中的刃位错。因此，目前 SiC 外延层中的缺陷多为穿透型位错和点缺陷，这也将成为影响 SiC APD 的主要缺陷类型。

暗计数是评价单光子探测器的重要参数，SiC APD 的暗电流和暗计数有四个主要来源：准中性区向耗尽区的反向扩散载流子、耗尽区中的热载流子、带带隧穿和缺陷辅助隧穿。利用不同温度下器件的暗电流或暗计数拟合并计算得到激活能是判断其来源的一种方法：当激活能等于材料禁带宽度时，来自准中性区的反向扩散载流子对暗电流或暗计数起主要贡献；当激活能等于 1/2 禁带宽度时，耗尽区内热载流子对暗电流或暗计数起主要贡献；当激活能远远小于 1/2 禁带宽度时，隧穿过程对暗电流或暗计数起主要贡献[51-52]。尽管温度变化对带带隧穿和缺陷辅助隧穿的影响均很小，但后者比前者对温度更敏感[53]。如图 4-54 所示，南京大学陆海教授团队通过对 SiC APD 暗计数的 Arrhenius 方程进行拟合发现：当温度为 260~320 K 时，激活能为 0.14~0.16 eV；当温度为 77~120 K 时，激活能为 0.0028~0.003 eV。因此，当温度高于 260 K 时，缺陷辅助隧穿是暗计数的主要来源；随着温度降低，缺陷辅助隧穿和带带隧穿共同决定暗计数；当温度低于 120 K 时，带带隧穿是暗计数的主要来源[54]。另外，随着过偏压的增加，暗计数呈现指数增长趋势，这同样说明缺陷辅助隧穿是 APD 暗计数的主要来源，因为隧穿的可能性和电场强度成指数关系，而载流子扩散过程所产生的暗计数与反向偏压无关，耗尽区中热载流子的产生与耗尽区宽度有关，由此产生的暗计数随过偏压的增加缓慢上升[55-56]。点缺陷和穿透型位错是 SiC 材料的主要缺陷类型。目前，SiC 衬底和外延生长技术可以提供位错密度为 $1000\sim2000\ cm^{-2}$ 的 SiC 外延片。对于小尺寸 SiC APD，可以保证大部分器件的有源区不包含穿透型位错，因此，点缺陷是引起 APD 暗计数的主要原因。

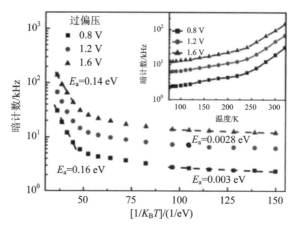

图 4-54　SiC APD 在不同过偏压下暗计数的 Arrhenius 方程拟合[54]

后脉冲是产生暗计数的另一原因，主要是由材料缺陷对载流子的俘获和释放过程造成的，与材料缺陷、载流子释放时间和过偏压等有关[57-60]。Wu 等利用门控被动淬灭电路分析了 SiC APD 的后脉冲可能性，结果表明随着过偏压和入射光子流密度的增加，SiC APD 的后脉冲可能性增加[61]。由于后脉冲的产生是由载流子的俘获和释放过程引起的，因此在门控淬灭模式下，两个门之间的延迟时间将会成为影响后脉冲产生概率的主要参数。南京大学陆海团队利用双门控电路详细研究了延迟时间、过偏压和温度对 SiC APD 后脉冲可能性的影响[62]。如图 4-55 所示，当延迟时间比较小时，器件的后脉冲可能性为 100%，这意味着 SiC 中的载流子俘获现象严重，其中点缺陷是一个主要原因；随着延迟时间增加，后脉冲可能性快速降低，表明被俘获的载流子在纳秒级水平的时间被快速释放；随着过偏压的增加，雪崩增益显著增加，后脉冲可能性亦增加。另外，温度增加有利于加快载流子的释放时间，降低后脉冲可能性。

利用门控电路并选择合适的延迟时间，降低器件的过偏压或者增加器件的工作温度都可以降低后脉冲可能性，但温度增加会造成暗计数增加，过偏压降低，同样不利于获得高的单光子探测效率，因此，在实际应用中，需要合理选择器件的工作条件，以获得最优的器件单光子探测能力。

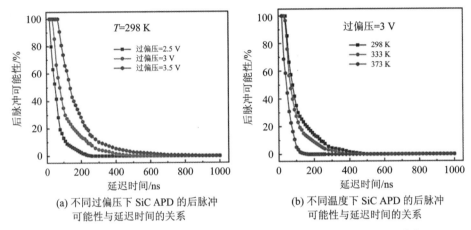

(a) 不同过偏压下 SiC APD 的后脉冲可能性与延迟时间的关系

(b) 不同温度下 SiC APD 的后脉冲可能性与延迟时间的关系

图 4-55　SiC APD 后脉冲可能性与延迟时间及过偏压和温度的关系[62]

通过观察外延层中的缺陷分布可以详细地研究缺陷和 SiC APD 器件性能的关系。常见的 SiC 材料缺陷检测方法有熔融 KOH 腐蚀[63-66]、X 射线形貌技术[67-68]、电子束诱导电流技术（EBIC）[69]、扫描电子显微镜（SEM）和透射电子显微镜（TEM）等。SiC 材料中的缺陷通过熔融 KOH 腐蚀后暴露出来，利用光学或电学显微镜可以清晰地观察腐蚀坑形貌，区分缺陷类型。采用聚焦离子束对材料进行切割后，可以用 SEM 或 TEM 研究缺陷的物理特性。共聚焦显微镜可以用来研究 SiC 材料中缺陷的电学输运特性，这是一种简单的对缺陷进行三维研究的方法，可以直接观察缺陷的形状和深度。

Vert 等人利用 EBIC 技术辨别 SiC 材料中的穿透型位错，并分析了材料缺陷对 SiC APD 性能的影响[69]。图 4-56（a）和（b）分别给出了不同缺陷密度APD 的 I-V 特性曲线和在 266 nm 紫外光探测条件下的暗计数率-单光子探测效率曲线。结果表明，穿透型位错会导致随着电压增加，暗电流显著上升，暗计数率增加，单光子探测效率降低；一个器件的缺陷密度越大，其暗电流和暗计数率就越大。

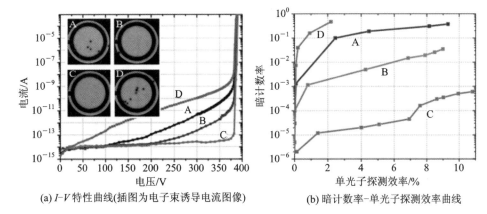

(a) I-V 特性曲线(插图为电子束诱导电流图像)　　(b) 暗计数率-单光子探测效率曲线

图 4-56　不同缺陷密度 APD 的 I-V 特性曲线及电子束诱导电流图像和暗计数率-单光子探测效率曲线[69]

　　南京大学陆海教授团队利用熔融 KOH 腐蚀的方法研究了穿透型位错对 SiC APD 器件性能的影响,该研究基于完整的 1×128 SiC APD 线阵。该器件的 I-V 特性曲线表明:有小部分器件的暗电流随电压的增加明显增大,这类漏电器件的击穿电压与正常器件相比降低了 $1 \sim 4$ V。一个 1×128 线阵的击穿电压分布如图 4-57 所示,如把击穿电压定义在暗电流为 5×10^{-8} 时的电压值,则除去漏电器件外 128 个器件的击穿电压波动为 ± 0.1 V。线阵中典型 APD 器件的暗计数-单光子探测效率曲线如图 4-58 所示。图 4-58 所示的结果表明:正常器件的单光子探测性能的一致性好,而漏电器件的暗计数大,单光子探测效率低,并且一致性差。图 4-59(a)和(b)分别漏电器件和正常器件 SiC APD 在熔融 KOH 腐蚀后的 SEM 形貌图。通过对比发现,漏电器件的台面上包含六边形穿透型位错腐蚀坑,而正常器件台面上不存在腐蚀坑。通过对 650 个器件进行统计分析,可以确定 SiC APD 有源区内只要存在一个位错便会使 SiC APD 的性能明显退化,包括暗电流增加,击穿电压减小,暗计数增加,单光子探测效率减小。

　　穿透型位错包括螺位错(TSD)和刃位错(TED)两种。在适当条件的熔融 KOH 腐蚀后,TED 和 TSD 均表现为六边形腐蚀坑,但由于伯格斯矢量大小不同,因此 TSD 具有更大的腐蚀坑尺寸。Skowronski 等人利用熔融 KOH 腐蚀研究了 TSD 和 TED 对 SiC APD 器件性能的影响。结果表明,存在 TSD 和 TED 的 APD 器件的击穿电压较无位错器件分别降低 3.5% 和 2%;雪崩击穿前,存在 TSD 的 APD 器件的暗电流比存在 TED 的 APD 器件的暗电流还要高出近两个数量级[70]。

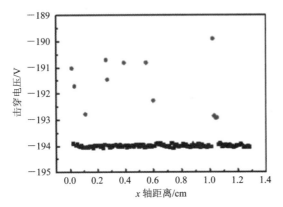

图 4－57 一个 1×128 SiC APD 线阵的击穿电压分布

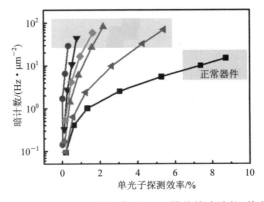

图 4－58 一个 1×128 SiC APD 线阵中典型 APD 器件的暗计数－单光子探测效率曲线

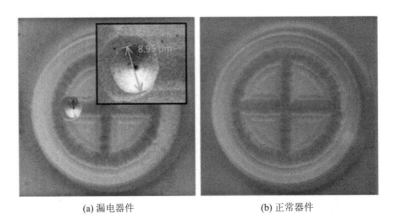

(a) 漏电器件　　　　　　　　　　(b) 正常器件

图 4－59 漏电器件和正常器件 SiC APD 在熔融 KOH 腐蚀后的 SEM 形貌图

Chong 等人采用共聚焦显微镜观察到了具有高暗电流的 SiC APD 中的材料缺陷(见图 4-60(a))。另外,研究还指出,金属接触电极下方的缺陷会引起上方电极的"爆炸"以及金属向 SiC 外延层的扩散,最终导致器件的不可逆转击穿(见图 4-60(b))[71]。不同于 SEM 等材料或器件的表面形貌表征,共聚焦显微镜可以对材料内部进行观测,是一种三维表征手段;共聚焦显微镜是一种无损检测方式,不破坏材料或器件的结构,可以用于器件制备前的材料缺陷鉴别,有利于器件制备中对材料缺陷的规避。

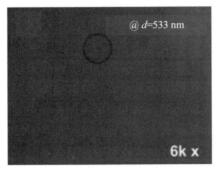

(a) 缺陷的共聚焦显微镜图像　(b) 缺陷引起电极"爆炸"的扫描电子显微镜图像

图 4-60　具有高暗电流的 SiC APD 在深度 533 nm 处的共聚焦显微镜图像和缺陷引起 SiC APD 电极"爆炸"的扫描电子显微镜图像[71]

众多研究表明,SiC APD 有源区内的缺陷会引起器件性能退化甚至器件失效。缺陷的存在使缺陷辅助隧穿过程增强,导致暗电流和暗计数增加。另外,缺陷会引起附近场的畸变,造成击穿电压减小。因此,材料缺陷势必造成器件成品率降低,并且该风险随器件尺寸的增加而增大。当前,最先进的 SiC 衬底和外延生长技术可以提供位错密度为 $1000 \sim 2000 \ cm^{-2}$ 的 SiC 外延片,对于直径为 100 μm 的 APD 器件,成品率约为 90%。因此,为了获得高性能 SiC APD,特别是制备高质量的多像素 SiC APD 焦平面成像阵列以实现紫外成像,SiC 材料的位错密度仍需要进一步降低。

4.4.4　SiC APD 的雪崩均匀性研究

由 APD 器件的工作原理可知,器件的单光子探测效率与量子效率和载流子雪崩概率成正比。载流子雪崩概率与 APD 器件中耗尽区的电场强度有关。如果 SiC 材料缺陷密度比较高或者 APD 器件的终端结构不理想,将会导致器件台面内耗尽区电场横向分布不均匀,最终影响器件的单光子探测效率。为了获得具有优异的单光子探测性能的 SiC APD,需要实现器件台面内耗尽区电场的均匀分布和载流子雪崩概率的均匀分布。图 4-61 为被动模式下 SiC APD 的暗计数和光计数的电压脉冲信号分布[54]。可以看到，器件的电压脉冲信号的高度呈现大范围分布，在几 mV 到几十 mV 之间变化。这种非均匀的雪崩信号的高度分布意味着器件台面内的光生载流子经历了不同程度的雪崩倍增过程，这不利于提高 SiC APD 的单光子探测效率。

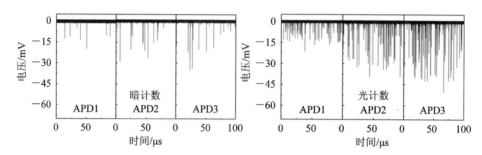

图 4-61　被动模式下 SiC APD 的暗计数和光计数的电压脉冲信号分布[54]

二维光电流扫描技术可以用于分析 SiC APD 的光电流和增益的空间分布。Guo 等发现在低增益条件下 SiC P-I-N APD 台面内的光电流分布比较均匀，但当增益增加到 1000 时，器件台面内的光电流呈现非均匀分布，光电流从器件的一端向另一端逐渐降低，甚至器件的一侧边缘都没有光电流，如图 4-62 所示[72]。

当 APD 工作在盖革模式下时，器件的雪崩增益理论上可以达到无限大，因此光电流并不是衡量雪崩区域均匀性的一个理想参数。相较而言，单光子计数的空间分布可以更直观地反映出 APD 器件的雪崩区域的均匀性和单光子探测能力。因此，南京大学陆海教授团队搭建了一套基于近场光学显微镜的测试系统，用于观察 APD 器件台面内的单光子计数分布[73]。图 4-63 为 SiC P-I-N APD 在不同偏压下的单光子计数分布，黑色圆环为 APD 器件的金属电极。可以看到，单光子计数的分布相当不均匀，当处于低过载偏压时，计数出现于器件的 [$\overline{1120}$] 方向；随着过载偏压的增加，计数逐渐向器件的中心区域拓展。

研究 APD 在 Geiger 模式下的热载流子发光情况是分析器件雪崩载流子的一种简单的光学方法。当电场强度大于 10^5 V/cm 时，载流子从电场中获得的能量使得载流子能量大于晶格能量，这种具有高能量的载流子为热载流子。热载流子不需要达到热平衡状态就可以复合发光。研究表明，平均每 10^5 个热载流子会复合发射一个光子。尽管热载流子的发光概率很低，但是当 SiC APD 工作在 Geiger 模式时，器件的增益为 $10^5 \sim 10^6$，足以进行热载流子发光研究。南京大学陆海教授团队得出了不同电极结构 SiC P-I-N APD 器件在雪崩电

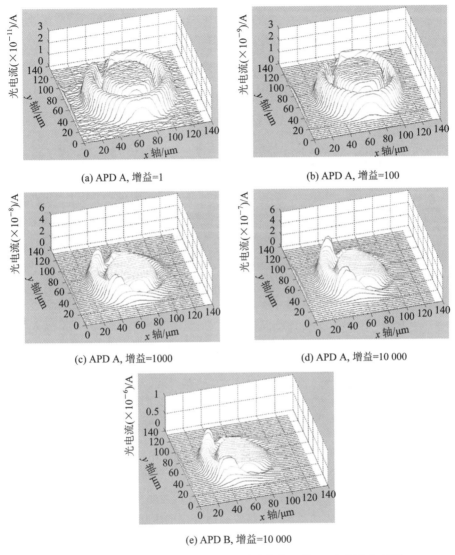

(a) APD A, 增益=1

(b) APD A, 增益=100

(c) APD A, 增益=1000

(d) APD A, 增益=10 000

(e) APD B, 增益=10 000

图 4 - 62　SiC P - I - N APD 在不同增益条件下的 2D 光电流分布[72]

流下的热载流子发光图像，如图 4 - 64 所示。结果表明，热载流子发光最先出现在靠近 $[\bar{1}\bar{1}20]$ 方向的电极位置，并且发光朝向 $[\bar{1}\bar{1}20]$ 方向；随着过偏压的增加，发光区域逐渐向 $[11\bar{2}0]$ 方向延伸，最终充满整个台面[74]。同时，该工作提出 SiC APD 器件台面内的非均匀热载流子发光与 SiC 的 4° 偏轴生长和 SiC 中载流子迁移率的各向异性有关[75-80]。在 SiC P - I - N APD 中，空穴沿 $[11\bar{2}0]$

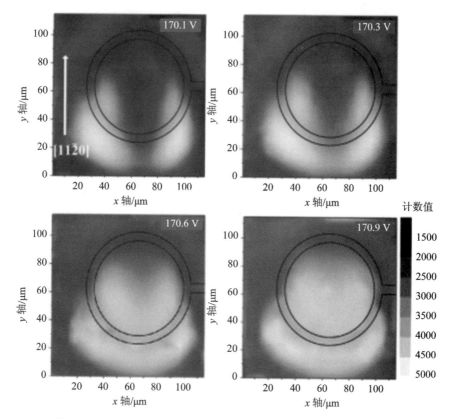

图 4 - 63　SiC P - I - N APD 在不同过偏压下的单光子计数分布[73]

方向存在横向漂移速度，导致电极对[$\overline{1}$120]方向的倍增空穴具有更高的收集效率，而对[11$\overline{2}$0]方向空穴的收集效率低，引起空穴在电极[11$\overline{2}$0]方向的积累，随后导致非均匀的电场屏蔽，最终 SiC APD 表现为非均匀的雪崩击穿。

工作在 Geiger 模式的 APD 对器件有源区内的电场分布非常敏感，如果顶部接触层的横向电阻较高，就会影响器件台面内耗尽区电场的横向均匀性分布，导致 APD 的工作区域不是整个台面，而是集中在顶部接触电极附近，这不利于器件获得高的填充因子以及均匀的雪崩倍增过程。为了改善 SiC APD 器件的横向雪崩均匀性，提高器件的单光子探测效率，需要更合理地设计 SiC APD 器件结构以改善耗尽区电场分布。例如，提高 P 型欧姆接触质量，以改善电导率，或设计新型电极结构，从而改善电极对载流子的收集效率。另一个可行的方案是设计非对称的终端结构，引入非对称的电场，以平衡载流子横向漂移引起的非均匀的电场屏蔽。

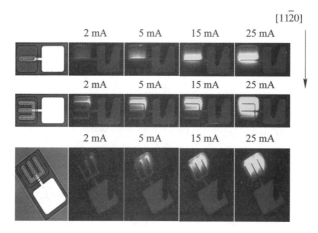

图 4 - 64　不同电极结构 SiC P - I - N APD 器件在不同雪崩电流下的热载流子发光图像[74]

对器件电极结构的优化设计有利于改善器件台面内的非均匀雪崩情况。南京大学陆海教授团队研究了具有三种不同几何形状的顶部接触电极的 SiC APD 的器件性能[81]。如图 4 - 65 所示，SiC APD 的顶部接触电极分别为点状电极和具有四条、六条枝杈的树枝状电极。正向 $I - V$ 曲线表明，点状电极具有更大的顶部接触层横向电阻，电流在该层的横向扩展有限；树枝状电极使电极和顶层的接触面积增加，电流分布更均匀。此外，树枝状电极具有比点状电极更高的光电流、暗计数和光计数，这表明采用树枝状电极的 APD 器件的有效雪崩区域和有效填充因子较大。因此，通过优化电极结构可以改善 APD 器件的电场分布，增大填充因子，实现更均匀的雪崩击穿。

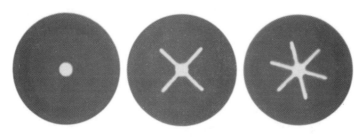

图 4 - 65　SiC APD 的顶部接触电极形状[81]

4.4.5　SiC 紫外雪崩光电探测器的焦平面成像阵列

紫外成像技术早期主要应用于军事领域，现也可用于高压设备的故障点检测、警用刑侦的侦查取证和深空探测等领域。为了满足紫外成像等高端应用市场的需求，发展先进的单片集成 SiC APD 紫外焦平面探测器阵列是未来的发展趋势。

SiC APD 成像阵列对像元性能的一致性要求较为严苛，包括击穿电压、增益和单光子探测效率等。材料质量、材料厚度及掺杂浓度均匀性和器件制备工艺均匀性是影响成像阵列一致性和良率的主要因素。在实际 SiC 外延过程中，外延生长速率沿中心向边缘存在变化，导致外延层厚度沿中心向边缘存在差异，造成像素间击穿电压不均匀。例如，在以往的研究（见图 4-66）中，一片 3 英寸外延片上制备的 APD，其中心器件和边缘器件的击穿电压可以相差 3 V，这种不均匀的击穿电压分布会严重影响最终的成像效果[72]。

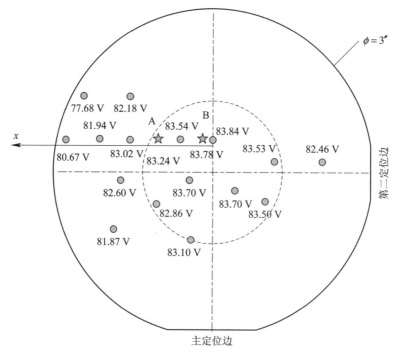

图 4-66　3 英寸 SiC 外延片上 APD 的击穿电压分布[72]

迄今为止，国内外已有多家单位报道了基于 SiC APD 的多元器件。美国弗吉尼亚大学报道了良率为 80％的 4×4 SiC APD 成像阵列[82]。通用电气报道了良率为 43％的 8×8 SiC APD 成像阵列（见图 4-67(a)），经过滤波后器件的紫外-可见光抑制比高于 10^6（见图 4-67(b)）[41]。虽然 SiC APD 阵列被成功制备，但由于像元具有良率较低和一致性较差等问题，因此 SiC APD 阵列无法满足实际应用需求。2017 年，中国电科十三所成功设计并制备了具有较高一致性的 8×8 SiC APD 阵列[83]，如图 4-68 所示，像元直径为 300 μm，像元良率达到 97%，除两个器件外所有器件在 95%击穿电压下的暗电流均小于 1 nA，所有 64 个像元的击穿电压波动为 ±0.2 V，增益大于 10^5，峰值量子效率为 68%，紫外-可见光抑制比为 10^4。南京大学成功制备了具有高击穿电压一致性的 1×64 和 1×128 SiC APD 线阵[84]。其中，1×128 SiC APD 线阵如图 4-69 所示，像元直径为 90 μm，像元良率为 91%，除存在缺陷的器件外，所有器件的击穿电压波动为 ±0.1 V，增益到达 10^6，峰值量子效率为 63%，并基于该阵列实现了日盲紫外单光子成像。

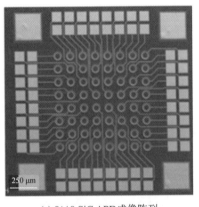

(a) 8×8 SiC APD成像阵列

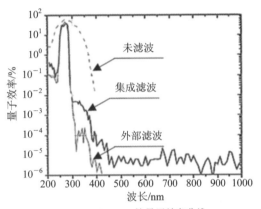

(b) SiC APD 的量子效率曲线

图 4-67　8×8 SiC APD 成像阵列和 SiC APD 在滤波条件下的量子效率曲线[41]

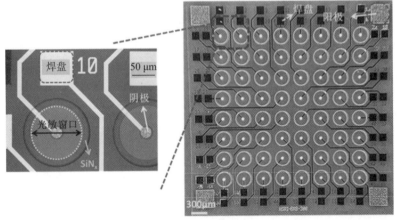

图 4-68　中国电科十三所制备的具有高一致性的 8×8 SiC APD 阵列[83]

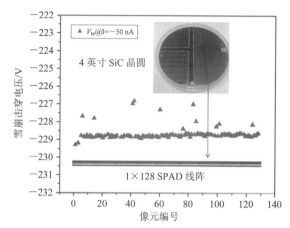

(a) 南京大学制备的 1×128 SiC APD 线阵雪崩击穿电压分布

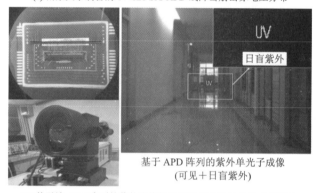

(b) 基于该 APD 阵列的紫外成像仪原型机与紫外单光子成像照片

图 4‐69   南京大学制备的 1×128 SiC APD 线阵[84]

　　为了解决 APD 成像阵列在实际应用中的集成问题，提高 APD 阵列的填充因子，需要控制器件的尺寸以及相邻器件的间距。缩小器件间距会随之产生一个无法忽视的问题——光学串扰[85-89]。当 SiC APD 处于雪崩击穿状态时，会产生大量的电子-空穴对，部分电子-空穴对复合发射光子，这些光子被相邻的像元吸收后会产生虚假计数，给后续的图像处理带来一系列无法解决的难题[87,90-92]。研究表明，在 100 μm 间隔的 InGaAs/InP APD 阵列中，单个器件雪崩导致其他器件产生虚假计数的串扰概率在 15% 左右，相邻器件发生串扰的概率约为 2%[85]。南京大学陆海教授团队详细地研究了 SiC APD 线阵中的光学串扰问题[93]。他们发现，串扰概率与器件间距和过偏压有关，可以适当降低器件的工作电压来抑制串扰；串扰产生的时间一般为 7~10 ns，通过门控淬灭电路将门宽控制在 7 ns 以内有助于减小串扰可能性；深槽隔离可以有效地降低串扰概率，深槽刻蚀引入的 $SiC/SiO_2/air/SiO_2/SiC$ 多重界面以及多重界面的表面反射可以抑制光子在像元间的传播。图 4 – 70 所示为他们的研究成果。

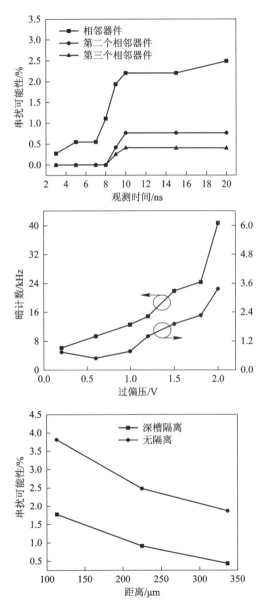

图 4 – 70　串扰可能性与观测时间及过偏压和器件间距的关系曲线[93]

4.5 SiC 紫外光电探测器的产业化应用

紫外传感器的应用市场庞大,遍布工业、环境、食品、电力和医药卫生各个领域。在全球光电传感器市场中,紫外传感器的市场份额虽然较可见光探测器和红外探测器的市场份额小,但预计到 2025 年,全球紫外探测芯片的市场总额将达到 2.7 亿美元。

目前,常规结构 SiC 紫外探测器已经实现产业化,被广泛应用于紫外消毒设备、紫外固化、环境监控和火焰探测等领域。国际上有多家 SiC 紫外探测器相关企业,以德国的 IFW 和 Sglux 公司为代表;国内企业中,依托南京大学技术团队的苏州镓敏光电科技有限公司(简称镓敏光电)一直致力于研发和生产 SiC 紫外传感器。

德国 IFW 公司成立于 1981 年,是专业生产 SiC 紫外探测器的一家公司,主要产品包括单独封装的 SiC 紫外探测器、带滤光片的 SiC 紫外探测器、前置放大器和滤波片集成的 SiC 紫外探测器。表 4 - 6 为 IFW 公司部分 SiC 紫外探测器的性能参数。该器件的暗电流为 fA 量级,灵敏度高,光谱响应波长为 210~380 nm,在 275 nm 的峰值响应度为 0.13 A/W,具有优异的稳定性,在强度为 1000 W/cm^2 的强 254 nm 光照射下及 150 ℃ 高温环境下,仍能保持长时间稳定工作,可以用于火焰探测和监控、杀菌灯光和医疗灯光的监控。

表 4 - 6 IFW 公司部分 SiC 紫外探测器的性能参数[94]

探测器型号	有效面积/mm^2	响应波长/nm	反向电压/V	峰值波长/nm	工作温度/℃	最大响应度/(A·W^{-1})	暗电流/fA
JEC0.1SHT JEC0.1SSHT	0.25×0.25	210~380	20	275	−25~150	0.13	1
JEC0.1HT	0.25×0.25	210~380	20	275	−25~70	0.13	1
JEC0.3SHT JEC0.3SSHT	0.5×0.5	210~380	20	275	−25~150	0.13	5
JEC0.3HT	0.5×0.5	210~380	20	275	−25~70	0.13	5
JEC1HT	1×1	210~380	20	275	−25~70	0.13	5

苏州镓敏光电科技有限公司生产的 SiC 紫外探测器可以在 200℃高温下可靠工作。当反向偏压为 -5 V 时，器件的暗电流低于 1 pA，光谱响应峰值位于 275 nm，对应的响应度为 0.1 A/W，紫外-可见光抑制比高于 10^4。图 4-71 为镓敏光电提供的紫外线水消毒和空气净化用 SiC 紫外监控探头，探测波长范围为 220～290 nm，工作温度为 -30～100℃，输出模式包括 0～5 V 电压输出和 4～20 mA 电流输出。

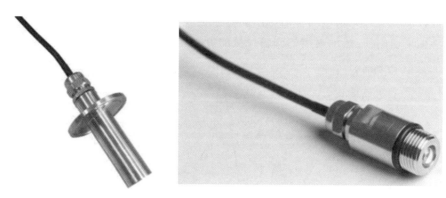

图 4-71　镓敏光电生产的紫外线水消毒和空气净化用紫外监控探头

　　目前燃气轮机的火焰探测主要依靠高温 SiC 紫外探测器。图 4-72 为美国通用电气的 SiC 火焰探测器实物图[95]。SiC 火焰探测器的模拟输出信号具有动态范围广、响应时间短（<25 ms）、耐高温（150℃）和工作电压低等特点。图 4-73

图 4-72　通用电气的 SiC 火焰探测器实物图[95]

为燃气轮机火焰发射光谱以及通用电气的 SiC 火焰探测器、传统的 Geiger - Mueller 火焰探测器的相对光谱灵敏度[95]。燃气轮机火焰发射光谱为 200～320 nm，峰值强度在 310 nm 附近。Geiger - Mueller 火焰探测器的响应波段小于 260 nm，峰值灵敏度小于 200 nm，只覆盖了短波部分的燃气轮机火焰发射光谱，并且该波段的火焰强度很微弱。与之相比，SiC 火焰探测器对易于穿透油雾和蒸汽的较长紫外波段具有高灵敏度，响应范围覆盖整个燃气轮机火焰发射光谱，与典型的仅针对短波紫外敏感的探测器相比更具有优势。SiC 火焰探测器在燃气轮机火焰检测中的应用改善了燃气轮机的性能，减少了维护需求，能够保证应用油/蒸汽喷射的涡轮机械的可靠运行。

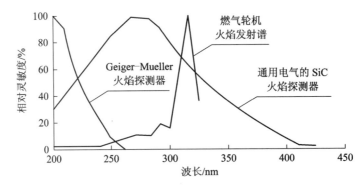

图 4 - 73　燃气轮机火焰发射光谱以及通用电气的 SiC 火焰探测器和传统的 Geiger - Mueller 火焰探测器的相对光谱灵敏度[95]

4.6　SiC 紫外光电探测器的发展前景

SiC 材料作为一种宽禁带半导体材料，具有可见光盲特性，并具有缺陷密度低、材料生长技术和器件制备工艺成熟等优点，在紫外光电探测领域备受关注，并取得了极大的进展。肖特基型和 P - I - N 型 SiC 紫外光电探测器的发展相对成熟，器件具有低暗电流、高量子效率和在高温下稳定工作等优点，已经实现产业化，主要应用于紫外消毒设备、紫外固化、环境监控和火焰探测等领域。经过二十年的发展，用于单光子探测的 SiC APD 也取得了显著的成果，器件具有低暗电流、高增益和优异的单光子探测性能。为了实现紫外成像，SiC APD 器件技术正向紫外焦平面探测阵列发展，并已经实现了较低的盲元率。但是与 Si 基 APD 器件相比，SiC APD 器件的单光子探测效率还有待提高，材料的点缺陷和穿透型位错以及器件台面内的非均匀雪崩均限制了其单光子探测能力。另外，到目前为止，还缺少关于 SiC APD 可靠性的相关报道和研究，甚至没有明确的对 APD 器件可靠性评价的方法和标准。因此，为了实现 SiC APD 的应用以及紫外成像，需要进一步降低 SiC 材料缺陷密度并提高 SiC APD 的探测能力和可靠性。

参 考 文 献

[1]　郝跃，彭军，杨银堂. 碳化硅宽带隙半导体技术[M]. 北京：科学出版社，2000.

[2]　PERSSON C，LINDEFELT U. Relativistic band structure calculation of cubic and hexagonal SiC polytypes[J]. Journal of Applied Physics，1997，82(11)：5496 - 5508.

[3]　LELY J A. Preparation of single crystals of Silicon carbide and control of the nature and the quantity of the combined impurities[J]. Berichte der Deutschen Keramischen Gesellschaft，1955，32：229 - 250.

[4]　TAIROV Y M，TSVETKOV V F. General principles of growing large-size single crystals of various Silicon carbide polytypes[J]. Journal of Crystal Growth，1981，52 (part-P1)：146 - 150.

[5]　LEVINSHTEIN M E，RUMYANTSEV S L，SHUR M S. Properties of advanced semiconductor materials：GaN，AIN，SiC，BN，SiC，SiGe[M]. New York：John Wiley & Sons，Inc.，2001：93 - 148.

[6]　SCHAFFER W J. Hall effect and C-V measurements on epitaxial 6H and 4H SiC[J]. Institute of Physics，1994，134.

[7]　ROSCHKE M，SCHWIERZ F. Electron mobility models for 4H，6H，and 3C SiC [MESFETs][J]. IEEE Transactions on Electron Devices，2001，48(7)：1442 - 1447.

[8]　KONSTANTINOV A O，WAHAB Q，NORDELL N，et al. Ionization rates and critical fields in 4H silicon carbide[J]. Applied Physics Letters，1997，71(1)：90 - 92.

[9]　RAGHUNATHAN R，BALIGA B J. Temperature dependence of hole impact ionization coefficients in 4H and 6H-SiC[J]. Solid-State Electronics，1999，43(2)：199 - 211.

[10]　SRIDHARA S G，DEVATY R P，CHOYKE W J. Absorption coefficient of 4H silicon carbide from 3900 to 3250 Å[J]. Journal of Applied Physics，1998，84(5)：2963 - 2964.

[11]　CHA H Y，SANDVIK P M. Electrical and optical modeling of 4H-SiC avalanche photodiodes[J]. Japanese Journal of Applied Physics，2008，47(7R)：5423.

[12]　ZHOU X，HAN T，LV Y，et al. Large-area 4H-SiC ultraviolet avalanche

photodiodes based on variable-temperature reflow technique[J]. IEEE Electron Device Letters, 2018, 39(11): 1724 – 1727.

[13] YAN F, XIN X, ASLAM S, et al. 4H-SiC UV photo detectors with large area and very high specific detectivity[J]. IEEE Journal of Quantum Electronics, 2004, 40(9): 1315 – 1320.

[14] SCIUTO A, ROCCAFORTE F, FRANCO S D, et al. High efficiency 4H-SiC Schottky UV-photodiodes using self-aligned semitransparent contacts [J]. Superlattices & Microstructures, 2007, 41(1): 29 – 35.

[15] SCIUTO A, MAZZILLO M, RAINERIV, et al. On the aging effects of 4H-SiC Schottky photodiodes under high intensity mercury lamp irradiation [J]. IEEE Photonics Technology Letters, 2010, 22(11): 775 – 777.

[16] SCIUTO A, MAZZILLO M, BADALA P, et al. Thin metal film $Ni_2Si/4H$-SiC vertical Schottky photodiodes[J]. Photonics Technology Letters IEEE, 2014, 26 (17): 1782 – 1785.

[17] XU Y, ZHOU D, LU H, et al. High-temperature and reliability performance of 4H-SiC Schottky-barrier photodiodes for UV detection[J]. Journal of Vacuum Science & Technology B, Nanotechnology and Microelectronics: Materials, Processing, Measurement, and Phenomena, 2015, 33(4): 040602.

[18] HU J, XIN X, JOSEPH C L, et al. 1×16 Pt/4H-SiC Schottky photodiode array for low-level EUV and UV spectroscopic detection [J]. IEEE Photonics Technology Letters, 2008, 20(24): 2030 – 2032.

[19] TORVIK J T, PANKOVE J I, VAN ZEGHBROECKB J. Comparison of GaN and 6H-SiC pin photodetectors with excellent ultraviolet sensitivity and selectivity[J]. IEEE Transactions on Electron Devices, 1999, 46(7): 1326 – 1331.

[20] CHEN X P, ZHU H, CAI J, et al. High-performance 4H-SiC-based ultraviolet P-I-N photodetector[J]. Journal of Applied Physics, 2007, 102(2): 024505.

[21] SCIUTO A, MAZZILLO M, DI FRANCO S, et al. Visible blind 4H-SiC $P^+ - N$ UV photodiode obtained by Al implantation[J]. IEEE Photonics Journal, 2015, 7(3): 1 – 6.

[22] YANG S, ZHOU D, LU H, et al. High-performance 4H-SiC pin ultraviolet photodiode with p layer formed by al implantation[J]. IEEE Photonics Technology Letters, 2016, 28(11): 1189 – 1192.

[23] HOU S, HELLSTRÖM P E, ZETTERLING C M, et al. 550℃ 4H-SiC pin photodiode array with two-layer metallization[J]. IEEE Electron Device Letters, 2016, 37(12): 1594 – 1596.

[24] YAN F, ZHAO J H, OLSEN G H. Demonstration of the first 4H-SiC avalanche

photodiodes[J]. Solid-State Electronics，2000，44(2)：341 – 346.

[25]　ZHU H，CHEN X，CAI J，et al. 4H-SiC ultraviolet avalanche photodetectors with low breakdown voltage and high gain[J]. Solid-State Electronics，2009，53(1)：7 – 10.

[26]　YAN F，QIN C，ZHAO J H，et al. A novel technology for the formation of a very small bevel angle for edge termination[J]. Materials Science Forum，2002：389 – 393，1305 – 1308.

[27]　YAN F，QIN C，ZHAO J H，et al. Low-noise visible-blind UV avalanche photodiodes with edge terminated by 2° positive bevel[J]. Electronics Letters，2002，38(7)：335 – 336.

[28]　BECK A L，YANG B，GUO X，et al. Edge Breakdown in 4H-SiC Avalanche Photodiodes[J]. IEEE Journal of Quantum Electronics，2004，40(3)：321 – 324.

[29]　CHONG E，KOH Y J，LEE D，et al. Effect of beveled mesa angle on the leakage performance of 4H-SiC avalanche photodiodes[J]. Solid-State Electronics，2019，156：1 – 4.

[30]　LI L，ZHOU D，LIU F，et al. High fill-factor 4H-SiC avalanche photodiodes with partial trench isolation[J]. IEEE Photonics Technology Letters，2016，28(22)：2526 – 2528.

[31]　XIN X，YAN F，SUN X，et al. Demonstration of 4H-SiC UV single photon counting avalanche photodiode[J]. Electronics Letters，2005，41(4)：212 – 214.

[32]　BECK A L，KARVE G，WANGS，et al. Geiger mode operation of ultraviolet 4H-SiC avalanche photodiodes[J]. IEEE Photonics Technology Letters，2005，17(7)：1507 – 1509.

[33]　CAI X，LI L，LU H，et al. Vertical 4H-SiC N-I-P-N APDs With Partial Trench Isolation[J]. IEEE Photonics Technology Letters，2018，30(9)：805 – 808.

[34]　HATAKEYAMA T，WATANABE T，SHINOHE T，et al. Impact ionization coefficients of 4H silicon carbide[J]. Applied Physics Letters，2004，85(8)：1380 – 1382.

[35]　KONSTANTINOV A O，WAHAB Q，NORDELL N，et al. Study of avalanche breakdown and impact ionization in 4H silicon carbide[J]. Journal of Electronic Materials，1998，27(4)：335 – 341.

[36]　LIU H，MCINTOSH D，BAI X，et al. 4H-SiC PIN recessed-window avalanche photodiode with high quantum efficiency[J]. IEEE Photonics Technology Letters，2008，20(17 – 20)：1551 – 1553.

[37]　BAI X，LIU H，MCINTOSH D C，et al. High-detectivity and high-single-photon-detection-efficiency 4H-SiC avalanche photodiodes[J]. IEEE Journal of Quantum

Electronics, 2009, 45(3): 300 - 303.

[38] CHA H Y, SOLOVIEV S, DUNNE G, et al. Comparison of 4H-SiC separate absorption and multiplication region avalanche photodiodes structures for UV detection [C]. SENSORS, 2006 IEEE. IEEE, 2006: 14 - 17.

[39] SOLOVIEV S I, VERT A V, FRONHEISER J, et al. Solar-blind 4H-SiC avalanche photodiodes[J]. Materials Science Forum, 2009: 615 - 617, 873 - 876.

[40] VERT A, SOLOVIEV S, FRONHEISER J, et al. Solar-blind 4H-SiC single-photon avalanche diode operating in Geiger mode[J]. IEEE Photonics Technology Letters, 2008, 20(18): 1587 - 1589.

[41] CHA H, SOLOVIEV S, ZELAKIEWICZ S, et al. Temperature dependent characteristics of nonreach-through 4H-SiC separate absorption and multiplication APDs for UV detection[J]. IEEE Sensors Journal, 2008, 8(3): 233 - 237.

[42] GREEN J E, LOH W S, MARSHALL A R J, et al. Impact ionization coefficients in 4H-SiC by ultralow excess noise measurement[J]. IEEE Transactions on Electron Devices, 2012, 59(4): 1030 - 1036.

[43] HONG R, CHEN X, ZHANG M, et al. Optimization of 4H-SiC separated-absorption-charge-multiplication (SACM) avalanche photodiode with low avalanche breakdown voltage[C]. Proceedings of 2011 International Conference on Electronics and Optoelectronics. IEEE, 2011, 4: 265 - 268.

[44] CAI X, ZHOU D, YANG S, et al. 4H-SiC SACM avalanche photodiode with low breakdown voltage and high UV detection efficiency[J]. IEEE Photonics Journal, 2016, 8(5): 1 - 7.

[45] YANG S, ZHOU D, LU H, et al. 4H-SiC P-I-N ultraviolet avalanche photodiodes obtained by Al implantation[J]. IEEE Photonics Technology Letters, 2016, 28(11): 1185 - 1188.

[46] SCIUTO A, MAZZILLO M, LENZIP, et al. Fully planar 4H-SiC avalanche photodiode with low breakdown voltage[J]. IEEE Sensors Journal, 2017, 17(14): 4460 - 4465.

[47] ZHOU Q, MCINTOSH D, LIU H, et al. Proton-implantation-isolated separate absorption charge and multiplication 4H-SiC avalanche photodiodes [J]. IEEE Photonics Technology Letters, 2011, 23(5): 299 - 301.

[48] LIU H, ZHENG X, ZHOU Q, et al. Double mesa sidewall Silicon carbide avalanche photodiode[J]. IEEE Journal of Quantum Electronics, 2009, 45(12): 1524 - 1528.

[49] ZHOU X, TAN X, WANG Y, et al. High-performance 4H-SiC P-I-N ultraviolet avalanche photodiodes with large active area[J]. Chinese Optics Letters, 2019, 17 (9): 090401.

[50]　ZHOU D, LIU F, LU H, et al.　High-temperature single photon detection performance of 4H-SiC avalanche photodiodes[J].　IEEE Photonics Technology Letters, 2014, 26(11): 1136 – 1138.

[51]　MAIMON S, WICKS G W.　nBn detector, an infrared detector with reduced dark current and higher operating temperature[J].　Applied Physics Letters, 2006, 89(15): 151109.

[52]　JI X, LIU B, XU Y, et al.　Deep-level traps induced dark currents in extended wavelength $In_xGa_{1-x}As/InP$ photodetector[J].　Journal of Applied Physics, 2013, 114 (22): 224502.

[53]　HURKX G A M, KLAASSEN D B M, KNUVERS M P G.　A new recombination model for device simulation including tunneling[J].　IEEE Transactions on Electron Devices, 1992, 39(2): 331 – 338.

[54]　YANG S, ZHOU D, CAI X, et al.　Analysis of dark count mechanisms of 4H-SiC ultraviolet avalanche photodiodes working in Geiger mode[J].　IEEE Transactions on Electron Devices, 2017, 64(11): 4532 – 4539.

[55]　VILÀ A, TRENADO J, ARBAT A, et al.　Characterization and simulation of Avalanche PhotoDiodes for next-generation colliders[J].　Sensors and Actuators A: Physical, 2011, 172(1): 181 – 188.

[56]　VINCENT G, CHANTRE A, BOIS D.　Electric field effect on the thermal emission of traps in semiconductor junctions[J].　Journal of Applied Physics, 1979, 50(8): 5484 – 5487.

[57]　YEN H T, LIN S D, TSAI C M.　A simple method to characterize the afterpulsing effect in single photon avalanche photodiode[J].　Journal of Applied Physics, 2008, 104(5): 054504.

[58]　LIU J, LI Y, DING L, et al.　A simple method for afterpulse probability measurement in high-speed single-photon detectors[J].　Infrared Physics & Technology, 2016, 77: 451 – 455.

[59]　ROSADO J, HIDALGO S.　Characterization and modeling of crosstalk and afterpulsing in Hamamatsu silicon photomultipliers[J].　Journal of Instrumentation, 2015, 10(10): P10031.

[60]　KAWATA G, YOSHIDA J, SASAKI K, et al.　Probability distribution of after pulsing in passive-quenched single-photon avalanche diodes[J].　IEEE Transactions on Nuclear Science, 2017, 64(8): 2386 – 2394.

[61]　WANG Y, LV Y, WANG Y, et al.　Noise Characterization of Geiger-mode 4H-SiC avalanche photodiodes for ultraviolet single-photon detection[J].　IEEE Journal of Selected Topics in Quantum Electronics, 2018, 24(2): 1 – 5.

[62] DONG H, ZHANG H, SU L, et al. After-pulse characterizations of Geiger-mode 4H-SiC avalanche photodiodes[J]. IEEE Photonics Technology Letters, 2020, 32 (12): 706 – 709.

[63] KIMOTO T. Material science and device physics in SiC technology for high-voltage power devices[J]. Japanese Journal of Applied Physics, 2015, 54(4): 040103.

[64] KATSUNO T, WATANABE Y, FUJIWARA H, et al. Analysis of surface morphology at leakage current sources of 4H-SiC Schottky barrier diodes[J]. Applied Physics Letters, 2011, 98(22): 222111.

[65] USAMI S, ANDO Y, TANAKA A, et al. Correlation between dislocations and leakage current of P-N diodes on a free-standing GaN substrate[J]. Applied Physics Letters, 2018, 112(18): 182106.

[66] YANG Y, CHEN Z. Identification of SiC polytypes by etched Si-face morphology[J]. Materials Science in Semiconductor Processing, 2009, 12(3): 113 – 117.

[67] WAHAB Q, ELLISON A, HENRY A, et al. Influence of epitaxial growth and substrate-induced defects on the breakdown of 4H-SiC Schottky diodes[J]. Applied Physics Letters, 2000, 76(19): 2725 – 2727.

[68] KALLINGER B, POLSTER S, BERWIAN P, et al. Threading dislocations in N-and P-type 4H-SiC material analyzed by etching and synchrotron X-ray topography[J]. Journal of Crystal Growth, 2011, 314(1): 21 – 29.

[69] VERT A, SOLOVIEV S, SANDVIK P. SiC avalanche photodiodes and photomultipliers for ultraviolet and solar-blind light detection[J]. Physica Status Solidi (A), 2009, 206(10): 2468 – 2477.

[70] BERECHMAN R A, SKOWRONSKI M, SOLOVIEV S, et al. Electrical characterization of 4H-SiC avalanche photodiodes containing threading edge and screw dislocations[J]. Journal of Applied Physics, 2010, 107(11): 114504.

[71] CHONG E, PARK B H, CHA H Y, et al. Analysis of defect-related electrical fatigue in 4H-SiC avalanche photodiodes[J]. IEEE Photonics Technology Letters, 2018, 30(10): 899 – 902.

[72] GUO X Y, BECK A L, CAMPBELL J C, et al. Spatial nonuniformity of 4H-SiC avalanche photodiodes at high gain[J]. IEEE Journal of Quantum Electronics, 2005, 41(10): 1213 – 1216.

[73] CAI X, WU C, LU H, et al. Single photon counting spatial uniformity of 4H-SiC APD characterized by SNOM-based mapping system[J]. IEEE Photonics Technology Letters, 2017, 29(19): 1603 – 1606.

[74] SU L, CAI X, LU H, et al. Spatial non-uniform hot carrier luminescence from 4H-SiC P-I-N avalanche photodiodes[J]. IEEE Photonics Technology Letters, 2019, 31

(6)：447 - 450.

[75] BELLOTTI E，NILSSON H，BRENNAN K F，et al. Monte carlo calculation of hole initiated impact ionization in 4H phase SiC[J]. Journal of Applied Physics，2000，87 (8)：3864 - 3871.

[76] HATAKEYAMA T，WATANABE T，KUSHIBE M，et al. Measurement of hall mobility in 4H-SiC for improvement of the accuracy of the mobility model in device simulation[J]. Materials Science Forum，2003，433 - 436：443 - 446.

[77] HJELM M，NILSSON H，MARTINEZ A，et al. Monte carlo study of high-field carrier transport in 4H-SiC including band-to-band tunneling[J]. Journal of Applied Physics，2003，93(2)：1099 - 1107.

[78] IWATA H，ITOH K M，PENSL G. Theory of the anisotropy of the electron hall mobility in n-type 4H-and 6H-SiC[J]. Journal of Applied Physics，2000，88(4)：1956 - 1961.

[79] MOCHIZUKI K，KAMESHIRO N，MATSUSHIMA H，et al. Uniform luminescence at breakdown in 4H-SiC 4°-off (0001) P-N diodes terminated with an asymmetrically spaced floating-field ring[J]. IEEE Journal of the Electron Devices Society，2015，3(4)：349 - 354.

[80] KONSTANTINOV A，NEYER T. Pattern of near-uniform avalanche breakdown in off-oriented 4H SiC[J]. IEEE Transactions on Electron Devices，2014，61(12)：4153 - 4157.

[81] YANG S，ZHOU D，XU W，et al. 4H-SiC ultraviolet avalanche photodiodes with small gain slope and enhanced fill factor[J]. IEEE Photonics Journal，2017，9(2)：1 - 8.

[82] BAI X，MCINTOSH D，LIU H D，et al. High single photon detection efficiency 4H-SiC avalanche photodiodes［C］. Advanced Photon Counting Techniques Ⅲ. International Society for Optics and Photonics，2009，7320：73200I.

[83] ZHOU X，TAN X，LV Y，et al. 8×8 4H-SiC ultraviolet avalanche photodiode arrays with high uniformity[J]. IEEE Electron Device Letters，2019，40(10)：1589 - 1592.

[84] ZHENG L，GUO P，LU H，et al. An ultraviolet photon counting imaging system based on a SiC SPAD array[J]. IEEE Photonics Technology Letters，2021，33(21)：1213 - 1216.

[85] ITZLER M A，ENTWISTLE M，OWENS M，et al. Geiger-mode avalanche photodiode focal plane arrays for three-dimensional imaging LADAR［C］. Infrared Remote Sensing and Instrumentation ⅩⅧ. International Society for Optics and Photonics，2010，7808：78080C.

[86] YOUNGER R D，MCINTOSH K A，CHLUDZINSKI JW，et al. Crosstalk analysis

of integrated Geiger-mode avalanche photodiode focal plane arrays［C］. Advanced Photon Counting Techniques Ⅲ. International Society for Optics and Photonics, 2009, 7320: 73200Q.

［87］ VILA A, VILELLA E, ALONSO O, et al. Crosstalk-free single photon avalanche photodiodes located in a shared well［J］. IEEE Electron Device Letters, 2014, 35(1): 99 – 101.

［88］ RECH I, INGARGIOLA A, SPINELLI R, et al. Optical crosstalk in single photon avalanche diode arrays: a new complete model［J］. Optics Express, 2008, 16(12): 8381 – 8394.

［89］ PICCIONE B, JIANG X, ITZLER M A. Spatial modeling of optical crosstalk in InGaAsP Geiger-mode APD focal plane arrays［J］. Optics Express, 2016, 24(10): 10635 – 10648.

［90］ AKIL N, KERNS S E, KERNS D V, et al. A multimechanism model for photon generation by silicon junctions in avalanche breakdown［J］. IEEE Transactions on Electron Devices, 1999, 46(5): 1022 – 1028.

［91］ VILLA S, LACAITA A L, PACELLI A. Photon emission from hot electrons in silicon［J］. Physical Review B, 1995, 52(15): 10993 – 10999.

［92］ SWOGER J H, KOVACIC S J. Enhanced luminescence due to impact ionization in photodiodes［J］. Journal of Applied Physics, 1993, 74(4): 2565 – 2571.

［93］ ZHANG H, SU L, ZHOU D, et al. Crosstalk analysis of SiC ultraviolet single photon avalanche photodiode arrays［J］. IEEE Photonics Journal, 2019, 11(6): 1 – 8.

［94］ https://www.ifw-optronics.de.

［95］ https://www.ge.com.

第 5 章

氧化镓基紫外光电探测器

5.1 引言

宽禁带或者超宽禁带半导体材料，如 GaN（3.40 eV）、ZnO（3.29 eV）、ZnS（3.76 eV）、ZnSe（2.82 eV）、SiC（2.3～3.2 eV）、AlN（6.20 eV）、金刚石（5.5 eV）、BN（4.5～5.5 eV）和 Ga_2O_3（4.4～5.3 eV）[1] 及其三元化合物（如 $Al_xGa_{1-x}N$）的一大优势是可用于制备可见光盲和日盲紫外探测器。此外，与硅相比，宽禁带材料具有较高的击穿场强，适合高温、大功率应用。

受限于禁带宽度，GaN、SiC 和 ZnO 等二元化合物半导体适合用于可见光盲紫外探测器的研制。为了满足截止波长在 280 nm 以下的日盲紫外探测器的标准，需要利用合金工程将带隙调整到 4.42 eV 以上，或利用外部紫外滤光片消除较长的波长带来的影响。例如，$Al_xGa_{1-x}N$[2] 和 $Mg_xZn_{1-x}O$[3] 等宽禁带半导体三元化合物合金已被用于制备日盲紫外探测器，特别是基于 $Al_xGa_{1-x}N$ 合金的器件已经取得了很大进展，兼具高响应度和高响应速度的雪崩日盲紫外探测器也已成功制备[2]。对于 $Al_xGa_{1-x}N$ 基日盲紫外探测器而言，难点在于高 Al 组分的合金薄膜的外延生长，因为这需要 1350℃ 以上的临界生长温度[4]。而对于 $Mg_xZn_{1-x}O$ 而言，当 Mg 组分超过 37% 时，$Mg_xZn_{1-x}O$ 产生从纤锌矿结构到岩盐矿结构的相变[5]，在不同晶相边界引入缺陷和位错，降低了器件的探测能力。作为超宽禁带半导体的一员，金刚石是一种具有潜力的日盲紫外探测器的备选材料；然而，这一元素半导体难以通过合金工程调节其带隙，限制了其调节光谱响应范围的能力。此外，大面积单晶金刚石衬底的缺失也会影响其实际应用。目前 AlN 的情况与金刚石相似。因此，禁带宽度合适的 Ga_2O_3 是一种有望用于制备日盲紫外探测器的优选材料。单斜的 $\beta-Ga_2O_3$ 的禁带宽度为 4.4～4.8 eV[6]，对应的波长范围为 260～280 nm，可以覆盖绝大部分日盲紫外区域。由于商业上可以获取 $\beta-Ga_2O_3$ 大尺寸单晶衬底，因此可通过同质外延生长掺杂可控的高质量外延膜，并且可通过带隙工程充分发挥 $\beta-Ga_2O_3$ 在光电探测领域的潜能。此外，由于 Ga_2O_3 具有 α、β、γ、δ 和 ε(κ) 五种同分异构体，因而它表现出了更丰富的物理、化学性质。

由于 $\beta-Ga_2O_3$ 属于单斜结构，具有高度不对称性，因此 $\beta-Ga_2O_3$ 晶体的物理、化学性质表现出明显的各向异性，具体地表现在其热导率、声子振动模式、有效质量、光学禁带宽度和表面形成能等方面。由于 $\beta-Ga_2O_3$ 不同晶面的形成能差距很大，$\beta-Ga_2O_3$ 晶体容易沿着 (100) 面解理，形成厚度仅为 100 nm 的条状纳米带，因此 $\beta-Ga_2O_3$ 已被用于制备 MOSFET、肖特基二极管、日盲紫外探测器、晶体管探测器等器件[7]，并且表现出与体材料制备的器件相近的性能参数。$\alpha-Ga_2O_3$ 相对 $\beta-Ga_2O_3$ 而言具有更高的禁带宽度[8]，从而表现出更高的击穿场强。如果可以解决 $\alpha-Ga_2O_3$ 在 $\alpha-Al_2O_3$ 上外延过程中由于晶格失配带来的缺陷和位错，$\alpha-Ga_2O_3$ 可以借助廉价的蓝宝石衬底实现更低成本、更高性能的光电器件。此外，借助于 $\alpha-Ga_2O_3$ 和 $\alpha-Al_2O_3$ 晶体结构相同这一优势，可以发展全组分无分相的 $\alpha-(Al_xGa_{1-x})_2O_3$ 合金[9]，进一步提高材料的禁带宽度和临界击穿电场，将响应波长拓展至真空紫外波段。$\varepsilon-Ga_2O_3$ 由于晶格具有中心反演不对称性，因此表现出相较于 ZnO 更大的自发极化强度，并且具有独特的铁电特性[10]，可通过界面控制工程增加光电信息功能器件的设计和研制维度。

5.2　超宽禁带氧化镓基半导体

前面述及，Ga_2O_3 材料具有五种同分异构体[8]，其中 $\beta-Ga_2O_3$ 的热稳定性最好，大部分材料与器件研究工作均是基于 β 相展开的。$\beta-Ga_2O_3$ 具有单斜结构，属于 $C2/m(C_{2h}^3)$ 空间群[11]。如图 5-1 所示，在常压下对其他相 Ga_2O_3 进行退火处理，最终都会转为 β 相[12]。表 5-1 总结了所有不同相 Ga_2O_3 的基本参数。用光学透射方法确定的 $\beta-Ga_2O_3$ 的带隙为 4.4～4.9 eV，这主要是由于电子根据费米黄金定则从价带顶到导带底的选择性跃迁导致的[6]。$\alpha-Ga_2O_3$ 属于三角晶系，和 $\alpha-Al_2O_3$ 相似，属于刚玉结构，空间群为 $R\overline{3}c$[13]。$\alpha-Ga_2O_3$ 的光学带隙通过 Tauc 等人[14]提出的公式 $(\alpha h\nu)^{1/n}=A^2(h\nu-E_g)$（其中，$\alpha$ 为吸收系数，$h\nu$ 为光子能量）计算时，由于 n 取 2 或 1/2 而有一定的区别，为 5.1～5.3 eV[8-9]。$\alpha-Ga_2O_3$ 的禁带宽度比 $\beta-Ga_2O_3$ 的更大，因此其击穿场强比 $\beta-Ga_2O_3$ 的更大，理论预测值为 9.5 MV·cm^{-1}[15]。Fujita 等人[8]报道了通过应变工程在生长温度低于 500℃、生长压强为常压的条件下于蓝宝石衬底上生长出了高质量 $\alpha-Ga_2O_3$ 薄膜。在引入 $\alpha-(Al_xGa_{1-x})_2O_3$ 合金之后，$\alpha-Ga_2O_3$ 薄膜的相变温度可以提高到 800℃。对于 $\gamma-Ga_2O_3$ 和 $\delta-Ga_2O_3$，目前研究得比较少，只有极少的文章报道其薄膜特性，并未被成功制备成探测器。最近的实验结果及理论计算表明，$\varepsilon-Ga_2O_3$ 实际上属于正交晶系 $Pna2_1$[13,17]，也就是之前预言的属于更有序的 $P6_3mc$ 的子空间群，记为 $\kappa-Ga_2O_3$[17]。因此，之前报道的 $\varepsilon-Ga_2O_3$ 严格来说都应称为 $\kappa-Ga_2O_3$。纯相的

κ-Ga_2O_3 可以在 Al_2O_3[18]、SiC[19]、GaN[20]、AlN[19]、YSZ (111)[18]、MgO (111)[18] 和 STO (111)[18, 20] 等衬底上获得，然而这些薄膜的晶体质量仍有较大空间的提升，主要受限于晶格失配带来的高缺陷密度和晶体结构不匹配带来的晶畴旋转等因素。

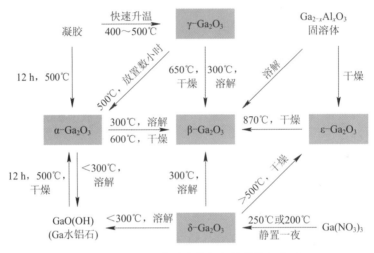

图 5-1　不同晶体结构的氧化镓的转换关系

表 5-1　不同晶相 Ga_2O_3 的基本参数

晶相	禁带宽度/eV	晶体结构及空间群	晶格常数/Å	备注	参考文献
α	5.3[8] (5.25)	三角晶系 R$\bar{3}$c	$a=4.9825\pm0.0005$ $c=13.433\pm0.001$	实验值	Marezio 等人[21]
			$a=5.059$ $c=13.618$	理论计算值	Yoshioka 等人[13]
β	4.4~4.9[6]	单斜晶系 C2/m	$a=12.23\pm0.02$ $b=3.04\pm0.01$ $c=5.80\pm0.01$ $\beta=103.7\pm0.3$	实验值	Geller 等人[11]
			$a=12.34$ $b=3.08$ $c=5.87$ $\beta=103.9$	理论计算值	He 等人[22]

续表

晶相	禁带宽度/eV	晶体结构及空间群	晶格常数/Å	备注	参考文献
γ	4.4(间接带隙)[23] 5.0(直接带隙)[23]	立方晶系 $Fd\bar{3}m$	$a = 8.30 \pm 0.05$ $c = 8.24$	实验值	Areán 等人[24] Oshima 等人[23]
δ	—	立方晶系 $Ia\bar{3}$	$a = 10.00$ $a = 9.401$	实验值 理论 计算值	Roy 等人[12] Yoshioka 等人[13]
ε,κ	4.9(直接带隙)[19] 4.5(间接带隙)[25] 5.0(直接带隙)[25]	六方晶系 $P6_3mc$	$a = 2.9036(2)$ $c = 9.2554(9)$	实验值	Playford 等人[26]
			$a = 2.906(2)$ $c = 9.255(8)$	实验值	Mezzadri 等人[27]
	—	正交晶系 $Pna2_1$	$a = 5.120$ $b = 8.792$ $c = 9.410$	理论 计算值	Yoshioka 等人[13] Kracht 等人[28]
			$a = 5.0463(15)$ $b = 8.7020(9)$ $c = 9.2833(16)$	实验值	Cora 等人[17]

如图 5 - 2 所示，β - Ga_2O_3 的晶胞里有 20 个原子，包括两种 Ga 位（其中，一种占据四面体位（Ga_I），另一种占据八面体位（Ga_{II}））和三种 O 位（O_I、O_{II}、O_{III}）。由于这种不对称的结构，β - Ga_2O_3 展现出多种物理、化学性质的各向异性。这种各向异性也体现在 β - Ga_2O_3 的电子能带结构上，由此对 β - Ga_2O_3 的电学性质和光学性质产生影响。

图 5 - 3 所示为由密度泛函理论计算得到的 β - Ga_2O_3 的能带结构[29]。由图可知，β - Ga_2O_3 的导带底在布里渊区的中心 Γ 点，并且其导带底是各向同性的，由此得到导带底电子的有效质量为 $0.24m_0 \sim 0.34m_0$[22, 30]，其中 m_0 是自由电子的质量。β - Ga_2O_3 的价带顶在 L 点（1/2，1/2，1/2），并非如其他文献中所述的那样在 M 点[29]。β - Ga_2O_3 的价带顶比 Γ 点处的价带稍高（<100 meV），这与之前的理论计算和实验结果相似[6, 22, 29-30]。Onuma 等人[6] 通过偏振透射反射谱发现，在 β - Ga_2O_3 中，直接带隙比间接带隙大 30～40 meV。这些结果表明，严格地说，β - Ga_2O_3 是间接带隙半导体。然而，在实验中发现，在 β - Ga_2O_3 的吸收谱中，计算得到的吸收系数通常大于 10^5 cm^{-1}[31]，这可能是

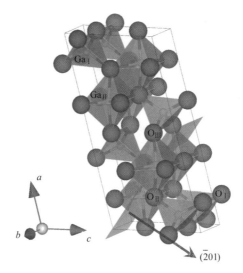

图 5 - 2 β - Ga₂O₃ 的晶胞结构图

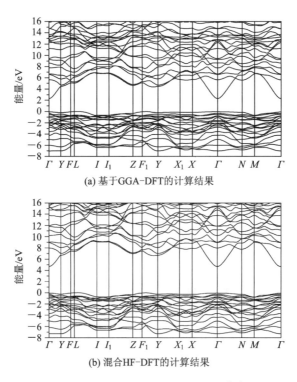

图 5 - 3 β - Ga₂O₃ 的能带结构图[29]

由于 Γ-Γ 的电子传递过程可以不借助声子传递动量来实现,而 Γ-L(或 M)的电子传递过程需要借助声子传递动量来实现,因此 Γ-Γ 的电子跃迁过程比 Γ-L(或 M)的发生概率更大一些。尽管如此,β-Ga_2O_3 无论是在光致发光还是在冷阴极荧光中都没有带边发光[32],这间接证明了其间接带隙的特征。

以上理论的计算结果还和角分辨光电子能谱(angular resolution photoelectron spectroscopy,ARPES)测试得到的实验结果相一致,如图 5 - 4 所示[33]。ARPES 得到的 β-Ga_2O_3 的间接带隙和直接带隙分别为 $E_{g, indir}$ =(4.85±0.1) eV,$E_{g, dir}$ =(4.90±0.1) eV,两者相差 50 meV,这和理论计算结果相一致。此外,β-Ga_2O_3 的价带子带中的电子根据费米黄金定则在不同的偏振光下将发生选择性跃迁,这一过程将在 5.3.6 节中做比较详细的叙述。

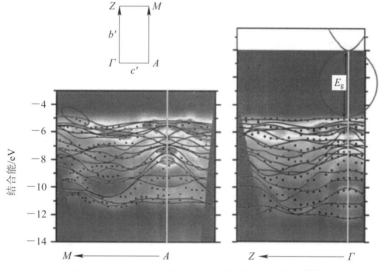

图 5 - 4　β-Ga_2O_3 的 ARPES 价带谱测试结果[33]

在 β-Ga_2O_3 中,本征缺陷主要是 Ga 空位 V_{Ga} 和 O 空位 V_O。理论计算结果表明,不同 O 位置 O_I、O_{II} 和 O_{III} 处的 V_O 形成能分别为 3.31 eV、2.7 eV 和 3.57 eV[34],由此表明这些 O 空位表现为深施主能级,不会对本征 β-Ga_2O_3 的导电特性产生贡献。然而,对应于 Ga_I 和 Ga_{II} 位的 V_{Ga} 分别在导带底以下 1.62 eV 和 1.83 eV 处形成了深受主能级,这些受主能级可能俘获电子,对 N 型 Ga_2O_3 产生补偿作用。此外,V_{Ga} 的浓度会随着 O_2 分压的升高而增大[35],这会对 β-Ga_2O_3 的导电特性产生很大的影响。

β-Ga_2O_3 是目前最有希望在器件上充分实现 Ga_2O_3 物理参数极限的一种同分异构体,且由于其单晶衬底相对易于获得,被研究得比较深入和完整,因

此下面主要介绍 β-Ga_2O_3 的单晶、外延、掺杂和纳米结构生长及日盲紫外探测器的性能，对 α-Ga_2O_3、κ-Ga_2O_3 的外延、器件的进展与挑战仅作简要介绍。

5.2.1 超宽禁带氧化镓基半导体材料的制备

β-Ga_2O_3 的最大优势在于其可以通过多种熔融方法生长出位错密度低于 10^3 cm^{-2} 的单晶[15]。这些熔融生长方法包括浮区(floating zone，FZ)法[36]、提拉(Czochralski，CZ)法、导模(edge-defined film-fed growth，EFG)法[37]、Verneuil法[38]及垂直布里兹曼法[39]。此外，气相反应法[40]也曾被用来生长 β-Ga_2O_3 单晶衬底，但是由于其生长出来的单晶尺寸较小而不适于实际应用，因此目前已经鲜有利用气相法生长 β-Ga_2O_3 单晶的报道。

目前，尺寸达到 2 英寸且具有高晶体质量的 β-Ga_2O_3 单晶主要利用 CZ 提拉法和导模法生长获得，如图 5-5 所示。德国莱布尼茨晶体生长研究所 (Leibniz institute for crystal growth，IKZ)主要使用 CZ 提拉法进行 β-Ga_2O_3 晶体的生长，目前报道的单晶尺寸在 2 英寸左右，如图 5-5(a)、(b)所示。对于导电性较好的 β-Ga_2O_3 单晶，由于载流子的等离子体作用使得晶体在长波段具有强烈的吸收[41]，因此在 CZ 提拉法生长过程中，大量热量会被提拉出熔融体的 β-Ga_2O_3 晶体吸收，导致晶体中心部分的温度升高，β-Ga_2O_3 的单晶以螺旋式生长[41]，如图 5-5(b)所示。因此，目前 CZ 提拉法主要适用于生长半绝缘的 β-Ga_2O_3 晶体。

导模法是在 CZ 提拉法的基础上经过改良而获得的一种晶体生长方法，主要用于单晶 Si 和蓝宝石的生长，可用于生长大尺寸的 β-Ga_2O_3 单晶。导模法生长单晶的速度较快，可以达到 10 $mm \cdot h^{-1}$[37]。目前已报道的利用导模法生长的最大单晶尺寸达到了 6 英寸[42]。采用导模法生长 β-Ga_2O_3 单晶的主要有日本 Tamura 公司、日本国家材料科学研究所(NIMS)及国内的山东大学、中国电科四十六所等单位。其中，日本 Tamura 公司生长的 β-Ga_2O_3 单晶体块和 4 英寸衬底如图 5-5(c)、(d)所示。目前，2 英寸非故意掺杂和 Sn 掺杂的具有($\overline{2}01$)、(100)及(001)晶向的 β-Ga_2O_3 单晶衬底已经商业化，4 英寸的 (001) Sn 掺杂衬底也已商品化。在非故意掺杂的 β-Ga_2O_3 晶体中，主要的杂质元素是 Na、Si 和用作坩埚的 Ir，其含量大概为 $1 \sim 5$ wt·ppm(注：1 ppm = 10^{-6})，其他元素的含量一般低于 1 wt·ppm。由于这些杂质以及 H 元素的存在，非故意掺杂的 β-Ga_2O_3 通常表现为 N^- 型导电特征，其背景载流子浓度为 $10^{16} \sim 10^{17}$ cm^{-3}，迁移率在室温下大约为 130 $cm^2 \cdot V^{-1} \cdot s^{-1}$。

(a) CZ提拉法生长的单晶块[41]

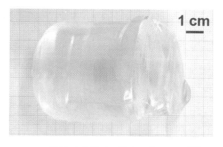

(b) CZ提拉法生长的2英寸Fe掺杂单晶[43]

(c) 导模法生长的单晶体块

(d) 导模法生长的4英寸衬底[37]

图 5 - 5　CZ 提拉法和导模法生长的 β - Ga₂O₃ 单晶

　　β - Ga₂O₃ 单晶有两个主要的解理面，分别是{100}和{001}晶面簇，因此(010)晶向的衬底在制备过程中非常脆弱，容易沿着{100}和{001}晶面簇解理，这导致(010)面的衬底尺寸通常比较小。不过正是由于{100}晶面特别容易解理，因此可以用机械剥离的方法在 β - Ga₂O₃ 单晶上剥离出厚度低于 100 nm 的纳米片[44]，这为制备 β - Ga₂O₃ 基功率器件和光电器件提供了另一种途径[45]。最近，Swinnich 等人[46]利用剥离出的 β - Ga₂O₃ 单晶纳米片在塑料衬底上制备了柔性高功率肖特基二极管，在一定程度上解决了机械剥离 β - Ga₂O₃ 单晶纳米片重复性差的问题。

　　得益于大尺寸单晶 β - Ga₂O₃ 衬底技术的发展，目前高质量 β - Ga₂O₃ 的外延主要是基于同质衬底进行的。不过 β - Ga₂O₃ 早期的研究主要是异质外延，譬如通常使用蓝宝石衬底。由于 c 面蓝宝石和 β - Ga₂O₃ 晶体结构相差很大，因此在 c 面蓝宝石上生长的 β - Ga₂O₃ 主要表现为($\bar{2}$01)择优取向[47]，但晶格失配和面内晶畴旋转导致其薄膜表现为具有明显的多晶特征。由于晶界的存

在，高缺陷密度严重限制了薄膜的迁移率和载流子浓度。因此，异质外延生长的 β-Ga₂O₃ 会表现出高补偿特性，基于此的肖特基型日盲紫外探测器也会表现出开关比低、响应度高而速度慢的特征。目前外延 β-Ga₂O₃ 比较成熟的技术主要是分子束外延（MBE）、金属有机化学气相沉积（MOCVD）和氢化气相外延（HVPE）等技术。

MBE 在超高真空条件下运行，使用高纯原材料并且没有使用载气。MBE 生长的 β-Ga₂O₃ 薄膜具有高纯度、掺杂可控以及高晶体质量的特征。目前有许多工作报道了利用 MBE 方法同质外延 β-Ga₂O₃ 薄膜。在优化生长条件（如 Ga、O 的束流，O 源的选择，生长温度，衬底晶向等）下，达到层状外延模式之后，β-Ga₂O₃ 外延膜的 AFM 平均表面粗糙度为 0.1～0.7 nm。图 5-6 所示为 MBE 生长的 β-Ga₂O₃ 同质外延层在不同生长温度下的 AFM 表面形貌。表面最平整的外延层的生长温度为 550～650℃，生长速率为 10 nm·min⁻¹。当 (010) 面的衬底具有 2° 的切割角时，在略富 Ga 条件下，可以在更高的温度区间（650～750℃）内得到原子层平整的外延膜[48]。此外，MBE 生长的非故意掺杂的 β-Ga₂O₃ 薄膜呈现绝缘状态，需要通过掺杂 Si、Ge、Sn 等元素来实现导电。在 MBE 中，可通过掺杂实现 3 个量级的载流子调控。

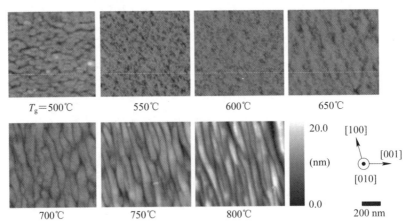

图 5-6　MBE 生长的 β-Ga₂O₃ 同质外延层在不同生长温度下的 AFM 表面形貌[49]

MOCVD 或者说 MOVPE（metal-organic vapor phase epitaxy，金属有机物气相外延）是一种近热力学平衡态的材料外延生长技术，因此有望生长出高质量的外延层，目前许多应用于高性能电子器件及光电器件的 III-V 族化合物都是通过 MOVPE 生长的。MOVPE 的一大优势在于可用于大批量生长半导体材料，目前已经实现了多种化合物半导体的量产。德国莱布尼茨晶体生长研究(IKZ)在 MOVPE 同质外延 β - Ga₂O₃ 薄膜方面做了大量前期工作。

在 MOVPE 生长 β - Ga₂O₃ 时，Ga 的前驱体主要是三甲基镓(TMGa)或三乙基镓(TEGa)，并通过 Ar 或 N₂ 作为载气进入反应腔室。O 源主要是 O₂，经过实验证实，臭氧 O₃ 或 H₂O 也是很好的 O 源。掺杂剂主要是 Si 和 Sn，其中 Sn 和 Si 的金属有机物分别为四乙基锡(TESn)和原硅酸四乙酯(TEOS)。通过调节生长温度、载气流量及衬底晶向等生长参数来优化生长条件，可以生长出高质量的 β - Ga₂O₃ 外延层。对于(100)面生长的外延层，尽管在优化的条件下生长，但薄膜中仍然存在很多堆垛层错和晶界。由于这些堆垛层错和晶界的存在，尽管 Si 掺杂的 β - Ga₂O₃ 的 RMS 表面粗糙度为 0.4~0.8 nm，但不管是非故意掺杂还是低掺杂的 β - Ga₂O₃ 都表现出高阻的电学特性[50]。

Schewski 等人[51]发展了一种定量模型，研究了 MOVPE 方法在(100)面上生长 β - Ga₂O₃ 的过程中面缺陷的演化规律。根据这一模型，在进行独立的二维岛状生长时，二维岛将在两个不同的(100)面位置合并，这将导致晶界不连续。这些二维岛状成核主要是由于生长的原子在生长界面处的扩散长度有限而形成的。对于 Ga 而言，在生长温度为 850℃时，其扩散系数很低，仅为 7 × 10⁻⁹ cm² · s⁻¹[51]。因此，Ga 的扩散长度小于台阶宽度，导致形成二维岛状成核。为减小面缺陷，必须提供层流生长条件，而非二维岛状生长条件，这可以通过减小衬底的台阶宽度来实现。当(100)面的台阶宽度减小，即切割角(沿着[001]方向)增大时，β - Ga₂O₃ 的外延从二维岛状生长过渡到二维层流生长，如图 5 - 7 所示。此时，β - Ga₂O₃ 中孪晶的密度也随着切割角从 0°增加到 6°而从 10¹⁷ cm⁻³ 减小到了接近 0 cm⁻³，如图 5 - 8 所示。当然，切割角沿着[001]或[00$\bar{1}$]方向时，生长出的薄膜晶体质量还呈现出明显的区别，沿着[00$\bar{1}$]方向生长出来的薄膜质量更好[52]。β - Ga₂O₃ 分子的镜面翻转产生的双位点成核形成的面缺陷和孪晶问题得到解决之后，β - Ga₂O₃ 的掺杂问题也迎刃而解。在(010)面生长 β - Ga₂O₃ 时并没有遇到由于 Ga₂O₃ 有两个相对稳定的方向(180°转)而产生的位错和面缺陷问题。利用优化后的生长条件，可以在(010)面上外延出高质量而平整的薄膜，并且几乎没有缺陷。目前，美国的加州大学圣芭芭拉分校与 Agnitron 公司合作，将 N₂O 作为反应气体，用 MOVPE 方法在(010)面的衬底上生长出了非故意掺杂的低背景载流子浓度(10¹⁴ cm⁻³)、高迁移率(高于150 cm² · V⁻¹ · s⁻¹)的 β - Ga₂O₃ 外延膜[53]。

HVPE 也是目前用来生长 β - Ga₂O₃ 外延膜相对比较成熟的方法，目前商业上已经可以获得 4 英寸(001)面的高导衬底上外延厚度为 10 μm 左右的漂移层的晶圆。HVPE 是一种利用无机物外延半导体薄膜的方法，其主要特征在于

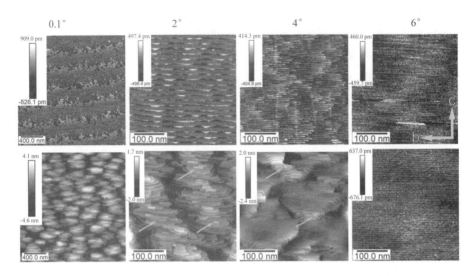

图 5 - 7　不同切割角(0.1°、2°、4°和 6°)的(100) β - Ga₂O₃ 衬底及
MOVPE 外延膜的 AFM 表面形貌图[51]

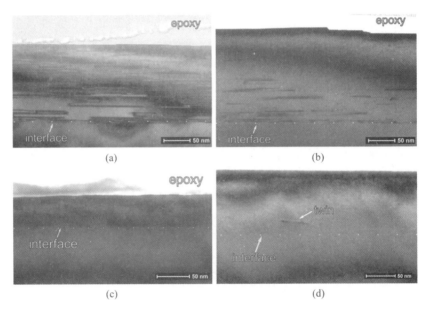

图 5 - 8　不同切割角(0.1°、0.7°、2°和 4°)(100) β - Ga₂O₃ MOVPE
外延膜的 TEM 明场图像[51]

生长速率高，晶体质量高且掺杂浓度可控[54]。在 β-Ga_2O_3 的 HVPE 外延中，采用 GaCl 作为 Ga 的前驱物，由载气带到衬底表面，与 O_2 反应生成 β-Ga_2O_3 外延膜。由于 HVPE 外延生长速率较快，目前最快已经接近 $200\ \mu m \cdot h^{-1}$[43]，因此可用于制备低掺杂浓度的漂移层。目前绝大多数高性能的肖特基二极管都是基于 HVPE 同质外延的 β-Ga_2O_3 制备的，通过合理的结构设计也可将之用于肖特基型日盲紫外探测器的应用。

　　为实现作为电子器件基础的可靠的、可重复的半导体材料性能，必须通过故意掺杂和减少非故意掺杂来精确控制半导体中的载流子浓度。β-Ga_2O_3 器件的迅速发展，部分归功于 β-Ga_2O_3 有效可控的 N 型掺杂及补偿受主掺杂形成的半绝缘衬底及电流阻挡层。Ga_2O_3 中的 N 型掺杂元素主要是Ⅵ主族元素，如 Si[37, 55]、Sn[55]、Ge[56] 等。其中，单晶生长中用到的掺杂元素主要是 Si 和 Sn，由此可以获得载流子浓度为 $10^{16} \sim 10^{20}\ cm^{-3}$ 的单晶[37]。而外延中还用到了 Ge，主要用于采用 MBE 法生长 N[-] 型的 β-Ga_2O_3。在外延的 β-Ga_2O_3 掺杂中，β-Ga_2O_3 的电子浓度为 $10^{14} \sim 10^{21}\ cm^{-3}$ 可控[53, 57]。理论上，这些 N[-] 型掺杂元素在 β-Ga_2O_3 中都表现出浅施主特征，这三种掺杂元素的离化能都为 $30 \sim 40$ meV[58-59]。随着掺杂浓度的升高，自由载流子和带电杂质（包括补偿性杂质）的库仑屏蔽作用，以及带电杂质随机分布而导致的导带边缘空间波动，使得掺杂元素的离化能下降[58]。从目前的理论和实验结果来看，Ga_2O_3 没有稳定、离化能低的受主杂质，只存在 Fe[60]、Mg[32]、N[61] 等深受主，这些深受主的离化能通常超过 1.0 eV[62]，因此会补偿 Ga_2O_3 中的本征电子，形成半绝缘的 Ga_2O_3，其电导率可小至 10^{-12} S·cm^{-1}[32]。

　　截至目前，β-Ga_2O_3 外延层的掺杂已经实现了和体材料相当的迁移率，并且最低背景电子浓度和低温迁移率更优于体单晶。图 5-9 总结了目前报道的室温下 β-Ga_2O_3 外延层的载流子浓度和电子迁移率的关系图[57]。目前，报道的单纯的 β-Ga_2O_3 外延层中的电子迁移率最高为 $184\ cm^2 \cdot V^{-1} \cdot s^{-1}$，背景载流子浓度最低约为 $2.4 \times 10^{14}\ cm^{-3}$，这两者都是由 MOVPE 方法在非故意掺杂下实现的。F. Alema 等人[53]改进了 MOVPE 生长过程中的 O 源供应，将 N_2O 作为 O 源，由于生长过程中 N_2O 会裂解出 N 原子，因此 β-Ga_2O_3 外延层中除了 H 元素以外，共掺了 N 元素，从而实现了低背景载流子浓度，如图 5-10(a) 所示。如此低的背景载流子浓度的外延层可以作为垂直型功率电子器件的漂移层，以提高器件的耐压特性。

　　在低温下，目前报道的 β-Ga_2O_3 外延层的迁移率已经超过了 $10^4\ cm^2 \cdot V^{-1} \cdot s^{-1}$。图 5-10(b) 和 (c) 分别显示了 MOVPE 外延的 β-Ga_2O_3 的载流子

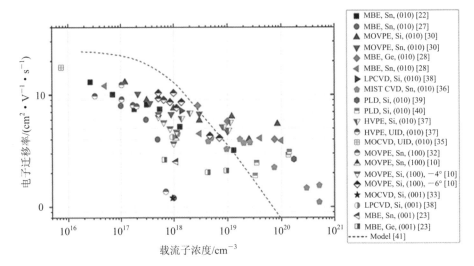

图 5 - 9　N⁻ 型掺杂同质外延的 β - Ga₂O₃ 外延层的电子迁移率和载流子浓度的关系[57]

浓度和迁移率随着温度的变化曲线。当温度为 46 K 时，薄膜迁移率达到了 11704 cm² · V⁻¹ · s⁻¹，其室温电子浓度为 1.5×10^{16} cm⁻³[63]。此外，采用 HVPE 外延方式，在半绝缘的(001)衬底上通过调节掺杂浓度，可以获得载流子浓度为 $10^{15} \sim 10^{18}$ cm⁻³ 的外延膜。如图 5 - 10 (d)所示，掺入 β - Ga₂O₃ 的 Si 几乎都被激活，表明外延层中的补偿性杂质或缺陷浓度很小。同时，室温下载流子浓度为 3.2×10^{15} cm⁻³ 的样品在 77 K 时的迁移率为 5000 cm² · V⁻¹ · s⁻¹，如图 5 - 10 (e)所示。如果进一步控制杂质浓度而抑制离化杂质散射作用，则其低温迁移率可进一步提高。

　　通常来说，高质量的低维 Ga₂O₃ 纳米结构都是通过准平衡态方法生长的，因此均呈现 β⁻ 相；不过也有一些 Ga₂O₃ 纳米点是通过水溶液法制备的，可能呈现 α⁻ 或 γ⁻ 相，鉴于这些 Ga₂O₃ 纳米点不适用于制备器件，在此不做详细介绍。目前，利用多种制备方法可得到以下几种不同结构的低维 Ga₂O₃ 纳米结构，分别是纳米点[64]、纳米线[65]、纳米棒[66]、纳米带[67]、纳米片[68] 以及其他不定形状的纳米结构[69-70]，如图 5 - 11 所示。此外，基于(100)面 β - Ga₂O₃ 单晶衬底的剥离制备的纳米片也有许多报道[71]。这一低维的、由单晶剥离得到的纳米结构由于其高质量和可控掺杂而被用于 β - Ga₂O₃ 的基本性质研究及场效应晶体管[72]、肖特基二极管[46]、日盲探测器[45] 等的研究。

　　除了采用机械剥离方法制备 β - Ga₂O₃ 纳米片之外，气-液-固(VLS)及气-固(VS)[69]、蒸发[74]、热氧化 GaN 粉末[75]、热还原气相输运(CVT)[67] 等方法

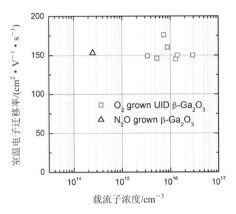

(a) MOVPE生长的背景载流子浓度低至2.4×10^{14} cm^{-3}的β-Ga$_2$O$_3$掺杂样品

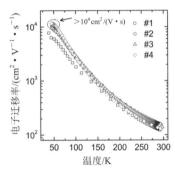

(b) MOVPE生长的具有最高低温迁移率
样品的迁移率随温度变化的曲线图

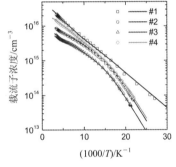

(c) MOVPE生长的具有最高低温迁移率的
样品的载流子浓度随温度变化的曲线图

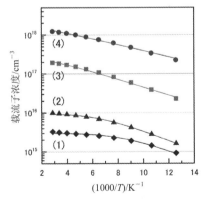

(d) 采用HVPE方法生长的β-Ga$_2$O$_3$掺杂样品的
载流子浓度随温度变化的曲线图

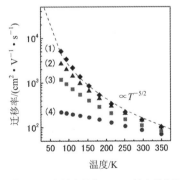

(e) 采用HVPE方法生长的β-Ga$_2$O$_3$掺杂样品的
迁移率随温度变化的曲线图

图 5 - 10　β - Ga$_2$O$_3$ 外延薄膜的霍尔测试结果

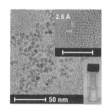

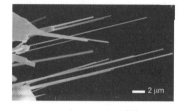

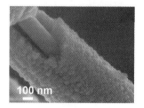

(a) γ-Ga₂O₃纳米点[64]   (b) β-Ga₂O₃纳米线[65]   (c) Ga₂O₃/GaN:O₄@SnO₂核壳结构纳米线[73]

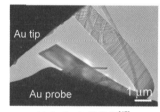

(d) β-Ga₂O₃纳米棒[66]   (e) β-Ga₂O₃纳米带[67]   (f) 树枝状多纳米线结构(左)及其X射线荧光特性(右)[70]

图 5-11 不同形态的 Ga_2O_3 纳米结构

也被用来制备 β-Ga_2O_3 纳米结构。实践表明，采用 VLS 和 VS 方法有利于形成高质量的 β-Ga_2O_3 纳米结构。在 VLS 生长过程中，Au 是 β-Ga_2O_3 纳米结构生长中最常用的金属催化物。Terasako 等人[76] 报道的结果表明，纳米线的直径或纳米结构的形貌(如纳米线、纳米带和纳米片等)可以通过调节 Au 的厚度来实现。此外，Johnson 等人[77] 报道了利用 Fe 作为催化剂生长 Ga_2O_3 纳米线和纳米带的实验结果，具体的做法是：将 Fe 注入热氧化的 SiO_2 层中，之后利用退火实现 Fe 催化量子点。然而，金属催化剂(如 Au、Fe 等)的使用有在生长 β-Ga_2O_3 纳米结构时引入一些杂质能级的风险，这些金属催化剂的能级通常是深能级，这将影响材料的电学特性，使之呈现高补偿特性。Cho 等人[68] 在没有金属催化剂参与的条件下，简单地利用金属 Ga 蒸发产生的 Ga 蒸汽，在 Ar 载气的输运下可以生长出多种 β-Ga_2O_3 纳米结构。Zhao 等人[78-79] 报道了利用一步生长 CVD 法在 Si 衬底上成功实现了 ZnO-Ga_2O_3 核壳结构纳米线。由于 ZnO (900 ℃)和 Ga_2O_3(1100 ℃)的生长阈值温度不同，因此可以在一个连续温升反应过程中设计 ZnO-Ga_2O_3 核-壳结构的合成[79]。ZnO 核层和 Ga_2O_3 壳层都是单晶，在界面上几乎没有观察到明显的结构缺陷，这使得制备基于 Ga_2O_3 的雪崩光电探测器(APD)成为可能。

此外，N[80]、Zn[81]、Li[69]、Cr[65]、Sn[82]、Er[65] 和 In[83] 等多种元素也被用于 β-Ga_2O_3 纳米结构的掺杂，这些掺杂在纳米结构中通常对光学性质产生较大的影响。尽管 Sn 已被证明可用于 β－Ga$_2$O$_3$ 和 α－Ga$_2$O$_3$ 外延膜的 N$^-$ 型掺杂，但在 Sn 掺杂的 β－Ga$_2$O$_3$ 纳米结构中，通常只观察到明显的宽带紫外-蓝带和绿带的发光[82]。Li 元素是 β－Ga$_2$O$_3$ 纳米结构中潜在的调控其电导率的掺杂元素。然而，目前没有明显的证据表明 Li 掺杂的 β－Ga$_2$O$_3$ 纳米结构和未掺杂的相比有明显的电导率的差别[69]。Zn 曾被认为是 β－Ga$_2$O$_3$ 浅受主杂质，可通过扩散掺杂的方法来增加 Ga$_2$O$_3$ 纳米线中的 P 型载流子浓度[81]，这一想法也被 P 沟道 FET 的实现所证明。然而，这一结果仍然由于非常低的空穴迁移率（10^{-2} cm^2·V^{-1}·s^{-1}）而受到争议。尽管目前的研究表明 Zn 掺杂可以使 β－Ga$_2$O$_3$ 呈半绝缘态，但理论计算表明 Zn 是深能级杂质，并且目前没有 Zn 掺杂 β－Ga$_2$O$_3$ 的 P 型掺杂的报道。从目前的报道看，尽管基于纳米结构的器件具有显著的优点，但纳米结构的可重复性、接触的高可靠性、掺杂的高效可控仍然具有挑战。

5.2.2　超宽禁带氧化镓基半导体光电探测器的基本器件工艺

包括金属接触、刻蚀、离子注入、介质层、钝化、退火的传统器件工艺在宽禁带氧化物半导体探测器件的制备和性能优化中是必不可少的。欧姆接触可应用于光导型探测器和肖特基光电二极管，而肖特基接触是自供电肖特基光电二极管的基础。在 Ga$_2$O$_3$ 光电探测器中，离子注入可用于改善欧姆接触，因此我们将其放在欧姆接触部分讨论，Fe、Mg、N、Ar 等注入会形成半绝缘终端，在肖特基二极管中起提高耐压作用的离子注入工艺过程可参考文献[61]和[84]～[86]。目前的 Ga$_2$O$_3$ 探测器工艺基本没用到刻蚀过程，但刻蚀对于器件的隔离和结构设计具有重要意义。目前 Ga$_2$O$_3$ 的刻蚀主要有干法刻蚀和湿法刻蚀。为了降低界面态密度，通常先采用干法刻蚀产生需要的图形，然后用湿法刻蚀修复界面损伤，具体的工艺流程可参考文献[87]～[91]。退火工艺主要用于欧姆接触金属的金属化，以降低接触电阻，这部分内容将在欧姆接触部分介绍。介质层沉积是用于场调制载流子浓度的关键工艺，在晶体管探测器中具有关键作用。此外，介质层钝化可以保护器件表面，提高器件的可靠性。因此，本节将简要介绍 Ga$_2$O$_3$ 介质层及其界面控制。

为了避免在器件运行过程中由于局部接触电阻而降低器件的响应速度及由于局部加热而产生可靠性问题，应排除额外的接触电阻。根据标准的肖特基模型，对于一个 N 型半导体而言，为了实现欧姆接触，金属的功函数应小于或等于半导体材料的功函数。由于 N 型半导体的功函数主要由半导体的电子亲和势决定，为了实现 β－Ga$_2$O$_3$ 的欧姆接触，金属的功函数通常应该小于 β－

Ga_2O_3 的电子亲和势，即 $(4.00 \pm 0.05)\ eV$[92]，因此，功函数较小的金属，如 Hf $(3.9\ eV)$、Sc $(3.5\ eV)$、La $(3.5\ eV)$、Zn $(3.63\ eV)$ 和 Gd $(2.90\ eV)$ 有利于形成 $\beta\text{-}Ga_2O_3$ 的欧姆接触。通常这些金属需要与 Au 一起组成双层结构，以降低方块电阻并增加可靠性。用于表述接触特性的基本物理参数是接触电阻率 ρ_c。与接触电阻相比，接触电阻率与接触的形状无关，其单位为 $\Omega \cdot cm^2$。半导体的接触电阻 R_c、接触电阻率 ρ_c 及传输长度 L_T 等基本的输运参数可用温度依赖的传输线模型（TLM）或环形传输线模型（CTLM）测试获得。

然而，以上提及的金属并不常用。对于常见的宽禁带半导体而言，常见金属的功函数通常比半导体的电子亲和势高，这导致在金属和半导体界面处存在较大的势垒高度[93]。由于载流子的输运特性及接触电阻率主要由肖特基势垒 Φ_b 和半导体的掺杂浓度决定，因此当 N 型 $\beta\text{-}Ga_2O_3$ 处于非简并态，即掺杂浓度为 $10^{16} \sim 10^{18}\ cm^{-3}$ 时，肖特基输运特性符合热电子发射模型，接触电阻率为

$$\rho_c = \left(\frac{\mathrm{d}J_S}{\mathrm{d}V}\right)^{-1}\Bigg|_{V=0} = \frac{k_B}{qA^*T}\exp\left(\frac{\Phi_b}{k_BT}\right) \tag{5-1}$$

其中，J_S 为热电子的发射电流密度，V 为偏压，k_B 为玻尔兹曼常数，q 为单位元电荷，A^* 为 Richardson 常数，T 为绝对温度，Φ_b 为肖特基势垒高度。为了实现势垒高度或耗尽区宽度的降低，广泛应用的方法是通过原位掺杂[94]或离子注入[95]形成重掺杂区。由于重掺杂导致的耗尽区宽度的降低增强了电子的隧穿，因而实现了接触电阻率的下降。当半导体进入简并态时，隧穿过程占据主导地位，电阻率遵循以下的关系[96]：

$$\rho_c \propto \exp\left[4\sqrt{\frac{\kappa_s \varepsilon_0 m^*}{N_D}}\left(\frac{\Phi_b}{\hbar}\right)\right] \tag{5-2}$$

其中，κ_s 是相对介电常数；ε_0 是真空介电常数；m^* 是电子的有效质量；$\hbar$ 是约化普朗克常数，即 $h/(2\pi)$；N_D 是施主杂质浓度。

表 5-2 总结了目前报道的 $\beta\text{-}Ga_2O_3$ 欧姆接触工艺。在 Si 注入、表面处理、Ti 金属接触及快速退火工艺之后，可以在 $\beta\text{-}Ga_2O_3$ 上实现良好的欧姆接触，接触电阻率可以低至 $4.6 \times 10^{-6}\ \Omega \cdot cm^2$[95]。特别地，可采用选区离子注入法在 $\beta\text{-}Ga_2O_3$ 中注入 Si，并且在约 950℃ 氮气气氛下退火 30 min 激活 Si 元素，以实现电子的隧穿，获得低的电阻率[95, 97]。目前的研究表明，In 和 Ti 作为接触层都可以实现 $\beta\text{-}Ga_2O_3$ 欧姆接触。但 In 由于其熔点只有 157℃，因此不适用于金属接触，而 Ti 接触在 600℃ 下会和 $\beta\text{-}Ga_2O_3$ 发生氧化而退化[98]。因此，Ti 作为接触层的电极的快速退火温度经过优化后大约为 470℃[97, 99-103]。以 Ti 为接触黏附层、Al 为耐磨层、Ni 为势垒层和 Au 为保护层的金属叠层可用于实现 $\beta\text{-}Ga_2O_3$ 的欧姆接触。Ti/Au 的双金属层及后续的快速退火工艺也被用

于实现 β-Ga₂O₃ 的欧姆接触。等离子体暴露、活性离子刻蚀和离子注入是另一种通过引入大量表面缺陷或通过增加表面有效浅施主浓度来降低势垒高度的方法[99, 101-104]。ITO[105-106] 或 ZnO[107] 等具有较低禁带宽度的中间层也被用来降低导带偏移，以改善载流子在接触界面的输运特性。Oshima 等人[106] 的结果表明，ITO/Pt 的接触特性优于 Ti/Pt 接触，这一改善归功于较窄禁带宽度及高掺杂浓度的中间层（即 ITO）的引入。目前，学界共识是，实现 β-Ga₂O₃ 欧姆接触采用下述工艺：采用（选区）离子注入法在 β-Ga₂O₃ 中注入 Si，接着在 950℃氮气气氛下退火 30 min 激活 Si 元素，实现重掺杂，然后在室温下沉积 Ti/Au 金属层，并在 470℃氮气气氛下快速退火 30 s，实现欧姆接触。对于垂直型肖特基器件，由于衬底通常是重掺杂的，因此 Si 离子注入和激活步骤通常可以省去。

表 5-2 β-Ga₂O₃ 欧姆接触工艺总结

金属叠层	掺杂浓度/cm⁻³	处理工艺	ρ_c/(Ω·cm²)（测试方法）	参考文献
Ti/Au (50/300 nm)	3×10^{19}	Si 离子注入欧姆接触区域 950℃热退火激活注入离子 450℃快速退火形成良好欧姆接触	4.6×10^{-6} (CTLM)	Sasaki 等人[95]
Ti/Au	5×10^{19}	Si 离子注入欧姆接触区域 925℃热退火激活注入离子 450℃快速退火形成良好欧姆接触	4.6×10^{-6} (CTLM)	Higashiwaki 等人[97]
Ti/Au (20/230 nm)	3×10^{19}	Si 离子注入欧姆接触区域 950℃热退火激活注入离子 预先 BCl₃ ICP 刻蚀 470℃快速退火形成良好欧姆接触	7.5×10^{-6} (TLM)	Wong 等人[99]

续表一

金属叠层	掺杂浓度 /cm^{-3}	处理工艺	ρ_c/($\Omega \cdot cm^2$)（测试方法）	参考文献
Ti/Au	3×10^{18}	SOG 层中的 Sn 原子扩散 预先 BCl$_3$/Ar ICP 刻蚀 450℃ 快速退火形成良好欧姆接触	$(2.1 \pm 1.4) \times 10^{-5}$（TLM）	Zeng 等人[104]
Ti/Au (30/130 nm)	10^{20}	Si 掺杂浓度超过 10^{20} cm^{-3} 简并接触层 470℃ 快速退火形成良好欧姆接触	1.1 $\Omega \cdot$ mm（TLM）	Zhang 等人
Ti/Au/Ni	2.4×10^{14} cm^{-2}	预先 BCl$_3$ ICP/RIE 刻蚀 470℃ 快速退火形成良好欧姆接触	4.3×10^{-6}（TLM）	Krishnamoorthy 等人[101]
Ti/Al/Au (15/60/50 nm)	2.7×10^{18}	Ar 等离子体处理	2.7 $\Omega \cdot$ mm（TLM）	Zhou 等人[108]
Ti/Al/Ni/Au	10^{19}	预先 BCl$_3$ ICP 刻蚀 470℃ 快速退火形成良好欧姆接触	4.7 $\Omega \cdot$ mm（TLM）	Chabak 等人[102]
Ti/Al/Ni/Au (20/100/50/50 nm)	4.8×10^{17}	预先 BCl$_3$ ICP/RIE 刻蚀 470℃ 快速退火形成良好欧姆接触	16 $\Omega \cdot$ mm（CTLM）	Green 等人[103]
Ti/Al/Ni/Au	10^{18}	预先 BCl$_3$ ICP 刻蚀	10.7~80.0 $\Omega \cdot$ mm（CTLM）	Moser 等人[109]
AZO/Ti/Au (10/20/80 nm)	10^{19}	Si 离子注入欧姆接触区域 950℃ 热退火激活注入离子 400℃ 快速退火形成良好欧姆接触	2.82×10^{-5}（TLM）	Carey 等人[107]

金属叠层	掺杂浓度 /cm^{-3}	处理工艺	ρ_c/($\Omega \cdot cm^2$)（测试方法）	参考文献
ITO/Ti/Au（10/20/80 nm）	10^{19}	Si 离子注入欧姆接触区域 950℃ 热退火激活注入离子 600℃ 快速退火形成良好欧姆接触	6.3×10^{-5}（TLM）	Carey 等人[105]
ITO/Pt（140/100 nm）	2×10^{17}	800～1200℃ 快速退火形成欧姆接触	未测试 TLM，但于 900℃ 以上退火时实现了欧姆特性	Oshima 等人[106]
Ti, In, Ag, Sn, W, Mo, Sc, Zn, Zr(20 nm)，及 Au(100 nm) 叠层	5×10^{18}	400～800℃ 快速退火形成欧姆接触	未测试 TLM，In 和 Ti 的接触在退火后具有线性 I-V 特性	Yao 等人[98]

对于 β-Ga_2O_3 基肖特基二极管而言，界面诱导的带内缺陷态[92, 110]、β-Ga_2O_3 表面能带上翘效应[110-111]、非平衡载流子导致的肖特基势垒降低[112-113]往往会影响肖特基势垒高度。表 5-3 显示了报道的肖特基势垒高度 Φ_b、理想因子 β 随 N 型掺杂浓度、工艺流程及肖特基金属的变化。众所周知，肖特基势垒高度可以从 I-V 曲线的线性部分或 $1/C^2$-V 曲线外推至横轴得到。但是，由 I-V 曲线的线性部分得到的肖特基势垒高度更能代表电子的运动，尽管其值比 $1/C^2$-V 曲线得到的低[110, 114-116]。由表 5-3 可知，当理想因子接近 1 时，不管肖特基接触的金属是什么，典型的势垒高度为 1.0～1.50 eV。由于耗尽区的产生-复合过程，隧穿或其他漏电导致的较大的理想因子会使肖特基器件的性能退化并影响光照下的探测性能。

表 5-3 已报道的 β-Ga_2O_3 肖特基接触的汇总

金属	势垒高度 /eV	理想因子	掺杂浓度 /cm^{-3}	蒸镀工艺/ 测试方法	备注	参考文献
Ni	1.25	1.01	1.13×10^{17}	蒸发 Ni/ Au, I-V 和 C-V	内建电势 1.18 V(C-V)和 1.0 V (I-V)	Oishi 等人[114]
Ni	1.05	—	1.7×10^{17}	直流溅射, I-V 和 C-V	C-V 测得的 势垒高度更大	Armstrong 等人[115]
Ni	1.08~ 1.12	1.05~ 1.10	$(1.0~2.5) \times 10^{17}$	蒸发 Ni/ Au,I-V	样品用 H_3PO_4 于140℃ 下刻蚀	Kasu 等人[117]
Ni	0.95	3.38	UID	电子束蒸发 Ni/Au, I-V	随温度升高, 势垒高度增加, 理想因子下降	Oh 等人[118]
Ni	0.8~1.0	1.8~3.2	UID	蒸发, I-V	样品为 $(Al_xGa_{1-x})_2O_3$ (x 高达 0.164)	Ahmadi 等人[119]
Ni	1.07	1.3	9×10^{16}	电子束蒸发 Ni/Au, I-V	随温度升高, 势垒高度增加, 理想因子下降	Ahn 等人[120]
Ni	1.54	1.04	1.1×10^{17}	电子束蒸 发, I-V	结果与 C-V 结果相似	Farzana 等人[121]
Ni	1.10	1.05	2.8×10^{17}	蒸发 Ni/ Au, I-V 和 C-V	样品用 H_3PO_4 于140℃ 下刻蚀	Kasu 等人[122]
Ni	1.2	1.00	3×10^{17}	电子束蒸发 Ni/Au, I-V	干刻对肖特基 接触产生损伤	Yang 等人[123]
Ni	0.99~ 1.02	1.05~1.09	3×10^{17}	蒸发 Ni/ Au, I-V	(001)面衬底	Oshima 等人[124]
Ni	1.04 ± 0.02 1.08 ± 0.1 1.00 ± 0.06	1.33 ± 0.03 1.68 ± 0.04 1.57 ± 0.2	$(5~8) \times 10^{18}$ UID $(5~8) \times 10^{18}$	电子束蒸 发, I-V	用 HCl 和 H_2O_2 清洗	Yao 等人[125]

续表一

金属	势垒高度 /eV	理想因子	掺杂浓度 /cm^{-3}	蒸镀工艺/ 测试方法	备注	参考文献
Ni	0.81	2.29	UID	I-V	样品为 $(Al_xGa_{1-x})_2O_3$ (x 约为 0.08)	Feng 等人[126]
Pt	1.35 ~1.52	1.04 ~1.06	$(0.3\sim1)$ $\times10^{17}$	蒸发 Pt/ Ti/Au, I-V 和 C-V	样品用 85 wt% H_3PO_4 于 135℃ 下刻蚀, C-V 测得的势垒高度略大	Sasaki 等人[116]
Pt	1.15	1.0	1.0×10^{16}	蒸发 Pt/ Ti/Au, I-V 和 C-V	由测试结果计算得到 A^* 约为 55 A·cm^{-2}· K^{-2}	Higashiwaki 等人[127]
Pt	1.04	1.28	9×10^{16}	电子束蒸发 Pt/Au, I-V	随温度升高, 势垒高度增加, 理想因子下降	Ahn 等人[120]
Pt	1.58	1.03	1.1×10^{17}	电子束蒸 发, I-V	与 C-V 测试 结果相当	Farzana 等人[121]
Pt	1.39	1.1	2.3×10^{14}	溅射 Pt/ Ti/Au, I-V	温度超过 150℃ 时势垒高度趋于稳定	He 等人[128]
Pt	1.46	1.03 ± 0.02	1.8×10^{16}	蒸发 Pt/ Ti/Au, I-V 和 C-V	由于界面 F 原子的存在, 势垒高度增加	Konishi 等人[129]
Pt	1.01	1.07	3×10^{17}	电子束蒸发 Pt/Au, I-V	与 TiN 结果 相比	Tadjer 等人[130]
Pt	1.05 ± 0.03 1.34 ± 0.1	1.40 ± 0.04 1.87 ± 0.3	$(5\sim8)$ $\times10^{18}$ UID	电子束蒸 发, I-V	在体材料和外延层上制备的 SBD, 用 HCl 和 H_2O_2 清洗	Yao 等人[125]

金属	势垒高度/eV	理想因子	掺杂浓度/cm^{-3}	蒸镀工艺/测试方法	备注	参考文献
Pt	1.05～1.20	1.34～1.55	4.2×10^{18}	电子束蒸发 Pt/Au，I-V	(010)和($\bar{2}$01)单晶衬底(010) SBD的V_{ON}较大	Fu等人[110]
Au	1.07	1.02	(0.6～8)×10^{17}	电子束蒸发，I-V	测得 Ga$_2$O$_3$的亲和势为(4.00±0.05) eV，Au的功函数为(5.23±0.05) eV	Mohamed等人[92]
Au	1.71	1.09	1.1×10^{17}	电子束蒸发，I-V	界面存在非均匀势垒	Farzana等人[121]
Au	1.1	1.08	10^{17}～10^{18}	电子束蒸发，I-V	200℃以上退火处理后，势垒高度增加，理想因子降低至1	Suzuki等人[131]
Pd	1.27	1.05	1.1×10^{17}	电子束蒸发，I-V	与C-V测试结果相当	Farzana等人[121]
Cu	1.32	1.03	1.6×10^{18}	直流溅射，I-V	PLD 生长的低迁移率 Ga$_2$O$_3$外延层	Splith等人[132]
Cu	0.98, 1.07	1.05, 1.1	6×10^{16}	Cu/Au/Ni，I-V	SBD, MOSSBD	Sasaki等人[133]
Cu	1.13±0.1	1.53±0.2	(5～8)×10^{18}	电子束蒸发，I-V	HCl 和 H$_2$O$_2$清洗	Yao等人[125]
W	0.91±0.09 1.05±0.03	1.40±0.4 2.68±0.3	(5～8)×10^{18} UID	电子束蒸发，I-V	体材料及外延层 SBD，HCl 和 H$_2$O$_2$ 清洗	Yao等人[125]
Ir	1.29±0.1	1.45±0.2	(5～8)×10^{18} UID	电子束蒸发，I-V	体材料及外延层 SBD，HCl 和 H$_2$O$_2$ 清洗	Yao等人[125]

续表三

金属	势垒高度 /eV	理想因子	掺杂浓度 /cm⁻³	蒸镀工艺/ 测试方法	备注	参考文献
TiN	0.98	1.09	3×10^{17}	ALD 350℃, $I\text{-}V$	与 Pt 对比,结果相似	Tadjer 等人[130]
PtO$_x$	1.94	1.09	10^{17}	磁控溅射 PtO$_x$/ Pt, $I\text{-}V$	单晶	Müller 等人[134]
	1.42	1.28	$(0.5 \sim 1) \times 10^{18}$		PLD 样品	

图 5-12 是 β-Ga₂O₃ 肖特基势垒高度和金属功函数的关系图。其中,虚线表示标准肖特基模型下理想的肖特基高度,这里我们取 β-Ga₂O₃ 的电子亲和势为 4.0 eV[92]。结果发现,由 $I\text{-}V$ 或 $C\text{-}V$ 确定的肖特基势垒高度的值是分散的,并且与金属功函数的相关性较弱。将报道的肖特基势垒高度与理想的肖特基模型进行比较时,应考虑用金属功函数以外的因素来评价其对 Ga₂O₃ 中肖特基势垒高度的影响。例如,金属沉积方法在确定有效势垒方面也起着重要的作用。同一金属在不同取向的 Ga₂O₃ 上的势垒高度不同,这可能是由于不

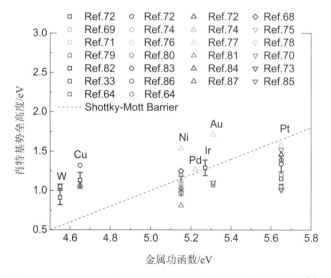

图 5-12　β-Ga₂O₃ 肖特基势垒高度与金属功函数的关系[1]

同的表面重构和不同的表面态密度造成的[110,125]。除金属外，高导电性的类金属氮化物和氧化物也可用于形成肖特基接触[130,134]。Tadjer 等人[130] 和 Müller 等人[134]分别在实验上证实了 ALD 沉积的 TiN 及溅射法沉积的 PtO_x 也是形成 Ga_2O_3 肖特基接触的有效替代材料。

　　用于栅绝缘层、钝化层或场调节氧化层的介电材料是充分发挥 Ga_2O_3 电力电子器件和光电器件性能的重要材料。此外，工艺流程中需要优化 Ga_2O_3/介电层界面以减小界面态、漏电及表面耗尽等对器件性能的影响。通常，介电材料的禁带宽度 E_g 和相对介电常数(ε_r)之间都有制约关系，如图 5-13 所示[57]。理想的电介质材料应拥有大的介电常数和禁带宽度，在降低漏电的同时可以提高静电耦合。目前在 Ga_2O_3 中常用的介质层为 Al_2O_3、SiO_2 和 HfO_2。

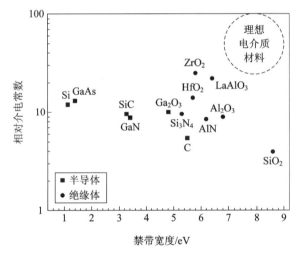

图 5-13　常见半导体和介电层的相对介电常数和禁带宽度的关系[57]

　　目前研究最广泛的是 Al_2O_3/Ga_2O_3 界面，这是由于 Al_2O_3 可以通过 ALD 方法沉积得到，且其 ε_r 和 Ga_2O_3 相似，并具有更大的 E_g。Kamimura 等人[135]报道了等离子体增强的 ALD 生长的 Al_2O_3 与 N 型($\bar{2}01$) β-Ga_2O_3 之间的能带偏移，具体的导带偏移为(1.5±0.2) eV。Carey 等人[136]报道了相对更高的导带偏移，对于溅射型和等离子增强型 ALD 生长的 Al_2O_3 分别为(2.2±0.6) eV 和(3.16±0.8) eV。目前，在(010)β-Ga_2O_3 上沉积的 Al_2O_3 具有比($\bar{2}01$)β-Ga_2O_3 上更低的界面态密度，这主要是由于(010)Al_2O_3/β-Ga_2O_3 界面上形成了晶态界面层[137]。高低频的 C-V 表征结果表明，(010) Al_2O_3/β-Ga_2O_3 界

面态密度已经低至 5.9×10^{10} cm^{-2} · eV^{-1}。Zhou 等人[138]报道了利用食人鱼溶液处理($\bar{2}01$) β - Ga$_2$O$_3$ 的表面，而后沉积 Al$_2$O$_3$ 介质层，获得了低至 2.3×10^{11} cm^{-2} · eV^{-1} 的界面态密度(利用光照辅助的 $C-V$ 方法确定)。在正向偏置下，对导带偏移为 0.7 eV 的 β - Ga$_2$O$_3$/Al$_2$O$_3$ 界面而言，其 MOS 电容的主要漏电机制是陷阱辅助的隧穿过程[139]。

　　SiO$_2$/β - Ga$_2$O$_3$ 界面具有最高的导带偏移，这有利于减小 Fowler - Nordeim 隧穿，使器件在高温下的性能更好。Jia 等人报道了利用 XPS 方法确定等离子体增强 ALD 生长的 SiO$_2$/β - Ga$_2$O$_3$ 界面的导带偏移高达 3.63 eV[140]。在(010) β - Ga$_2$O$_3$ 表面，Konishi 等人[141]报道了等离子 CVD 生长的 SiO$_2$ 与 β - Ga$_2$O$_3$ 具有 3.1 eV 的导带偏移。Zeng 等人[142]的研究表明，未经过表面处理的($\bar{2}01$) β - Ga$_2$O$_3$ 在用 ALD 生长 SiO$_2$ 后具有比 HF 和 HCl 处理之后更低的界面态密度，为 6×10^{11} cm^{-2} · eV^{-1}。对不同晶向的 β - Ga$_2$O$_3$，(010)、(001)和($\bar{2}01$)上用 ALD 生长的 SiO$_2$/β - Ga$_2$O$_3$ 的 $C-V-T$ 研究结果表明，($\bar{2}01$)面具有最高的界面态密度，而(010)面的界面态密度最低，不同晶面的 SiO$_2$/β - Ga$_2$O$_3$ 样品在 200℃ 或更高温度下退火之后界面态密度均降低到了 1.0×10^{12} cm^{-2} · eV^{-1} 以下。

　　目前的研究也包括其他宽禁带介电层与 β - Ga$_2$O$_3$ 形成的界面。HfO$_2$ 与($\bar{2}01$) β - Ga$_2$O$_3$ 形成的界面导带偏移经过电学方法和 XPS 方法确定为 1.3 eV[143-144]。不过通常报道的 HfO$_2$ 的 ε_r 比预测的 30 略小一些[144]。Wheeler 等人[144]报道了 ALD 生长的 ZrO$_2$ 与($\bar{2}01$) β - Ga$_2$O$_3$ 之间的导带偏移为 1.2 eV，通常认为 ZrO$_2$ 具有相对平衡的 E_g 和 ε_r。Carey 等人[145]报道了在($\bar{2}01$) β - Ga$_2$O$_3$ 上溅射生长的 LaAl$_2$O$_3$ 介电层($\varepsilon_r \approx 22$)其禁带宽度为 6.4 eV，与($\bar{2}01$) β - Ga$_2$O$_3$ 的导带偏移为(2.01 ± 0.6) eV。Masten 等人[146]测量了($Y_{0.6}Sc_{0.4}$)$_2$O$_3$/(010) β - Ga$_2$O$_3$ 的 MOS 电容特性，结果表明界面态密度低于 1.0×10^{12} cm^{-2} · eV^{-1}，导带偏移和 ε_r 分别为 2.31 eV 和 9.6。AlN/β - Ga$_2$O$_3$ 的研究具有一定的吸引力，因为 AlN 可以同时作为介质层和散热层。研究表明，AlN 与生长在蓝宝石上的($\bar{2}01$) β - Ga$_2$O$_3$ 的面内晶格失配仅为 2.4%，导带偏移为 1.75 eV[147]。此外，由 CVD 和等离子体增强 CVD 沉积的 AlN 与 β - Ga$_2$O$_3$ 的导带偏移分别为 1.39 eV 和 0.58 eV。导带偏移的区别可能与不同生长方法下生成的 Al-O 键不同有关。图 5-14 总结了目前报道的一些介质层与 β - Ga$_2$O$_3$ 的能带偏移关系，其中 ALD 生长的 Al$_2$O$_3$ 最适合用作栅介质层，Al$_2$O$_3$ 和 SiO$_2$ 比较适合用作钝化层。

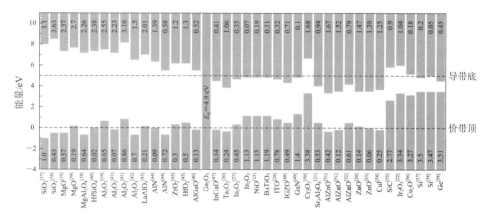

图 5-14　多种不同材料与 β-Ga₂O₃ 的能带排列关系图[148]

5.3　氧化镓基日盲探测器

目前报道的 Ga₂O₃ 的禁带宽度为 4.4～5.3 eV，是一种天然的日盲紫外探测材料。目前有许多基于 Ga₂O₃ 的日盲探测器的工作。图 5-15 总结了基于纳米结构[67, 74, 79, 83, 149-155]、体材料和薄膜[156-175] 以及异质结构[78, 176-188] 的 Ga₂O₃ 光电探测器的响应度与响应时间的关系。由于 Ga₂O₃ 不同的结构、物相和生长方法导致了晶体质量的差异，因此响应度和响应时间分布在一个相当宽的范围内。图 5-15 中的虚线是在波长 255 nm 的入射光照射下 EQE 为 1 时的响应度。很明显，大多数光电探测器的 EQE 远远大于 1，这不是雪崩过程造成的，主要是由光生少数载流子俘获效应造成的。到目前为止，基于 Ga₂O₃ 光电探测器的响应时间最短的都在 μs 量级，并且绝大多数是基于异质结构或肖特基二极管的探测器，这主要是由于这两种结构有内建电场，可以加速光生电子-空穴的分离。尽管如此，这些探测器的响应时间仍然比用 Si 和 III-V 半导体制成的商用探测器长得多[189-192]。光生少数载流子的俘获和释放过程是响应速度慢的主要原因[193]，在 5.3.5 节中有比较详细的解释。APD 可以通过碰撞电离诱导的载流子倍增自发地获得高响应度和高速度[189, 192, 194]，这有助于克服光电探测器在增益和带宽性能之间的矛盾。如图 5-15 所示，与其他类型的 Ga₂O₃ 光电探测器相比，APD 具有较高的响应度和较短的响应时间。结果表明，三端 FET 器件通过栅偏置提供了减小泄漏电流的额外自由度，具有较高的检测能力，在低光子通量检测中具有广阔的应用前景，目前获得了超过 10^5 A·W^{-1}

的响应度[152]。然而，光电晶体管的响应时间仍然相当长，约为25 ms，因此响应速度需要进一步提高，以满足实际应用需求。

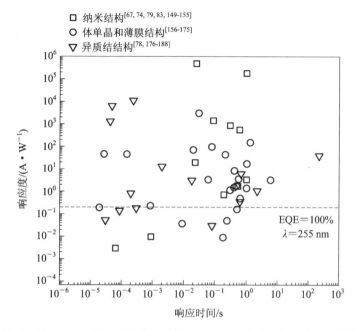

图 5 - 15 Ga$_2$O$_3$ 基日盲紫外探测器的响应度和响应时间的关系图[195]

除了传统的肖特基型和异质结光电二极管外，目前也有一些工作报道了具有新颖结构的 Ga$_2$O$_3$ 光电探测器，包括窄带通日盲探测器[173]、光电晶体管[45,152]、用于图像传感的柔性探测器阵列[196-197]、纳米机电传感器[198-202]和等离子体增强光电探测器[203-204]。这些新型 Ga$_2$O$_3$ 光电探测器有望拓展其在民用和军事方面的应用。

尽管如此，目前还需进一步解决一些物理材料问题，以提高 Ga$_2$O$_3$ 光电探测器的探测性能。例如，为了在不降低响应速度的情况下实现高效的光电探测器，需要对缺陷的物理模型和行为特性进行全面的研究。Ga$_2$O$_3$ 的合金能带工程可以扩大其对真空紫外区的光谱响应，但此时必须考虑合金固溶度和相变问题。最重要的是，从 ZnO 中 P 型掺杂的经验来看，目前 Ga$_2$O$_3$ 的 P 型掺杂仍然是最大的挑战。因此，形成异质结成为一种折中的策略，但这种方法存在一些局限性，包括晶格常数、热导率和能带偏移的不匹配以及界面缺陷态控制等问题。因此，实现物相调控、能带工程、极化和缺陷的精细调控是进一步提高 Ga$_2$O$_3$ 器件性能的重点。

5.3.1 基于氧化镓单晶及外延薄膜的日盲探测器

目前，β - Ga_2O_3 单晶衬底及外延膜[156-166, 168-173, 175]、不同相的 Ga_2O_3 薄膜[204-207]、$(Al_xGa_{1-x})_2O_3$[208-211] 和 $(In_xGa_{1-x})_2O_3$[212-214] 的三元合金薄膜均被报道用以制造深紫外探测器。由于 Ga_2O_3 具有超宽带隙特性，且常用金属的功函数均大于其电子亲和势，Ga_2O_3 很容易形成肖特基接触，因此大多数 Ga_2O_3 光电探测器都是基于肖特基的。由于 β - Ga_2O_3 衬底具有晶体质量高、掺杂可控（10^{16}~10^{19} cm^{-3}）及迁移率高的特点，因此其可用于制备高性能日盲紫外探测器；而基于生长在异质衬底上的薄膜的光电探测器，由于晶体质量较差且导电性不可控，因此不能充分发挥 Ga_2O_3 在光子检测方面的优势。尤其对于生长在绝缘衬底上的 Ga_2O_3 材料，只能制备水平叉指状（或等效的）探测器，这导致在扩大光接收区域和缩小电极间距方面存在一定的困难。

2008 年，Oshima 等人[31]报道了基于 CZ 生长的(100) β - Ga_2O_3 单晶衬底的垂直型肖特基光电探测器。为了减少氧空位密度和表面附近的载流子浓度，衬底在 1100℃的高温下在氧气环境中退火了 6 小时，由此获得了原子级平整度并具有台阶的表面形貌，如图 5 - 16(a)所示。肖特基电极为面积为 11.8 mm^2 的 Ni(2 nm)/Au(8 nm)半透明电极，在深紫外光区域的透射率为 34%~38%。图 5 - 16(b)显示了 β - Ga_2O_3 光电二极管在无光照和 250 nm 光照下的 I - V 特性。在 0 V 时可以看见明显的光响应，表明该器件具有在内建电场驱动下的自供电特性。图 5 - 16(c)显示了 β - Ga_2O_3 光电探测器在室温、反向偏压为 10 V 时的光谱响应。测得的响应度在日盲光谱区表现出更大的光学增益，该报道的作者认为由于肖特基势垒中高电场(1.0 MV/cm)的存在，导致高阻表面区域的载流子倍增而产生高增益。同一课题组[166]也报道了基于 β - Ga_2O_3 衬底的火焰检测器，该器件由一个半绝缘性界面插入层和旋转涂布的透明 PEDOT - PSS 形成的肖特基接触组成。在零偏压下，该器件的光谱响应在 250~300 nm 处表现出高达 1.5×10^4 的抑制比，在 250 nm 处的外量子效率(EQE)达到 18%。该器件的瞬态响应为 ms 级，如图 5 - 16(d)所示，这一速度足以进行火焰检测。如图 5 - 16(e)所示，该探测器成功地将火焰产生的 1.5 nW/cm^{-2} 光强的日盲区光信号与荧光灯照明信号区分开来，显示出了较大的实际应用潜力。

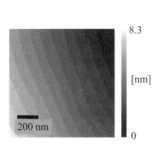

(a) 退火之后β-Ga₂O₃单晶衬底的表面形貌图

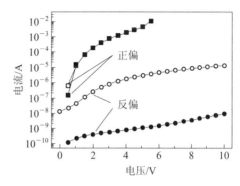

(b) 光电探测器的光电流(圆)和暗电流(方块)

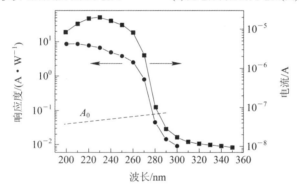

(c) 光电探测器的光电流和光谱响应(其中虚线表示没有内部增益时的光谱响应)[31]

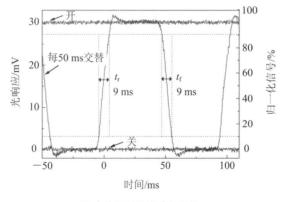

(d) 火焰探测器的瞬态响应

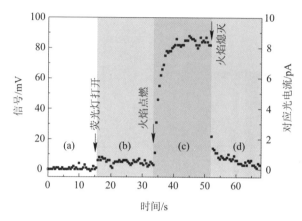

(e) 在荧光灯下火焰探测的信号变化[166]

图 5-16 基于 CZ 生长的 β-Ga₂O₃ 单晶日盲紫外探测器的特性

此外，Suzuki 等人[131]报道了在 β-Ga₂O₃ 单晶衬底上沉积了 10 nm 的 Au，形成了肖特基接触，由此制备了光电二极管，并研究了在 $100\sim500℃$ 的氮气环境中退火后光电二极管的电学性质和光响应的影响。由图 5-17(a)中的 I-V 曲线可知，当退火温度超过 200℃时，理想因子 n 下降，趋于一致，同时肖特基势垒 Φ_b 略有下降。该报道的作者认为，上述变化是由于热退火大大降低了界面处作为载流子复合或载流子俘获中心的缺陷密度导致的。400℃退火后及未退火的光电二极管在 -3 V 的反向偏压下的光谱响应如图 5-17(b)所示。在 400℃退火的器件获得了高达 10^3 A·W^{-1} 的响应度，其 EQE 为 5.17×10^3。此外，当反向偏置电压增大时，光电流显著增大，表明器件存在内部增益。运用缺陷辅助隧穿[215]、雪崩过程[216]和少数载流子俘获[112]等理论可以解释肖特基光电二极管的高增益机制。由热电子发射理论对 I-V 正向偏压曲线的一致拟合，以及反向偏压时电流没有突然增加，可以确定器件的增益不是缺陷辅助隧穿和雪崩过程导致的，而少数载流子的俘获效应是最可能的增益机制，这一分析在 GaN 肖特基光电二极管中也有报道[112,193]。对于 Ga₂O₃ 材料，由于耗尽层中金原子在 Au/Ga₂O₃ 界面附近扩散，所产生的空穴俘获系数较大，因此容易被深能级缺陷态俘获。文献[31]也报道了导致高内增益的物理机制为少数载流子(空穴)的俘获，而非载流子倍增过程。

载流子俘获引起的高光学增益在使用生长在异质衬底上的薄膜制作的光电探测器中也经常被观察到[115,162,164,167]。Guo 等人[167]利用生长在蓝宝石上的 β-Ga₂O₃ 薄膜制备了 MSM 叉指状探测器。他们发现 β-Ga₂O₃ 薄膜在 O₂

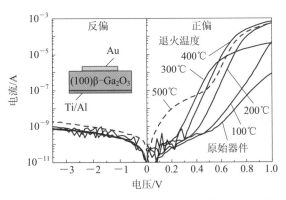

(a) 在不同温度下退火的Au-Ga$_2$O$_3$肖特基光电二极管的I-V特性(插图为该器件的示意图)

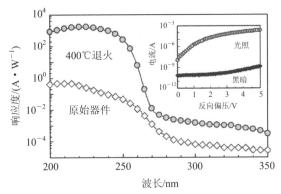

(b) 400°C退火前后的二极管的光谱响应(插图为光照和黑暗条件下的I-V特性[131])

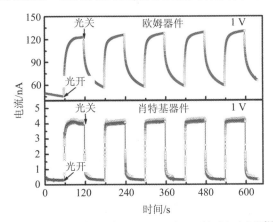

(c) β-Ga$_2$O$_3$原型器件在1 V偏压及254 nm光照下的瞬态响应图[167]

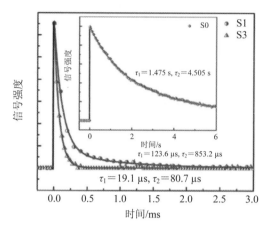

$\tau_1 = 123.6\ \mu s,\ \tau_2 = 853.2\ \mu s$

$\tau_1 = 19.1\ \mu s,\ \tau_2 = 80.7\ \mu s$

(d) 非晶Ga$_2$O$_3$ MSM探测器在-10 V偏压下的瞬态响应特性[164]

图 5-17　β-Ga$_2$O$_3$ 日盲紫外探测器的特性

氛围中的原位退火导致接触由欧姆型转换为肖特基型。图 5-17(c)显示了在 1 V 偏压及 254 nm 光照下二极管的光响应瞬态特性。与肖特基型器件相比，欧姆器件的光电流更大，响应(或恢复)时间更长。在上升和衰减边缘可以观察到两个时间分量，快速响应分量是由于光开或关时载流子浓度的快速变化引起的，而慢响应分量则是由于载流子俘获或释放的存在而引起的。显然，基于异质外延层的肖特基器件的响应时间比 Oshima 等人[166]报道的基于 Ga$_2$O$_3$ 高质量单晶的光电探测器要高一个数量级。这说明在有效吸收区域内的缺陷密度对响应速度和光增益起着至关重要的作用。类似的现象在文献[115][162][164]中也被报道。为了解决高增益的物理来源，Armstrong 等人[115]利用深能级光谱(DLOS)来揭示自束缚空穴在光响应中的作用。他们发现在 Ga$_2$O$_3$ 价带以上的自束缚空穴的积累在肖特基接触附近具有空间局域性，这将导致肖特基势垒减小，从而产生较大的光导增益。在诸如 ZnO 和 Ga$_2$O$_3$ 等宽禁带氧化物半导体中，氧空位总是大量存在，它们被广泛认为可以作为载流子俘获中心的深能级施主。为了解决这一问题，Cui 等人[164]报道了 MSM 结构非晶 Ga$_2$O$_3$ 日盲探测器的响应速度和响应度的调控，该调控在反应射频磁控溅射过程中以不同的氧通量生长 Ga$_2$O$_3$ 光吸收层来实现。通过拟合无光照下的 $I-V$ 曲线得到的探测器的肖特基势垒高度随着生长过程中氧通量的增加逐渐增加了 0.4 eV。这是由于负缺陷态在膜的最表层或晶界周围引起的 Ga$_2$O$_3$ 向上的能带弯曲导致的。由于类施主的氧空位减少，因此在高氧通量下生长的样品变得更具有电阻性，从而得到低暗电流、低光学增益和快速衰减速度，如图 5-17(d)所示。基于在高氧通量下生长的非晶 Ga_2O_3 薄膜制备的器件获得了 19.1 μs 的快速衰减时间和 0.19 $A \cdot W^{-1}$ 的响应度，这与基于单晶 Ga_2O_3 的光电探测器的性能相当。

利用 MOCVD 和 MBE 生长的同质外延层也被用于设计光盲紫外探测器。Pratiyush 等人[217]展示了基于 MBE 生长的(010) β - Ga_2O_3 薄膜制备的准垂直型肖特基日盲探测器。肖特基器件的剖面示意图及顶视图分别如图 5 - 18(a)和(b)所示。由图 5 - 18(c)所示的无光照下的 I - V 曲线可得，其整流比、开启电压和理想因子分别为 10^7、1.0 V 和 1.31。该器件在零偏压及 254 nm 光照下的光响应度为 4 mA/W，对应的 EQE 为 3%，紫外-可见光抑制比超过 10^3，如图(d)所示。Alema 等人[174]报道了利用 MOVPE 生长的 β - Ga_2O_3 外延层制备的 $Pt/N^- Ga_2O_3/N^+ Ga_2O_3$ 日盲肖特基光电二极管（其结构如图 5 - 18(e)和(f)的插图所示）。其中，N^- 为低 Si 掺杂外延层，掺杂浓度为 10^{16} cm^{-3}，迁移率超过 100 $cm^2 \cdot V^{-1} \cdot s^{-1}$。这一肖特基器件表现出改善的整流比、开启电压和理想因子，分别为 10^8、1.0 V、1.23，同时具有自供电特性及高达 110 V 的击穿场强。由图 5 - 18(f)所示的光响应谱可知，该器件的最大光响应度在 222 nm 处，为 0.16 A/W，对应的 EQE 为 87.5%，紫外-可见光抑制比超过 10^4。图 5 - 18(g)显示了 β - Ga_2O_3 光电二极管的光谱响应度与其他基于 GaN、SiC 和 AlGaN 等宽禁带半导体材料的商用器件的比较。显然，当前基于 β - Ga_2O_3 同质外延层的肖特基光电二极管表现出与大多数商用器件类似的响应度，不过其缺点是响应速度较慢，仅为 0.5 s。

少数载流子束缚带来的大的内部增益对 Ga_2O_3 光电探测器的应用来说是一个巨大的挑战，但同时也是一个机遇。一般来说，具有理想肖特基接触的光电二极管不会产生内部增益，并且在施加偏置的情况下响应度几乎不变。然而，当前的 Ga_2O_3 肖特基势垒光电二极管大多表现出高响应度和较慢的响应速度，在热电子发射理论的框架下无法很好地描述其 I - V 特性。如 5.3.5 节所述，内部增益的物理机制主要是表面附近光生空穴的俘获或自束缚空穴导致肖特基势垒高度降低。因此，在饱和光强以下的不同的光强和外加电压下，响应度会有所不同。在定量辐射测量应用中，这些器件的应用挑战在于需要精确而稳定地控制反向偏压。另一方面，这些器件对反向偏压的响应灵敏度与光电倍增管（PMT）的特性相似，具有显著的增益。如果可以定量地校准光响应度对偏置的依赖关系，就可以为这些器件在光通量检测领域提供应用机会。在许多应用中，紫外线光子通量非常低，需要内部增益大的探测器以合理的信噪比获取数据。具有高内增益的 Ga_2O_3 光电探测器的当前状态可能非常适合作为高

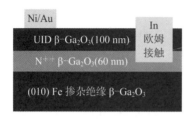

(a) 准垂直型肖特基器件的剖面示意图

半透明

(b) 准垂直型肖特基器件的顶视图

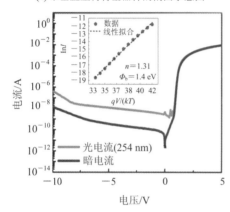

(c) 准垂直型肖特基器件在黑暗和254 nm光照下的I–V曲线

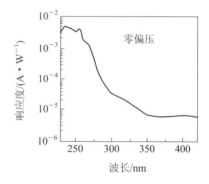

(d) 准垂直型肖特基器件在零偏压时254 nm光照下的光响应谱[217]

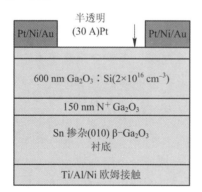

(e) Pt/N⁻Ga₂O₃/N⁺Ga₂O₃日盲肖特基光电二极管的剖面示意图

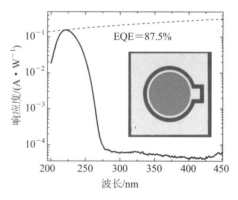

(f) Pt/N⁻Ga₂O₃/N⁺Ga₂O₃日盲肖特基光电二极管的响应光谱(插图为器件的顶视图)

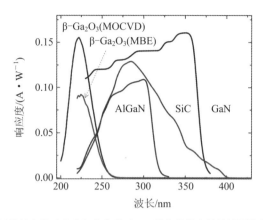

(g) β-Ga₂O₃光电二极管的光谱响应度与其他基于GaN等宽禁带半导体材料的商用器件的比较[174]

图 5 - 18　基于 β - Ga₂O₃ 外延层和薄膜的日盲紫外探测器的特性

精度辐射测量探测器用于探测微弱信号的光子通量,特别是在日盲紫外探测中。然而,如果用于日盲成像,则器件的一致性仍需要进一步研究确定。

Ga₂O₃ 材料与 Al 或 In 的合金工程形成的 $(Al_xGa_{1-x})_2O_3$[208-211] 或 $(In_xGa_{1-x})_2O_3$[212-214] 三元合金薄膜可以使光电探测器的光响应谱扩展到 UVA 波段至真空紫外波段[211]。Lee 等人[208]利用射频磁控共溅射双靶材系统制备了 $(Al_xGa_{1-x})_2O_3$ 三元合金薄膜,并制备了 MSM 日盲紫外探测器。图 5 - 19(a) 中的光响应谱表明,当合金的 Al 增加后,器件的响应度的截止波长从 250 nm 蓝移至 230 nm,对应的光子能量为 5.0~5.4 eV,而紫外-可见光抑制比保持为 10^3 并略有提高。图 5 - 19(b)显示了偏置电压为 5 V 时低频噪声功率密度与光电探测器的工作频率的依赖关系。与闪烁噪声对应的 $1/f$ 函数可以很好地拟合图 5 - 19(b)所示的噪声性能。当$(Al_xGa_{1-x})_2O_3$ 层的 Al 组分升高时,在 1 kHz 带宽内的总噪声电流和相应的噪声等效功率减小。这与 Al 的掺入增加了 Al - O 键的数目,从而抑制了氧空位的形成有关。因此,MSM 深紫外探测器的噪声特性得到了改善[208]。基于$(Al_xGa_{1-x})_2O_3$ 低 Al 组分的紫外光电探测器的瞬态响应的上升和衰减时间也有文献报道,为秒量级[209],表明伴随着 Al 合金化产生了严重的合金无序,由此引入了额外的缺陷。因此,$(Al_xGa_{1-x})_2O_3$ 基光电探测器的响应速度仍有很大的改进空间,即应致力于制备高质量的三元合金。

另一方面,为了实现光电探测器在 UVA 光谱区工作的目的,Zhang 等人[214]利用 Si 掺杂的 $(In_xGa_{1-x})_2O_3$ 三元合金薄膜(In 组分 x 满足:$0.35\% < x < 83\%$)制备了工作在可见光盲紫外区域的 MSM 光电探测器。生长薄膜的载

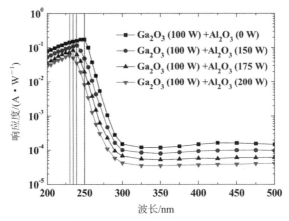

(a) $(Al_xGa_{1-x})_2O_3$三元合金薄膜制备的MSM日盲紫外探测器的光响应谱

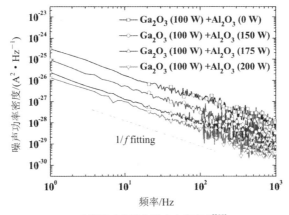

(b) 在不同功率下的噪声功率密度[208]

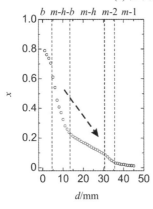

(c) 样品不同位置的In组分与晶向

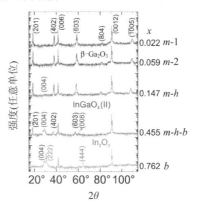

(d) 样品不同In组分的XRD衍射图

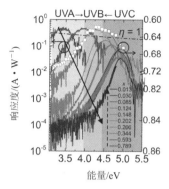

(e) 不同In组分(In$_x$Ga$_{1-x}$)$_2$O$_3$基MSM光电
探测器的响应谱

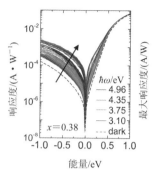

(f) In组分为0.38的肖特基二极管在不同
光子能量照射下的I-V曲线图[214]

图 5 - 19　Ga$_2$O$_3$ 合金薄膜及其日盲紫外探测器的特性

流子浓度范围为 $10^{17} \sim 10^{18}$ cm^{-3}。从晶体结构上看，薄膜出现了从单斜相 β - Ga$_2$O$_3$ 到立方相 InGaO$_3$(Ⅱ)再到立方方铁锰矿 In$_2$O$_3$ 的转变，如图 5 - 19(c) 和(d)所示。如图 5 - 19(e)所示，随着 In 组分的下降，光响应谱的截止波长从 UVA 光谱区调控到了 UVC 光谱区，对应的光学禁带宽度从 3.22 eV 调控到了 4.83 eV。光学禁带宽度的上下限 E_{cutoff}^{high} 和 In 组分 x 的关系为线性关系，表示为 $E_{cutoff}^{high}(x)\text{eV} = (4.86 \pm 0.03)$ eV $-(2.03 \pm 0.08)$ eV $\cdot x$。需要注意的是，光电导增益只产生于由富 In 三元薄膜制备的光探测器，但是富 Ga 的 (In$_x$Ga$_{1-x}$)$_2$O$_3$ 光电器件中没有观察到增益。由(In$_x$Ga$_{1-x}$)$_2$O$_3$($x=0.38$)制备 的肖特基光电探测器在不同能量光照下的 J-V 曲线如图 5 - 19(f)所示，可用 以解释上述现象。根据热电子发射理论，增加的光响应和有效肖特基势垒的减 小之间有明显的相关性，这表明该器件主要的增益机制是在金属/ (In$_x$Ga$_{1-x}$)$_2$O$_3$ 界面上的光生空穴的俘获。此外，Chang 等人[213]研制了一种基 于非晶铟镓氧合金薄膜晶体管(TFT)的深紫外光电晶体管。研究发现，光电流 的大小与 TFT 通道内氧空位的密度相关。Kokubun 等人[212]报道的用溶胶-凝 胶法制备的(In$_x$Ga$_{1-x}$)$_2$O$_3$ 薄膜的可见光盲型光电探测器中，响应度对 In 组分 具有类似的依赖关系。

　　总之，基于 Ga$_2$O$_3$ 外延薄膜、体单晶及其三元合金氧化物的高响应度日盲 光电探测器已经得到了初步发展。然而，这些光电探测器大多是 MSM 叉指状 结构，具有背对背的肖特基结构。由于在材料或金属/半导体界面存在深能级 陷阱，或由于自束缚空穴的存在，器件的内部增益通常比理论的最大值($\eta=$ 100%)更高。导致较大的内部增益的物理机制被认为是由少数载流子俘获效应

主导的。特别地,对于肖特基光电二极管而言,在辐照下,光子产生的空穴被束缚在电极/半导体界面或氧空位上,导致肖特基势垒高度降低。如果光生空穴的俘获和脱俘获时间比多数载流子(电子)在接触之间的传输时间要长得多,则光电导增益高的情况下会出现响应速度低的问题。因此,打破高响应度和高响应速度之间的制约关系,对于紫外探测器的实际应用至关重要。基于 Ga_2O_3 与其他半导体形成的异质结构或 Ga_2O_3 纳米结构可能为实现这一目标提供了替代途径。此外,对于 Ga_2O_3 的三元合金而言,通常存在相分离的问题,这会导致晶界的产生,从而影响光电器件的性能。为了拓宽 Ga_2O_3 合金的光谱响应范围,应发展全组分的 In^- 或 Al^- 合金,目前看来,除了全组分 $\alpha-(Al_xGa_{1-x})_2O_3$ 合金实现的可能性较高外,其他相的合金和全组分 $(In_xGa_{1-x})_2O_3$ 合金的实现还存在一定的困难。下一步的工作重点是生长高质量、高 Al 组分的合金,并进行真空紫外探测的实验验证。

5.3.2　基于氧化镓纳米结构的日盲探测器

Ga_2O_3 纳米线[74, 218-219]、纳米带[67, 83]、纳米片[149-150] 及基于机械剥离 $\beta-Ga_2O_3$ 单晶得到的准二维纳米片[71, 151, 155] 及纳米异质结构[73, 78-79, 220] 被广泛用于制备 Ga_2O_3 基紫外光电探测器。Ga_2O_3 纳米结构具有较高的晶体质量,是一种制备具有响应速度快、信噪比高、能耗低、制造成本低等优点的高性能光电探测器的备选材料。基于机械剥离 $\beta-Ga_2O_3$ 单晶得到的准二维纳米片的光电探测器有望同时具备体单晶和纳米结构的优点。目前报道的基于核-壳纳米异质结构的光电探测器实现了高增益、快速响应的雪崩过程,有望打破高响应度和高响应速度之间的制约关系[78]。为了提高 Ga_2O_3 纳米结构光电探测器的重复性,纳米线薄膜也被尝试用于制备光电探测器[74, 219]。Ga_2O_3 纳米线薄膜光电探测器相较于其体材料、外延薄膜、一维纳米结构具有一定的优势,如易于制备,成本低,具有柔性及高性能[74, 221]。

由于一维 $\beta-Ga_2O_3$ 纳米线较容易合成,因此基于纳米线的 $\beta-Ga_2O_3$ 日盲紫外探测器首先由单根 $\beta-Ga_2O_3$ 纳米线和 Au 电极制备而成[222]。以 Au 为催化剂,在 980℃高温下可制备高质量的纳米线。在 254 nm 光照下,器件的 $I-V$ 曲线是不对称且非线性的。这一电学特性被归因于电极与纳米线之间的欧姆接触较差,这可能是由于纳米线中自由载流子浓度极低以及纳米线与 Au 电极之间的功函数不匹配。图 5-20(a)和(c)显示了探测器在 254 nm 光照射下,偏置为-8 V 时的时间响应。在 254 nm 光照下,纳米线的电导增加了约 3 个数量级,响应时间和恢复时间的最大值分别为 0.22 s 和 0.09 s。一般来说,对于这类光电导探测器而言，器件通常存在较大的暗电流和较长的恢复过程。然而，这些问题并没有发生在这些纳米线探测器中，这可能与纳米线的尺寸较小且壳层由于表面能带上弯而耗尽有关。为进一步提高器件的灵敏度，Hsieh 等人[223]设计了一种新型嵌有 Au 颗粒的一维纳米结构光电探测器，如图 5-20(b)所示。嵌入的 Au 颗粒引起的表面等离子体共振(SPR)大大增强了单个纳米线的光响应。如图 5-20(c)所示，在一个光开关周期内，器件的光响应表现出很高的开关抑制比。上面的结果表明，这种简单的合成方法可以拓展 Ga_2O_3 光电器件的应用前景。借用这一概念，可以设计表面等离子体共振增强的光电探测器，如 5.3.6 节中所述。

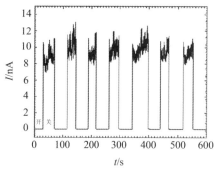

(a) 单根纳米线探测器在254 nm光照射下
(偏置为−8 V)的时间响应

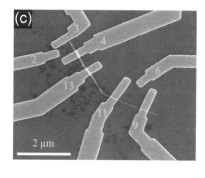

(b) 新型嵌有Au颗粒的一维纳米结构
光电探测器的SEM照片

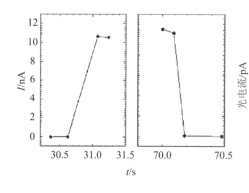

(c) 单根纳米线探测器在254 nm光照射下
(偏置为−8 V)的时间响应

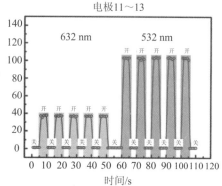

(d) 532 nm和632 nm光照下器件的瞬态响应图[223]

图 5-20　基于氧化镓纳米线的日盲探测器的特性

Li 等人[224]报道了一种利用 β-Ga_2O_3 纳米线集合作为电极之间的桥接媒介设计的高性能探测器。该器件采用单步 CVD 工艺，以 Au 为催化剂，在石英衬

底上制备而成。该探测器表现出了良好的器件性能，具有高抑制比(在 250 nm 和 280 nm 处光抑制比为 2×10^3)、低光电流波动($<3\%$)及高衰减速度(<20 ms)。为解决缺陷和晶体质量对器件性能的影响，在 $800 \sim 1000$℃ 的不同温度下合成的一系列 β-Ga_2O_3 纳米线用作光敏层。不同样品的瞬态响应速度、光响应度及光致荧光谱(PL 谱)分别如图 5-21(a)、(b)和(c)所示。其中，样品 1、样品 2 和样品 3 的生长温度分别为 1000℃、925℃ 和 800℃。这些结果表明，纳米线中的缺陷密度随着生长温度的降低而增加。纳米线中的缺陷越多，光生空穴的俘获就越严重，导致光电导响应度越高，而响应速度越慢(见图 5-21(d))。因此，可以通过降低缺陷密度来提高器件的响应速度。此外，Chen 等人[74]报道了由一个简单的部分热氧化过程生长的 Au/β-Ga_2O_3 纳米线阵列薄膜制备的垂直型肖特基光电二极管。图 5-21(e)展示了 β-Ga_2O_3 纳米线阵列薄膜和垂直型肖特基光电二极管的制备过程。该光电二极管在黑暗条件下表现出整流特性，其电流整流比在 ± 15 V 时为 10^5。由图 5-21(f)所示的 I-V 曲线图可以很容易得出，界面层或者 β-Ga_2O_3 光敏层是高阻的，其串联电阻为 $R_S \approx 10^8$ Ω。在入射功率密度为 2 mW·cm^{-2} 的 254 nm 光照下，在正向区域观察到明显的光电流，这是在光照下产生的光生过剩载流子导致纳米线阵列薄膜电阻降低的结果。由图 5-21(f)和(g)可以清楚地观察到典型的光伏效应，这表明该光电探测器具有自供电特性，且响应速度较快。图 5-21(h)为 -10 V 偏置下光电探测器在波长为 266 nm、脉宽为 10 ns 的深紫外激光照射下的瞬态响应。由图 5-21(h)可知，器件的上升和衰减时间分别为 1 μs 和 64 μs，且电流降至 0 的时间为 100 μs。该器件的慢衰减时间可能是由于电路的(54 μs)常数导致的。与基于体单晶、外延膜和单个纳米结构的器件相比，基于纳米线薄膜的光电探测器具有响应速度快、自供电、稳定性好、可重复性好的特点。

除了合成一维纳米结构外，Ga_2O_3 的另一个独特之处在于可以通过直接氧化法[149]、体单晶机械剥离法[71, 151]及 CVD 方法[67, 83, 150]得到二维纳米结构。Feng 等人[149]首次报道了 GaSe 纳米片氧化合成二维 Ga_2O_3 纳米片的方法，并由此制备了基于二维 Ga_2O_3 纳米片的日盲紫外探测器。如图 5-22(a)所示，合成的二维 β-Ga_2O_3 是多晶态的，其厚度小于 10 nm，是目前报道的最薄的二维 β-Ga_2O_3 光电探测器。该器件的响应度和外部量子效率分别为 3.3 A/W 和 1600%。在 254 nm 光照下测量表明，光照和黑暗下的电流比约为 10，上升和下降时间分别为 30 ms 和 60 ms。除了暗电流较大之外，器件性能尚可接受，更为重要的是，该设计为实现简单、低成本的二维 Ga_2O_3 光电探测器提供了一种替代方案。另外，利用 CVD 方法可制备高质量的 β-Ga_2O_3 纳米片，并由此

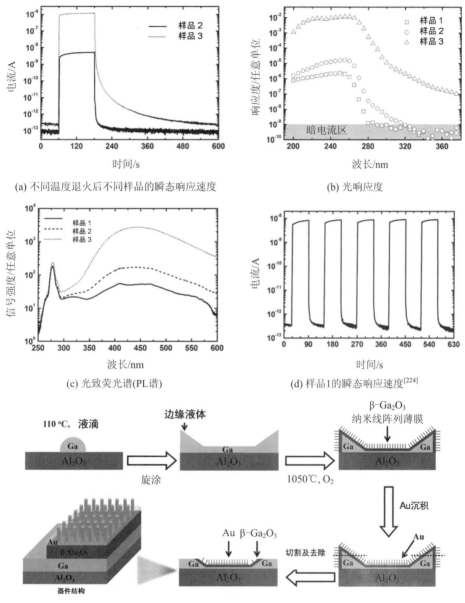

(a) 不同温度退火后不同样品的瞬态响应速度

(b) 光响应度

(c) 光致荧光谱(PL谱)

(d) 样品1的瞬态响应速度[224]

(e) β-Ga₂O₃纳米线阵列薄膜和垂直型肖特基光电二极管的制备过程

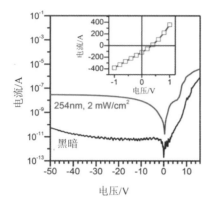

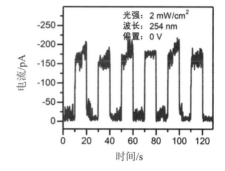

(f) 器件在黑暗条件和254 nm光照下的I-V曲线
(插图为254 nm光照下的I-V曲线)

(g) 254 nm光照下零偏时器件的瞬态响应图

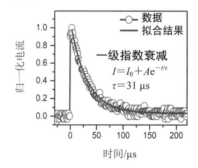

(h) −10 V偏置下光电探测器在波长为266 nm、脉宽为10 ns的深紫外激光照射下的瞬态响应

图 5 - 21　基于氧化镓纳米线阵列结构的日盲探测器的特性

制备了日盲光电探测器[150]。如图 5 - 22(b)所示，在黑暗条件下的 I-V 测试表明，该光电探测器具有典型的肖特基整流特性，并且可以看出未掺杂的 β-Ga_2O_3 纳米片表现出高阻特性。因此，器件在 254 nm 光照下的 I-V 曲线表现出典型的光伏效应，并在正向偏压时也能观察到响应度高的现象，与文献[74]和[113]报道的结果相似，如图 5 - 22(c)所示。该光电探测器具有响应度高(正向偏压 1 V 下响应度为 19.31 A /W)、EQE 大(为 9427%)、响应速度快(约 20 ms)和暗电流低的特性。通常情况下，肖特基光电二极管工作在反向偏压下，此时暗电流低，并且可以借助耗尽区有效分离光生载流子，在正向偏压下工作可能会牺牲器件的响应速度，增加读出电路的复杂度。Zou 等人[67]同样报道了基于 β-Ga_2O_3(100)晶向的纳米带制备的具有典型 MSM 结构的日盲紫外探测器。该器件的响应度为 851 A/W，响应时间小于 0.3 s。特别地，这一 β-Ga_2O_3 纳米带光电探测器的工作温度可达 433 K。从图 5 - 22(d)中可以看出，

当工作温度从 328 K 增加到 433 K 时，在 6.0 V 的固定偏置下，光电流保持恒定，响应速度变化很小。当温度升高到 433 K 时，20 V 时的反向暗电流仅从 2.2×10^{-13} A 微增至 2.41×10^{-12} A。

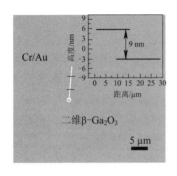

(a) GaSe 纳米片氧化合成二维 Ga_2O_3 纳米片制备的器件的 AFM 图片[149]

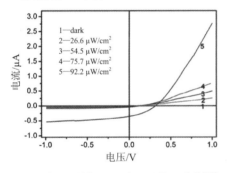

(c) 不同光强照射的 254 nm 辐照下的 I-V 曲线[150]

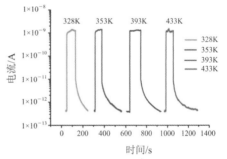

(b) 采用基于 CVD 方法制备的高质量 β-Ga_2O_3 纳米片制备的日盲光电探测器的暗电流

(d) 基于 β-Ga_2O_3 (100) 晶向的纳米带制备的具有典型 MSM 结构的日盲紫外探测器在 6.0 V 的固定偏置下不同温度的响应特性[67]

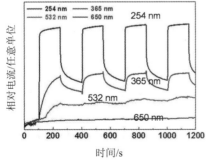

(e) 基于机械剥离 β-Ga_2O_3 纳米片的背栅光电晶体管在不同光照下的响应特性

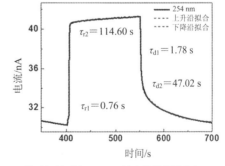

(f) 基于机械剥离 β-Ga_2O_3 纳米片的背栅光电晶体管在 -50 V 偏置下的瞬态响应[151]

图 5-22　基于氧化镓纳米片的日盲探测器特性

　　类似于石墨烯的制备，准二维的 β - Ga_2O_3 纳米片可以从 β - Ga_2O_3 体材料上机械地剥离下来，并转移到其他衬底上，以满足特殊的应用需求。例如，Oh 等人[151]制备了基于机械剥离 β - Ga_2O_3 纳米片的背栅光电晶体管，器件的响应度高达 1.8×10^5 A·W^{-1}。图 5 - 22(e)表明，该光电晶体管对能量低于 β - Ga_2O_3 带隙的光子(365 nm 和 532 nm)具有响应。在 365 nm 和 532 nm 照明下，光电流是由于带隙内存在的杂质或缺陷产生的，这些杂质或缺陷使载流子被束缚在禁带的子带中，并限制了载流子的复合。因此，由于持久的光电导效应，当时记录的最高响应度是以牺牲响应速度为代价的。如图 5 - 22(f)所示，即使在 -50 V 的偏置下，慢衰减时间分量也能达到 50 s，这是典型的由于少子被限制在深能级缺陷处导致的持续光电导效应的标志。在由机械剥离 β - Ga_2O_3 纳米片和石墨烯电极组合而成的光电探测器中也得到了类似的结果[71]。与用 Ni 作为电极的器件相比，Ga_2O_3/石墨烯光电探测器表现出高响应度和低响应速度的特性。尽管机械剥离的 β - Ga_2O_3 纳米片具有一定的潜力，但可重复获取具有确定厚度和大面积的二维 β - Ga_2O_3 纳米片仍然是限制其大规模生产的主要因素。此外，近期基于二维 β - Ga_2O_3 纳米片的光电晶体管研究展现出了更优异的性能，这将在 5.3.6 节中叙述。

　　如前所述，在大多数基于 Ga_2O_3 薄膜或纳米结构的光电探测器中，响应度和响应速度之间仍然存在制约关系。为了克服传统光电探测器在增益和带宽性能之间的制约关系，APD 可以通过碰撞电离诱导的载流子倍增来自发地获得高响应度和高响应速度。基于高质量的 ZnO - Ga_2O_3 核壳结构微米线，Zhao 等人[78]报道了首只 Ga_2O_3 雪崩日盲光电探测器。图 5 - 23(a)显示了 ZnO - Ga_2O_3 微米线光电探测器的原理图，其中 In 和 Ti/Au 分别与 ZnO 和 Ga_2O_3 形成欧姆接触。图 5 - 23(b)所示为 254 nm 光照和黑暗条件下的 I-V 曲线，具有典型的整流特性，在 4.3 V 处发生软击穿，假设在室温下电场均作用于 Ga_2O_3 侧，则击穿场约为 100 kV·cm^{-1}。由图 5 - 23(c)所示的不同温度下的反向电流可以确定，击穿电压随着温度从 300 K 升高到 370 K 而增加。因此，可以确定击穿点的正温度系数为 0.03 V/K，这表明光电二极管以雪崩模式工作。图 5 - 23(d)为器件在 -6 V 偏压下的光谱响应。在 -6 V 偏置下，器件的响应度可达 1.3×10^3 A·W^{-1}，对应地比探测效率高达 9.91×10^{14} cm·$Hz^{1/2}$·W^{-1}。该器件还具有响应速度快的特点，其上升时间短于 20 μs，衰减时间为 42 μs，如图 5 - 23(e)所示。他们根据图 5 - 23(f)中 ZnO 和 Ga_2O_3 的能带图和电势分布模拟图，提出了如下可能的机制来解释雪崩过程：在反向偏压下，电子从 ZnO 向 Ga_2O_3 运动，耗尽区主要位于 Ga_2O_3 侧，即为电子加速区；在击穿点附

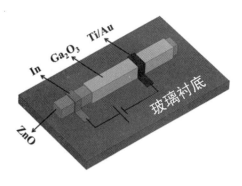

(a) ZnO-Ga$_2$O$_3$微米线光电探测器的原理图

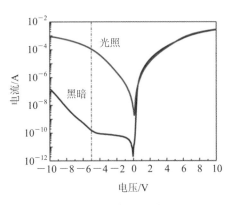

(b) 254 nm光照和黑暗条件下的I-V曲线

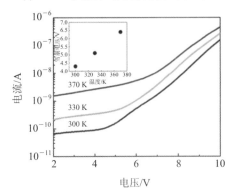

(c) 器件在不同温度下的反向电流击穿特性

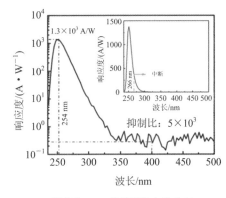

(d) 器件在−6 V偏置下的光谱响应

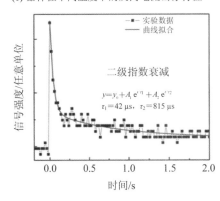

(e) 器件在−6 V偏置下的瞬态响应特性

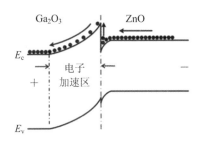

(f) 反偏情况下ZnO和Ga$_2$O$_3$的能带图和
电势分布模拟图

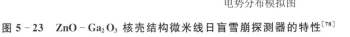

图 5-23　ZnO-Ga$_2$O$_3$核壳结构微米线日盲雪崩探测器的特性[78]

近，电子被加速并获得足够的动能，与 Ga_2O_3 晶格产生电离碰撞，从而引发雪崩过程；在光照条件下，光生载流子参与了雪崩倍增过程，导致了高的内增益；然而在室温下，如果电子在整个耗尽区内加速，且在击穿电压附近没有能量损失，则电子的动能只有4.3 eV，小于 Ga_2O_3 的带隙，因此不能通过碰撞电离激发电子-空穴对。本器件的雪崩过程机制存在一些问题，需要设计实验进一步深入探究其输运机制。为了评估基于 Ga_2O_3 的 APD 的可行性，还需要对 Ga_2O_3 的雪崩过程进行更多的实验探究。

总之，各种结构类型的 Ga_2O_3 纳米结构已被应用于日盲紫外探测器。虽然基于单根纳米线和二维纳米结构的光电探测器表现出良好的探测性能，但在实际应用中这些器件的重复性是最棘手的问题。基于纳米线薄膜的日盲光电探测器具有制作简单、成本低、柔性、性能好、重现性好等优点。从材料生长的角度看，由于纳米结构多在准平衡态下生长，因此得到的往往是 β 相的，而基于其他亚稳定相的纳米结构的光电探测器则鲜有报道。例如，高质量的刚玉型 $α-Ga_2O_3$、具有铁电特性的正交型 $κ-Ga_2O_3$ 的纳米结构及其探测器鲜有报道。$α-Ga_2O_3$ 和 $κ-Ga_2O_3$ 可以在多种异质衬底上外延，那么是否可以通过一些结构设计（如刻蚀、剥离转移等）将薄膜纳米化，从而利用 $α-Ga_2O_3$ 和 $κ-Ga_2O_3$ 的材料特性制备性能优越的日盲探测器呢？这也是将来进一步深化 Ga_2O_3 日盲探测器研究的一个方向。另外，纳米线的可控掺杂困难及高表面态的问题也将限制 Ga_2O_3 纳米结构日盲紫外探测器的应用，而这两个方法目前似乎没有很好的解决方法。

5.3.3 基于非晶氧化镓的柔性日盲探测器

相对于晶态半导体材料而言，非晶材料最大的优势在于其可以在低温下生长大面积、高一致性的薄膜[225]。由于非晶材料通常可以在较低的温度下合成，因此可以在柔性透明树脂上沉积，这为柔性器件的制备奠定了基础。作为一种氧化物，非晶 Ga_2O_3（或其与 Al[226]、In[227]、Mg[228]、Cd[229]、N[230]、S[231]等的合金）可以很容易通过物理溅射（如磁控溅射[164, 169]）、脉冲激光沉积[231]、化学反应沉积（如原子层沉积[156, 226, 228]）、等离子增强化学气相沉积[232]和水溶液[233]等方法制备。制备 Ga_2O_3 柔性器件通常有两种方法：一种是直接在柔性衬底（如 PEN[164]、PI[234]、PET[235]等）沉积 Ga_2O_3 非晶薄膜（生长温度较低，通常无法结晶），然后通过标准器件工艺制备所需的柔性器件；另一种是通过转移法实现 Ga_2O_3 从其他介质（如机械剥离的纳米片[46]）转移到柔性薄膜衬底上，然后制备柔性器件。柔性电子器件由于可以用于便携的、可穿戴的、超轻的和可植入式的光电子器件而受到关注，这也为发展新一代日盲紫外光电探测器提供了机会。与传统的 Ga_2O_3 基日盲紫外探测器相比，非晶 Ga_2O_3 柔性日盲探测器除了应用响应度、响应带宽、比探测率等基本参数表征外，还应重点评估器件的可弯曲弧度、抗弯曲性及一致性。目前，基于非晶 Ga_2O_3 柔性探测器的报道并不多[156, 164, 228, 235-238]，人们对基于 Ga_2O_3 材料的柔性紫外探测器的探索还处在初始阶段，即单个器件的性能及简单的弯曲测试，为了挖掘非晶 Ga_2O_3 柔性探测器在柔性应用及成像中的潜力，还需深入研究非晶 Ga_2O_3 柔性探测器的抗弯曲特性和一致性，以便和当前的柔性工艺兼容。

Cui 等人关于制备非晶 Ga_2O_3（蓝宝石上）MSM 探测器的文献[164]中也有非晶 Ga_2O_3 柔性探测器的介绍，该柔性探测器在不同曲率下，光电流和瞬态响应基本不变，而曲率半径为 8 mm 时弯折 500 次后，光电流基本不变。然而，相较于基于蓝宝石上的非晶 Ga_2O_3 制备的探测器而言，非晶 Ga_2O_3 柔性探测器表现出类似欧姆接触的特性，且响应速度明显变慢。Lee 等人[156]报道了利用由低温（低于 250℃）ALD 方法生长的超薄非晶 Ga_2O_3 制备的高速、高响应度的柔性探测器。图 5-24(a)为 30 nm 厚非晶 Ga_2O_3 柔性探测器的器件示意图，其中 Pt 的厚度为 50 nm。该器件的光学照片显示了在聚酰亚胺（PI）上制备的非晶 Ga_2O_3 柔性探测器具有可弯曲特性。图 5-24(b)所示为非晶 Ga_2O_3 的 XRD 衍射谱。由图 5-24(b)可知，聚酰亚胺衬底和非晶 Ga_2O_3 没有明显的 XRD 峰位，表明沉积薄膜属于非晶态。非晶 Ga_2O_3 柔性探测器在 253 nm 深紫外光照下，表现出很高的光暗电流比，如图 5-24(c)所示。其暗电流在 -10 V 时仅为 0.7 pA。该非晶 Ga_2O_3 柔性探测器在曲率半径为 14 mm 的弯折测试下的瞬态响应特性如图 5-24(d)所示，弯曲的器件形态如图 5-24(a)中的光学照片所示。在多次弯曲测试后，光暗电流基本保持不变。然而当弯曲曲率半径达到 5 mm 后，由于 Pt 和非晶 Ga_2O_3 的黏附性较差，因而导致了器件的退化，不过这一问题可以通过在 Pt 和非晶 Ga_2O_3 之间添加合适的黏附层来解决。需要注意的是，Lee 等人[156]只测试了玻璃上非晶 Ga_2O_3 探测器的响应谱和更精细的响应速度，而非晶 Ga_2O_3 柔性探测器的相关参数没有在该工作中体现。

Li 等人[237]也报道了非晶 Ga_2O_3 柔性探测器的制备和表征，非晶 Ga_2O_3 生长在 PI 衬底上，器件结构为 MSM 型探测器。通过控制材料的生长温度，相应地 MSM 光电探测器的响应度和光暗电流比有了明显的提高。当生长温度为 200℃时，在 254 nm 光照下 -20 V 偏压时，获得了 52.6 A·W^{-1} 的响应度，对应的 EQE 达到 $2.6×10^4$%。该报道中没有给出非晶 Ga_2O_3 柔性探测器的光响应谱，不过该器件在 365 nm 光照下表现出明显的响应，这可能与氧空位的

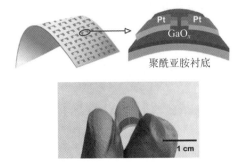

(a) 30 nm厚非晶Ga₂O₃柔性探测器的器件示意图

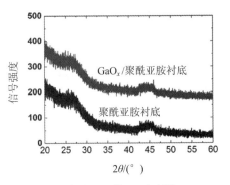

(b) 非晶Ga₂O₃的XRD衍射谱

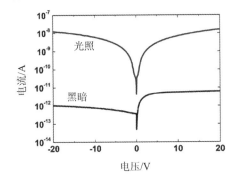

(c) 非晶Ga₂O₃柔性探测器在黑暗条件和253 nm
深紫外光照下的 I-V 曲线

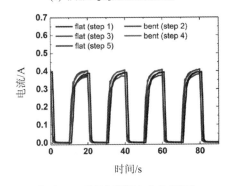

(d) 非晶Ga₂O₃柔性探测器在曲率半径为
14 mm的弯折测试下的瞬态响应特性

图 5-24　基于非晶氧化镓柔性日盲探测器[156]

存在有关。在 254 nm 光照下，该器件未弯曲和曲率半径为 4 mm、5 mm 和
6.5 mm 时的光电流基本不变，而当曲率半径进一步降低时，光电流开始退化。
在 254 nm 光照下且曲率半径为 4 mm 时弯曲了 500 次后，光电流可以基本认
为不变。由此可见，非晶 Ga₂O₃ 柔性探测器具有良好的弯曲抗性，在柔性日盲
探测中具有潜在应用。

　　Chen 等人[235]利用生长在聚对苯二甲酸乙二醇酯（PET）衬底上的非晶
Ga₂O₃ 制备了三维日盲紫外探测器阵列，如图 5-25(a)所示。该探测器阵列的
像素单元为 MSM 结构，表现出 0.17 nA 的低暗电流、250 nm 处达 8.9 A·W⁻¹
的最高响应度、对应的 EQE 为 4450% 的性能。该器件的截止波长为 268 nm，
250 nm/300 nm 抑制比超过两个量级。图 5-25(b)所示为该器件在不同偏压下的
光谱响应。该器件在 15 V 偏压下表现出较快的响应速度，快瞬态响应分量低至
308 μs，如图 5-25(c)所示。该器件表现出良好的弯曲抗性，在弯曲 2000 次

后，器件的瞬态响应和光响应谱基本不变，如图 5 - 25(d)和(e)所示。此外，不同的器件表现出良好的一致性，在不同的偏压或光强下，不同器件的光电流随着偏压或光强的增大而相对一致地增加，分别如图 5 - 25(f)、(g)所示。此外，该三维器件相对于平面器件的一大优势是可以增加探测器阵列的探测角度[235]，在增加阵列密度后，有望用于大角度成像，充分发挥柔性器件的优势。

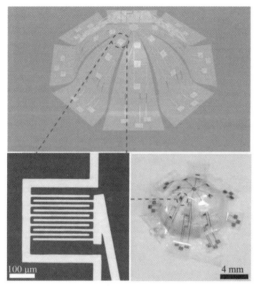

(a) 用生长在PET衬底上的非晶Ga$_2$O$_3$制备的三维日盲紫外探测器阵列

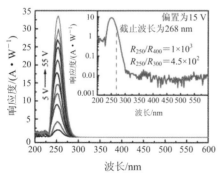

(b) 器件在不同偏压下的光谱响应(插图为偏压为15 V时线性坐标下的光谱响应)

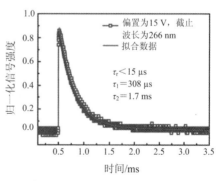

(c) 器件在266 nm光照、15 V偏置下的瞬态响应

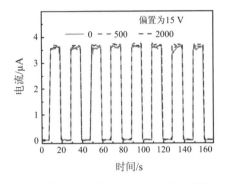

(d) 弯曲测试500次和2000次后的瞬态响应与未
弯曲时的比较(偏置为15 V)

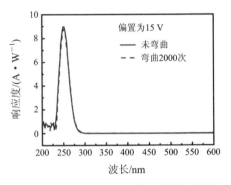

(e) 弯曲测试2000次后的光响应谱与未弯曲时
的比较(偏置为15 V)

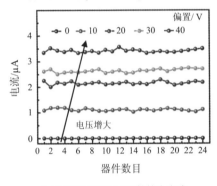

(f) 不同偏压下不同器件的光电流

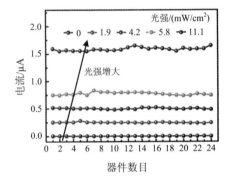

(g) 不同光强下不同器件的光电流

图5-25　基于非晶 Ga_2O_3 的三维日盲紫外探测器阵列[235]

　　总而言之,目前非晶 Ga_2O_3 柔性探测器的研究取得了一定进展,尽管由于非晶态中缺陷密度较高而导致较高的响应度和较慢的响应速度[169],但通过优化生长条件,可以实现暗电流的优化、响应度和响应速度的平衡[164],达到与体单晶及外延膜相似的水平。非晶 Ga_2O_3 柔性探测器的抗弯曲特性较好,在衬底曲率半径为 10 mm(可达到常规应用)附近时不会明显地损失器件性能,并且可以经受高达数千次的弯曲(在非晶 Ga_2O_3 基存储器中也有类似结论[234])。由于非晶 Ga_2O_3 薄膜的一致性良好,因此其柔性器件表现出较高的一致性。目前应该进一步深入研究非晶 Ga_2O_3 柔性探测器的抗弯曲特性,增加弯曲次数来研究器件的退化机制,分析是非晶 Ga_2O_3 薄膜材料本身还是工艺流程导致的器件退化。另外,应进一步验证非晶 Ga_2O_3 柔性探测器的一致性,在较广的期间区域内,分区域取样研究器件的性能及抗弯曲特性的一致性。在这一过程中逐步优化电极结构,提高读出电路在弯曲状态下的合理性,以实现非晶

Ga₂O₃ 柔性成像。此外，Liang 等人[236]将非晶 Ga₂O₃ 柔性探测器拓展到 X 射线探测领域(将在 5.3.6 节中介绍)，这也是非晶 Ga₂O₃ 柔性探测器一个发展方向。

5.3.4　基于氧化镓异质结构的日盲探测器

目前，由于 Ga₂O₃ 缺乏 P 型导电性，大部分报道的 Ga₂O₃ 基紫外探测器都是基于光导型和肖特基型的。实现光伏型探测器的另一种方法是构筑异质结构，即用其他 P 型导电半导体或者使用与 Ga₂O₃ 能带偏移较大的半导体与 Ga₂O₃ 组成异质结。到目前为止，基于 Ga₂O₃ 异质结构的紫外探测器已有许多报道，如与 GaN[177, 184]、SiC[176]、ZnO[78-79, 179, 186-187]、Si[239]、石墨烯[181, 183]、Cu₂O[240]、NiO[241]、非晶 Ga₂O₃[188]、MoS₂[242]、金刚石[243]和 SnO₂[178]形成异质结构等。对于异质结构，特别是 P－N 结型异质结构，在两种不同材料的界面处会形成一个具有内建电场的耗尽区。因此，这些光伏型光电探测器表现出由内建电场驱动的自供电和零能耗的特性。对于 N－N 同导电类型的异质结构，界面处原子互扩散或者电子扩散导致的能带弯曲效应，使得 N－N 同质结也可以表现为和 P－N 结类似的具有良好整流特性的异质结。因此，在设计具有 Ⅱ 型能带对准的 N－N 同导电类型的异质结构时，应首先考虑半导体与 Ga₂O₃ 之间的能带对准问题。目前 β－Ga₂O₃ 与各种半导体材料的能带排列(如 Si[244]、GaN[245]、6H－SiC[246]、AlN[147]、α－Ga₂O₃[247])以及介电材料等的能带排列已经得到了较为广泛的研究[248]。

在其他 P 型宽禁带半导体上设计 P－N 异质结光电二极管是实现日盲紫外探测器的折中方案。Nakagomi 等人[176]报道了一种基于由 β－Ga₂O₃ 和 P 型 (0001) 4H－SiC 组成的混合型 P－N 异质结的深紫外光电二极管。4H－SiC 的电子亲和势为 3.6 eV，导带偏移量 ΔE_c 为 0.4 eV，价带偏移量 ΔE_v 为 2.04 eV，如图 5－26(a)所示。在 β－Ga₂O₃/4H－SiC 界面上形成了 Ⅱ 型(错列隙)能带排列。在 β－Ga₂O₃ 层上制备了 Ti/Al/Pt/Au 欧姆电极，即使在 500℃高温下也具有良好的整流性能，开关比大于 10^3。根据图 5－26(b)所示的 I-V 特性，可将该异质结光电二极管视为电阻与二极管的串联，其中电阻主要是由 β－Ga₂O₃ 层贡献的，并且会随着吸收的紫外光的功率增加而下降。该探测器在 210～260 nm 波段有较高的响应度。然而，在相对于 Ga₂O₃ 带边的长波段处也有明显的响应特征，这主要是由于该波段的光穿过 Ga₂O₃ 到达 SiC 后产生响应导致的，如图 5－26(c)所示。在异质结构 β－Ga₂O₃/P－6H－SiC[249]和 β－Ga₂O₃/P－GaN[250]基光电二极管中也可观察到类似的光响应行为。工作在 －6 V

偏压下的 β-Ga₂O₃/4H-SiC 异质结光电二极管的瞬态响应如图 5-26(d)所示。图 5-26(d)中还有商用 Si 基 P-I-N 光电二极管在同一辐照下的瞬态响应作为对比。β-Ga₂O₃/4H-SiC 异质结光电二极管具有可以与商用 Si 基 P-I-N 光电二极管相比拟的瞬态响应速度，其上升时间和衰减时间都小于 30 μs，这是单一的 Ga₂O₃ 基探测器很难达到的速度。但这些 P 型半导体带隙小于 β-Ga₂O₃ 带隙的缺点是降低了光电二极管对 UVA 的抑制比。尽管这样

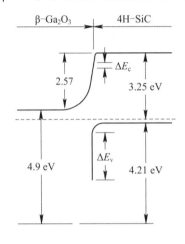

(a) 4H-SiC和β-Ga₂O₃的能带排列

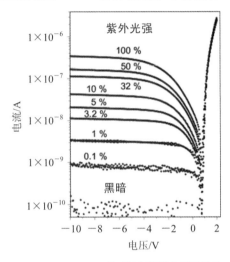

(b) 4H-SiC/β-Ga₂O₃异质结探测器在不同紫外光照下的I-V曲线图

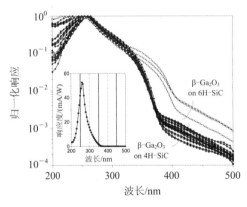

(c) 4H-SiC/β-Ga₂O₃异质结探测器和6H-SiC/β-Ga₂O₃异质结探测器的归一化光响应的对比(插图为4H-SiC/β-Ga₂O₃异质结探测器在线性坐标下的响应谱)

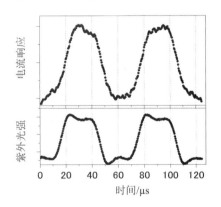

(d) 器件与商用P-I-N Si探测器在同一辐照条件下的瞬态响应曲线

图 5-26　4H-SiC/β-Ga₂O₃ 异质结构日盲探测器的特性[176]

可以产生"新"的功能——双波段检测，但如何控制波长敏感性的精度仍具有挑战性。为了抑制波长大于 260 nm 的响应度，可能的解决方法是减小禁带宽度小的半导体一侧的耗尽区，这可以通过重掺杂另一半导体或在减小的反向电压（如零偏压）下工作来实现。

在实际中，雪崩光电探测器在微弱的紫外信号的检测中是一个理想的选择，可以打破响应度和响应时间之间的制约关系[78]，即通过碰撞电离过程实现高增益的同时，达到很快的响应速度。由于 N-N 型异质结能带不连续性的控制也可以实现在高速光电器件中独立地控制载流子注入、载流子限制和电离阈值，因此 N-N 型异质结有望用于 APD 的制备。Mahmoud[178]报道了基于 β-Ga$_2$O$_3$/N-SnO$_2$ 同导电类型的异质结 APD。从图 5-27(a) 中可以看出，该器件在黑暗和光照下的 I-V 特性曲线表现出典型的单异质结整流特性。如图 5-27(b) 所示，随着测试温度从 25℃ 增加到 105℃，反向击穿阈值电压从 5.2 V 增加到 6.3 V，表明反向击穿电压具有正温度系数，为 0.016 V/℃。这表明击穿过程受 Ga$_2$O$_3$ 侧耗尽区雪崩倍增机制控制。在雪崩过程的帮助下，该光电二极管在 254 nm 光照下显示出高灵敏度，在 -5.5 V 偏压下，响应度和雪崩增益分别可达 2.3×10^3 A·W^{-1}、1.7×10^5，如图 5-27(c) 所示，衰减时间可达 42 μs，如图 5-27(d) 所示。然而，与上述 ZnO-Ga$_2$O$_3$ 纳米结构光电探测器类似，这一结构的击穿场远低于雪崩倍增效应的临界值，电子和空穴的碰撞电离的物理机制仍存在争议。

Chen 等人[179]报道了 Au/α-Ga$_2$O$_3$/ZnO N-N 型异质结基肖特基势垒雪崩光电二极管。该器件表现出自供电特性，其暗电流低于 1 pA，紫外-可见光抑制比达到了 10^3，比探测率为 9.66×10^{12} cm·Hz$^{1/2}$·W^{-1}。当在器件上施加 -5 V 偏压时，在 255 和 375 nm 处观察到截止波长，表现出波段响应特性，如图 5-27(e) 所示，这与上述 Ga$_2$O$_3$/SiC 和 Ga$_2$O$_3$/GaN P-N 异质结光电二极管表现出的特性相似。该探测器的双波段响应特性表明，可通过偏压调节实现 UVC 和 UVA 双波段紫外光谱的探测。当温度从 298 K 增加到 373 K 时，雪崩击穿电压从 29.5 V 增加到 34.0 V，体现出值为 0.065 V·K^{-1} 的正温度系数。在反向偏置为 -30 V 的情况下，通过模拟仿真得到该器件的电场大于 2 MV·cm^{-1}。图 5-27(f) 为室温下反向偏置为 -34.8 V（计算值）时测量得到的归一化瞬态光响应特性。其中，快衰减分量的拟合值为 238 μs，由雪崩过程导致。由于过剩载流子在 254 nm 和 365 nm 光照射下的激发位置和传输路径不同，因此可以选择性地将电子和空穴注入同一器件的不同区域，从而引发电子或空穴的雪崩过程，如图 5-27(g) 和 (h) 所示。因此，电子和空穴的离化系数 α 和 β 分别被确定为 10^5 cm^{-1} 和 10^4 cm^{-1}。由此可得，空穴和电子的离化系数之比

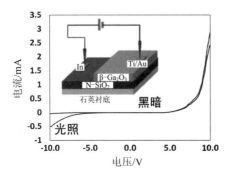

(a) β-Ga$_2$O$_3$/N-SnO$_2$同导电类型的异质结APD在黑暗和光照下的I-V特性曲线(插图为器件结构)

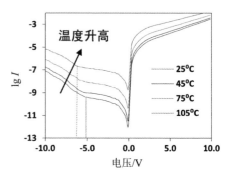

(b) 器件在不同温度下的I-V特性曲线

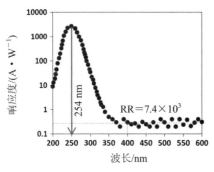

(c) —5.5 V偏置下器件的响应谱

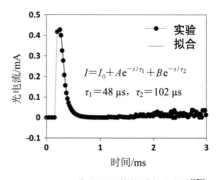

(d) —5.5 V偏置下器件的瞬态响应谱[178]

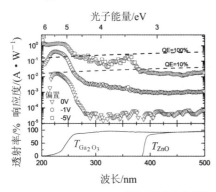

(e) Au/α-Ga$_2$O$_3$/ZnO N–N型异质结基肖特基势垒雪崩光电二极管在不同偏压下的响应谱

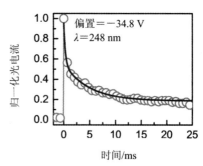

(f) —34.8 V偏置下器件的瞬态响应谱

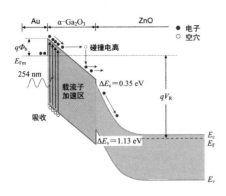

(g) 反向偏置下器件在254 nm光照下的能带
示意图[179]

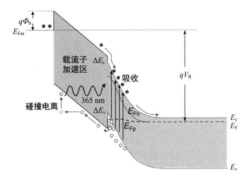

(h) 反向偏置下器件在365 nm光照下的能带
示意图[179]

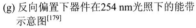

$k \approx 0.1$，有望实现高速、低噪声和稳定的 APD。然而，该器件中还存在其他传导机制，如由于位错和深能级类施主氧空位的存在而产生的 Poole-Frenkel（PF）发射过程，使得器件在雪崩击穿点之前产生了由 PF 发射主导的漏电流。PF 发射引起的漏电流是一个器件工作时的不稳定因素，会降低器件的可靠性。目前 Ga_2O_3 异质结的雪崩过程机制的研究仍然处于初级阶段，需要进一步的实验来探索在不形成同质 P-N 结的情况下在 Ga_2O_3 中实现雪崩过程的可能性。

尽管目前已经有各种各样的基于 Ga_2O_3 异质结构的光电探测器得到了报道，但由于晶格失配及晶体结构不匹配，高质量的异质外延生长仍存在巨大困难，这不可避免地会在异质结构中引入位错或界面态。这些位错和深能级缺陷作为导电通道，对漏电流的产生起主导作用，降低了雪崩过程的可靠性和再现性。尤其对于目前报道的基于 Ga_2O_3 的 APD 而言，其击穿电场最大仅为 $2\ MV \cdot cm^{-1}$，比 Ga_2O_3 中的 $8\ MV \cdot cm^{-1}$ 的临界值小得多。因此，Ga_2O_3 中雪崩过程的机制还远未完全阐明，进一步探索 Ga_2O_3 中雪崩过程的可能性尚需进一步的研究支持。与 $\beta - Ga_2O_3$ 相比，研究较少的亚稳态类刚玉 α 相 Ga_2O_3 具有相似的六边形结构，与 GaN、ZnO 和蓝宝石衬底的晶格失配较小[9]。$\alpha - Ga_2O_3$ 还具有相对较大的带隙（5.1 eV）、较小的电子有效质量、较高的击穿场强和较大的 Baliga 优值[9, 22, 34]。$\alpha - Ga_2O_3$ 优异的物理性能，加上易于与其他刚玉结构的功能性氧化物（如 Al、Cr、Fe 氧化物）组合[9]，有可能为设计高性能日盲光电探测器和电力电子器件提供新的自由度。

5.3.5　氧化镓基光电导增益物理机制

　　紫外半导体光电探测器主要有三种结构：光导型探测器，肖特基型二极管，P－N结型光电二极管。由于目前还没有稳定可靠的 P 型 Ga_2O_3，Ga_2O_3 基同质 P－N 结还没有成功制备，因此目前的 Ga_2O_3 基光电探测器工作在光导型、肖特基型和异质结型模式下。

　　本质上，光导型探测器是一个光敏电阻，表现出的性质与电阻的性质一致。假设光导型探测器的光敏面积是 $A = wl$，厚度是 h，同时，通常可以假设样品的电阻远大于接触电阻，则光导型探测器的光电导在辐照恒定时可以表示为

$$I_{ph} = q \eta A \Phi_s g \qquad (5-3)$$

其中，I_{ph} 是直流下的短路光电流；q 是元电荷电量；η 是内量子效率；g 是光电导增益；$\Phi_s(\lambda)$ 是光子通量，表示单位时间内通过单位面积的光子数。光电导增益由探测器的性质（如探测器所用的材料和形状）所决定。

　　通常光电导是一种双载流子机制，低场下，总的载流子（电子和空穴）光电流为

$$I_{ph} = whq(\Delta \eta \mu_e + \Delta p \mu_h)\frac{V_b}{l} \qquad (5-4)$$

其中，μ_e 和 μ_h 分别是电子和空穴的迁移率，$\dfrac{V_b}{l}$ 是假设材料均匀且接触电阻远小于体电阻的情况下的电场，且

$$\begin{cases} n = n_0 + \Delta n \\ p = p_0 + \Delta p \end{cases} \qquad (5-5)$$

式中，n_0 和 p_0 分别是热平衡态下的平均载流子浓度，Δn 和 Δp 是过剩载流子的浓度。

　　假设电导率主要由电子贡献（高灵敏度光探测器几乎都是这种情况），且假设探测器受到的光照均匀且全部被光敏层吸收，则过剩电子浓度在该假设下的变化率为

$$\frac{d\Delta n}{dt} = \frac{\Phi_s \eta}{h} = \frac{\Delta n}{\tau} \qquad (5-6)$$

其中，τ 是过剩载流子（电子）的寿命。在稳态下，过剩载流子的寿命为

$$\tau = \frac{\Delta n h}{\eta \Phi_s} \qquad (5-7)$$

联立式(5-3)、式(5-4)和式(5-6)可得光电导增益为

$$g = \frac{hV_b \mu_e \Delta n}{\eta \Phi_s l^2} = \frac{\tau \mu_e V_b}{l^2} = \frac{\tau}{l / v_e} \qquad (5-8)$$

其中，$l / v_e = t_t$ 是电子在两个欧姆接触电极之间的渡越时间。由此可见，光电导增益是由自由载流子的寿命和渡越时间的比值确定的。光电导增益由载流子的漂移长度 $L_d = v_d \tau$ 决定，可能大于1，也可能小于1。当 $L_d > l$ 时，$g > 1$，表明当自由载流子在被扫出一个电极后，立刻有自由电荷从另一个电极补充到材料中。因此，自由电荷将在电路中持续运动直至复合过程发生。如果少子由于某种原因被材料所束缚而无法与非平衡多子复合，则会导致远大于1的光电导增益，但同时也会产生持续光电导效应。

垂直结构肖特基光电二极管的示意图如图 5-28(a)所示。其中，N^+ 层为重掺杂衬底，和底部电极形成欧姆接触；N^- 层为光敏层，和顶部的半透明电极形成肖特基电极。对于一个肖特基二极管而言，在理想条件下，热电子发射电流密度为

$$J_s = A^* T^2 \exp\left(-\frac{\Phi_b}{k_B T}\right)\left[\exp\left(\frac{qV_b}{\beta k_B T}\right) - 1\right] \qquad (5-9)$$

其中，$A^* = 4\pi q k_B^2 m^* / (m_e h^3)$ 是 Richardson 常数，m^* 是导带底的电子有效质量；Φ_b 是肖特基势垒。

当光子垂直入射时，器件将有两种可能的光探测机制，如图 5-28(b)所示。第一种是由于入射光被半导体吸收产生的电子-空穴对引起的，这种情况的必要条件是价带中的电子吸收光子之后有足够的能量跃迁到导带，即 $E_g < h\nu$。由于半导体吸收光子而产生的电子-空穴对导致的光响应包括以下三个基本过程：① 入射光被半导体吸收并产生电子-空穴对；② 在零偏压或反偏($V_b < 0$)下，由于耗尽区内的电场作用，电子-空穴对分离并被驱离耗尽层；③ 由电极收集载流子产生光电流。N 型半导体在通量为 Φ_s 的单一波长 λ 光子的小注入下产生反向的光电流，其电流密度 $J_\lambda = q\eta \Phi_s [1 - \exp(-\alpha W)]$。其中，$W$ 是肖特基结的势垒区宽度，与反向偏压有关。在以上假设下，肖特基光电二极管的电流响应度为

$$R = \frac{I_\lambda}{P_\lambda} = \frac{q\lambda \eta}{hc}[1 - \exp(\alpha W)] \qquad (5-10)$$

由此可见，在理想情况下，肖特基二极管的外量子效率(EQE)小于1。

当金属半导体界面存在电子陷阱态(面密度为 N_{SS})或自束缚空穴(面密度为 N_{STH})在表面处积累时，会产生较大的光电导增益。电子的陷阱态由表面态、金属化导致的深能级态导致，这些陷阱态会将光生空穴束缚在界面处并产生净正电荷 $Q_{SS} = qN_{SS}$。之前的理论研究表明，自束缚空穴会在多种宽禁带氧

化物半导体（如 ZnO、In$_2$O$_3$、Ga$_2$O$_3$ 等）中形成[251]；之所以形成自束缚空穴，是因为晶格中的电子-声子耦合作用非常强，以至于价带中的空穴引起晶格离子的位置局部畸变。这种畸变产生静电势，使空穴在空间上局域化，由此也将产生净正电荷 $Q_{STH} = qN_{STH}$。在肖特基二极管中，金属侧的负电荷 Q_m、耗尽区内的正电荷 Q_d 及电子陷阱态和自束缚空穴产生的净正电荷 $Q_{SS} + Q_{STH}$ 满足电中性条件，即 $Q_m + Q_d + Q_{SS} + Q_{STH} = 0$。因此，在光照条件下，由于正电荷的积累，有效肖特基势垒降低，降低的值为

$$\Delta\Phi_b = \frac{(Q_{SS} + Q_{STH})W}{2\kappa_s\varepsilon_0} \tag{5-11}$$

其中，κ_s 为半导体的相对介电常数，ε_0 为真空介电常数。$\Delta\Phi_b$ 的数值与束缚的净正电荷量及反向偏压有关。

当考虑 $Q_{SS} + Q_{STH}$ 带来的影响时，由于光电流的方向与规定的肖特基电流方向相反，因此光照下肖特基光电二极管的总电流密度为

$$J_{tot} = \exp\left(\frac{\Delta\Phi_b}{\beta k_B T}\right)J_S - J_\lambda \tag{5-12}$$

其中，J_λ 是势垒区中的光生电子-空穴对导致的，由金属半导体界面流向半导体内部，对光导增益没有贡献。由此可计算得到上述假设下的电流响应度：

$$R_i = \frac{\left|\left[\exp\left(\dfrac{\Delta\Phi_b}{\beta k_B T}\right) - 1\right]J_T - J_\lambda\right|}{P_\lambda} \tag{5-13}$$

由于 $\Delta\Phi_b$ 在指数项，因此当 $\Delta\Phi_b$ 发生变化时，光响应度将发生较大的变化。例如，在反向偏压增加时，对于理想的肖特基而言，EQE 将略有增加；然而，当考虑电子陷阱态和自束缚空穴的时候，光响应度随着反向偏压的增加而增加，这可以从目前报道的许多结果中看出。Armstrong 等人[115]的研究表明，在 β-Ga$_2$O$_3$ 单晶肖特基二极管中，自束缚空穴的浓度远大于深能级缺陷态。由于空穴被束缚，会导致持续的光电导效应，因此将大大降低探测器件的响应带宽和瞬态响应速度。

除了由光生电子-空穴对产生的光响应之外，另一种可能引起光响应的过程为：金属电极吸收光，产生热电子，发生内部发射过程。在这一过程中，金属吸收入射光能量起到了至关重要的作用。需要注意的是，只有当光子能量超过肖特基势垒 Φ_b 时，这一过程才能发生。如图 5-28(b)所示，这一过程也包含三个步骤：① 金属吸收光子，产生光生热电子；② 热电子转移到肖特基接触界面处；③ 热电子越过肖特基势垒进入半导体并产生光电流。与半导体吸收光子产生光生电子-空穴对相比，热电子产生的光响应小得多，尽管在探测

器探测过程中不起主要作用，但是会明显影响探测器的抑制比。由热电子发射
导致的内量子效率为

$$\eta_1 = \frac{1}{2}\left(1 - \sqrt{\frac{\Phi_b}{h\nu}}\right)^2 \qquad (5-14)$$

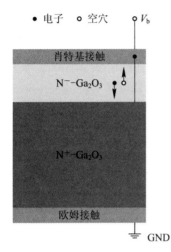

(a) β-Ga₂O₃垂直结构肖特基光电二极管
的示意图

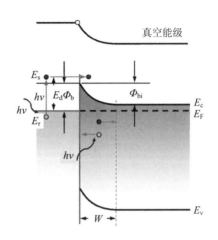

(b) 肖特基光电二极管吸收光并产生光电流的两个
过程(半导体吸收光并产生电子-空穴对，金属
吸收光并产生热电子发射)的示意图

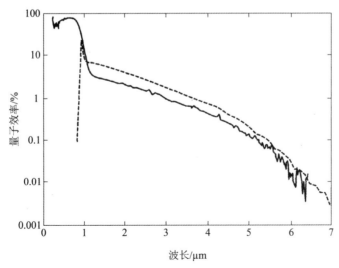

(c) 40 K时PtSi/P-Si肖特基光电二极管在正入射(实线)和背入射(虚线)时的EQE[252]

图 5 - 28 热电子发射过程对探测器性能的影响

其中，入射光子能量 $h\nu > \Phi_b$ 时才会产生光响应。对于典型的紫外肖特基光电二极管而言，考虑 $\Phi_b = 1.0$ eV 及 0.7 eV，入射光子为 3.1 eV（对应于不会被GaN 吸收的 400 nm 光），此时的内量子效率分别为 9.3% 和 13.8%，这与物理图像相一致，即当肖特基势垒降低时，内量子效率提高。另外，光子入射到肖特基金属时，由于通常都是半透明电极，因此不能完全吸收特定波长的光，假设吸收率为 A，则外量子效率应乘上吸收率。当光子从正面入射时，由于金属表面的反射作用，入射光子量将减少[252]，由此导致量子效率下降。图 5 - 28 (c) 所示为正入射和背入射下 PtSi/P - Si 肖特基探测器的 EQE。此外，由于热电子在金属表面和肖特基界面的反射作用，电子穿过肖特基势垒的概率将进一步下降，这一发射概率为

$$P^t(E_0) = P_0 + (1-P_0)P_1 + (1-P_0)(1-P_1)P_2 + \cdots + P_n \prod_{k=0}^{n-1}(1-P_k)$$

$$(5-15)$$

这里，$n = \dfrac{L}{2t}\ln\left(\dfrac{E_0}{\Phi_b}\right)$。其中，$L$ 为热载流子的衰减长度，在不同金属中有不同的数值，电子和空穴的相应数值也不相同，例如在 Au 中，电子和空穴的衰减长度分别为 74 nm 和 55 nm；t 是肖特基电极的厚度。在单肖特基结构中，可认为 $E_d = E_0$，$P_k = P(E_k)$ 是热电子的发射概率，其计算式为

$$P(E_k) = \frac{1}{2}\left(1 - \sqrt{\frac{\Phi_b}{E_k}}\right) \quad (E_k > \Phi_b)$$

$$(5-16)$$

这里 $E_k = E_0 \exp(-2k_B t/L)$。当 $L/t \to 0$ 时，$P^t(E_0) \to 1$，具体数值由于肖特基势垒高度、入射光子能量的不同而略有区别。对于 Si 器件，一种具体的情况可参考 Scales 等人[253]的计算结果。

从以上的讨论看，假设肖特基光电二极管中没有空穴束缚导致的光电导增益，在 UVA 区域，由热电子发射导致的光电流的外量子效率为 $0.1\% \sim 1.0\%$，表明 UVC 和 UVA 的抑制比一般不超过 10^3。因此，受限于热电子发射导致的光电流，β - Ga$_2$O$_3$ 肖特基型日盲紫外探测器的抑制比很难超过 10^3，需要通过其他光学措施（如增加 DBR）来增加抑制比，以满足实际需要（一般需大于 10^4）。目前已有部分报道显示 β - Ga$_2$O$_3$ 单晶肖特基型日盲紫外探测器的抑制比超过 10^4，并且对 UVA 紫外光的探测外量子效率低于 10^{-3}。这些结果和上述 Si 探测器所表现出的规律有所出入，并且没有讨论相关问题的报道，因此亟待设计实验探索热电子发射过程对 β - Ga$_2$O$_3$ 肖特基探测器的影响。

5.3.6 新型结构氧化镓基日盲探测器

除了传统的光电导型、肖特基型和异质结型光电探测器外，目前新型结构

的 Ga_2O_3 光电探测器也得到了报道,包括晶体管探测器[45,152,171]、等离激元增强探测器[203-204]、日盲窄带通探测器[173]、NEMS 共振日盲探测器[198-202]、氧化镓基 X 射线探测器[254-256]和氧化镓基探测器阵列[196-197]等。预计这些具有智能和多功能设计的新型 Ga_2O_3 光电探测器将扩大其在民用和军用方面的应用。

1. 晶体管探测器

从工作模式上看,目前报道的 Ga_2O_3 光电探测器大多为两端器件,包括肖特基或 P - N 异质结光电二极管或 MSM 叉指型光电导体。在理想情况下,光电二极管的外部量子效率不高于 100%,而光导体表现出较高的暗电流,限制了器件的探测能力。与光电导体相比,光电晶体管是三端器件,有额外的自由度来调控沟道层的载流子传输。因此,光电晶体管以"双栅"结构运行,通过栅偏置使沟道耗尽而产生超低噪声电流,同时具有晶体管和常规光电导体的固有增益。因此,通过光控制的栅极终端来控制不平衡电荷传输,可以获得高的光暗电流比(I_{photo}/I_{dark})、高的探测能力和 EQE 超过 100% 的可调增益。光电晶体管详细的增益机制、电荷产生和载流子传输在其他综述文章中已经进行了全面的讨论[257]。Liu 等人[152]报道了一种基于单晶剥离的 Cr 掺杂 Ga_2O_3 薄片的耗尽型日盲型光电晶体管。该器件的原理图如图 5 - 29(a)所示。该器件获得了极高的光暗比(高于 10^6)和极好的电流饱和特性,其响应度高达 4.79×10^5 A/W,对应的 EQE 为 2.34×10^6。图 5 - 29(a)和(b)显示了不同漏电压 V_d 下 Ga_2O_3 FET 日盲探测器的瞬态光电流特性。该器件的上升时间和下降时间均小于 25 ms。Kim 等人[45]也报道了金属半导体接触的超高灵敏度深紫外光电晶体管,该器件使用石墨烯作为高透明度栅电极,机械剥离的 $\beta - Ga_2O_3$ 为沟道层,如图 5 - 29(c)所示。图 5 - 29(d)表明,通过控制石墨烯-Ga_2O_3 的结势垒,在优化的栅压下,光暗电流比和抑制比分别可达到 6.0×10^8 和 5.3×10^6。Qin 等人[171]展示了一种基于 MBE 生长的 Si 掺杂沟道层的增强型 $\beta - Ga_2O_3$ MOSFET 型日盲光电晶体管。在基于宽禁带半导体材料的日盲光电探测器中,光电晶体管表现出了优异的性能。该增强型 MOSFET 的截面示意性如图 5 - 29(e)所示。该晶体管具有增强型特性,漏电流低至 0.7 pA,在 V_{DS} 为 20 V 时阈值电压(V_{th})为 7 V,如图 5 - 29(f)中的转移特性曲线所示。在光强为 63 $\mu W \cdot cm^{-2}$ 的 254 nm 光照下,实现了光暗电流比约为 1×10^6 及创纪录的高比探测率 1.3×10^{16} Jones。该器件还具有高达 3×10^3 A $\cdot$ W^{-1} 的响应度、1.5×10^6% 的 EQE 及 142 dB 的线性动态范围。这些光电晶体管比 Oh 等人[151]早期报告的结果好得多。特别地,由于该器件是增强型光电晶体管,具有正阈值电压,因此其具备更广泛的有效工作窗口。

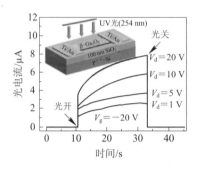

(a) 基于单晶剥离的Cr掺杂Ga$_2$O$_3$薄片的耗尽型日盲型光电晶体管在不同源漏偏压下的光响应特性(插图为器件原理图)

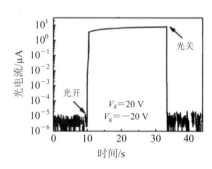

(b) 光电晶体管的光响应特性(对数坐标)[152]

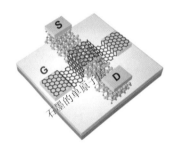

(c) 石墨烯作为高透明度栅电极与机械剥离的β-Ga$_2$O$_3$为沟道层制备的深紫外光电晶体管的示意图

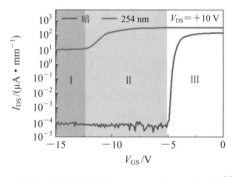

(d) 器件在黑暗条件和254 nm光照下的源漏电流[45]

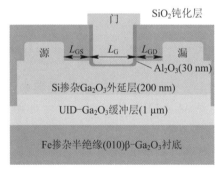

(e) 基于MBE生长的Si掺杂沟道层的增强型β-Ga$_2$O$_3$ MOSFET型日盲光电晶体管的截面示意图

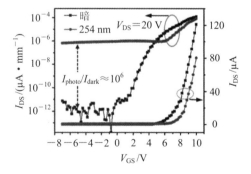

(f) 源漏电压为20 V的条件下，器件在黑暗条件和254 nm光照下的源漏电流及其比值[171]

图 5-29 Ga$_2$O$_3$ 晶体管探测器的特性

然而，受外部栅压控制的光电晶体管的内建电场主要垂直于载流子在源极和漏极之间的输运通道。因此，这种电场对载流子运动的增强的影响较小，表现出的响应时间较长，在 ms 量级。此外，还应考虑沟道/介电层界面的缺陷密度，以解决响应时间长的问题。为了进一步提高其响应速度，高的界面质量和低的缺陷密度是必要的，而创新型的设计，如短沟道 FET 或肖特基型源漏也可能是一种解决方案。

2. 等离激元增强探测器

当前，各种金属纳米结构已经显示出通过激发其和金属结构之间的等离激元共振耦合来调节半导体器件的光响应的强大能力[258]。因此，与金属等离激元结构集成的半导体器件为设计新型光能收集器件开辟了新的途径，如光电探测器和太阳能电池，使器件具有显著降低能源消耗或提高能源转换效率及精确控制响应的功能。迄今为止，关于等离激元在 Ga_2O_3 日盲区的应用研究的报道甚少[203-204，223]。Ga_2O_3 薄膜和纳米结构与 Au 纳米点结合制备的光电探测器中利用了金属的等离激元效应[203，223]。虽然日盲紫外区域的响应性得到了改善，但金的等离子体共振实际上局限在可见光谱范围内，这也导致了可见光谱范围内的响应度明显增强。这不利于降低由太阳和其他可见光源在可见光区域引起的噪声水平。因此，在利用金属等离激元效应时，应慎重选择金属的类型并精细控制其形状。Al 在紫外区表现出明显的共振现象，明显提高了 GaN 基光电器件的光吸收率和抽取率[259]。因此，具有最佳尺寸和纳米天线结构的 Al 可能是一种用于优化 Ga_2O_3 光电探测器性能的选择[195]。最近，G. Qiao 和 Q. Cai 等人[204]通过在 $\alpha - Ga_2O_3$ 表面引入 Al 纳米点的方式，大大提高了 $\alpha - Ga_2O_3$ 基 MSM 光电探测器件对日盲紫外光的响应，在 5 V 偏压下，器件在 244 nm 的光照下取得了 3.36 A·W^{-1} 的响应度，相比于没有 Al 纳米点时提高了 10 倍以上，其响应谱如图 5 - 30(a)所示。这一结论同样可以从不同偏压下的光电流中看出，如图 5 - 30(b)所示。该器件在日盲区的响应度提高是由于 Al 等离子体增强效应导致的。文献[204]通过开尔文探针力显微镜测量光电探测器的表面电位分布，揭示了紫外照射下表面等离激元共振局域场增强的物理机制。该研究证实，Al 纳米等离激元的增强作用是通过局域场使 Al 纳米点边界处的表面电位降低实现的，从而间接证明了 Al 量子点附近的光生电子的积累。由于上述器件中的 Al 是通过电子束沉积方法随机沉积的，因此可以预见，如果通过前期的 Al 来进行形状设计及模拟仿真，则可以获得更优化的 Al 等离激元增强效果。

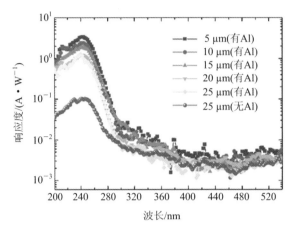

(a) Al表面等离激元增强α-Ga₂O₃基MSM光电探测器件在不同叉指间距及有无Al纳米点时的光谱响应

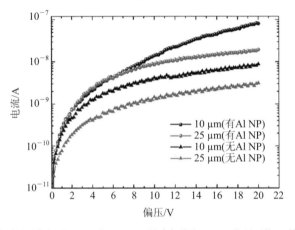

(b) 器件在不同叉指间距(10 μm和25 μm)、黑暗条件和254 nm光照下的I-V特性曲线

图 5 - 30　基于 Ga₂O₃ 等离激元增强探测器[204]

3. 日盲窄带通探测器

前已述及，β - Ga₂O₃ 晶体属于高度不对称的单斜结构，因此，β - Ga₂O₃ 晶体的物理化学性质具有明显的各向异性。其中，β - Ga₂O₃ 的光学禁带宽度的各向异性主要是由于电子根据费米黄金定则从价带顶到导带底的跃迁决定的[6]。这种电子在带间的跃迁规则和偏振选择以及由此引发的介电响应和光学性质可以用来有效地调控光的偏振状态，并设计出具有新型功能的光电探测器。实验表明，在室温下，偏振状态平行于 β - Ga₂O₃ 某一晶向的光穿过 β - Ga₂O₃ 晶体时，会产生不同的吸收边。当 $E /\!/ c$、$E /\!/ a$、$E /\!/ b$ 时，β - Ga₂O₃ 的

吸收边位置分别为 4.48 eV、4.57 eV 和 4.70 eV[6]。其中，E 是偏振光电场矢量，a、b、c 为 β - Ga$_2$O$_3$ 不同的晶向。这种吸收边的差异会使 β - Ga$_2$O$_3$ 单晶的非偏振透射光谱在吸收边(4.53～4.76 eV)处产生明显的吸收肩[6]。另外，$E//c$ 和 $E//b$ 之间 0.2 eV 的吸收边差异是用来设计探测微弱紫外光信号并降低误报率的窄带通探测器的理想光谱窗口，如图 5 - 31(a)所示，可提高信噪比，用于对发射出特定波长微弱信号的目标进行跟踪，进一步降低虚警率。

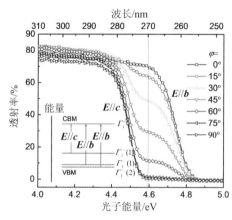

(a) β-Ga$_2$O$_3$(100)单晶在不同偏振角度的光下的透射谱(插图为选择性跃迁的示意图)

(b) β-Ga$_2$O$_3$窄带通探测器的示意图

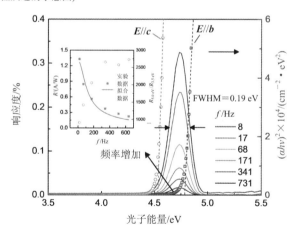

(c) 器件在不同斩波频率下的响应谱(插图中为UVC-UVA抑制比和响应度与斩波频率的关系[173])

图 5 - 31　基于 Ga$_2$O$_3$ 的单晶日盲窄带通探测器

一般来说，实现窄带检测的方法是将宽带光电探测器与带通滤光片组合在一起[260]。然而，对于商用的带通滤光片而言，日盲紫外探测的光谱范围并没

有被覆盖到，并且其带宽通常被限制在 40～80 nm 之间[261]。上述探测模式的另一挑战还在于有效操纵光偏振态，对偏振态的操控有望应用于数据存储、传感/成像以及生物光子学等领域。因此，利用半导体材料中电子在非对称结构中的选择性跃迁规律，可以方便地实现窄带通光探测。利用这一原理，基于非极性的Ⅲ族氮化物和 ZnO 材料的可见光盲窄带通探测器已经被报道[262]；但是 GaN 和 ZnO 的禁带宽度有限，基于调制半导体价带结构的对称性及其带间跃迁的窄带通探测器只能工作在 UVA 紫外波段，在日盲紫外波段窄带通探测仍然无法实现。因此，β-Ga_2O_3 光学禁带宽度的差异正好可以填补这一波段的空白，可用于实现高性能的窄带通的日盲紫外探测器[173, 263]。

将一块面内晶体结构正交于 MSM 探测器的 β-Ga_2O_3(100)单晶作为滤光片，Chen 等人[173]设计了窄带通日盲紫外探测器，如图 5-31(b)所示。该探测器表现出窄带通探测特性，其峰值响应度为 0.23 A·W^{-1}(262 nm 处)、外量子效率(EQE)为 110%，带宽为 10 nm，UVC-UVA 抑制比超过 800。该窄带通探测器的频率响应度如图 5-31(c)所示。过剩载流子的有效寿命可以由频率相关响应度 $R=R_0/(1+\omega^2\tau_{eff}^2)$ 来确定。其中，ω 是角频率；R_0 是稳态电压下的响应度的绝对值，它是载流子有效寿命、光电探测器几何结构、本征载流子浓度、量子效率、探测波长和外加偏压的函数[264]。根据图 5-31(c)插图中实心实验点的良好拟合，可得载流子的寿命为 2.0 ms。由于该器件的电阻-电容(RC)常数通常在 ns 级，因此光电探测器的响应时间主要受剩余载流子寿命的限制。由于这一探测器工作在光导模式下，因此该探测器的性质可以用光导型探测器的特征很好地描述。为了提高器件的响应速度，一种改进的方法是利用肖特基接触在光电探测器的吸收层内建立内部电场。

4. NEMS 共振日盲探测器

除了理想的带隙和优良的电学特性外，β-Ga_2O_3 也表现出良好的机械特性，这使得它在用于高灵敏度深紫外探测的创新型纳/微机电系统(NEMS/MEMS)领域得到了研究人员的关注。Zheng 等人报道了利用 LPCVD 生长[198-200, 202]或机械剥离[201]的 β-Ga_2O_3 单晶纳米片制备的纳米机械谐振器。第一个 β-Ga_2O_3 单晶反馈型振荡器是利用 β-Ga_2O_3 纳米机械谐振器作为频率基准制备的，可用于实时中紫外光探测[202]。图 5-32(a)显示了 β-Ga_2O_3 纳米机械谐振器作为中紫外探测器的原理图与显微镜照片及 LPCVD 生长的 β-Ga_2O_3 纳米片的 SEM 照片。图(b)为探测器信号传输分析图。其中，P_D 为总入射功率；R_{th} 为热电阻；Q_{th} 为热流率；η 为光吸收效率；T 为温度；γ 为表面张力；α 为热膨胀系数；E_Y 为杨氏模量；h 为厚度；r 为半径；ρ 为密度；

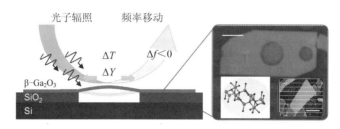

(a) β-Ga$_2$O$_3$纳米机械谐振器作为中紫外探测器的原理图与显微镜照片及LPCVD生长的
β-Ga$_2$O$_3$纳米片的SEM照片

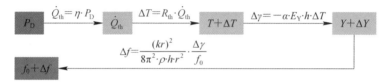

(b) 探测器信号传输分析图

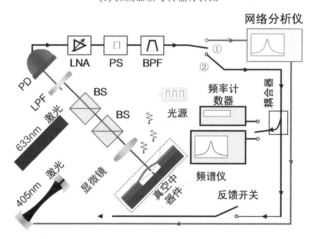

(c) β-Ga$_2$O$_3$纳米机械谐振器作为频率基准制备的反馈型振荡器实时探测中紫外光的原理图

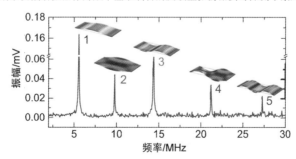

(d) 双激光束β-Ga$_2$O$_3$纳米机械谐振器的宽谐振谱(插图为通过有限元模拟验证了模型的模拟结果)

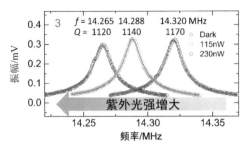

(e) 在汞灯照射下谐振器的第三共振态的频率响应谱

图 5 - 32　基于 Ga₂O₃ NEMS 共振日盲探测器的特性

$(kr)^2$ 为特征值；f_0 为振动频率。由入射中紫外光导致的光热效应使悬空的 β-Ga₂O₃ 单晶发热膨胀，导致了共振频率的降低。通过测试器件的频率偏移，可得中紫外光的强度以实现中紫外光探测。图 5 - 32(c) 为利用反馈系统实现自我维持 β-Ga₂O₃ 紫外光传感振荡器建立的实时共振跟踪系统。通过开关紫外光源，由频谱仪记录的中紫外光频率响应在 30 MHz 处。在这一系统中，响应度被定义为 $R = \Delta f / P_D$，其中 Δf 是频移，P_D 是器件上的总入射功率。该器件的响应度 $R = -3.1$ Hz/pW，最低可探测功率 $P_{min} \approx 0.53$ nW，瞬态响应时间约为 10 ms，噪声等效功率为 8.2×10^{-14} W/Hz$^{1/2}$。此外，报道上述器件的同一课题组开发了第一个结构相似但基于机械剥离的 β-Ga₂O₃ 单晶的双功能日盲紫外探测器[201]。通过光电和光热机械领域的多物理耦合，该 NEMS 振荡器的工作方式类似于晶体管探测器，并且其最高响应度达到了 63 A/W。此外，如图 5 - 32(d) 所示，该 β-Ga₂O₃ NEMS 振荡器具有多个谐振模式，其频率分布在 5～28 MHz，品质因数为 800～1700。其中，频率 $f \approx 14.320$ MHz、品质因数 $Q \approx 1170$ 的振动模式被用于光探测。在光照条件下，可以观察到明显的频率降低，最高可达 55 kHz，平均频率响应度 $R \approx 250$ Hz/nW，如图 5 - 32(e) 所示（即图 5 - 32(d) 中标记为 3 的振动位置在紫外光照下的频率变化）。

5. 氧化镓基 X 射线探测器

从目前的实验结果来看，γ 射线能量以下的辐照都不会对 β-Ga₂O₃ 晶格产生影响（参考 5.4 节），因此 Ga₂O₃ 可用于 X 射线的探测。目前，基于 β-Ga₂O₃ 体单晶[255-256] 及非晶 Ga₂O₃ 薄膜[254] 的肖特基二极管已被报道用以实现 X 射线的探测。Lu 等人报道了基于 (100) 面单晶 β-Ga₂O₃ 肖特基二极管的 X 射线探测器。图 5 - 33(a) 和 (b) 分别显示了 Pt/β-Ga₂O₃ 垂直肖特基二极管的横截面示意图和封装后的 X 射线探测器的照片。如图 5 - 33(c) 所示，该器件的光暗比高达 800。由图 5 - 33(d) 和 (e) 的瞬态响应特性可知，反向偏置时的 β-

Ga_2O_3 X 射线探测器同时具有光伏和光导机制，这和 5.3.4 节中讨论的具有界面陷阱态的 Ga_2O_3 肖特基光电二极管的特性相似。如图 5-33(f) 所示，可在柔性衬底上制备非晶 Ga_2O_3 薄膜型 MSM 探测器用于 X 射线探测[254]。文献

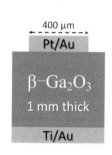

(a) Pt/β-Ga_2O_3垂直肖特基二极管的横截面示意图

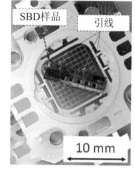

(b) 封装后的X射线探测器的照片

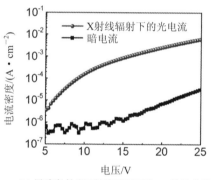

(c) 黑暗条件和X射线照射下的I–V特性曲线

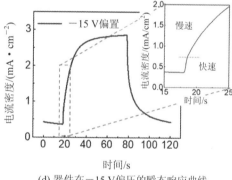

(d) 器件在−15 V偏压的瞬态响应曲线

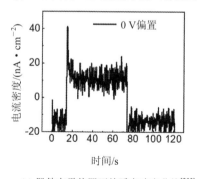

(e) 器件在零偏置下的瞬态响应曲线[255]

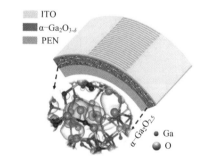

(f) 用于X射线探测的非晶Ga_2O_3薄膜型MSM柔性探测器的结构示意图[254]

图 5-33　氧化镓基 X 射线探测器的特性

[254]的作者基于更多电离化的氧空位的中和而导致的空穴湮灭速率减慢的物理模型解释了由此产生的 X 射线光响应增强，这与 5.3.4 节中讨论的光导型探测器中由于空穴束缚而导致的光响应增强一致。经过柔性弯曲测试后，在紫外线和 X 射线辐射下，没有观察到明显的器件性能退化。这些结果在一定程度上证明了 Ga_2O_3 在设计具有良好抗辐射性和可穿戴灵活性的 X 射线探测器方面的潜力。

6. 氧化镓基探测器阵列

在实际的成像应用中，需要大量的像素单元组成阵列来构建目标图像。为了实现预期的日盲成像，需要在大范围内具有高均匀性的探测器阵列单元来避免噪声信号的干扰。Chen 等人[196]演示了一种由 4×4 MSM 结构的 Ga_2O_3 光电探测器单元组成的光电探测器阵列。总体而言，单个探测器单元具有 10^{-10} A 的暗电流、大于 10^4 的抑制比及在 256 nm 时 1.2 A/W 的峰值响应度。图 5-34(a) 表明在相同的偏置和入射光功率下，各单元的光电流值几乎相同，表示各单元的信号输出是一致的。图 5-34(b) 表明，不同紫外光功率密度照射下各探测器单元的光电流具有较高的均匀性，这为其在成像系统中的应用奠定了坚实的基础。用图 5-34(c) 所示的测试电路在 10 V 偏置下使用不同的掩模进行了一系列成像测试。图 5-34(d) 清楚地显示了分辨率良好的图样，表明该探测器阵列在日盲成像系统中具有应用能力。Peng 等人[197]报道了性能一致性更好的 4×4 探测器阵列。尽管在日盲型光电探测器阵列方面取得了一定进展，但其有限的像素个数距离实际的成像应用还很遥远。目前，Ga_2O_3 日盲成像系统成像的空间分辨率应通过减少像素单元的大小、增加其集成密度来显著改善，以满足实际应用。此外，增加像素单元的瞬态响应速度一直是 Ga_2O_3 日盲探测器的首要任务。

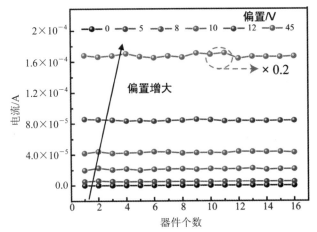

(a) 13.1 mW·cm^{-2}光照下探测器阵列中不同单元在不同偏压下的光电流

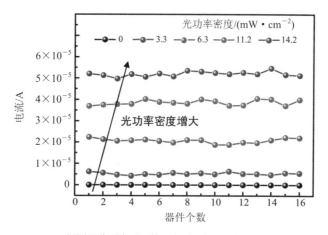

(b) 探测器阵列中不同单元在不同光强下的光电流

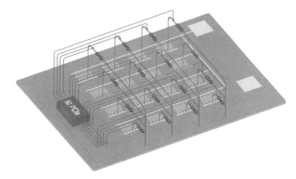

(c) 探测器阵列的测试原理示意图

(d) 探测器阵列的图样记录

图 5 - 34　氧化镓基探测器阵列[196]

5.4 辐照效应对宽禁带氧化物半导体性能的影响

宽禁带半导体中具有强结合能的离子键使其具有高本征辐射抗性的独特优势[265]。由于同时具有本征日盲探测特性和高临界击穿电场，因此 $\beta-Ga_2O_3$ 光电探测器是 X 射线探测器和应用于空间或高能粒子辐射的极端环境中的紫外探测器的有力竞争者。为了评估 $\beta-Ga_2O_3$ 在强辐射下的应用前景，首先需要探究质子、电子、X 射线、γ 射线、中子和 α 粒子对材料性能和器件性能的辐射影响。在高入射能量和高剂量的粒子辐照下，高能粒子的初始影响是通过与晶格原子的碰撞而形成的，而碰撞级联后，将导致晶格产生缺陷密度很高的无序区域[266]。众所周知，辐射诱导的缺陷会产生带内缺陷带，在半导体中充当深能级俘获中心和复合中心。这些缺陷不可避免地会导致器件产生严重的带内吸收、载流子散射、电荷补偿和漏电通道，极大地制约了器件的性能和可靠性。

SiC 和 GaN 等宽禁带半导体材料由于具有较高的化学稳定性而被证明具有相较于 Si、GaAs 等更强的辐射抗性。因此，用 SiC 和 GaN 材料制成的功率器件和光电探测器件在高能粒子辐照下的器件性能退化将比窄禁带半导体材料制备的器件约小两个数量级[265, 267]。表征辐射抗性的一个重要参数是原子位移能(atomic displacement energy)，记为 E_d，表示将晶格中的原子因入射原子而离开原来的位置所需的能量阈值。原子位移能 E_d 与晶格常数的倒数 $1/A_0$ 的经验关系如图 5-35 所示[267]。Pearton 等人采取 $\beta-Ga_2O_3$ 的 b 和 c 的平均晶格常数大致估计其原子位移能与 GaN 的相近。而文献[268]估计 $\beta-Ga_2O_3$ 的最低原子位移能约为 25 eV，这表明 $\beta-Ga_2O_3$ 具有比 GaN 更高的辐射抗性。

目前大家关注的重点在于 $\beta-Ga_2O_3$ 的电学特性在不同类型电离辐射下受到的影响，包括晶格与表面的损伤。此外，还包括单一电离辐射源对材料产生的暂时或永久性损伤，其中电离辐射源包括中子[268]、高能离子[269]、质子[89]、电子[270]、α 粒子[271]、γ 射线[272]和 X 射线[254-256]。这些高能粒子将对半导体材料产生多种作用，包括：① 电离剂量沉积的长期积累，即总电离剂量效应；② 非电离剂量沉积的累积引起的原子位移损伤效应所造成的晶格缺陷；③ 单粒子在器件敏感区域的瞬态效应，称为单粒子扰动或单粒子效应[266]。在 MOSFET 器件中，总电离剂量在氧化物介质层中的电荷积聚会导致器件的阈值电压偏移，从而影响晶体管的性能。高能离子通过半导体的瞬态过程导致的

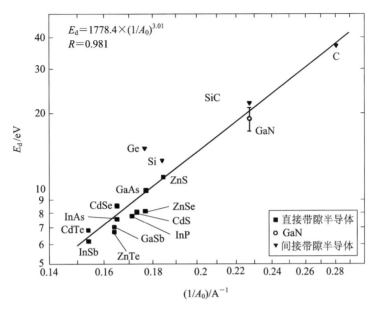

$E_d = 1778.4 \times (1/A_0)^{3.01}$
$R = 0.981$

图 5-35　原子位移能 E_d 与晶格常数的倒数 $1/A_0$ 的经验关系[267]

单粒子扰动效应将使材料中产生电子-空穴对,经过校准之后,可利用这一效应对入射高能粒子的剂量进行探测[254-255]。晶格原子位移通常会在器件中产生陷阱和复合中心,这也会导致载流子浓度和迁移率的降低。理论计算[30]和实验结果[273]表明,镓空位在 β-Ga₂O₃ 带负电荷,将补偿 N 型掺杂,产生额外的散射中心,导致载流子浓度和迁移率降低。由入射粒子引起的原子空位的空间分布对粒子的剂量、能量以及粒子的类型都很敏感。因此,由高能粒子入射导致的原子空位、高能粒子沉积可能在 β-Ga₂O₃ 肖特基二极管或 MOSFET 的工作区域以外产生。

Cojocaru[274]研究了快速中子对 β-Ga₂O₃ 电导率及热电势的影响。经过剂量为 10^{17} cm⁻² 的中子辐射后,β-Ga₂O₃ 的电导率降低,但热电势增加。该缺陷可以通过热退火消除,表明 Ga 空位是主要缺陷。高能中子辐射效应对 EFG 方法生长的非故意掺杂的(010) β-Ga₂O₃ 的影响也得到了研究,研究方法主要是对比辐射前后的深能级光谱(DLOS)和深能级瞬态谱(DLTS)[275]。中子辐射主要导致了 $E_c - 1.29$ eV 处的缺陷的产生,并使 $E_c - 2.0$ eV 处的缺陷态密度增加,而对辐照之前就存在的 $E_c - 0.63$ eV、$E_c - 0.81$ eV 和 $E_c - 4.48$ eV 处的缺陷态密度几乎没有影响,如图 5-36(a)所示[275]。目前已有将 β-Ga₂O₃ 用于固体核反应探测器的报道[276]。实验人员研究了单晶 β-Ga₂O₃ 样品在 ¹⁶O 和

$(n,\alpha)^{13}$C 反应产生的 14 MeV 快速中子辐射下的影响，并在经过中子辐照之后的 β-Ga₂O₃ 样品中观察到了 ^{72}Ga 衰变过程中产生的 γ 射线。这一结果表明，半绝缘的 β-Ga₂O₃ 单晶有望用于探测中子辐射后从晶格弛豫过程产生的信号。

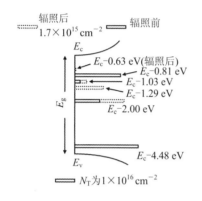

(a) 高能中子对EFG方法生长的非故意掺杂的(010) β-Ga₂O₃辐射前后的缺陷能级和密度示意图（用DLOS方法确定）[275]

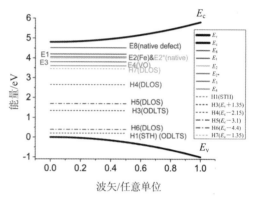

(b) 在生长及质子辐射后β-Ga₂O₃中由DLTS 方法测得的缺陷态

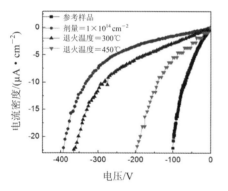

(c) 剂量为10¹⁴ cm⁻²、能量为10 MeV的质子辐照及退火对肖特基二极管的反向J-V特性的影响

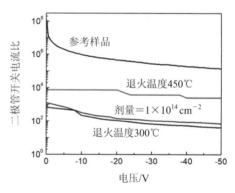

(d) 剂量为10¹⁴ cm⁻²、能量为10 MeV的质子辐射及退火对肖特基二极管的开关电流比的影响[277]

图 5-36　电离辐射对 β-Ga₂O₃ 材料及日盲探测器件的影响

质子辐射对 β-Ga₂O₃ 材料、光探测器及整流器的影响也得到了一定的研究[277-282]。采用 DLTS 方法测得生长及质子辐射后 β-Ga₂O₃ 中的缺陷态如图 5-36(b)所示[266]。利用 DLTS 方法，在质子辐射前的 β-Ga₂O₃ 中观察到了 $E_c-1.05$ eV (E3)附近占主导地位的电子缺陷态，以及 $E_c-0.75$ eV(E2)和 E_c

−0.6 eV (E1)处占次要地位的电子缺陷态[279]。质子辐射后，在 DLTS 谱中，
E_c−0.75 eV(E2)电子缺陷能级占主导地位，并在 E_c−1.2 eV 处产生了新的电
子缺陷能级。DLOS 测试结果表明，经过 20 MeV 质子辐射之后，产生了新的
空穴缺陷能级，记为 H1(自束缚空穴)、H2(电子俘获势垒)及 H3，其激活能分
别为 0.2 eV、0.4eV 和 1.3eV[283]。其中，H3 峰是由于 Ga 空位施主能级(对应
于 E_v+1.3 eV)的空穴释放而导致的。另一个更深的受主具有 2.3 eV 的光激
发阈值，体现出明显的电子俘获势垒，并且在 400 K 以上依然存在，这可能是
由于持续光电导效应导致的[283]。剂量为 10^{14} cm^{-2}、能量为 10 MeV 的质子对
垂直型 β−Ga$_2$O$_3$ 肖特基二极管辐射前后的电学性质变化也得到了研究[277]。
质子辐射实验中得到了数值为 235.7 cm^{-1} 的 β−Ga$_2$O$_3$ 材料的载流子去除率
(carrier removal rate)，这与之前报道的 GaN 基器件中的载流子去除率可以相
比拟。尽管经过 450℃ 退火之后肖特基二极管的反向击穿特性基本恢复，但其
开关电流比只得到了部分恢复，如图 5−36(c)和(d)所示。少数载流子的扩散
长度略有减小，而反向恢复特性基本保持不变。

　　图 5−37(a)和(b)显示的分别是剂量为 10^{13} 和 10^{15} cm^{-2}、能量为 5 MeV
的质子辐射下水平 β−Ga$_2$O$_3$ 薄膜探测器的瞬态电流[281]。质子的非电离能量
损失所带来的晶格损伤会导致光电流随着剂量增加而增加。10 MeV 的质子
辐射对以机械剥离的 β−Ga$_2$O$_3$ 纳米片为沟道层的背栅 FET 的影响也经过了
实验的探究[278]。尽管器件的电流开关比依旧维持在 $7×10^7$，但剂量为 $2×$
10^{15} cm^{-2} 的质子辐射导致场效应迁移率降低了 73%，阈值电压正向漂移。在
β−Ga$_2$O$_3$ 纳米片沟道处观察到了比金属和 β−Ga$_2$O$_3$ 接触处更严重的材料退

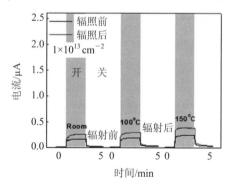

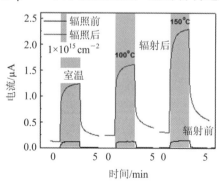

(a) 剂量为10^{13} cm^{-2}、能量为5 MeV的质子辐射
下水平β−Ga$_2$O$_3$薄膜探测器的瞬态电流

(b) 剂量为10^{15} cm^{-2}、能量为5 MeV的质子辐射
下水平β−Ga$_2$O$_3$薄膜探测器的瞬态电流

图 5−37　质子辐射对 β−Ga$_2$O$_3$ 薄膜探测器的影响

化。经 500℃ 快速热退火后，器件的辐射损伤明显恢复。尽管在质子辐射下，β-Ga_2O_3 器件的性能略有退化，但其表现出的抗辐射性使其有望用于空间应用。

电子辐射对垂直型 Si 掺杂 β-Ga_2O_3 肖特基二极管少子输运的影响也得到了一定的研究[270, 284]，其中电子的辐射剂量高达 1.43×10^{16} cm^{-2}。研究表明，电子辐射导致了 β-Ga_2O_3 中载流子浓度的降低，其载流子去除率为 4.9 cm^{-1}。由于电子辐射造成的损伤，二极管的理想因子增大了约 8%，导通电阻增大了两个数量级以上[284]。反向偏置电流随电子辐射剂量的增加而显著减小。在剂量为 1.43×10^{16} cm^{-2} 的电子辐射下，器件在 ± 10 V 下的开关比严重退化。对所有器件而言，反向恢复时间保持为 $21 \sim 25$ ns，几乎不变。在 1.5 MeV 的电子辐射下，少子的扩散长度和寿命均随着辐射剂量的增加而缩短；同时产生了导带下 18.1 meV 和 13.6 meV 的浅施主能级，这些能级的产生阻碍了少子的输运。

此外，Yang 等人研究了 α 粒子[285-286]和 γ 射线[287]辐射对 β-Ga_2O_3 肖特基二极管产生的损伤。他们首先报道了垂直 β-Ga_2O_3 整流器受到模拟空间环境中剂量为 $10^{12} \sim 10^{13}$ cm^{-2}、能量为 18 MeV 的 α 粒子辐射的影响。在上述 α 粒子辐射下，载流子去除率为 $406 \sim 728$ cm^{-1}。虽然 α 粒子的射程(80 μm)远远大于整流器漂移层的厚度(7 μm)，但整流器的开态电阻和开关比都因为 α 粒子辐射而严重退化。反向击穿电压随着 α 粒子剂量的增加而升高，这是由于漂移层内的载流子被辐射诱导的俘获效应去除导致的[285]。此外，α 粒子辐照后会在导带附近引入了浅层复合中心，导致电子注入引起少数载流子扩散长度增加的活化能由辐照前的 74 meV 降低至 49 meV[286]。Yang 等人[287]同样探究了 ^{60}Co 产生的 γ 射线辐射对 β-Ga_2O_3 肖特基二极管的影响。相比于能量为 MeV 量级的质子和 α 粒子辐射，γ 射线辐射产生的载流子去除率很小，低于 1 cm^{-1}。在辐射剂量高达 2×10^{16} cm^{-2} 的 ^{60}Co 产生的 γ 射线辐射下，β-Ga_2O_3 肖特基二极管在理想因子、肖特基势垒高度、导通电阻、开关比和反向恢复等方面有很高的辐射抗性。这与之前报道的 γ 射线辐射对 MOSFET 产生的影响一致[272, 287]，在 γ 射线辐射下，MOSFET 器件的退化主要是由于高能射线对介质层而非 β-Ga_2O_3 本身的影响。当 γ 射线的剂量增加到 1.6 MGy(SiO_2) 时，对 MOSFET 器件的输出特性和阈值电压略有影响，具体表现为源漏电流和跨导略微减小，阈值电压向正向移动。因此，辐射引起的栅漏电流和源漏电流的退化分别归因于介质层的损伤和界面电荷的俘获，从而限制了器件的整体抗辐射特性。Tak 等人[288]研究了 γ 射线辐射对 Ni/Ga_2O_3 MSM 光电探测器的影响。如图 5-38(a)和(b)所示，在 γ 射线辐射之后，MSM 光电探测器的暗电流略微降低，而峰值响应度及肖特基势垒高度略有增加，这些结果表明 Ga_2O_3 的日盲探测器对 γ 射线具有与 MOSFET 相似的辐射抗性，即可在 γ 射线环境中工作。从这些结果来看，Ga_2O_3 有望用于 γ 射线的探测，和之前讨论的用于 X 射线探测类似，不过还需进一步的实验来验证这一想法的可行性。

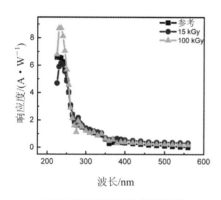

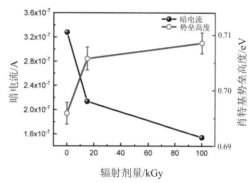

(a) MSM光电探测器响应谱的变化　　(b) MSM光电探测器暗电流及肖特基势垒高度的变化

图 5-38　γ 射线辐射对 Ga_2O_3 光电探测器的影响

为总结高能粒子辐射对 Ga_2O_3 性质的影响，图 5-39(a)和(b)显示了不同类型和不同能量的辐射对 Ga_2O_3 产生的载流子去除率的汇总[287]。同一辐射类型和剂量下，GaN 中的载流子去除率大概是 Ga_2O_3 中的 30%～50%，这表明 Ga_2O_3 的抗辐射损伤能力相较于 GaN 更有优势[287]。到目前为止，Ga_2O_3 基的 X 射线探测器[254-256] 及中子探测[276] 已经得到了报道。然而，质子、α 粒子等具有高载流子去除率的高能粒子的入射将使 Ga_2O_3 器件的电学性能严重退化。为了充分发挥 Ga_2O_3 基电力电子器件或光电探测器件在空间应用或电离辐射粒子探测方面的潜力，仍有许多问题需要解决。例如，扩展耗尽区厚度以匹配高能粒子探测的预期深度范围是必要的。此外，还应进一步评估不同辐射类型和剂量的载流子去除率、MOS 结构中界面的作用、高能粒子诱导的缺陷在退火前后的表现，以及辐照环境下器件的可靠性。需要注意的是，由于 α-Ga_2O_3 的禁带宽度比 β-Ga_2O_3 的更大，因此预期 α-Ga_2O_3 可能具有比 β-Ga_2O_3 更好的抗辐射特性。然而，尽管 α-Ga_2O_3 的外延已经取得了一定进展，但目前还没有报道关于 α-Ga_2O_3 抗辐射特性的文献，这可能是下一阶段应着重考虑的研究方向。

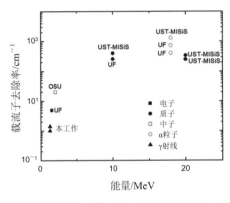

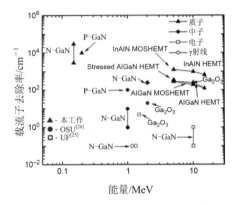

(a) β-Ga$_2$O$_3$中不同类型的辐射的载流子去除率
与辐射能量的关系

(b) β-Ga$_2$O$_3$和GaN器件中的载流子去除率的对比

**图5-39　β-Ga$_2$O$_3$ 中不同类型的辐射的载流子去除率与辐射能量的
关系及与 GaN 器件的对比[287]**

5.5　氧化镓基紫外光电探测器的发展前景

得益于 Ga$_2$O$_3$ 大尺寸单晶材料及外延技术的快速发展，近年来 Ga$_2$O$_3$ 基
日盲紫外探测器取得了关键的进展。由于 Ga$_2$O$_3$ 材料具有天然的日盲波段吸
收特性、较强的抗辐射损伤能力和高击穿场强，因此已报道的 Ga$_2$O$_3$ 基日盲探
测器的部分指标已超过 AlGaN、ZnMgO 基探测器，已被证明具有高响应度、
高探测效率及在高温和极端恶劣环境下出色工作的能力。此外，Ga$_2$O$_3$ 材料具
有独特的光学电学各向异性特征、出色的机械特性等，并易和具有其他功能的
氧化物相集成，使得设计具有新颖先进架构的日盲探测器成为可能，如 Ga$_2$O$_3$
基同型异质结构雪崩探测器、光电晶体管、窄带通日盲探测器、日盲探测器焦
平面阵列、X 射线探测器及 NEMS 日盲光电振荡器。同时，本征 Ga$_2$O$_3$ 位错缺
陷密度低，可在强场模式和高温条件下正常工作，同时在 2～8 μm 红外窗口吸
收系数较小，可和当前红外探测技术互补，形成多谱段成像识别，用于目标追
踪，在火焰探测、环境监测、空间紫外通信、导弹跟踪、电晕放电检测等军民
两用领域具有重要的应用价值。

尽管目前 Ga$_2$O$_3$ 基日盲探测器已取得了重要进展，但由于 Ga$_2$O$_3$ 材料的
短板也非常明显，如 P 型掺杂难，迁移率低，热导率低，无法实现双极性器件

等，因此 Ga_2O_3 基日盲探测器的实用化进程仍然面临一系列挑战。首先，为了获得高效的日盲光电探测器，但又不影响响应速度，需要对 Ga_2O_3 中的深能级缺陷行为进行全面系统的深入研究，特别是缺陷对电荷的俘获行为及其物理机制。其次，急需进一步研究探索Ⅲ族氧化物材料合金工程，兼顾考虑合金化相变及固溶度问题，将禁带宽度拓展至真空紫外波段，发展用于制备空间日盲探测器的材料体系，以实现深空探测成像、空间目标跟踪及物质化学成分鉴定等。再次，基于 Ga_2O_3 纳米结构的光电探测器的重现性和可靠性很难获得，特别是纳米结构的转移技术以及合适的器件制造工艺需要更多的努力。最重要的是，从 ZnO 中 P 型掺杂的经验教训来看，P 型 Ga_2O_3 目前似乎仍缺乏可行和可靠的解决方案。因此，将 N 型氧化镓和其他 P 型材料相集成形成 P－N 异质结成为一种折中策略，但是晶格常数不匹配、导热率差异、能带偏移及界面态等会严重限制器件的性能。实现 P 型导电的一种可能的解决方案是在低温下在其他亚稳态相 $\alpha-Ga_2O_3$ 和 $\varepsilon-Ga_2O_3$ 中进行非平衡掺杂。特别地，据报道，在进行Ⅲ族氮化物和Ⅱ族氧化物的极化工程的启发下，$\varepsilon-Ga_2O_3$ 中的自发极化有助于降低受体的电离能并促进 P 型传导。为了应对这些挑战，有必要开发新颖可靠的方法来生长具有低缺陷密度、可调节带隙、可控制的 N 和 P 型导电等特点的、理想的、单相的高质量单晶 Ga_2O_3 材料。同时优化能带结构，完成极化工程和缺陷工程是获得高性能 Ga_2O_3 日盲探测器件的有效方法，以期在固态真空紫外探测器件方面取得突破，以满足空间极限探测和跟踪技术的发展要求，适应信息技术发展和国家安全的重大战略需求。

参 考 文 献

[1] CHEN X，REN F，GU S，et al. Review of gallium-oxide-based solar-blind ultraviolet photodetectors[J]. Photonics Research，2019，7(4)：381－415.

[2] SHAO Z G，CHEN D J，LU H，et al. High-gain AlGaN solar-blind avalanche photodiodes[J]. IEEE Electron Device Letters，2014，35(3)：372－374.

[3] YU J，SHAN C X，LIU J S，et al. MgZnO avalanche photodetectors realized in Schottky structures[J]. Physica Status Solidi (RRL)-Rapid Research Letters，2013，7(6)：425－428.

[4] BALAKRISHNAN K，BANDOH A，IWAYA M，et al. Influence of high temperature in the growth of low dislocation Content AlN bridge layers on patterned 6H-SiC substrates by metalorganic vapor phase epitaxy[J]. Japanese Journal of Applied Physics，2007，46(12－16)：L307－L310.

［5］ YANG W, HULLAVARAD S S, NAGARAJ B, et al. Compositionally-tuned epitaxial cubic $Mg_xZn_{1-x}O$ on Si (100) for deep ultraviolet photodetectors[J]. Applied Physics Letters, 2003, 82(20): 3424 – 3426.

［6］ ONUMA T, SAITO S, SASAKI K, et al. Valence band ordering in β-Ga_2O_3 studied by polarized transmittance and reflectance spectroscopy[J]. Japanese Journal of Applied Physics, 2015, 54(11): 112601.

［7］ BAE J, KIM H W, KANG I H, et al. Field-plate engineering for high breakdown voltage β-Ga_2O_3 nanolayer field-effect transistors[J]. RSC Advances, 2019, 9(17): 9678 – 9683.

［8］ SHINOHARA D, FUJITA S. Heteroepitaxy of Corundum-Structured α-Ga_2O_3 Thin Films on α-Al_2O_3 Substrates by ultrasonic mist chemical vapor deposition[J]. Japanese Journal of Applied Physics, 2008, 47(9): 7311.

［9］ FUJITA S, ODA M, KANEKO K, et al. Evolution of corundum-structured Ⅲ-Oxide semiconductors: growth, properties, and devices［J］. Japanese Journal of Applied Physics, 2016, 55(12): 1202A3.

［10］ CHO S B, MISHRA R. Epitaxial engineering of polar ϵ-Ga_2O_3 for tunable two-dimensional electron gas at the heterointerface[J]. Applied Physics Letters, 2018, 112(16): 162101.

［11］ GELLER S. Crystal structure of β-Ga_2O_3 [J]. The Journal of Chemical Physics, 1960, 33(3): 676 – 684.

［12］ ROY R, HILL V G, OSBORN E F. Polymorphism of Ga_2O_3 and the System Ga_2O_3-H_2O [J]. Journal of the American Chemical Society, 1952, 74(3): 719 – 722.

［13］ YOSHIOKA S, HAYASHI H, KUWABARA A, et al. Structures and energetics of Ga_2O_3 polymorphs [J]. Journal of Physics: Condensed Matter, 2007, 19(34): 346211.

［14］ TAUC J, GRIGOROVICI R, VANCU A. Optical properties and electronic structure of amorphous germanium[J]. Physica Status Solidi(B), 1966, 15(2): 627 – 637.

［15］ AHMADI E, OSHIMA Y. Materials issues and devices of α- and β-Ga_2O_3 [J]. Journal of Applied Physics, 2019, 126(16): 160901.

［16］ JINNO R, UCHIDA T, KANEKO K, et al. Control of crystal structure of Ga_2O_3 on sapphire substrate by introduction of α-$(Al_xGa_{1-x})_2O_3$ buffer layer[J]. Physica Status Solidi(B), 2018, 255(4): 1700326.

［17］ CORA I, MEZZADRI F, BOSCHI F, et al. The real structure of ϵ-Ga_2O_3 and its relation to κ-phase[J]. CrystengComm, 2017, 19(11): 1509 – 1516.

［18］ KNEIß M, HASSA A, SPLITH D, et al. Tin-assisted heteroepitaxial PLD-growth of κ-Ga_2O_3 thin films with high crystalline quality[J]. APL Materials, 2019, 7(2):

022516.

[19] OSHIMA Y, V'ILLORA E G, SHIMAMURA K. Quasi-heteroepitaxial growth of β-Ga_2O_3 on off-angled sapphire (0001) substrates by halide vapor phase epitaxy[J]. Journal of Crystal Growth, 2015, 410: 53 – 58.

[20] NISHINAKA H, KOMAI H, TAHARA D, et al. Microstructures and rotational domains in orthorhombic ε-Ga_2O_3 thin films[J]. Japanese Journal of Applied Physics, 2018, 57(11): 115601.

[21] MAREZIO M, REMEIKA J P. Bond lengths in the α-Ga_2O_3 structure and the high-pressure phase of $Ga_{2-x}Fe_xO_3$[J]. The Journal of Chemical Physics, 1967, 46(5): 1862 – 1865.

[22] HE H, ORLANDO R, BLANCO M A, et al. First-principles study of the structural, electronic, and optical properties of Ga_2O_3 in its monoclinic and hexagonal phases[J]. Physical Review B, 2006, 74(19): 195123.

[23] OSHIMA T, NAKAZONO T, MUKAI A, et al. Epitaxial growth of γ-Ga_2O_3 films by mist chemical vapor deposition[J]. Journal of Crystal Growth, 2012, 359: 60 – 63.

[24] AREÁN C O, BELLAN A L, MENTRUIT M P, et al. Preparation and characterization of mesoporous γ-Ga_2O_3[J]. Microporous Mesoporous Mater, 2000, 40(1 – 3): 35 – 42.

[25] NISHINAKA H, TAHARA D, YOSHIMOTO M. Heteroepitaxial growth of ε-Ga_2O_3 thin films on cubic (111) MgO and (111) yttria-stablized zirconia substrates by mist chemical vapor deposition[J]. Japanese Journal of Applied Physics, 2016, 55(12): 1202BC.

[26] PLAYFORD H Y, HANNON A C, BARNEY E R, et al. Structures of uncharacterised polymorphs of gallium oxide from total neutron diffraction [J]. Chemistry, 2013, 19(8): 2803 – 2813.

[27] MEZZADRI F, CALESTANI G, BOSCHI F, et al. Crystal structure and ferroelectric properties of ε-Ga_2O_3 films grown on (0001)-sapphire[J]. Inorganic Chemistry, 2016, 55(22): 12079 – 12084.

[28] KRACHT M, KARG A, SCHÖRMANN J, et al. Tin-assisted synthesis of ε-Ga_2O_3 by molecular beam epitaxy[J]. Physical Review Applied, 2017, 8(5): 054002.

[29] MOCK A, KORLACKI R, BRILEY C, et al. Band-to-band transitions, selection rules, effective mass, and excitonic contributions in monoclinic β-Ga_2O_3[J]. Physical Review B, 2017, 96(24): 245205.

[30] VARLEY J B, WEBER J R, JANOTTI A, et al. Oxygen vacancies and donor impurities in β-Ga_2O_3[J]. Applied Physics Letters, 2010, 97(14): 142106.

[31] OSHIMA T, OKUNO T, ARAI N, et al. Vertical solar-blind deep-ultraviolet

Schottky photodetectors based on β-Ga$_2$O$_3$ substrates[J]. Applied Physics Express, 2008, 1(1): 011202.

[32] ONUMA T, FUJIOKA S, YAMAGUCHI T, et al. Correlation between blue luminescence intensity and resistivity in β-Ga$_2$O$_3$ single crystals[J]. Applied Physics Letters, 2013, 103(4): 041910.

[33] JANOWITZ C, SCHERER V, MOHAMED M, et al. Experimental electronic structure of In$_2$O$_3$ and Ga$_2$O$_3$[J]. New Journal of Physics, 2011, 13(8): 085014.

[34] FURTHMÜLLER J, BECHSTEDT F. Quasiparticle bands and spectra of Ga$_2$O$_3$ polymorphs[J]. Physical Review B, 2016, 93(11): 115204.

[35] ZACHERLE T, SCHMIDT P C, MARTIN M. Ab initiocalculations on the defect structure of β-Ga$_2$O$_3$[J]. Physical Review B, 2013, 87(23): 235206.

[36] OHIRA S, SUZUKI N, ARAI N, et al. Characterization of transparent and conducting Sn-doped β-Ga$_2$O$_3$ single crystal after annealing[J]. Thin Solid Films, 2008, 516(17): 5763 - 5767.

[37] KURAMATA A, KOSHI K, WATANABE S, et al. High-quality β-Ga$_2$O$_3$ single crystals grown by edge-defined film-fed growth[J]. Japanese Journal of Applied Physics, 2016, 55(12): 1202A2.

[38] CHASE A B. Growth of β-Ga$_2$O$_3$ by the verneuil technique[J]. Journal of the American Ceramic Society, 1964, 47(9): 470 - 470.

[39] OHBA E, KOBAYASHI T, KADO M, et al. Defect characterization of β-Ga$_2$O$_3$ single crystals grown by vertical Bridgman method[J]. Japanese Journal of Applied Physics, 2016, 55(12): 1202BF.

[40] KATZ G, ROY R. Flux growth and characterization of β-Ga$_2$O$_3$ single crystals[J]. Journal of the American Ceramic Society, 1966, 49(3): 168 - 169.

[41] GALAZKA Z, IRMSCHER K, UECKER R, et al. On the bulk β-Ga$_2$O$_3$ single crystals grown by the Czochralski method[J]. Journal of Crystal Growth, 2014, 404: 184 - 191.

[42] MOHAMED H F, XIA C, SAI Q, et al. Growth and fundamentals of bulk β-Ga$_2$O$_3$ single crystals[J]. Journal of Semiconductors, 2019, 40(1): 011801.

[43] GALAZKA Z. β-Ga$_2$O$_3$ for wide-bandgap electronics and optoelectronics [J]. Semiconductor Science and Technology, 2018, 33(11): 113001.

[44] HWANG W S, VERMA A, PEELAERS H, et al. High-voltage field effect transistors with wide-bandgap β-Ga$_2$O$_3$ nanomembranes[J]. Applied Physics Letters, 2014, 104(20): 203111.

[45] KIM S, OH S, KIM J. Ultrahigh deep-UV sensitivity in graphene-gated β-Ga$_2$O$_3$ phototransistors[J]. ACS Photonics, 2019, 6(4): 1026 - 1032.

[46] SWINNICH E, HASAN M N, ZENG K, et al. Flexible β-Ga₂O₃ nanomembrane Schottky barrier diodes[J]. Advanced Electronic Materials, 2019, 5(3): 1800714.

[47] NAKAGOMI S, KOKUBUN Y. Crystal orientation of β-Ga₂O₃ thin films formed on c-plane and a-plane sapphire substrate[J]. Journal of Crystal Growth, 2012, 349(1): 12 - 18.

[48] OKUMURA H, KITA M, SASAKI K, et al. Systematic investigation of the growth rate of β-Ga₂O₃ (010) by plasma-assisted molecular beam epitaxy[J]. Applied Physics Express, 2014, 7(9): 095501.

[49] SASAKI K, HIGASHIWAKI M, KURAMATA A, et al. Growth temperature dependences of structural and electrical properties of Ga₂O₃ epitaxial films grown on β-Ga₂O₃ (010) substrates by molecular beam epitaxy[J]. Journal of Crystal Growth, 2014, 392: 30 - 33.

[50] WAGNER G, BALDINI M, GOGOVA D, et al. Homoepitaxial growth of β-Ga₂O₃ layers by metal-organic vapor phase epitaxy[J]. Physica Status Solidi(A), 2014, 211 (1): 27 - 33.

[51] SCHEWSKI R, BALDINI M, IRMSCHER K, et al. Evolution of planar defects during homoepitaxial growth of β-Ga₂O₃ layers on (100) substrates: A quantitative model[J]. Journal of Applied Physics, 2016, 120(22): 225308.

[52] SCHEWSKI R, LION K, FIEDLER A, et al. Step-flow growth in homoepitaxy of β-Ga₂O₃ (100): the influence of the miscut direction and faceting[J]. APL Materials, 2019, 7(2): 022515.

[53] ALEMA F, ZHANG Y, OSINSKY A, et al. Low 10¹⁴ cm⁻³ free carrier concentration in epitaxial β-Ga₂O₃ grown by MOCVD[J]. APL Material, 2020, 8(2): 021110.

[54] MATSUMOTO T, AOKI M, KINOSHITA A, et al. Absorption and reflection of vapor grown single crystal platelets of β-Ga₂O₃ [J]. Japanese Journal of Applied Physics, 1974, 13(10): 1578.

[55] SASAKI K, KURAMATA A, MASUI T, et al. Device-quality β-Ga₂O₃ epitaxial films fabricated by ozone molecular beam epitaxy[J]. Applied Physics Express, 2012, 5(3): 035502.

[56] KRISHNAMOORTHY S, XIA Z, JOISHI C, et al. Modulation-doped β-(Al₀.₂ Ga₀.₈)₂O₃/Ga₂O₃ field-effect transistor[J]. Applied Physics Letters, 2017, 111(2): 023502.

[57] CHABAK K D, LEEDY K D, GREEN A J, et al. Lateral β-Ga₂O₃ field effect transistors[J]. Semiconductor Science and Technology, 2020, 35(1): 013002.

[58] IRMSCHER K, GALAZKA Z, PIETSCH M, et al. Electrical properties of β-Ga₂O₃

single crystals grown by the Czochralski method[J]. Journal of Applied Physics, 2011, 110(6): 063720.

[59] GOTO K, KONISHI K, MURAKAMI H, et al. Halide vapor phase epitaxy of Si doped β-Ga₂O₃ and its electrical properties[J]. Thin Solid Films, 2018, 666: 182 – 184.

[60] WONG M H, SASAKI K, KURAMATA A, et al. Field-plated Ga₂O₃ MOSFETs with a breakdown voltage of over 750 V[J]. IEEE Electron Device Letters, 2015, 37 (2): 212 – 215.

[61] WONG M H, GOTO K, MURAKAMI H, et al. Current aperture vertical β-Ga₂O₃ MOSFETs fabricated by N-and Si-Ion implantation doping[J]. IEEE Electron Device Letters, 2018, 40(3): 431 – 434.

[62] KYRTSOS A, MATSUBARA M, BELLOTTI E. On the feasibility of P-type Ga₂O₃ [J]. Applied Physics Letters, 2018, 112: 032108.

[63] ALEMA F, ZHANG Y, OSINSKY A, et al. Low temperature electron mobility exceeding 10⁴ cm²/V in MOCVD grown β-Ga₂O₃[J]. APL Material, 2019, 7(12): 121110.

[64] WANG T, FARVID S S, ABULIKEMU M, et al. Size-tunable phosphorescence in colloidal metastable gamma-Ga₂O₃ nanocrystals[J]. Journal of the American Chemical Society, 2010, 132(27): 9250 – 9252.

[65] NOGALES E, GARCÍA J Á, MÉNDEZ B, et al. Doped gallium oxide nanowires with waveguiding behavior[J]. Applied Physics Letters, 2007, 91(13): 133108.

[66] VANITHAKUMARI S C, NANDA K K. A one-step method for the growth of Ga₂O₃-nanorod-based white-light-emitting phosphors[J]. Advanced Materials, 2009, 21(35): 3581 – 3584.

[67] ZOU R, ZHANG Z, LIU Q, et al. High detectivity solar-blind high-temperature deep-ultraviolet photodetector based on multi-layered (100) facet-oriented β-Ga₂O₃ nanobelts[J]. Small, 2014, 10(9): 1848 – 1856.

[68] CHO K K, CHO G B, KIM K W, et al. Growth behavior of β-Ga₂O₃ nanomaterials synthesized by catalyst-free thermal evaporation[J]. Physica Scripta, 2010, 2010 (T139): 014079.

[69] LÓPEZ I, ALONSO-ORTS M, NOGALES E, et al. Influence of Li doping on the morphology and luminescence of Ga₂O₃ microrods grown by a vapor-solid method[J]. Semiconductor Science and Technology, 2016, 31(11): 115003.

[70] MARTÍNEZ-CRIADO G, SEGURA-RUIZ J, CHU M H, et al. Crossed Ga₂O₃/ SnO₂ multiwire architecture: a local structure study with nanometer resolution[J]. Nano Letters, 2014, 14(10): 5479 – 5487.

[71] OH S, KIM C K, KIM J. High responsivity β-Ga₂O₃ metal-semiconductor-metal solar-blind photodetectors with ultraviolet transparent graphene electrodes[J]. ACS Photonics, 2017, 5(3): 1123-1128.

[72] YAN X, ESQUEDA I S, MA J, et al. High breakdown electric field in β-Ga₂O₃/graphene vertical barristor heterostructure[J]. Applied Physics Letters, 2018, 112(3): 032101.

[73] LUPAN O, BRANISTE T, DENG M, et al. Rapid switching and ultra-responsive nanosensors based on individual shell-core Ga₂O₃/GaN: Oₓ@SnO₂ nanobelt with nanocrystalline shell in mixed phases[J]. Sensors and Actuators B: Chemical, 2015, 221: 544-555.

[74] CHEN X, LIU K, ZHANG Z, et al. Self-powered solar-blind photodetector with fast response based on Au/β-Ga₂O₃ nanowires array film Schottky junction[J]. ACS Applied Materials & Interfaces, 2016, 8(6): 4185-4191.

[75] SWAMY A K N, SHAFIROVICH E, RAMANA C V. Synthesis of one-dimensional Ga₂O₃ nanostructures via high-energy ball milling and annealing of GaN[J]. Ceramics International, 2013, 39(6): 7223-7227.

[76] TERASAKO T, KAWASAKI Y, YAGI M. Growth and morphology control of β-Ga₂O₃ nanostructures by atmospheric-pressure CVD[J]. Thin Solid Films, 2016, 620: 23-29.

[77] JOHNSON J L, CHOI Y, URAL A. GaN nanowire and Ga₂O₃ nanowire and nanoribbon growth from ion implanted iron caTalyst[J]. Journal of Vacuum Science & Technology B: Microelectronics and Nanometer Structures Processing, Measurement, and Phenomena, 2008, 26(6): 1841-1847.

[78] ZHAO B, WANG F, CHEN H, et al. Solar-blind avalanche photodetector based on single ZnO-Ga₂O₃ core-shell microwire[J]. Nano Letters, 2015, 15(6): 3988-3993.

[79] ZHAO B, WANG F, CHEN H, et al. An ultrahigh responsivity (9.7 mA·W⁻¹) self-powered solar-blind photodetector based on individual ZnO-Ga₂O₃ heterostructures[J]. Advanced Functional Materials, 2017, 27(17): 1700264.

[80] CHANG L W, LU T Y, CHEN Y L, et al. Effect of the doped nitrogen on the optical properties of β-Ga₂O₃ nanowires[J]. Materials Letters, 2011, 65(14): 2281-2283.

[81] CHANG P C, FAN Z, TSENG W Y, et al. β-Ga₂O₃ nanowires: synthesis, characterization, and P-channel field-effect transistor[J]. Applied Physics Letters, 2005, 87(22): 222102.

[82] LÓPEZ I, NOGALES E, MÉNDEZ B, et al. Influence of Sn and Cr doping on

morphology and luminescence of thermally grown Ga₂O₃ nanowires[J]. The Journal of Physical Chemistry C, 2013, 117(6): 3036 – 3045.

[83] TIAN W, ZHI C, ZHAI T, et al. In-doped Ga_2O_3 nanobelt based photodetector with high sensitivity and wide-range photoresponse[J]. Journal of Materials Chemistry, 2012, 22(34): 17984 – 17991.

[84] WONG M H, SASAKI K, KURAMATA A, et al. Anomalous Fe diffusion in Si-ion-implanted β-Ga_2O_3 and its suppression in Ga_2O_3 transistor structures through highly resistive buffer layers[J]. Applied Physics Letters, 2015, 106(3): 032105.

[85] LIN C H, YUDA Y, WONG M H, et al. Vertical Ga_2O_3 Schottky barrier diodes with guard ring formed by nitrogen-ion implantation[J]. IEEE Electron Device Letters, 2019, 40(9): 1487 – 1490.

[86] GAO Y, LI A, FENG Q, et al. High-voltage β-Ga_2O_3 Schottky diode with argon-implanted edge termination[J]. Nanoscale Research Letters, 2019, 14(1): 8.

[87] OKUMURA H, TANAKA T. Dry and wet etching for β-Ga_2O_3 Schottky barrier diodes with mesa termination[J]. Japanese Journal of Applied Physics, 2019, 58(12): 120902.

[88] PEARTON S J, DOUGLAS E A, SHUL R J, et al. Plasma etching of wide bandgap and ultrawide bandgap semiconductors[J]. Journal of Vacuum Science & Technology A: Vacuum, Surfaces, and Films, 2020, 38(2): 020802.

[89] YANG J, AHN S, REN F, et al. Inductively coupled plasma etching of bulk, single-crystal Ga_2O_3[J]. Vac. Sci. Technol., B, 2017, 35(3): 031205.

[90] ZHANG Y, MAUZE A, SPECK J S. Anisotropic etching of β-Ga_2O_3 using hot phosphoric acid[J]. Applied Physics Letters, 2019, 115(1): 013501.

[91] LI W, NOMOTO K, HU Z, et al. Fin-channel orientation dependence of forward conduction in kV-class Ga_2O_3 trench Schottky barrier diodes[J]. Applied Physics Express, 2019, 12(6): 061007.

[92] MOHAMED M, IRMSCHER K, JANOWITZ C, et al. Schottky barrier height of Au on the transparent semiconducting oxide β-Ga_2O_3[J]. Applied Physics Letters, 2012, 101(13): 132106.

[93] MOHAMMAD S N. Contact mechanisms and design principles for alloyed ohmic contacts to N-GaN[J]. Journal of Applied Physics, 2004, 95(12): 7940 – 7953.

[94] GREEN A J, CHABAK K D, BALDINI M, et al. β-Ga_2O_3 MOSFETs for radio frequency operation[J]. IEEE Electron Device Letters, 2017, 38(6): 790 – 793.

[95] SASAKI K, HIGASHIWAKI M, KURAMATA A, et al. Si-ion implantation doping in β-Ga_2O_3 and its application to fabrication of low-resistance ohmic contacts[J]. Applied Physics Express, 2013, 6(8): 086502.

[96] SZE S M, LEE M K. Semiconductor devices: physics and technology[M]. Wiley Global Education, 2012.

[97] HIGASHIWAKI M, SASAKI K, WONG M H, et al. Depletion-mode Ga_2O_3 MOSFETs on β-Ga_2O_3 (010) substrates with Si-ion-implanted channel and contacts [J]. IEEE International Electron Devices Meeting. IEEE, 2013: 28.7.1 – 28.7.4.

[98] YAO Y, DAVIS R F, PORTER L M. Investigation of different metals as ohmic contacts to β-Ga_2O_3: comparison and analysis of electrical behavior, morphology, and other physical properties[J]. Electron. Mater. , 2016, 46(4): 2053.

[99] WONG M H, NAKATA Y, KURAMATA A, et al. Enhancement-mode Ga_2O_3 MOSFETs with Si-ion-implanted source and drain[J]. Applied Physics Express, 2017, 10(4): 041101.

[100] ZHANG Y, JOISHI C, XIA Z, et al. Demonstration of β-$(Al_x Ga_{1-x})_2O_3/Ga_2O_3$ double heterostructure field effect transistors[J]. Applied Physics Letters, 2018, 112(23): 233503.

[101] KRISHNAMOORTHY S, XIA Z, BAJAJ S, et al. Delta-doped β-gallium oxide field-effect transistor[J]. Applied Physics Express, 2017, 10(5): 051102.

[102] CHABAK K, GREEN A, MOSER N, et al. Gate-recessed, laterally-scaled β-Ga_2O_3 MOSFETs with high-voltage enhancement-mode operation[C]. 2017 75th Annual Device Research Conference (DRC). IEEE, 2017: 1 – 2.

[103] GREEN A J, CHABAK K D, HELLER E R, et al. 3. 8-MV/cm breakdown strength of MOVPE-grown Sn-doped β-Ga_2O_3 MOSFETs[J]. IEEE Electron Device Letters, 2016, 37(7): 902 – 905.

[104] ZENG K, WALLACE J S, HEIMBURGER C, et al. Ga_2O_3 MOSFETs using spin-on-glass source/drain doping technology[J]. IEEE Electron Device Letters, 2017, 38 (4): 513 – 516.

[105] CAREY P H, YANG J, REN F, et al. Improvement of ohmic contacts on Ga_2O_3 through use of ITO-interlayers[J]. Journal of Vacuum Science & Technology B, Nanotechnology and Microelectronics: Materials, Processing, Measurement, and Phenomena, 2017, 35(6): 061201.

[106] OSHIMA T, WAKABAYASHI R, HATTORI M, et al. Formation of Indium-Tin oxide ohmic contacts for β-Ga_2O_3[J]. Japanese Journal of Applied Physics, 2016, 55 (12): 1202B7.

[107] CAREY P H, YANG J, REN F, et al. Ohmic contacts on N-type β-Ga_2O_3 using AZO/Ti/Au[J]. AIP Advances, 2017, 7(9): 095313.

[108] ZHOU H, SI M, ALGHAMDI S, et al. High-performance depletion/enhancement-ode β-Ga_2O_3 on insulator (GOOI) field-effect transistors with record drain currents of

600/450 mA/mm[J]. IEEE Electron Device Letters, 2016, 38(1): 103 - 106.

[109]   MOSER N A, MCCANDLESS J P, CRESPO A, et al. High pulsed current density β- Ga₂O₃ MOSFETs verified by an analytical model corrected for interface charge[J]. Applied Physics Letters, 2017, 110(14): 143505.

[110]   FU H, CHEN H, HUANG X, et al. A comparative study on the electrical properties of vertical (201) and (010)-Ga₂O₃ Schottky barrier diodes on EFG single-crystal substrates[J]. IEEE Transactions on Electron Devices, 2018, 65(8): 3507 - 3513.

[111]   LOVEJOY T C, CHEN R, ZHENG X, et al. Band bending and surface defects in β-Ga₂O₃[J]. Applied Physics Letters, 2012, 100(18): 181602.

[112]   KATZ O, GARBER V, MEYLER B, et al. Gain mechanism in GaN Schottky ultraviolet detectors[J]. Applied Physics Letters, 2001, 79(10): 1417 - 1419.

[113]   SUZUKI R, NAKAGOMI S, KOKUBUN Y. Solar-blind photodiodes composed of a Au Schottky contact and a β-Ga₂O₃ single crystal with a high resistivity cap layer[J]. Applied Physics Letters, 2011, 98(13): 131114.

[114]   OISHI T, KOGA Y, HARADA K, et al. High-mobility β-Ga₂O₃ (2̄01) single crystals grown by edge-defined film-fed growth method and their Schottky barrier diodes with Ni contact[J]. Applied Physics Express, 2015, 8(3): 031101.

[115]   ARMSTRONG A M, CRAWFORD M H, Jayawardena A, et al. Role of self-trapped holes in the photoconductive gain of β-Gallium oxide Schottky diodes[J]. Journal of Applied Physics, 2016, 119(10): 103102.

[116]   HIGASHIWAKI M, SASAKI K, KAMIMURA T, et al. Depletion-mode Ga₂O₃ metal-oxide-semiconductor field-effect transistors on β-Ga₂O₃ (010) substrates and temperature dependence of their device characteristics[J]. Applied Physics Letters, 2013, 103(12): 123511.

[117]   KASU M, HANADA K, MORIBAYASHI T, et al. Relationship between crystal defects and leakage current in β-Ga₂O₃ Schottky barrier diodes[J]. Japanese Journal of Applied Physics, 2016, 55(12): 1202BB.

[118]   OH S, YANG G, KIM J. Electrical characteristics of vertical Ni/β-Ga₂O₃ Schottky barrier diodes at high temperatures[J]. ECS Journal of Solid State Science and Technology, 2016, 6(2): Q3022.

[119]   AHMADI E, OSHIMA Y, WU F, et al. Schottky barrier height of Ni to β-(Alₓ Ga₁₋ₓ)₂O₃ with different compositions grown by plasma-assisted molecular beam epitaxy[J]. Semiconductor Science and Technology, 2017, 32(3): 035004.

[120]   AHN S, REN F, YUAN L, et al. Temperature-dependent characteristics of Ni/Au and Pt/Au Schottky diodes on β-Ga₂O₃[J]. ECS Journal of Solid State Science and

Technology，2017，6(1)：P68.

[121]　FARZANA E, ZHANG Z, PAUL P K, et al. Influence of metal choice on (010) β-Ga₂O₃ Schottky diode properties[J]. Applied Physics Letters，2017，110（20）：202102.

[122]　KASU M, OSHIMA T, HANADA K, et al. Crystal defects observed by the etch-pit method and their effects on Schottky-barrier-diode characteristics on β-Ga₂O₃[J]. Japanese Journal of Applied Physics，2017，56(9)：091101.

[123]　YANG J, AHN S, REN F, et al. Inductively coupled plasma etch damage in (-201) Ga₂O₃ Schottky diodes[J]. Applied Physics Letters，2017，110(14)：142101.

[124]　OSHIMA T, HASHIGUCHI A, MORIBAYASHI T, et al. Electrical properties of Schottky barrier diodes fabricated on (001) β-Ga₂O₃ substrates with crystal defects [J]. Japanese Journal of Applied Physics，2017，56(8)：086501.

[125]　YAO Y, GANGIREDDY R, KIM J, et al. Electrical behavior of β-Ga₂O₃ Schottky diodes with different Schottky metals[J]. Journal of Vacuum Science & Technology B, Nanotechnology and Microelectronics：Materials, Processing, Measurement, and Phenomena，2017，35(3)：03D113.

[126]　FENG Q, FENG Z, HU Z, et al. Temperature dependent electrical properties of pulse laser deposited Au/Ni/β-(AlGa)₂O₃ Schottky diode[J]. Applied Physics Letters，2018，112(7)：072103.

[127]　HIGASHIWAKI M, KONISHI K, SASAKI K, et al. Temperature-dependent capacitance-voltage and current-voltage characteristics of Pt/Ga₂O₃ (001) Schottky barrier diodes fabricated on N-Ga₂O₃ drift layers grown by halide vapor phase epitaxy [J]. Applied Physics Letters，2016，108(13)：133503.

[128]　HE Q, MU W, DONG H, et al. Schottky barrier diode based on β-Ga₂O₃ (100) single crystal substrate and its temperature-dependent electrical characteristics[J]. Applied Physics Letters，2017，110(9)：093503.

[129]　KONISHI K, GOTO K, MURAKAMI H, et al. 1-kV vertical Ga₂O₃ field-plated Schottky barrier diodes[J]. Applied Physics Letters，2017，110(10)：103506.

[130]　TADJER M J, WHEELER V D, SHAHIN D I, et al. Thermionic emission analysis of TiN and Pt Schottky contacts to β-Ga₂O₃[J]. ECS Journal of Solid State Science and Technology，2017，6(4)：P165.

[131]　SUZUKI R, NAKAGOMI S, KOKUBUN Y, et al. Enhancement of responsivity in solar-blind β-Ga₂O₃ photodiodes with a Au Schottky contact fabricated on single crystal substrates by annealing[J]. Applied Physics Letters，2009，94(22)：222102.

[132]　SPLITH D, MÜLLER S, SCHMIDT F, et al. Determination of the mean and the homogeneous barrier height of Cu Schottky contacts on heteroepitaxial β-Ga₂O₃ thin

films grown by pulsed laser deposition[J]. Physica Status Solidi A, 2014, 211(1): 40 – 47.

[133] SASAKI K, WAKIMOTO D, THIEU Q T, et al. First demonstration of Ga_2O_3 trench MOS-type Schottky barrier diodes[J]. IEEE Electron Device Letters, 2017, 38(6): 783 – 785.

[134] MÜLLER S, VON WENCKSTERN H, SCHMIDT F, et al. Comparison of Schottky contacts on β-Gallium oxide thin films and bulk crystals[J]. Applied Physics Express, 2015, 8(12): 121102.

[135] KAMIMURA T, SASAKI K, HOI WONG M, et al. Band alignment and electrical properties of Al_2O_3/β-Ga_2O_3 heterojunctions[J]. Applied Physics Letters, 2014, 104 (19): 192104.

[136] CAREY P H, REN F, HAYS D C, et al. Band alignment of Al_2O_3 with $(\bar{2}01)$ β-Ga_2O_3[J]. Vacuum, 2017, 142: 52 – 57.

[137] KAMIMURA T, KRISHNAMURTHY D, KURAMATA A, et al. Epitaxially grown crystalline Al_2O_3 interlayer on β-Ga_2O_3(010) and its suppressed interface state density[J]. Japanese Journal of Applied Physics, 2016, 55(12): 1202B5.

[138] ZHOU H, ALGHMADI S, SI M, et al. Al_2O_3/β-Ga_2O_3 $(\bar{2}01)$ interface improvement through piranha pretreatment and postdeposition annealing[J]. IEEE Electron Device Letters, 2016, 37(11): 1411 – 1414.

[139] HUNG T H, SASAKI K, KURAMATA A, et al. Energy band line-up of atomic layer deposited Al_2O_3 on β-Ga_2O_3[J]. Applied Physics Letters, 2014, 104(16): 162106.

[140] JIA Y, ZENG K, WALLACE J S, et al. Spectroscopic and electrical calculation of band alignment between atomic layer deposited SiO_2 and β-Ga_2O_3 $(\bar{2}01)$[J]. Applied Physics Letters, 2015, 106(10): 102107.

[141] KONISHI K, KAMIMURA T, WONG M H, et al. Large conduction band offset at SiO_2/β-Ga_2O_3 heterojunction determined by X-ray photoelectron spectroscopy[J]. Physica Status Solidi B, 2016, 253(4): 623 – 625.

[142] ZENG K, JIA Y, SINGISETTI U. Interface state density in atomic layer deposited SiO_2/β-Ga_2O_3 $(\bar{2}01)$ MOSCAPs[J]. IEEE Electron Device Letters, 2016, 37(7): 906 – 909.

[143] SHAHIN D I, TADJER M J, WHEELER V D, et al. Electrical characterization of ALD HfO_2 high-k dielectrics on $(\bar{2}01)$ β-Ga_2O_3[J]. Applied Physics Letters, 2018, 112(4): 042107.

[144] WHEELER V D, SHAHIN D I, TADJER M J, et al. Band alignments of atomic

layer deposited ZrO_2 and HfO_2 high-k dielectrics with $(\overline{2}01)$ β-Ga_2O_3 [J]. ECS Journal of Solid State Science and Technology, 2016, 6(2): Q3052.

[145]　CAREY P H, REN F, HAYS D C, et al. Conduction and valence band offsets of $LaAl_2O_3$ with $(\overline{2}01)$ β-Ga_2O_3 [J]. Journal of Vacuum Science & Technology B, Nanotechnology and Microelectronics: Materials, Processing, Measurement, and Phenomena, 2017, 35(4): 041201.

[146]　MASTEN H N, PHILLIPS J D, PETERSON R L. Ternary alloy rare-earth scandate as dielectric for β-Ga_2O_3 MOS structures [J]. IEEE Transactions on Electron Devices, 2019, 66(6): 2489 - 2495.

[147]　SUN H, TORRES CASTANEDO C G, LIU K, et al. Valence and conduction band offsets of β-Ga_2O_3/AlN heterojunction[J]. Applied Physics Letters, 2017, 111(16): 162105.

[148]　ZHI Y, LIU Z, WANG X, et al. X-ray photoelectron spectroscopy study for band alignments of $BaTiO_3$/Ga_2O_3 and In_2O_3/Ga_2O_3 heterostructures [J]. Journal of Vacuum Science & Technology A: Vacuum, Surfaces, and Films, 2020, 38(2): 023202.

[149]　FENG W, WANG X, ZHANG J, et al. Synthesis of two-dimensional β-Ga_2O_3 nanosheets for high-performance solar blind photodetectors[J]. Journal of Materials Chemistry C, 2014, 2(17): 3254 - 3259.

[150]　ZHONG M, WEI Z, MENG X, et al. High-performance single crystalline UV photodetectors of β-Ga_2O_3[J]. Journal of Alloys and Compounds, 2015, 619: 572 - 575.

[151]　OH S, KIM J, REN F, et al. Quasi-two-dimensional β-Gallium oxide solar-blind photodetectors with ultrahigh responsivity[J]. Journal of Materials Chemistry C, 2016, 4(39): 9245 - 9250.

[152]　LIU Y, DU L, LIANG G, et al. Ga_2O_3 field-effect-transistor-based solar-blind photodetector with fast response and high photo-to-dark current ratio[J]. IEEE Electron Device Letters, 2018, 39(11): 1696 - 1699.

[153]　KUMAR A, BAG A. High Responsivity of Quasi-2D Electrospun β-Ga_2O_3-based deep-UV photodetectors[J]. IEEE Photonics Technology Letters, 2019, 31(8): 619 - 622.

[154]　WANG S, SUN H, WANG Z, et al. In situ synthesis of monoclinic β-Ga_2O_3 nanowires on flexible substrate and solar-blind photodetector[J]. Journal of Alloys and Compounds, 2019, 787: 133 - 139.

[155]　OH S, MASTRO M A, TADJER M J, et al. Solar-blind metal-semiconductor-metal photodetectors based on an exfoliated β-Ga_2O_3 micro-flake[J]. ECS Journal of Solid

State Science and Technology, 2017, 6(8): Q79.

[156] LEE S H, KIM S B, MOON Y J, et al. High-responsivity deep-ultraviolet-selective photodetectors using ultrathin Gallium oxide films[J]. Acs Photonics, 2017, 4(11): 2937 - 2943.

[157] GUO D, LIU H, LI P, et al. Zero-power-consumption solar-blind photodetector based on β-Ga₂O₃/NSTO heterojunction[J]. ACS applied Materials & Interfaces, 2017, 9(2): 1619 - 1628.

[158] HU G C, SHAN C X, ZHANG N, et al. High gain Ga₂O₃ solar-blind photodetectors realized via a carrier multiplication process[J]. Optics Express, 2015, 23(10): 13554 - 13561.

[159] GUO D, WU Z, LI P, et al. Fabrication of β-Ga₂O₃ thin films and solar-blind photodetectors by laser MBE technology[J]. Optical Materials Express, 2014, 4(5): 1067 - 1076.

[160] XU Y, AN Z, ZHANG L, et al. Solar blind deep ultraviolet β-Ga₂O₃ photodetectors grown on sapphire by the Mist-CVD method[J]. Optical Materials Express, 2018, 8 (9): 2941 - 2947.

[161] PRATIYUSH A S, KRISHNAMOORTHY S, KUMAR S, et al. Demonstration of zero bias responsivity in MBE grown β-Ga₂O₃ lateral deep-UV photodetector[J]. Japanese Journal of Applied Physics, 2018, 57(6): 060313.

[162] SINGH PRATIYUSH A, KRISHNAMOORTHY S, VISHNU SOLANKE S, et al. High responsivity in molecular beam epitaxy grown β-Ga₂O₃ metal semiconductor metal solar blind deep-UV photodetector[J]. Applied Physics Letters, 2017, 110 (22): 221107.

[163] QIAN L X, ZHANG H F, LAI P T, et al. High-sensitivity β-Ga₂O₃ solar-blind photodetector on high-temperature pretreated c-plane sapphire substrate[J]. Optical Materials Express, 2017, 7(10): 3643 - 3653.

[164] CUI S, MEI Z, ZHANG Y, et al. Room-temperature fabricated amorphous Ga₂O₃ high-response-speed solar-blind photodetector on rigid and flexible substrates[J]. Advanced Optical Materials, 2017, 5(19): 1700454.

[165] FENG Q, HUANG L, HAN G, et al. Comparison study of β-Ga₂O₃ photodetectors on bulk substrate and sapphire[J]. IEEE Transactions on Electron Devices, 2016, 63 (9): 3578 - 3583.

[166] OSHIMA T, OKUNO T, ARAI N, et al. Flame detection by a β-Ga₂O₃ - based sensor[J]. Japanese Journal of Applied Physics, 2009, 48(1R): 011605.

[167] GUO D Y, WU Z P, AN Y H, et al. Oxygen vacancy tuned ohmic-Schottky conversion for enhanced performance in β-Ga₂O₃ solar-blind ultraviolet photodetectors

[J]. Applied Physics Letters, 2014, 105(2): 023507.

[168] PRATIYUSH A S, MUAZZAM U U, KUMAR S, et al. Optical float-zone grown bulk β-Ga₂O₃-based linear MSM array of UV-C photodetectors[J]. IEEE Photonics Technology Letters, 2019, 31(12): 923 - 926.

[169] QIAN L X, WU Z H, ZHANG Y Y, et al. Ultrahigh-responsivity, rapid-recovery, solar-blind photodetector based on highly nonstoichiometric amorphous Gallium oxide [J]. ACS Photonics, 2017, 4(9): 2203 - 2211.

[170] ARORA K, GOEL N, KUMAR M, et al. Ultrahigh performance of self-powered β-Ga₂O₃ thin film solar-blind photodetector grown on cost-effective Si substrate using high-temperature seed layer[J]. Acs Photonics, 2018, 5(6): 2391 - 2401.

[171] QIN Y, DONG H, LONG S, et al. Enhancement-mode β-Ga₂O₃ metal-oxide-semiconductor field-effect solar-blind phototransistor with ultrahigh detectivity and photo-to-dark current ratio[J]. IEEE Electron Device Letters, 2019, 40(5): 742 - 745.

[172] QIAN L X, LIU H Y, ZHANG H F, et al. Simultaneously improved sensitivity and response speed of β-Ga₂O₃ solar-blind photodetector via localized tuning of oxygen deficiency[J]. Applied Physics Letters, 2019, 114(11): 113506.

[173] CHEN X, MU W, XU Y, et al. Highly narrow-band polarization-sensitive solar-blind photodetectors based on β-Ga₂O₃ single crystals[J]. ACS Applied Materials & Interfaces, 2019, 11(7): 7131 - 7137.

[174] ALEMA F, HERTOG B, MUKHOPADHYAY P, et al. Solar blind Schottky photodiode based on an MOCVD-grown homoepitaxial β-Ga₂O₃ thin film[J]. APL Materials, 2019, 7(2): 022527.

[175] QIAO B, ZHANG Z, XIE X, et al. Avalanche gain in metal-semiconductor-metal Ga₂O₃ solar-blind photodiodes[J]. The Journal of Physical Chemistry C, 2019, 123 (30): 18516 - 18520.

[176] NAKAGOMI S, SAKAI T, KIKUCHI K, et al. β-Ga₂O₃/P-Type 4H-SiC heterojunction diodes and applications to deep-UV photodiodes[J]. Physica Status Solidi (A), 2019, 216(5): 1700796.

[177] NAKAGOMI S, SATO T, TAKAHASHI Y, et al. Deep ultraviolet photodiodes based on the β-Ga₂O₃/GaN heterojunction[J]. Sensors and Actuators A: Physical, 2015, 232: 208 - 213.

[178] MAHMOUD W E. Solar blind avalanche photodetector based on the cation exchange growth of β-Ga₂O₃/SnO₂ bilayer heterostructure thin film[J]. Solar Energy Materials and Solar Cells, 2016, 152: 65 - 72.

[179] CHEN X, XU Y, ZHOU D, et al. Solar-blind photodetector with high avalanche

gains and bias-tunable detecting functionality based on metastable phase α-Ga$_2$O$_3$/ZnO isotype heterostructures[J]. ACS Applied Materials & Interfaces, 2017, 9(42): 36997 – 37005.

[180] GUO D, SU Y, SHI H, et al. Self-powered ultraviolet photodetector with superhigh photoresponsivity (3. 05 A/W) based on the GaN/Sn: Ga$_2$O$_3$ PN junction[J]. ACS Nano, 2018, 12(12): 12827 – 12835.

[181] LIN R, ZHENG W, ZHANG D, et al. High-performance graphene/β-Ga$_2$O$_3$ heterojunction deep-ultraviolet photodetector with hot-electron excited carrier multiplication[J]. ACS Applied Materials & Interfaces, 2018, 10(26): 22419 – 22426.

[182] KALITA G, MAHYAVANSHI R D, DESAI P, et al. Photovoltaic action in graphene-Ga$_2$O$_3$ heterojunction with deep-ultraviolet irradiation[J]. Physica Status Solidi (RRL)-Rapid Research Letters, 2018, 12(8): 1800198.

[183] KONG W Y, WU G A, WANG K Y, et al. Graphene-β-Ga$_2$O$_3$ heterojunction for highly sensitive deep UV photodetector application[J]. Advanced Materials, 2016, 28(48): 10725 – 10731.

[184] LI P, SHI H, CHEN K, et al. Construction of GaN/Ga$_2$O$_3$ P-N junction for an extremely high responsivity self-powered UV photodetector[J]. Journal of Materials Chemistry C, 2017, 5(40): 10562 – 10570.

[185] LI Y, ZHANG D, LIN R, et al. Graphene interdigital electrodes for improving sensitivity in a Ga$_2$O$_3$: Zn deep-ultraviolet photoconductive detector[J]. ACS Applied Materials & Interfaces, 2018, 11(1): 1013 – 1020.

[186] GUO D Y, SHI H Z, QIAN Y P, et al. Fabrication of β-Ga$_2$O$_3$/ZnO heterojunction for solar-blind deep ultraviolet photodetection[J]. Semiconductor Science and Technology, 2017, 32(3): 03LT01.

[187] YOU D, XU C, ZHAO J, et al. Vertically aligned ZnO/Ga$_2$O$_3$ core/shell nanowire arrays as self-driven superior sensitivity solar-blind photodetectors[J]. Journal of Materials Chemistry C, 2019, 7(10): 3056 – 3063.

[188] WANG Y, CUI W, YU J, et al. One-step growth of amorphous/crystalline Ga$_2$O$_3$ phase junctions for high-performance solar-blind photodetection[J]. ACS Applied Materials & Interfaces, 2019, 11(49): 45922 – 45929.

[189] CAMPBELL J C, DEMIGUEL S, MA F, et al. Recent advances in avalanche photodiodes[J]. IEEE Journal of Selected Topics in Quantum Electronics, 2004, 10(4): 777 – 787.

[190] LAW H, NAKANO K, TOMASETTA L. Ⅲ-Ⅴ alloy heterostructure high speed avalanche photodiodes[J]. IEEE Journal of Quantum Electronics, 1979, 15(7): 549

－558.

[191]　NIE H, ANSELM K A, LENOX C, et al. Resonant-cavity separate absorption, charge and multiplication avalanche photodiodes with high-speed and high gain-bandwidth product[J]. IEEE Photonics Technology Letters, 1998, 10(3): 409－411.

[192]　KANBE H, KIMURA T, MIZUSHIMA Y, et al. Silicon avalanche photodiodes with low multiplication noise and high-speed response[J]. IEEE Transactions on Electron Devices, 1976, 23(12): 1337－1343.

[193]　KATZ O, BAHIR G, SALZMAN J. Persistent photocurrent and surface trapping in GaN Schottky ultraviolet detectors[J]. Applied Physics Letters, 2004, 84(20): 4092－4094.

[194]　TUT T, GOKKAVAS M, BUTUN B, et al. Experimental evaluation of impact ionization coefficients in $Al_xGa_{1-x}N$ based avalanche photodiodes[J]. Applied Physics Letters, 2006, 89(18): 183524.

[195]　CHEN X, REN F F, YE J, et al. Gallium oxide-based solar-blind ultraviolet photodetectors[J]. Semiconductor Science and Technology, 2020, 35(2): 023001.

[196]　CHEN Y C, LU Y J, LIU Q, et al. Ga_2O_3 photodetector arrays for solar-blind imaging[J]. Journal of Materials Chemistry C, 2019, 7(9): 2557－2562.

[197]　PENG Y, ZHANG Y, CHEN Z, et al. Arrays of solar-blind ultraviolet photodetector based on β-Ga_2O_3 epitaxial thin films[J]. IEEE Photonics Technology Letters, 2018, 30(11): 993－996.

[198]　ZHENG X Q, LEE J, RAFIQUE S, et al. Wide bandgap β-Ga_2O_3 nanomechanical resonators for detection of middle-ultraviolet (MUV) photon radiation[C]. 2017 IEEE 30th International Conference on Micro Electro Mechanical Systems (MEMS). IEEE, 2017: 209－212.

[199]　ZHENG X Q, LEE J, RAFIQUE S, et al. Nanoelectromechanical resonators enabled by Si-doped semiconducting β-Ga_2O_3 nanobelts[C]. 2018 IEEE International Frequency Control Symposium (IFCS). IEEE, 2018: 1－2.

[200]　ZHENG X Q, LEE J, RAFIQUE S, et al. Ultrawide band gap β-Ga_2O_3 nanomechanical resonators with spatially visualized multimode motion[J]. ACS Applied Materials & Interfaces, 2017, 9(49): 43090－43097.

[201]　ZHENG X Q, XIE Y, LEE J, et al. Beta Gallium oxide (β-Ga_2O_3) nanoelectromechanical transducer for dual-modality solar-blind ultraviolet light detection[J]. APL Materials, 2019, 7(2): 022523.

[202]　ZHENG X Q, LEE J, RAFIQUE S, et al. β-Ga_2O_3 NEMS oscillator for real-time middle ultraviolet(MUV) light detection[J]. IEEE Electron Device Letters, 2018,

39(8): 1230 – 1233.

[203] AN Y, CHU X, HUANG Y, et al. Au plasmon enhanced high performance β-
Ga$_2$O$_3$ solar-blind photo-detector [J]. Progress in Natural Science: Materials
International, 2016, 26(1): 65 – 68.

[204] QIAO G, CAI Q, MA T, et al. Nanoplasmonically enhanced high-performance
metastable phase α-Ga$_2$O$_3$ solar-blind photodetectors[J]. ACS Applied Materials &
Interfaces, 2019, 11(43): 40283 – 40289.

[205] QIN Y, SUN H, LONG S, et al. High-performance metal-organic chemical vapor
deposition grown ε-Ga$_2$O$_3$ solar-blind photodetector with asymmetric Schottky
electrodes[J]. IEEE Electron Device Letters, 2019, 40(9): 1475 – 1478.

[206] MOLONEY J, TESH O, SINGH M, et al. Atomic layer deposited α-Ga$_2$O$_3$ solar-
blind photodetectors[J]. Journal of Physics D: Applied Physics, 2019, 52(47):
475101.

[207] QIN Y, LI L, ZHAO X, et al. Metal-semiconductor-metal ε-Ga$_2$O$_3$ solar-blind
photodetectors with a record-high responsivity rejection ratio and their gain
mechanism[J]. ACS Photonics, 2020, 7(3): 812 – 820.

[208] LEE H Y, LIU J T, LEE C T. Modulated Al$_2$O$_3$-alloyed Ga$_2$O$_3$ materials and deep
ultraviolet photodetectors[J]. IEEE Photonics Technology Letters, 2018, 30(6):
549 – 552.

[209] YUAN S H, WANG C C, HUANG S Y, et al. Improved responsivity drop from
250 to 200 nm in sputtered Gallium oxide photodetectors by incorporating trace
aluminum[J]. IEEE Electron Device Letters, 2017, 39(2): 220 – 223.

[210] FENG Q, LI X, HAN G, et al. (AlGa)$_2$O$_3$ solar-blind photodetectors on sapphire
with wider bandgap and improved responsivity[J]. Optical Materials Express, 2017,
7(4): 1240 – 1248.

[211] WENG W Y, HSUEH T J, CHANG S J, et al. An (Al$_x$Ga$_{1-x}$)$_2$O$_3$ metal-
semiconductor-metal VUV photodetector[J]. IEEE Sensors Journal, 2011, 11(9):
1795 – 1799.

[212] KOKUBUN Y, ABE T, NAKAGOMI S. Sol-gel prepared (Ga$_{1-x}$In$_x$)$_2$O$_3$ thin films
for solar-blind ultraviolet photodetectors[J]. Physica Status Solidi (A), 2010, 207
(7): 1741 – 1745.

[213] CHANG T H, CHANG S J, CHIU C J, et al. Bandgap-engineered in Indium-
Gallium-oxide ultraviolet phototransistors[J]. IEEE Photonics Technology Letters,
2015, 27(8): 915 – 918.

[214] ZHANG Z, VON WENCKSTERN H, LENZNER J, et al. Visible-blind and solar-
blind ultraviolet photodiodes based on (In$_x$Ga$_{1-x}$)$_2$O$_3$[J]. Applied Physics Letters,

2016，108(12)：123503.

[215]　CARRANO J C，LI T，GRUDOWSKI P A，et al. Current transport mechanisms in GaN-based metal-semiconductor-metal photodetectors[J]. Applied Physics Letters，1998，72(5)：542 − 544.

[216]　MONROY E，CALLE F，MUNOZ E，et al. Effects of bias on the responsivity of GaN metal-semiconductor-metal photodiodes[J]. Physica Status Solidi (a)，1999，176(1)：157 − 161.

[217]　PRATIYUSH A S，XIA Z，KUMAR S，et al. MBE-grown β-Ga$_2$O$_3$ − based Schottky UV-C photodetectors with rectification ratio $\sim 10^7$ [J]. IEEE Photonics Technology Letters，2018，30(23)：2025 − 2028.

[218]　LÓPEZ I，CASTALDINI A，CAVALLINI A，et al. β-Ga$_2$O$_3$ nanowires for an ultraviolet light selective frequency photodetector[J]. Journal of Physics D：Applied Physics，2014，47(41)：415101.

[219]　DU J，XING J，GE C，et al. Highly sensitive and ultrafast deep UV photodetector based on a β-Ga$_2$O$_3$ nanowire network grown by CVD[J]. Journal of Physics D：Applied Physics，2016，49(42)：425105.

[220]　HE C，GUO D，CHEN K，et al. α-Ga$_2$O$_3$ nanorod array-Cu$_2$O microsphere P-N junctions for self-powered spectrum-distinguishable photodetectors[J]. ACS Applied Nano Materials，2019，2(7)：4095 − 4103.

[221]　WANG X，TIAN W，LIAO M，et al. Recent advances in solution-processed inorganic nanofilm photodetectors[J]. Chemical Society Reviews，2014，43(5)：1400 − 1422.

[222]　FENG P，ZHANG J Y，LI Q H，et al. Individual β-Ga$_2$O$_3$ nanowires as solar-blind photodetectors[J]. Applied Physics Letters，2006，88(15)：153107.

[223]　HSIEH C H，CHOU L J，LIN G R，et al. Nanophotonic switch：gold-in-Ga$_2$O$_3$ peapod nanowires[J]. Nano Letters，2008，8(10)：3081 − 3085.

[224]　LI Y，TOKIZONO T，LIAO M，et al. Efficient assembly of bridged β-Ga$_2$O$_3$ nanowires for solar-blind photodetection[J]. Advanced Functional Materials，2010，20(22)：3972 − 3978.

[225]　HOSONO H. Ionic amorphous oxide semiconductors：Material design，carrier transport，and device application[J]. Journal of Non-Crystalline Solids，2006，352(9 − 20)：851 − 858.

[226]　OSHIMA T，KATO Y，ODA M，et al. Epitaxial growth of γ-(Al$_x$Ga$_{1-x}$)$_2$O$_3$ alloy films for band-gap engineering[J]. Applied Physics Express，2017，10(5)：051104.

[227]　FANG M，ZHAO W，LI F，et al. Fast response solar-blind photodetector with a

quasi-Zener tunneling effect based on amorphous in-doped Ga$_2$O$_3$ thin films[J]. Sensors, 2020, 20(1): 129.

[228] DONG M, ZHENG W, XU C, et al. Ultrawide-bandgap amorphous MgGaO: nonequilibrium growth and vacuum ultraviolet application[J]. Advanced Optical Materials, 2019, 7(3): 1801272.

[229] YU K M, LIU C, HO C Y, et al. Transparent conducting amorphous CdO-Ga$_2$O$_3$ films synthesized by room temperature sputtering [C]. 2016 Compound Semiconductor Week (CSW) [Includes 28th International Conference on Indium Phosphide & Related Materials (IPRM) & 43rd International Symposium on Compound Semiconductors (ISCS)]. IEEE, 2016: 1-1.

[230] ZHANG Y, CHEN X, XU Y, et al. Anion engineering enhanced response speed and tunable spectral responsivity in Gallium-oxynitrides-based ultraviolet photodetectors [J]. ACS Applied Electronic Materials, 2020, 2(3): 808-816.

[231] JAQUEZ M, SPECHT P, YU K M, et al. Amorphous Gallium oxide sulfide: a highly mismatched alloy[J]. Journal of Applied Physics, 2019, 126(10): 105708.

[232] KOBAYASHI E, BOCCARD M, JEANGROS Q, et al. Amorphous Gallium oxide grown by low-temperature PECVD[J]. Journal of Vacuum Science & Technology A: Vacuum, Surfaces, and Films, 2018, 36(2): 021518.

[233] CHOU L J, HSIEH K C, WOHLERT D E, et al. Formation of amorphous aluminum oxide and Gallium oxide on InP substrates by water vapor oxidation[J]. Journal of applied physics, 1998, 84(12): 6932-6934.

[234] GAN K J, LIU P T, CHIEN T C, et al. Highly durable and flexible Gallium-based oxide conductive-bridging random access memory[J]. Scientific Reports, 2019, 9(1): 1-7.

[235] CHEN Y, LU Y, LIAO M, et al. 3D solar-blind Ga$_2$O$_3$ photodetector array realized via origami method[J]. Advanced Functional Materials, 2019, 29(50): 1906040.

[236] LIANG H, CUI S, SU R, et al. Flexible X-ray detectors based on amorphous Ga$_2$O$_3$ thin films[J]. ACS Photonics, 2018, 6(2): 351-359.

[237] LI Z, XU Y, ZHANG J, et al. Flexible solar-blind Ga$_2$O$_3$ ultraviolet photodetectors with high responsivity and photo-to-dark current ratio[J]. IEEE Photonics Journal, 2019, 11(6): 1-9.

[238] KUMAR N, ARORA K, KUMAR M. High performance, flexible and room temperature grown amorphous Ga$_2$O$_3$ solar-blind photodetector with amorphous indium-zinc-oxide transparent conducting electrodes [J]. Journal of Physics D: Applied Physics, 2019, 52(33): 335103.

[239] GUO X C, HAO N H, GUO D Y, et al. β-Ga$_2$O$_3$/P-Si heterojunction solar-blind

ultraviolet photodetector with enhanced photoelectric responsivity[J]. Journal of Alloys and Compounds, 2016, 660: 136 - 140.

[240]　BAE H, CHARNAS A, SUN X, et al. Solar-blind UV photodetector based on atomic layer-deposited Cu_2O and nanomembrane β-Ga_2O_3 PN oxide heterojunction [J]. ACS Omega, 2019, 4(24): 20756 - 20761.

[241]　LI K H, ALFARAJ N, KANG C H, et al. Deep-ultraviolet photodetection using single-crystalline β-Ga_2O_3/NiO heterojunctions [J]. ACS Applied Materials & Interfaces, 2019, 11(38): 35095 - 35104.

[242]　ZHUO R, WU D, WANG Y, et al. A self-powered solar-blind photodetector based on a MoS_2/β-Ga_2O_3 heterojunction[J]. Journal of Materials Chemistry C, 2018, 6 (41): 10982 - 10986.

[243]　CHEN Y C, LU Y J, LIN C N, et al. Self-powered diamond/β-Ga_2O_3 photodetectors for solar-blind imaging[J]. Journal of Materials Chemistry C, 2018, 6(21): 5727 - 5732.

[244]　CHEN Z, NISHIHAGI K, WANG X, et al. Band alignment of Ga_2O_3/Si heterojunction interface measured by X-ray photoelectron spectroscopy[J]. Applied Physics Letters, 2016, 109(10): 102106.

[245]　GRODZICKI M, MAZUR P, ZUBER S, et al. Oxidation of GaN (0001) by low-energy ion bombardment[J]. Applied Surface Science, 2014, 304: 20 - 23.

[246]　CHANG S H, CHEN Z Z, HUANG W, et al. Band alignment of Ga_2O_3/6H-SiC heterojunction[J]. Chinese Physics B, 2011, 20(11): 116101.

[247]　WANG T, LI W, NI C, et al. Band gap and band offset of Ga_2O_3 and (Al$_x$ Ga$_{1-x}$)$_2$O$_3$ alloys[J]. Physical Review Applied, 2018, 10(1): 011003.

[248]　PEARTON S J, YANG J, CARY P H, et al. A review of Ga_2O_3 materials, processing, and devices[J]. Applied Physics Reviews, 2018, 5(1): 011301.

[249]　NAKAGOMI S, MOMO T, TAKAHASHI S, et al. Deep ultraviolet photodiodes based on β-Ga_2O_3/SiC heterojunction[J]. Applied Physics Letters, 2013, 103(7): 072105.

[250]　KALRA A, VURA S, RATHKANTHIWAR S, et al. Demonstration of high-responsivity epitaxial β-Ga_2O_3/GaN metal-heterojunction-metal broadband UV-A/ UV-C detector[J]. Applied Physics Express, 2018, 11(6): 064101.

[251]　VARLEY J B, JANOTTI A, FRANCHINI C, et al. Role of self-trapping in luminescence and P-type conductivity of wide-band-gap oxides[J]. Physical Review B, 2012, 85(8): 081109.

[252]　CHEN C K, NECHAY B, TSAUR B Y. Ultraviolet, visible, and infrared response of PtSi Schottky-barrier detectors operated in the front-illuminated mode[J]. IEEE

Transactions on Electron Devices, 1991, 38(5): 1094 – 1103.

[253]　SCALES C, BERINI P. Thin-film Schottky barrier photodetector models[J]. IEEE Journal of Quantum Electronics, 2010, 46(5): 633 – 643.

[254]　LIANG H, CUI S, SU R, et al. Flexible X-ray detectors based on amorphous Ga_2O_3 thin films[J]. ACS Photonics, 2018, 6(2): 351 – 359.

[255]　LU X, ZHOU L, CHEN L, et al. Schottky X-ray detectors based on a bulk β-Ga_2O_3 substrate[J]. Applied Physics Letters, 2018, 112(10): 103502.

[256]　LU X, ZHOU L, CHEN L, et al. X-ray detection performance of vertical Schottky photodiodes based on a bulk β-Ga_2O_3 substrate grown by an EFG method[J]. ECS Journal of Solid State Science and Technology, 2019, 8(7): Q3046.

[257]　KIM W, CHU K S. ZnO nanowire field-effect transistor as a UV photodetector: optimization for maximum sensitivity[J]. Physica Status Solidi (a), 2009, 206(1): 179 – 182.

[258]　NIE K Y, TU X, LI J, et al. Tailored emission properties of ZnTe/ZnTe: O/ZnO core-shell nanowires coupled with an Al plasmonic bowtie antenna array[J]. ACS Nano, 2018, 12(7): 7327 – 7334.

[259]　EKINCI Y, SOLAK H H, LÖFFLER J F. Plasmon resonances of aluminum nanoparticles and nanorods[J]. Journal of Applied Physics, 2008, 104(8): 083107.

[260]　FANG Y, DONG Q, SHAO Y, et al. Highly narrowband perovskite single-crystal photodetectors enabled by surface-charge recombination[J]. Nature Photonics, 2015, 9(10): 679 – 686.

[261]　LI L, DENG Y, BAO C, et al. Self-filtered narrowband perovskite photodetectors with ultrafast and tuned spectral response[J]. Advanced Optical Materials, 2017, 5 (22): 1700672.

[262]　RIVERA C, MISRA P, PAU J L, et al. M-plane GaN-based dichroic photodetectors [J]. Physica Status Solidi C, 2007, 4(1): 86 – 89.

[263]　LUCHECHKO A, VASYLTSIV V, KOSTYK L, et al. Dual-channel solar-blind UV photodetector based on β-Ga_2O_3[J]. Physica Status Solidi (A), 2019, 216(22): 1900444.

[264]　RAZEGHI M, ROGALSKI A. Semiconductor ultraviolet detectors[J]. Journal of Applied Physics, 1996, 79(10): 7433 – 7473.

[265]　PEARTON S, YANG J, CARY P H, et al. Radiation damage in Ga_2O_3[M]. Gallium Oxide. Elsevier, 2019: 313 – 328.

[266]　KIM J, PEARTON S J, FARES C, et al. Radiation damage effects in Ga_2O_3 materials and devices[J]. Journal of Materials Chemistry C, 2019, 7(1): 10 – 24.

[267]　IONASCUT-NEDELCESCU A, CARLONE C, HOUDAYER A, et al. Radiation

hardness of Gallium nitride[J]. IEEE Transactions on Nuclear Science, 2002, 49 (6): 2733 – 2738.

[268] CHAIKEN M F, BLUE T E. An estimation of the neutron displacement damage cross section for Ga_2O_3[J]. IEEE Transactions on Nuclear Science, 2018, 65(5): 1147 – 1152.

[269] TRACY C L, LANG M, SEVERIN D, et al. Anisotropic expansion and amorphization of Ga_2O_3 irradiated with 946 MeV Au ions[J]. Nuclear Instruments and Methods in Physics Research Section B: Beam Interactions with Materials and Atoms, 2016, 374: 40 – 44.

[270] LEE J, FLITSIYAN E, CHERNYAK L, et al. Effect of 1.5 MeV electron irradiation on β-Ga_2O_3 carrier lifetime and diffusion length[J]. Applied Physics Letters, 2018, 112(8): 082104.

[271] XIAN M, FARES C, BAE J, et al. Annealing of proton and alpha particle damage in Au-W/β-Ga_2O_3 rectifiers[J]. ECS Journal of Solid State Science and Technology, 2019, 8(12): P799.

[272] WONG M H, TAKEYAMA A, MAKINO T, et al. Radiation hardness of β-Ga_2O_3 metal-oxide-semiconductor field-effect transistors against gamma-ray irradiation[J]. Applied Physics Letters, 2018, 112(2): 023503.

[273] FIEDLER A, SCHEWSKI R, BALDINI M, et al. Influence of incoherent twin boundaries on the electrical properties of β-Ga_2O_3 layers homoepitaxially grown by metal-organic vapor phase epitaxy[J]. Journal of Applied Physics, 2017, 122(16): 165701.

[274] COJOCARU L N. Defect-annealing in neutron-damaged β-Ga_2O_3 [J]. Radiation Effects, 1974, 21(3): 157 – 160.

[275] FARZANA E, CHAIKEN M F, BLUE T E, et al. Impact of deep level defects induced by high energy neutron radiation in β-Ga_2O_3 [J]. APL Materials, 2019, 7(2): 022502.

[276] SZALKAI D, GALAZKA Z, IRMSCHER K, et al. β-Ga_2O_3 solid-state devices for fast neutron detection[J]. IEEE Transactions on Nuclear Science, 2017, 64(6): 1574 – 1579.

[277] YANG J, CHEN Z, REN F, et al. 10 MeV proton damage in β-Ga_2O_3 Schottky rectifiers[J]. Journal of Vacuum Science & Technology B, Nanotechnology and Microelectronics: Materials, Processing, Measurement, and Phenomena, 2018, 36 (1): 011206.

[278] YANG G, JANG S, REN F, et al. Influence of high-energy proton irradiation on β-Ga_2O_3 nanobelt field-effect transistors[J]. ACS Applied Materials & Interfaces,

2017，9(46)：40471-40476.

[279] POLYAKOV A Y, SMIRNOV N B, SHCHEMEROV I V, et al. Point defect induced degradation of electrical properties of Ga_2O_3 by 10 MeV proton damage[J]. Applied Physics Letters, 2018, 112(3)：032107.

[280] YAKIMOV E B, POLYAKOV A Y, SMIRNOV N B, et al. Diffusion length of non-equilibrium minority charge carriers in β-Ga_2O_3 measured by electron beam induced current[J]. Journal of Applied Physics, 2018, 123(18)：185704.

[281] AHN S, LIN Y H, REN F, et al. Effect of 5 MeV proton irradiation damage on performance of β-Ga_2O_3 photodetectors [J]. Journal of Vacuum Science & Technology B, Nanotechnology and Microelectronics：Materials, Processing, Measurement, and Phenomena, 2016, 34(4)：041213.

[282] WEISER P, STAVOLA M, FOWLER W B, et al. Structure and vibrational properties of the dominant OH center in β-Ga_2O_3 [J]. Applied Physics Letters, 2018, 112(23)：232104.

[283] POLYAKOV A Y, SMIRNOV N B, SHCHEMEROV I V, et al. Hole traps and persistent photocapacitance in proton irradiated β-Ga_2O_3 films doped with Si[J]. Apl. Materials, 2018, 6(9)：096102.

[284] YANG J, REN F, PEARTON S J, et al. 1.5 MeV electron irradiation damage in β-Ga_2O_3 vertical rectifiers [J]. Journal of Vacuum Science & Technology B, Nanotechnology and Microelectronics：Materials, Processing, Measurement, and Phenomena, 2017, 35(3)：031208.

[285] YANG J, FARES C, GUAN Y, et al. Eighteen mega-electron-volt alpha-particle damage in homoepitaxial β-Ga_2O_3 Schottky rectifiers[J]. Journal of Vacuum Science & Technology B, Nanotechnology and Microelectronics：Materials, Processing, Measurement, and Phenomena, 2018, 36(3)：031205.

[286] MODAK S, CHERNYAK L, KHODOROV S, et al. Impact of electron injection and temperature on minority carrier transport in alpha-irradiated β-Ga_2O_3 Schottky rectifiers[J]. ECS Journal of Solid State Science and Technology, 2019, 8(7)：Q3050.

[287] YANG J, KOLLER G J, FARES C, et al. 60Co gamma ray damage in homoepitaxial β-Ga_2O_3 Schottky rectifiers[J]. ECS Journal of Solid State Science and Technology, 2019, 8(7)：Q3041.

[288] TAK B R, GARG M, KUMAR A, et al. Gamma irradiation effect on performance of β-Ga_2O_3 metal-semiconductor-metal solar-blind photodetectors for space applications[J]. ECS Journal of Solid State Science and Technology, 2019, 8(7)：Q3149.

第 6 章

ZnO 基紫外光电探测器

氧化锌(ZnO)是一种直接带隙化合物半导体，其室温禁带宽度为 3.37 eV，对应紫外光谱频段。ZnO 具有光学和电学性质优良、制备成本低、抗辐射能力强和热稳定性好等特点，是实现高性能紫外探测器的理想候选材料之一。此外，ZnO 与 Mg 形成 MgZnO 合金，可以将带隙调节到更短波长的日盲区域。ZnO 紫外探测器的研究开始于 20 世纪 80 年代，但最初由于器件性能不佳，并未受到太多关注。直到 2000 年后，随着材料制备手段和器件结构的改善，实现了高探测性能后，该类器件才开始受到更多的关注。本章首先介绍 ZnO 材料的性质；然后按不同结构类型(如光电导、金属-半导体-金属(MSM)、肖特基结、同质结和异质结)分别介绍 ZnO 及 ZnMgO 紫外探测器的研究进展；最后对 ZnO 基紫外探测器做出总结与展望。

6.1　ZnO 材料的性质

ZnO 有三种晶体结构，即纤锌矿结构(B4)、闪锌矿结构(B3)和岩盐矿结构(B1)，如图 6-1 所示。通常条件下，ZnO 是以纤锌矿结构存在的，闪锌矿结构 ZnO 只能生长在立方结构的衬底上，而岩盐矿结构 ZnO 只能在高压条件下得到。

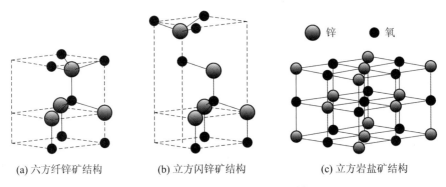

(a) 六方纤锌矿结构　　　　(b) 立方闪锌矿结构　　　　(c) 立方岩盐矿结构

图 6-1　ZnO 晶体结构示意图[1]

纤锌矿 ZnO 具有正六棱柱结构的晶胞，属于 C_{6v}^4 空间群，$P6_3mc$ 对称性，其结构如图 6-2 所示。图中，u 为最近邻原子间距 b 与晶格常数的 c 的商，α 与 β 为键角。该结构由两套相互嵌套的六方密堆积(hcp)亚点阵组成，两套亚点阵分别由 Zn 原子或 O 原子构成，并且沿 c 轴方向相对平移套构成纤锌矿结构。Zn 原子位于由 O 原子构成的正四面体中心，反之亦然。其晶格常数 $a=b$

$=0.325$ nm，$c=0.521$ nm，c/a 约为 1.6，非常接近理想六角晶胞的值($c/a=\sqrt{8/3}=1.633$)[2]。纤锌矿 ZnO 常见的 3 个晶面为(0002)、($10\bar{1}0$)和($11\bar{2}0$)，三个面的表面能密度分别为 99，123，209 eV/nm²。由于(0002)面具有最低表面能密度，因此多数情况下生长的 ZnO 薄膜都具有(0002)方向的择优取向。

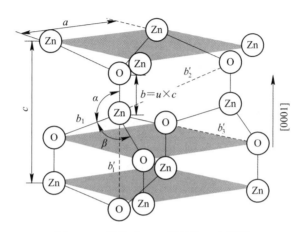

图 6-2　纤锌矿 ZnO 的结构示意图[1]

纤锌矿结构的四面体配位模式导致 ZnO 具有非中心对称性，即纤锌矿 ZnO 具有极性。通常规定(0001)方向为从 O 平面指向 Zn 平面，也称为 Zn 极性；反之，从 Zn 平面指向 O 平面称为 O 极性，为($000\bar{1}$)方向。ZnO 的许多性质(如生长、刻蚀、自发极化和压电效应)都和极性方向有关。晶体结构的非中心对称性使 ZnO 具有压电效应和热电特性。ZnO 还具有高的机电耦合系数，在压敏器件、气敏器件和机电调节器等领域也有广泛的应用前景。ZnO 的压电效应还可以用于发展压电器件，或者改善光电器件的性能。

纤锌矿结构 ZnO 为直接带隙半导体，在室温下其禁带宽度为 3.37 eV。目前已有多种理论和实验方法被用于研究纤锌矿 ZnO 的能带结构。纤锌矿 ZnO 的能带结构图如图 6-3 所示。Zn 原子的 3d 态和 O 原子的 2p 态杂化形成了 ZnO 的价带，O 原子 3s 态和 Zn 原子 4s 态杂化形成了导带。价带在晶体场分裂和自旋轨道耦合共同作用下劈裂成三个子带，三个子带的空穴质量不同，分别记为 A、B 和 C 带。A 带的激子束缚能(60 meV)高于室温热离化能，因此可以在室温下稳定存在。导带底和价带顶都位于布里渊区的 Γ 点处，所以纤锌矿 ZnO 是一种直接带隙的宽禁带半导体。

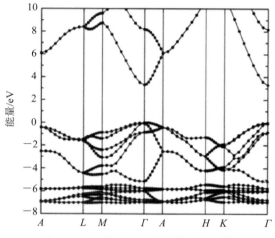

图 6-3　纤锌矿 ZnO 的能带结构图[3]

相对于其他半导体材料,ZnO 具有以下特点:

(1) 禁带宽度大。室温下 ZnO 的禁带宽度为 3.37 eV,宽禁带使 ZnO 可以应用于蓝光到紫外波段的光电器件,如光电探测器、LED 和激光二极管等。

(2) 激子束缚能大。ZnO 的激子束缚能高达 60 meV,大于室温热离化能 (26 meV),也大于其他常见半导体材料的激子束缚能,如 GaN(25 meV)、ZnSe(20 meV)、ZnS(39 meV),大的激子束缚能使 ZnO 激子在室温甚至更高温度下仍能稳定存在。激子复合相比电子-空穴的直接复合具有更高的跃迁振子强度,所以室温下激子的大量存在使 ZnO 具有更高的光学增益系数。

(3) 易于生长大体积单晶。ZnO 作为一种半导体,最引人注目的特性之一是易于实现大面积单晶生长;ZnO 块状晶体可以用水热法、气相输运法和加压熔体生长等方法生长;薄膜样品可以采用气相外延(CVD)、分子束外延(MBE)和磁控溅射等方法生长。

(4) 压电系数大。在压电材料中,晶体形变会产生电势,反之亦然。ZnO 的非中心对称结构和强电-力耦合会引起很强的压电效应,而压电效应可以用于发展压电器件,也可以用于改善光电器件的性能[4]。

(5) 表面导电性对吸附物敏感。ZnO 薄膜或者纳米结构的表面导电性对环境气体敏感,可应用于气体传感等[5]。

(6) 抗辐照能力强。ZnO 的抗辐照能力强,可以用于高空或太空器件。

(7) 易用湿法刻蚀。ZnO 可以被酸或碱腐蚀,易于刻蚀,有利于光电器件的制作、设计和集成。

6.2　ZnO 紫外光电探测器

常见的半导体光电探测器有以下类型：光电导型探测器、肖特基光电二极管、MSM 结构探测器以及 P - N 结光电二极管等。下面分别对这几类 ZnO 紫外光电探测器进行简单介绍。

6.2.1　光电导型探测器

光电导型探测器是结构最简单的光电探测器，通常由半导体材料和两个欧姆接触电极构成，光电导型探测器利用半导体的光电导效应工作，本质上是一个光敏电阻器，如图 6 - 4 所示。当能量大于禁带宽度的光子被半导体吸收后，产生自由运动的载流子，使半导体的导电性增强。由此可见，光电流大小除了受光照影响外，还和外加电压与电极距离有关。这类器件容易实现较高的光电导增益。光电导增益可以表示为

$$G = \frac{(\mu_n + \mu_p)\tau E}{L} = \frac{\tau}{t_n + t_p} \tag{6-1}$$

其中，μ_n 是电子迁移率，μ_p 是空穴迁移率，τ 是载流子的平均寿命，E 是电场强度，L 是电极之间的距离，$t_n = L/(E\mu_n)$ 和 $t_p = L/(E\mu_p)$ 分别是电子和空穴在两个电极间的输运时间。由式(6 - 1)可以看出，减小电极之间的距离或者延长载流子的寿命，就能实现很高的光电导增益，但长的载流子寿命也会导致响应速度较慢。

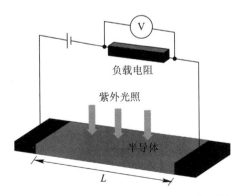

负载电阻

紫外光照

半导体

L

图 6 - 4　光电导型探测器的结构示意图[4]

由于很大一部分光电流会被接触电阻以焦耳热的形式消耗掉，使光响应信

号减弱,因此低阻值电极的制备是实现该类型器件的关键[5]。根据已有报道,Ti/Au、Al/Au、Ni/Au 和 Al 等多种金属电极可以用于与 ZnO 形成欧姆接触[6]。

除欧姆接触外,ZnO 材料的性质直接决定了器件的光响应特性,因此研究人员采用优化生长工艺或后处理等方法改善探测器的性能。早在 1990 年,Takeuchi 等人通过气相蒸发制备了多晶 ZnO 薄膜,当晶粒尺寸从 7.6 nm 提高到 40 nm 后,探测器的响应度得到了明显提升[7]。2000 年,Y. Liu 等人采用金属有机化学气相沉积(MOCVD)制备了高质量的 N 掺杂 ZnO 薄膜,用 Al 作为电极制备了 MSM 结构探测器(见图 6-5)[8]。他们得出的 I-V 曲线证实了电极的欧姆接触,测得探测器在 5 V 偏压下的响应度为 400 A/W,响应截止波长为 373 nm,紫外-可见光抑制比为 10^3,器件的峰值响应度随外加偏压线性上升,响应时间和恢复时间分别为 1 s 和 1.5 s。Q. Xu 等人通过磁控溅射生

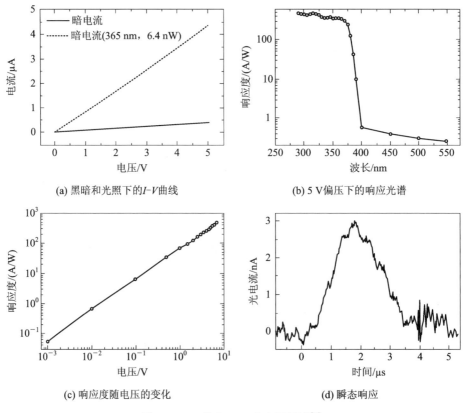

(a) 黑暗和光照下的 I-V 曲线

(b) 5 V 偏压下的响应光谱

(c) 响应度随电压的变化

(d) 瞬态响应

图 6-5 N 掺杂 ZnO 光电探测器[8]

长 ZnO 薄膜，用 Al 制备了叉指电极。该器件在 5 V 偏压下 365 nm 处的响应度为 18 A/W，暗电流为 38 μA，光电流上升和下降时间分别为 100 ns 和 1.5 μs[9]。K. W. Liu 等人采用相同的方法生长了 ZnO 薄膜，并用 Au 制备了叉指电极。该探测器在 360 nm 处的响应度为 30 A/W，暗电流低于 250 nA，光电流上升时间为 20 ns，开关比达到了 5 个量级[10]。

研究人员还从结构和后处理入手，改善 ZnO 探测器的性能。Z. Bi 等人以透明导电薄膜(ITO)为底电极、以 Al 为顶电极制备了 ZnO 紫外探测器[11]。该探测器在 5 V 偏压下的暗电流为 640 μA，在 10 μW 光强、365 nm 光照下光电流为 16.8 mA，响应度为 1616 A/W，上升时间为 71.2 ns，下降时间为 377 μs。HCl 溶液处理和表面包覆 SiO$_2$ 也被用于提高 ZnO 探测器的响应度，但由于会对薄膜造成损伤，因此暗电流也同时升高了[12]。

光响应过程包括快、慢两个过程。快过程由电子-空穴的产生/复合引起，慢过程由氧气在表面吸附/解吸附伴随的载流子俘获引起，通常与 ZnO 的化学计量比和晶体质量有关[4]。在 ZnO 纳米结构中，表面的氧气吸附/解吸附过程变得尤为显著。ZnO 光电导型探测器较容易实现高的响应度，其特点是光电导增益随光照强度的上升而下降，但高响应度通常伴随较慢的响应时间。由式(6-1)可以看出，载流子的寿命越长，探测器的光电导增益越高，但长的载流子寿命会使响应速度降低。C. Soci 等人采用单根 ZnO 纳米线制备的光电导型探测器实现了高达 10^8 的光电导增益，上升和恢复时间均为几十秒[13]。为了提高响应速度，Y. Liu 等人采用 MOCVD 生长了高质量 ZnO 薄膜，探测器的响应度为 400 A/W，光电流上升时间为 1 μs，下降时间为 1.5 μs[14]。Q. Xu 等人通过磁控溅射制备了 ZnO 薄膜，光电流的上升时间为 100 ns，下降时间为 1.5 μs[9]；通过将 ZnO 薄膜在 900℃氧气氛下退火 1 小时，探测器上升时间进一步降低到 45.1 ns[15]。K. W. Liu 等人用相同的方法，实现了 20 ns 的超快响应速度[10]。

6.2.2 肖特基光电二极管

肖特基光电二极管具有响应速度快、暗电流小和零偏压工作的优点。金属、半导体之间的肖特基势垒为

$$\Phi_{ms} = \Phi_m - \chi_s \qquad (6-2)$$

其中，Φ_{ms} 是肖特基势垒高度，Φ_m 是金属功函数，χ_s 是半导体电子亲和势。肖特基结的整流特性：

$$J = J_0 \left[\exp\left(\frac{qV}{nkT}\right) - 1 \right] \qquad (6-3)$$

其中，V 是外加电压；k 是玻尔兹曼常数；n 是理想因子；T 是绝对温度；J_0 为反向饱和电流，其计算式为

$$J_0 = A^* T^2 \exp \frac{-q\Phi_{ms}}{kT} \qquad (6-4)$$

其中，A^* 是热电子发射的有效 Richardson 常数。由于 ZnO 表面态的影响，肖特基势垒大小并不能精确地由式(6-2)计算出来，而需要由整流特性拟合得到。ZnO 基肖特基光电二极管通常具有较大的肖特基势垒和内建电势，因此在零偏压下，光生载流子能被内建电场分离，即能以光伏模式工作。

目前 ZnO 肖特基光电二极管已经被广泛研究，并取得了显著进步。肖特基结的质量直接决定了探测器的性能，通过采用改善薄膜质量、选择合适的金属电极、进行表面钝化和处理等方法，可以实现高质量的肖特基结。早在 1986 年，Fabricius 等人就利用溅射生长的多晶 ZnO 薄膜，实现了肖特基结紫外探测器[16]。该器件具有明显的整流特性，但由于 ZnO 薄膜质量较差，因此量子效率在 1‰ 量级，响应时间长达几十微秒。

不同金属和 ZnO 形成的肖特基结具有不同的势垒高度和理想因子，对器件性能有明显的影响。高的肖特基势垒有助于降低暗电流，因此通常选用功函数高的金属和 ZnO 制备肖特基结。D. C. Oh 等人采用等离子体辅助分子束外延(MBE)在 N-GaN/Al$_2$O$_3$ 衬底上生长了 ZnO 薄膜，并在 ZnO 上沉积一层 10 nm 厚的 N 掺杂 ZnO 覆盖层，以 Au 为电极制备了肖特基结[17]。该肖特基结在黑暗下的反向饱和电流为 10^{-8} A，在紫外光照下电流上升超过两个量级，相应的光谱带宽为 195 nm，短波长和长波长截止波长分别为 195 nm 和 390 nm。Young 等人制备了 Ir/ZnO 肖特基结，器件的反向饱和电流只有 8.87×10^{-11} A，低暗电流有利于降低探测器噪声。在 -1 V 下该器件的响应度为 10 mA/W，紫外-可见光抑制比为 460。

由于金属对紫外线不透明，因此利用透明电极制备肖特基结更有利于增加有效光的吸收面积。透明聚合物 PEDOT：PSS 在 250~800 nm 范围具有很好的透过性，且电阻率低至 10^{-3} $\Omega \cdot$ cm，功函数为 5.0 eV。PEDOT：PSS 和 ZnO 构成的肖特基势垒为 1.1 eV，在紫外区域的量子效率接近 1，零偏压下响应谱的紫外-可见光抑制比为 10^3，探测效率高达 3.6×10^{14} (cm $\cdot$ Hz$^{1/2}$)/W[18]。无机透明电极如 Ag$_x$O 和 Pt$_x$O 也被用于和 ZnO 薄膜制备肖特基光电二极管，器件的响应度达到 0.1 A/W，探测效率为 1.29×10^{11} (cm $\cdot$ Hz$^{1/2}$)/W[19]。

如前所述，c 轴生长的 ZnO 有 Zn 极性和 O 极性，许多性质都和极性有关。为了研究 ZnO 极性对光响应的影响，H. Endo 等利用水热法生长了 ZnO 块体，分别在 Zn 和 O 极性面制备了肖特基结[20]。$I-V$ 曲线如图 6-6(a)所示，

Zn 极性面肖特基结的开启电压为 0.8 V，而 O 极性面肖特基结的开启电压为 0.4 V，同时 Zn 极性面肖特基结的反向电流比 O 极性面的小 5 个量级。该器件的响应谱如图 6-6(b)所示，Zn 极性面肖特基结的最大响应度为 0.185 A/W，量子效率为 62.8%，而 O 极性面肖特基结的响应度为 0.09 A/W，量子效率为 31.0%。因此，ZnO 的 Zn 极性面更有利于制备高性能肖特基探测器，可能是由不同极性的表面反应性和缺陷密度所致。

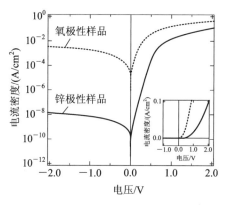 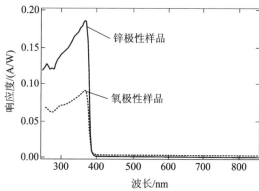

(a) Zn 极性面和 O 极性面上肖特基结的 *I-V* 曲线　　(b) Zn 极性面和 O 极性面肖特基结的响应谱

图 6-6　不同极性 ZnO 光电探测器[20]

表面态可以将费米能级固定在特定位置或形成载流子输运通道，是影响肖特基势垒的又一重要因素。为了降低暗电流，提高信噪比，研究人员从器件结构和表面处理等方面进行了尝试。G. M. Ali 等通过热处理以及在溶胶凝胶法制备的 ZnO 薄膜和 Cr/Au 电极间插入 5 nm 厚的 SiO_2，改善了器件的抑制比[21]。

6.2.3　MSM 结构探测器

MSM 结构探测器由半导体和一对叉指电极构成，电极和半导体之间形成肖特基接触。MSM 结构探测器被广泛应用于通信和信号处理电路。MSM 探测器有以下优势：

（1）寄生电容低，适用于高频电路；

（2）平面结构简单，易于制备和集成；

（3）宽禁带半导体 MSM 光电二极管中存在内部增益，容易实现较高的响应度。

ZnO 的 MSM 结构紫外光电探测器已经通过多种方法制备，如 MOCVD、

MBE、溅射、ALD 和 PLD 等。2001 年，Liang 等人采用 MOCVD 生长了 ZnO 薄膜，将 Ag 作为肖特基接触电极，制备了 Ag - ZnO - Ag 的 MSM 探测器[22]。肖特基势垒高度为 0.84 eV，在 5 V 偏压下的响应度为 1.5 A/W，暗电流在 1 nA 量级，开关比达到 5 个量级。探测器具有非常快的响应时间，上升时间为 12 ns，下降时间为 50 ns。随后，M. Li 等人采用 LAMBE 生长 ZnO 薄膜，然后进行激光退火处理，以 Au 和 Cr 为电极，制备了如图 6 - 7 所示的 MSM 结构探测器[23]。Au 较 Cr 具有更大的功函数，因此和 ZnO 形成了更高的肖特基势垒，Au 电极器件的暗电流比 Cr 电极器件的暗电流小 3 个量级，但响应度也从 1.05 mA/W 降低到 11.3 μA/W。C. X. Shan 等人也采用 ALD 制备了 ZnO MSM 探测器，探测器响应的截止波长在 390 nm 附近[24]。该器件在 5 V 偏压下的响应度为 0.7 A/W，紫外-可见光抑制比接近 4 个量级。G. H. He 等人利用 Li - N 共掺杂制备了低载流子浓度的 ZnO:(Li, N)薄膜，并以此为基础制备出了能探测微弱紫外线的 ZnO MSM 探测器[25]。ZnO:(Li, N)薄膜的背景载流子浓度为 5.0×10^{13} cm^{-3}，能探测到强度为 20 nW/cm^2 的紫外线，探测效率为 3.60×10^{15}(cm · Hz$^{1/2}$)/W。

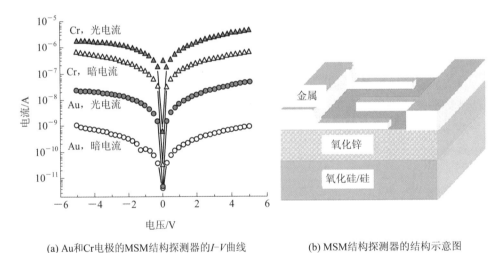

(a) Au 和 Cr 电极的 MSM 结构探测器的 I-V 曲线   (b) MSM 结构探测器的结构示意图

图 6 - 7   Au 和 Cr 为电极的 ZnO MSM 光电探测器[23]

与肖特基探测器类似，MSM 探测器中更高的肖特基势垒有利于降低暗电流，提高开关比，因此高性能的 MSM 探测器需要更高的肖特基势垒。高的肖特基势垒可以通过选择功函数更高的金属来实现，如 Ag/ZnO、Pt/ZnO 和 Ni/ZnO 的肖特基势垒分别为 0.736，0.701，0.613 eV[26]。在这三种电极中，

Ag/ZnO 的肖特基势垒最高，因此 Ag/ZnO MSM 结构具有最低的暗电流和最高的开关比，低频噪声也最低。为了进一步提高肖特基势垒，可以在电极和 ZnO 之间插入一层绝缘层。例如，在 Pt 和 ZnO 之间插入 5 nm SiO$_2$ 形成的 Pt－SiO$_2$－ZnO－SiO$_2$－Pt 结构，相对于 Pt－ZnO－Pt 结构，其暗电流从 4.11×10^{-7} A 降低到了 2.22×10^{-10} A，紫外-可见光抑制比从 2.4×10^2 提高到了 3.8×10^{3}[27]。虽然高的肖特基势垒可以降低暗电流，但也会降低响应度和量子效率。

　　ZnO MSM 中也存在内部增益，尽管其来源仍有争议[4]。早期研究中就在 Ag－ZnO－Ag MSM 探测器中实现了 2.5 的增益，来源可能是高电场下的光电导效应[22]。但 D. Y. Jiang 等人发现载流子输运时间和电极距离几乎无关，根据式(6-1)可以排除光电导效应的影响，将内部增益归因于空穴的俘获[28]。在 Pt－ZnO－Pt MSM 探测器中也实现了高达 435 的光电导增益，对此，文献[28]的作者认为是由薄膜表面氧相关的空穴陷阱态引起的[13]。J. S. Liu 等人在 Au－ZnO－Au 中实现了 26 000 A/W 的超高响应度，光电导增益高达 9×10^4，这可用 Au/ZnO 界面的空穴俘获来解释[29]。

6.2.4　同质结探测器

　　P 型 ZnO 是实现 ZnO P－N 同质结光电二极管的关键，P 型 ZnO 不仅对光电探测器具有重要意义，也是 ZnO 发光器件的重要组成部分。由于本征施主有缺陷，并且缺乏合适的浅受主掺杂元素，因此高质量的、可靠的 P 型 ZnO 一直难以实现[30]。到目前为止，只有少数关于 ZnO 的 P－N 同质结紫外光电二极管的报道。

　　2005 年，T. H. Moon 等人最早报道了 ZnO 的同质 P－N 结探测器[31]。他们通过射频磁控溅射在 GaAs 衬底上生长了 N 型 ZnO 层，然后在 600℃ 的温度下进行扩散，As 原子从 GaAs 衬底扩散到 ZnO 薄膜中形成 P－ZnO:As，最后在 P－ZnO:As 顶部沉积 N－ZnO:Al，制备了 P－ZnO:As/N－ZnO:Al 同质结探测器。该探测器在 365 nm 紫外光照射前后表现出了明显的电流差，并对可见光不敏感。在同一时期，Y. R. Ryu 通过混合沉积法实现了 P－ZnO:As/N－ZnO 同质结[32]。其暗电流小于 10^{-6} A/cm^2，零偏压下的光暗电流比高达 20，如图 6-8(a)所示。从图 6-8(b)所示的响应光谱中可以看到，在 380 nm 处出现了一个来自带边吸收的尖锐响应峰，在 460 nm 处出现了一个与深能级缺陷相关的宽响应峰。此外，基于 MBE 方法生长的 Sb 掺杂 P－ZnO 也被用于实现 ZnO 同质结探测器[33]，其稳态和瞬态光响应特性与 P－ZnO:As/N－

ZnO 同质结探测器的类似。H．Shen 等人利用 Li‐N 共掺方法实现了 P‐ZnO，并制备了 P‐ZnO：(Li，N)/N‐ZnO 同质结探测器[34]。该器件可以在光伏模式下工作，并且由于本征区的滤波效应，器件的响应峰半高宽只有 9 nm。值得注意的是，由于 P 型掺杂浓度低，因此 P‐ZnO 层很可能会被完全耗尽，P 层向 I 层的退化将导致量子效率的降低，或从耗尽区向其他层扩展，从而引起不必要的光响应[33，35]。为了避免这种情况，需要更厚的 P 型层或采用 P‐I‐N 结。

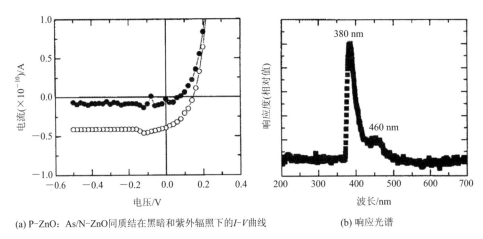

(a) P‐ZnO：As/N‐ZnO 同质结在黑暗和紫外辐照下的 *I*‐*V* 曲线

(b) 响应光谱

图 6‐8　P‐ZnO：As/N‐ZnO 同质结光电探测器[32]

6.2.5　异质结探测器

为了克服 ZnO P 型掺杂的障碍，通常采用其他 P 型半导体，如 Si、NiO、GaN、SiC 和金刚石等，和 ZnO 构建异质结。在这些宽禁带半导体中，NiO 与 ZnO 具有一些类似的优点，如成本低，制造容易，并且都是氧化物半导体。因此，基于 N‐ZnO/P‐NiO 的异质结紫外光电二极管受到了不少研究人员的关注。在 2003 年，H．Ohta 等人就采用 PLD 技术制备了高性能 P‐NiO：Li/N‐ZnO 光电二极管[36]。该探测器具有较低的暗电流，其理想因子为 2，开启电压为 1 V，在 360 nm 处的响应度为 0.3 A/W，与商用的 GaN 紫外探测器相当，如图 6‐9 所示。K．Wang 等人利用电子束沉积技术制备了 P‐NiO/I‐ZnO/N‐ITO(P‐I‐N)和 N‐ITO/I‐ZnO/P‐NiO(N‐I‐P)两种光电探测器，并对器件性能进行了比较研究[37]。其中，P‐I‐N 光电二极管的最大量子效率为 18%，比 N‐I‐P 二极管的 6% 高得多，这是因为 ITO 作为顶部电极时光透过率较高。S．Y．Tsai 和 X．L．Zhang 等人用溅射法制备了 P‐NiO/N‐ZnO 异质结，并对其性能进行了研究[38-39]。利用该方法制备的探测器具有快的响应速度和高的响应度。在 2013 年，N. Park 等用低成本的溶胶-凝胶旋涂法制备了 P-NiO/N-ZnO 光电二极管[40]。该器件在 ±5 V 偏压下的整流比为 50，表明其具有较低的界面缺陷；在 -5 V 偏压时，峰值响应度为 21.8 A/W，紫外-可见光抑制比达到了 1.6×10^3。

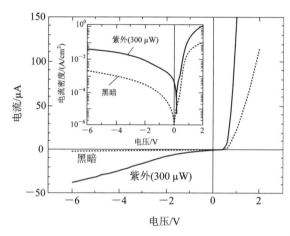

图 6-9　P-NiO:Li/N-ZnO 光电二极管的 I-V 特性[36]

　　金刚石是另一种适合于与 ZnO 构建异质结光电探测器的宽禁带材料，制成的器件可能被用于特殊的应用[41]。J. Huang 等人利用热丝化学气相沉积（HFCVD）在金刚石上生长 ZnO 并制备了 ZnO/diamond 紫外光探测器[42]。该器件的开启电压为 1.6 V，在 ±3.5 V 偏压下的整流比达到 8×10^4，在 -3 V 偏压下 370 nm 处的峰值响应度超过 0.2 A/W。

　　6H-SiC 和 ZnO 之间的晶格失配只有 4%，因此 6H-SiC 适合用作 ZnO 异质外延衬底。但由于其 3.0 eV 的带隙比 ZnO 的带隙要窄，所以很难避免衬底响应的干扰。Y. I. Alivov 等人利用 MBE 制备了 N-ZnO/P-6H-SiC 异质结[43]。该器件的 I-V 特性显示出了良好的整流特性，且漏电流小于 10^{-7} A，击穿电压大于 20 V，在 -7.5 V 偏压下响应度为 0.045 A/W，但是在 3.058 V 处出现了来自衬底的响应。

　　与 NiO、diamond、SiC 相比，GaN 与 ZnO 具有相同的晶格结构，并且晶格失配较低，只有 1.8%。当前 P 型 GaN 已经比较成熟，因此经常被用于和 N-ZnO 制备异质结。H. Zhu 等人利用 MBE 在 P-GaN 上生长 N-ZnO，制备了窄带通的 N-ZnO/P-GaN 探测器[44]。该器件中 GaN 层不仅作为 P 型层，还起滤波器的作用，光从 GaN 一侧照射时，响应谱半高宽只有 17 nm。Al-

Zouhbi 等人采用喷雾热解法制备了 ZnO/GaN 异质结。从 I-V 曲线可以观察到其具有显著的整流特性。该异质结的开启电压为 1 V，理想因子为 13.35[45]。其较大的理想因子可以由界面态和串联电阻进行解释，恢复时间长达 30 s，与界面态和较大的理想因子有关。

尽管 Si 与 ZnO 之间存在较大的晶格失配，但由于 Si 基微电子技术很成熟，因此 Si 衬底仍广泛地应用于 ZnO 异质结光电二极管。为了避免 Si 衬底对可见光的响应，实现纯紫外探测器，T. C. Zhang 等人设计了一种 N-ZnO/I-MgO/P-Si 型光电探测器[46]，其 I-V 曲线具有明显的整流特性，在 ± 2 V 偏压下的整流比达到 10^4，在 -2 V 偏压下漏电流为 1 nA，在可见区的响应较弱，在 378 nm 处存在一个陡峭的截止边，与 ZnO 的吸收边相近。该探测器的光谱响应特性可以用图 6-10 中的能带图来说明，在平衡态时 Si 和 MgO 之间的电子势垒高达 3.2 eV，而 MgO 和 ZnO 之间的空穴势垒只有 0.83 eV。当器件在光照下并处于反向偏置时，在 ZnO 层中产生的光生空穴可以通过势垒传输到 Si 中，从而形成光电流，而可见光激发 Si 产生的电子则被势垒阻挡，与空穴复合，不能形成光电流。

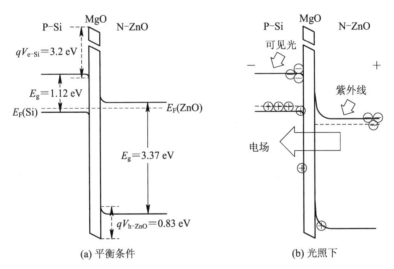

(a) 平衡条件   (b) 光照下

图 6-10　N-ZnO/I-MgO/P-Si 紫外探测器的能带图[46]

6.2.6　压电效应改善 ZnO 基紫外光电探测器

ZnO 的非中心对称结构使其具有压电效应。将压电效应引入半导体器件中就产生了新的研究领域：压电电子学（piezotronics）、压电光子学

(piezophotonics)、压电光电子学(piezo - phototronics)。其中，压电电子学效应是指利用压电电场来调制或控制界面或结区的载流子输运过程；压电光电子学效应是指利用压电电场来调制载流子在光电过程中的分离或结合[47]。压电电子学效应和压电光电子学效应会影响器件界面处载流子的产生、分离、复合和传输过程，已经被广泛地应用于各种半导体光电器件中以增强其性能，如发光二极管、光探测器、太阳能电池、生物探测器等。在紫外光探测器的研究领域，压电光电效应被用于提高器件响应度、光电流增益和响应速度等。本节简单介绍压电效应用于改善 ZnO 紫外探测器性能的工作。

在纤锌矿结构的压电半导体材料中，ZnO 具有较大的压电应变常数，其非中心对称结构和强电-力耦合会引起很强的压电效应。机电耦合系数大，适合发展各种压电器件，或者用于改善光电器件的性能。对于纤锌矿结构的 ZnO 来说，其非中心对称晶体结构是产生压电效应的原因。具体来说，在 ZnO 晶体中，Zn^{2+} 正离子和相邻的四个 O^{2-} 负离子分别形成正四面体结构。在无应力作用时，正电荷和负电荷中心重合，总偶极矩等于零，不产生电势差；在应力作用下，Zn^{2+} 正离子和 O^{2-} 负离子的中心产生相对位移，产生一个偶极矩。与之相同的所有单元偶极矩叠加在一起，就会在晶体中形成宏观沿应变方向的电势差，也就是压电势。

在 2007 年，王中林研究组进行了两个实验。一个实验是以 ZnO 纳米线为对象研究压电效应[48]。首先在扫描电子显微镜(SEM)下测量两端被电极包裹封装的 ZnO 纳米线在受应力弯曲时的电传输性质，随着 ZnO 纳米线弯曲程度的增加，其电导急剧下降，证明当 ZnO 纳米线被外力弯曲时晶体内产生的压电电势可以控制载流子的传输，压电电势起栅极调控的作用，这类器件被称为压电场效应晶体管(PE - FET)。另一个实验是用双探针测量单根 ZnO 纳米线的电传输特性。在绝缘基底上用一根探针固定纳米线的一端，用另一根探针移动纳米线的另一端，并在纳米线弯曲的过程中与 ZnO 的拉伸面相接触。起初钨探针尖与 ZnO 纳米线之间为欧姆接触，但随着纳米线的弯曲程度增加，纳米线的 $I-V$ 特性曲线从直线变成了具有整流特性的曲线。正是 ZnO 纳米线受应力时在接触面区域产生了正的压电势，该压电势形成了势垒，使电子单向传输具有整流特性，这就是压电二极管(PE - diode)。一根 ZnO 纳米线受到沿其轴向的应变时，存在两种典型的效应：一种是没有极性的压阻效应(piezoresistance effect)，其对纳米线 PE - FET 源、漏极的影响相同；另一种是沿着纳米线长度方向连续下降的压电势，其对应的电子能量沿着纳米线连续增加，整个纳米线内的费米能级保持不变，导致 ZnO 和金属电极的界面处的等效势垒高度或宽度变化，如图 6 - 11(a)所示。图中，Φ 为势垒高度。总的来

说，压电电子学效应就是一种利用压电电势调节和控制界面或结区载流子传输性质的效应。

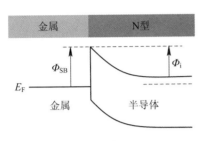

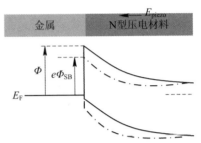

(a) 压电极化电荷对金属-半导体肖特基结能带的影响

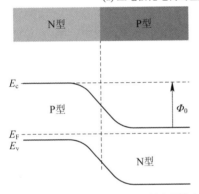

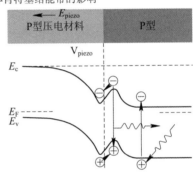

(b) 压电极化电荷对P-N结处能带的影响

图 6 - 11 压电电子学效应示意图[49]

压电光电子学效应是指利用半导体材料表面上的极化电荷来调节控制器件中载流子的产生、分离、传输或复合过程，从而调控器件的性能。对于肖特基接触的半导体器件，利用半导体表面产生的压电极化电荷可以改变局域肖特基势垒高度，调控接触结中载流子的传输特性。半导体材料的晶向和应变类型决定产生的极化电荷的正负性，同时拉伸或压缩状态也会影响接触结区的导电特性。将半导体物理和压电理论结合起来，可以用来解释压电效应在提高 ZnO 紫外探测器性能时的物理过程。极化电荷引起的肖特基势垒高度变化对应的公式为[50]

$$\Delta \Phi_{piezo} = - \rho_{piezo} W_{piezo}^2 \qquad (6-5)$$

式中，ρ_{piezo} 为应变引起的极化电荷密度，W_{piezo} 为结区的极化电荷分布宽度。由于 ZnO 的 c 轴方向和所受应变的类型决定着 ρ_{piezo} 的大小和正负，因此改变这些条件可以控制 ZnO 极化电荷，从而实现对探测器性能的调控。而对于 P - N

结，压电势起到的作用是通过压电效应来有效调节 P－N 结势垒的宽度。在 P－N 结的耗尽层，半导体材料应变产生的正的压电电荷使得能带局部下降，产生的负的压电电荷使能带局部上升，如图 6－11(b)所示。能带的局部变化可以改变和调制载流子的产生、输运、分离以及复合，进而影响光电探测器的性能。

2010 年，Q. Yang 等人将压电光电子学效应用于改善 ZnO 纳米线 MSM 结构紫外光探测器[51]，在能量较高的光照条件下，应力对紫外光探测器灵敏度的影响较小，但是当光照能量低到 pW 量级时，探测器的灵敏度提高 5 个数量级。2014 年，Y. Zhang 等人利用化学气相沉积法制备了柔性 ZnO/Au 肖特基结自驱型紫外光探测器，使得器件在 0.580％拉伸应变下光电流提高了440％，灵敏度增强了 5 倍[52]。ZnO 在应力作用下产生极化电荷使得 ZnO/Au 界面上的内建电场增强和拓宽，加快了载流子的分离和提取，从而使探测器的光增益和灵敏度得以提高。之后该课题组又研究了一种压电效应驱动的 ZnO/Spiro－MeOTAD 的 P－N 结紫外光电探测器[53]。该探测器的灵敏度约为 10^3，响应时间小于 0.2 s。当外在压力作用在 ZnO 上使 P－N 结附近产生正压电电荷时，导带和价带向下弯曲，导致内建电场增加，从而加速了电子-空穴对的分离，使光电流增加；反之，当 ZnO 产生负压电电荷时，导带和价带将向上弯曲，导致内建电场减弱，从而使光电流减小。2015 年，该课题组设计了 Au－MgO－ZnO 紫外光电探测器[54]。该器件通过在 ZnO 和金属之间插入超薄绝缘层 MgO 来降低器件的暗电流，提高了器件的灵敏度。压电效应可以提高光电探测器的灵敏度，但其作用效果存在一定的限制。2016 年，Y. Su 等人制备了柔性 ZnO 纳米线阵列紫外光电探测器，并研究了压电效应对器件中肖特基势垒的调控作用。在 －0.62％的压缩应变下，该探测器的响应度提高了176％[55]。同年，L. Hu 课题组制备了 ZnO/NiO 核-壳结构的纳米棒阵列紫外光电探测器，在 －3.5 V 电压和 1 N 压缩应力下，该探测器的光电流和灵敏度分别提高了 74％和78.7％[56]。

2018 年，Y. Qiu 小组通过水热法在柔性聚酯纤维衬底上制备了 MSM 结构的 Ag－ZnO－Ag 紫外光电探测器[57]，在 －1 V 电压下，在 0.2％的拉伸应变下，紫外光电探测器的光电流和灵敏度分别提高了 82％和130％，同时响应速度也得到了提高，并利用光电效应理论解释了相关现象。同年，M. Chen 等人也研究了 ZnO/Ga_2O_3 核-壳异质结日盲光电探测器。该探测器对中心波长为261 nm 的深紫外光具有高度的敏感性[58]，具有超高的灵敏度和光谱选择性，对可见光几乎没有响应。此外，由于压电效应，该器件在受到 －0.042％的应变时响应可增强 3 倍左右。以上研究均表明，压电效应对提高器件的探测性能有很大的潜在应用价值，对研究高性能的光电探测器具有借鉴性意义。2019

年，Y. Duan 等人在 PET 衬底上生长 ZnO 薄膜，制备得到了柔性紫外光电探测器，并研究了外界应力对柔性探测器性能的影响[59]。在给予 0.2％的拉伸应力时，该器件的响应度和灵敏度分别提高了 20％和 770％。该器件的性能之所以提高，是因为压电效应提高了 ZnO/Au 界面上肖特基势垒的高度，从而使光生载流子的传输加快了。

6.3 MgZnO 深紫外光电探测器

为了将 ZnO 基探测器的截止波长调节到更短波段，需要对 ZnO 能带进行调控。三元合金 $Mg_xZn_{1-x}O$ 能带在 3.37 eV 到 7.8 eV 之间连续可调，覆盖了大部分紫外波段，而且 $Mg_xZn_{1-x}O$ 继承了 ZnO 的优良光电性质。但立方相 MgO 晶格常数 $a = 0.425$ nm，纤锌矿 ZnO 的晶格常数 $a = 0.325$ nm、$c = 0.52$ nm，两者之间存在较大的晶格失配，因此合成高质量的 $Mg_xZn_{1-x}O$ 单晶较为困难。在热平衡条件下两者的固溶度很低，因此往往在亚稳态条件下生长 $Mg_xZn_{1-x}O$。高 Mg 组分的六方相 $Mg_xZn_{1-x}O(w-Mg_xZn_{1-x}O)$ 或者高 Zn 组分的 $Mg_xZn_{1-x}O(c-Mg_xZn_{1-x}O)$ 在生长过程中容易分相，形成禁带宽度不一致的六方相和立方相的混合物[60]。$w-Mg_xZn_{1-x}O$ 中最大 Mg 组分为 37％（4.28 eV），$c-Mg_xZn_{1-x}O$ 中最小 Mg 组分为 62％（5.4 eV），因此 4.28～5.4 eV 的禁带宽度较难实现，如图 6-12 所示。近年来，利用晶格匹配的衬

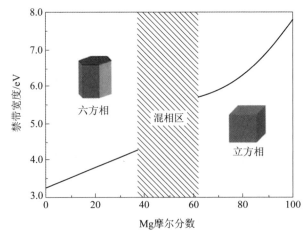

图 6-12　$Mg_xZn_{1-x}O$ 分相区和单相区组分范围[60]

底，或者在非常慢的生长速度下，c-Mg$_x$Zn$_{1-x}$O 和 w-Mg$_x$Zn$_{1-x}$O 的组分已经扩展到混相区，实现能带的连续调控。C. Y. J. Lu 等人利用 MBE 在 MgO 衬底上，制备了 Zn 组分为 80% 的 c-Mg$_x$Zn$_{1-x}$O[61]。目前，基于 Mg$_x$Zn$_{1-x}$O 薄膜的 P-N 结、肖特基结、MSM 结等结构紫外探测器已经被广泛研究。

6.3.1　光导型探测器

2001 年，Yang 等人利用 PLD 在 c 面蓝宝石衬底上生长了禁带宽度为 4.05 eV 的 w-Mg$_{0.34}$Zn$_{0.66}$O 薄膜，并利用 Cr/Au 作为叉指电极制备了 MSM 结构的光电导型探测器[62]。该探测器的响应度高达 1200 A/W，响应上升时间为 8 ns，下降时间为 1.4 μs，紫外-可见光抑制比超过 4 个量级，截止波长为 317 nm，如图 6-13 所示。Han 等人利用 MOCVD 在 MgO 衬底上制备了 c-

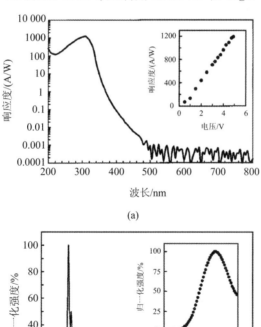

(a)

(b)

图 6-13　w-Mg$_{0.34}$Zn$_{0.66}$O 薄膜的光响应[62]

$Mg_{0.52}Zn_{0.48}O$ 薄膜,用金叉指电极作为肖特基接触制备了光电导型探测器[63]。该器件的响应度为 273 mA/W,截止波长为 253 nm,抑制比大约为 4 个量级,响应衰减时间为 1.6 μs,较长的响应时间由表面的氧空位俘获空穴而造成。相对于 ZnO 光电导探测器,$Mg_xZn_{1-x}O$ 光电导探测器通常具有更快的响应速度,这可能是由于 Mg 离子补偿 ZnO 中的深能级空穴俘获缺陷导致的。

6.3.2 肖特基探测器

Nakano 等在单晶 ZnO 上生长了 Mg 组分为 0%~43% 的 $Mg_xZn_{1-x}O$ 薄膜,和透明导电聚合物 PEDOT:PSS 构建肖特基光电二极管,实现了最短截止波长为 315 nm 的紫外探测器[64]。Endo 等利用射频溅射在单晶 ZnO 衬底上生长了禁带宽度为 4.4 eV 的 w‑$Mg_xZn_{1-x}O$ 薄膜,然后制备了 Pb‑$Mg_xZn_{1-x}O$ 肖特基结[65]。该器件在 30 V 反向偏压下的暗电流小于 1 nA,反向击穿电压为 40 V,响应度为 0.034 A/W,紫外-可见光抑制比大于 4 个量级,如图 6‑14(a)所示。在晶格匹配的 ZnO 衬底上较容易实现 $Mg_xZn_{1-x}O$ 薄膜的同质外延生长,但是器件中出现了来自 ZnO 衬底的响应,如图 6‑14(b)所示。为了避免 ZnO 的干扰,A. Redondo‑Cubero 等人在 a‑Al_2O_3 衬底上异质外延生长了 w‑$Mg_xZn_{1-x}O$,Mg 组分为 46%~56%,该器件的紫外-可见光抑制比高达 6 个量级。该结果证明,异质外延生长的 $Mg_xZn_{1-x}O$ 可以实现高性能深紫外探测。

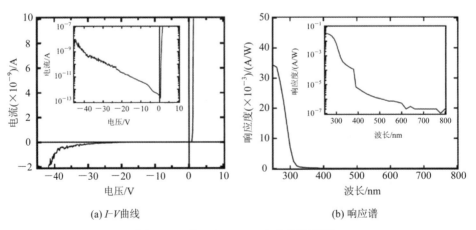

(a) I–V曲线　　　　　　　　　　(b) 响应谱

图 6‑14　Pb‑$Mg_xZn_{1-x}O$ 肖特基结[65]

$Mg_xZn_{1-x}O$ 肖特基光电二极管中也存在内部增益。H. Zhu 等人通过在 Au 和 $Mg_xZn_{1-x}O$ 之间插入 MgO 绝缘层制备了 Au/MgO/$Mg_xZn_{1-x}O$ 结构,

器件的响应度为 0.55 A/W，探测效率为 1.26×10^{13} (cm · $Hz^{1/2}$)/W；而没有 MgO 绝缘层的 Au/ $Mg_xZn_{1-x}O$ 结构的响应度只有 6×10^{-4} A/W，响应度的提升来自 MgO 绝缘层中载流子碰撞离化倍增[66]。X. H. Xie 等人制备了一种 Mott 型 Au/c-MgZnO:Ga/w-MgZnO 结构，实现了 165% 的光电导增益，器件的增益是由于电子越过金属-半导体界面处降低的 Mott 势垒注入引起的[67]。

由于 Zn 和 Mg 原子的性质不同，因此 $Mg_xZn_{1-x}O$ 合金中存在大量的应力、堆垛层错和间隙 Mg 原子。通过热处理可以有效去除缺陷，提高 $Mg_xZn_{1-x}O$ 薄膜的质量。Han 等人在低温下利用 MOCVD 生长了 $w-Mg_{0.27}Zn_{0.73}O$ 薄膜，随后通过两步退火方法降低了薄膜的晶界密度和缺陷密度，改善了器件的紫外-可见光抑制比[68]。

6.3.3　MSM 结构探测器

Takeuchi 等人利用 PLD 生长了 Mg 组分逐渐升高的 $Mg_xZn_{1-x}O$ 薄膜，然后制备了多通道的 MSM 探测器[69]。随 Mg 组分从 0% 到 38% 变化，该器件的响应峰位从 380 nm 移动到 288 nm，响应速度为 8 ns，但在高 Mg 组分区域发生了分相。H. Y. Lee 等人通过磁控溅射生长了高质量的 $w-Mg_xZn_{1-x}O$ 薄膜，Mg 组分为 0%～36%，相应的禁带宽度为 3.25～4.04 eV[70]；用 Ni/Au 为电极制备的 MSM 结构探测器的暗电流小于 0.6 nA，随着 Mg 组分变化截止波长为 380～310 nm，紫外-可见光抑制比为 7×10^2。Y. N. Hou 等人利用同质外延缓冲层，生长了 $w-Mg_{0.55}Zn_{0.45}O$ 薄膜，相应的禁带宽度为 4.55 eV[71]；他们利用 Ti/Au 叉指电极制备的 MSM 探测器在 400 V 偏压下的漏电流只有 3 nA，截止波长为 270 nm，响应度为 22 mA/W，响应时间小于 500 ns。此外，随着电压从 15 V 上升到 210 V，器件的外量子效率从 0.19% 升高到 15.26%，说明存在较大的内部增益，增益机制可由肖特基势垒降低来解释。L. K. Wang 等人利用 MOCVD 制备了 $Au-Mg_{0.48}Zn_{0.52}O-Au$ MSM 探测器，10 V 偏压下暗电流为 6.5 pA，20 V 偏压下响应度为 16 mA/W，截止波长为 283 nm，抑制比为 10^3，响应上升和下降时间分别为 10 ns 和 150 ns[72]。J. Yu 等人制备了 $Au-MgO-Mg_{0.44}Zn_{0.56}O-MgO-Au$ 探测器，利用 MgO 中的载流子碰撞离化过程实现了雪崩探测。该器件在 2 V 偏压下的响应度只有 0.018 A/W，当偏压增加到 31 V 时响应度超过了 1000 A/W，雪崩增益为 587[73]。M. M. Fan 等人利用 MBE 在 a 面蓝宝石衬底上制备了具有单一吸收边的混相 $Mg_xZn_{1-x}O$ MSM 探测器，其截止波长为 325～275 nm 可调[74]，在 40 V 偏压下暗电流为 8～130 pA，响应度为 9～410 A/W，紫外-可见光抑制比超过 3 个量级，响应时间为 37 ms～1 s。该器件很低的暗电流与本征高阻立方相 $Mg_xZn_{1-x}O$ 及两种相之间大量的晶界有关，晶界和体内缺陷充当空穴陷阱会导致较高的响应度和较长的响应时间。

6.3.4　P-N 结探测器

与 ZnO 类似，实现 P 型 $Mg_xZn_{1-x}O$ 也非常困难。因此，只有少数研究组对 $Mg_xZn_{1-x}O$ 同质结光电探测器进行了报道。在 2007 年，K. W. Liu 等人使用 MBE 制备了氮掺杂的 P-$Mg_{0.24}Zn_{0.76}O$，并制备了同质结光电探测器[75]。该种 P 型薄膜具有较好的结晶取向，空穴浓度为 1×10^{16} cm^{-3}，在可见区的透光率大于 75%。从 I-V 曲线中可以看到，该光电探测器具有轻微的整流特性，其开启电压为 2 V，但由于 P-$Mg_{0.24}Zn_{0.76}O$ 薄膜的质量较差，因此导致整流性能较差。该器件的响应截止边出现在 345 nm 处，和 $Mg_{0.24}Zn_{0.76}O$ 的带隙对应，当偏置电压从 0 增加到 9 V 时，响应度也从 3.7×10^{-6} 增加到 4×10^{-4} A/W，紫外-可见光抑制比大于 10^4。同时，该探测器具有很快的响应速度，上升时间小于 10 ns，下降时间小于 150 ns。在 2009 年，G. Shukla 等人制备了基于 Ga 掺杂的 N-$Mg_xZn_{1-x}O$ 和 P 掺杂的 P-$Mg_xZn_{1-x}O$ 的同质结，其中 x 的值为 0～0.34[76]。P 型薄膜的载流子浓度和迁移率分别为 10^{16} cm^{-3} 和 1 $cm^2\cdot V\cdot s^{-1}$，在 40 V 偏压下暗电流小于 2 nA，响应截止波长随着 x 值的变化从 380 nm 移动到 284 nm。

异质结的构建仍是避免 $Mg_xZn_{1-x}O$ P 型掺杂困难的有效途径，尽管异质外延生长获得高质量的单相 $Mg_xZn_{1-x}O$ 薄膜并不容易。Y. N. Hou 等人利用低温氧化 BeO 缓冲层，成功地在 P-Si 衬底上合成了高质量的单相高 Mg 组分的 w-$Mg_xZn_{1-x}O(x=0.4)$ 薄膜[77]，进一步制备了 N-MgZnO/P-Si 异质结和 MSM 光电二极管，如图 6-15 所示，并对它们的性能进行了对比研究。在 -3 V 偏压下，两种器件的漏电流均小于 1 nA。从图 6-15(c) 中的响应谱可以看到，没有来自 Si 衬底的光响应，P-N 异质结的响应度为 1 A/W，比 MSM 的响应度 0.1 A/W 大一个数量级。N-MgZnO/P-Si 异质结的能带结构如图 6-15(d) 所示，Mg 代替 Zn 原子形成 MgZnO 合金时，其导带和价带扩展比为 9:139，因此，高 Mg 含量的 $Mg_xZn_{1-x}O$ 薄膜和 Si 之间会形成 Ⅰ型异质结，这与 ZnO/Si 之间的 Ⅱ型异质结不同。当 N-MgZnO/P-Si 异质结处于反向偏压下并被光照时，紫外线在 $Mg_xZn_{1-x}O$ 中产生的空穴可以通过价带传输到 Si 上，然而 Si 在可见光中产生的电子会被 $Mg_xZn_{1-x}O$ 和 Si 之间的价带势垒阻挡，因此只能观察到来自 $Mg_xZn_{1-x}O$ 的响应。

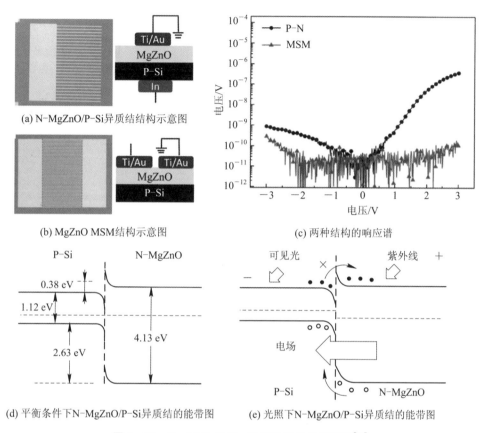

(a) N-MgZnO/P-Si异质结结构示意图

(b) MgZnO MSM结构示意图

(c) 两种结构的响应谱

(d) 平衡条件下N-MgZnO/P-Si异质结的能带图

(e) 光照下N-MgZnO/P-Si异质结的能带图

图 6-15　N-MgZnO/P-Si 异质结光电探测器[77]

6.4　ZnO 基紫外光电探测器的发展前景

　　经过多年的研究，ZnO 基紫外光电探测器取得了显著的成果。这些工作证实了 ZnO 基探测器具有高响应度、高日盲-可见光抑制比、快响应速度和低噪声的特点，并且响应波长可以通过 Mg 掺杂在 380 nm 到 225 nm 之间可调。但 ZnO 基材料探测器的制备还不成熟，仍然有以下问题需要解决：

　　（1）高质量、可重复 P-ZnO 的实现。P-N 结探测器具有高灵敏度、快响应速度和低暗电流的优点，然而缺乏稳定、可重复的 P-ZnO，使高性能 ZnO P-N 结探测器难以实现。尽管 ZnO 的 P 型掺杂取得了一定进展，但仍然存在以下问题需要解决，如稳定性、重复性、载流子浓度不可控以及迁移率低等。

（2）高质量 $Mg_xZn_{1-x}O$ 的制备。为了实现不同波长的 $Mg_xZn_{1-x}O$ 探测器，不同 Mg 组分的高质量 $Mg_xZn_{1-x}O$ 薄膜的制备是关键。但由于六方 ZnO 和立方 MgO 结构不同，晶格失配，生长高 Mg 组分的 $w-Mg_xZn_{1-x}O$ 和高 Zn 组分的 $c-Mg_xZn_{1-x}O$ 比较困难，两者之间存在较宽的溶混间隙，因此，分相问题成为制备 $Mg_xZn_{1-x}O$ 的主要困难。

（3）较慢的响应速度。由于表面 O 具有吸附/解吸附作用，因此 ZnO 基光电探测器特别是光电导型探测器通常具有较慢的响应速度。

参 考 文 献

[1] OEZGUER U, ALIVOV Y I, LIU C, et al. A comprehensive review of ZnO materials and devices[J]. Journal of Applied Physics, 2005, 98(4):11-1.

[2] KLINGSHIRN C F. ZnO: material, physics and applications[J]. ChemPhysChem, 2007, 8(6):782-803.

[3] JANOTTI A, VAN D W C G. Fundamentals of zinc oxide as a semiconductor[J]. Reports on Progress in Physics, 2009, 72(12):126501.

[4] HOU Y, MEI Z, DU X. Semiconductor ultraviolet photodetectors based on ZnO and Mg_xZn1xO[J]. Journal of Physics D-Applied Physics, 2014, 47(28):283001.

[5] FERNANDEZ A M, SEBASTIAN P J. Conversion of chemically deposited ZnS films to photoconducting ZnO films[J]. Journal of Physics D Applied Physics, 1999, 26(11):2001.

[6] BRILLSON L J, LU Y. ZnO Schottky barriers and Ohmic contacts[J]. Journal of Applied Physics, 2011, 109(12):8-2064.

[7] TAKEUCHI M, KASHIMURA S, OZAWA S. Photoconductive and gas sensitive properties of ultrafine ZnO particle layers prepared by a gas evaporation technique[J]. Vacuum, 1990, 41(7):1636-1637.

[8] LIU Y, GORLA C R, LIANG S, et al. Ultraviolet detectors based on epitaxial ZnO films grown by MOCVD[J]. Journal of Electronic Materials, 2000, 29(1):69-74.

[9] XU Q, ZHANG J, JU K, et al. ZnO thin film photoconductive ultraviolet detector with fast photoresponse[J]. Journal of Crystal Growth, 2006, 289(1):44-47.

[10] LIU K W, MA J G, ZHANG J Y, et al. Ultraviolet photoconductive detector with high visible rejection and fast photoresponse based on ZnO thin film[J]. Solid State Electronics, 2007, 51(5):757-761.

[11]　BI Z, YANG X, ZHANG J, et al. A back-illuminated vertical-structure ultraviolet photodetector based on an RF-sputtered ZnO film[J]. Journal of Electronic Materials, 2009, 38(4):609 - 612.

[12]　CHANG S P, CHUANG R W, CHANG S J, et al. Surface HCl treatment in ZnO photoconductive sensors[J]. Thin Solid Films, 2009, 517(17):5050 - 5053.

[13]　SOCI C, ZHANG A, XIANG B, et al. ZnO nanowire UV photodetectors with high internal gain. [J]. Nano Letters, 2007, 7(4):1003.

[14]　LIU Y, GORLA C R, LIANG S, et al. Ultraviolet detectors based on epitaxial ZnO films grown by MOCVD[J]. Journal of Electronic Materials, 2000, 29(1):69 - 74.

[15]　BI Z, ZHANG J, BIAN X, et al. A high-performance ultraviolet photoconductive detector based on a ZnO film grown by RF sputtering[J]. Journal of Electronic Materials, 2008, 37(5):760 - 763.

[16]　FABRICIUS H, SKETTRUP T, BISGAARD P. Ultraviolet detectors in thin sputtered ZnO films[J]. Applied Optics, 1986, 25(16):2764.

[17]　OH D C, SUZUKI T, HANADA T, et al. Photoresponsivity of ZnO Schottky barrier diodes[J]. Journal of Vacuum Science Technology B, 2006, 24(3):1595 - 1598.

[18]　NAKANO M, MAKINO T, TSUKAZAKI A, et al. Transparent polymer Schottky contact for a high performance visible-blind ultraviolet photodiode based on ZnO[J]. Applied Physics Letters, 2008, 93(12): 351.

[19]　DAI J N, HAN X Y, WU Z H, et al. Effects of growth temperature on properties of nonpolar a-plane ZnO films on GaN templates by pulsed laser deposition[J]. Journal of Electronic Materials, 2011, 40(4): 446 - 452.

[20]　ENDO H, SUGIBUCHI M, TAKAHASHI K, et al. Schottky ultraviolet photodiode using a ZnO hydrothermally grown single crystal substrate[J]. Applied Physics Letters, 2007, 90(12): 121906.

[21]　ALI G M, CHAKRABARTI P. Effect of thermal treatment on the performance of ZnO based metal-insulator-semiconductor ultraviolet photodetectors[J]. Applied Physics Letters, 2010, 97(3): 031116.

[22]　LIANG S, SHENG H, LIU Y, et al. ZnO Schottky ultraviolet photodetectors[J]. Journal of Crystal Growth, 2001, 225(2 - 4): 110 - 113.

[23]　LI M, ANDERSON W, CHOKSHI N, et al. Laser annealing of laser assisted molecular beam deposited ZnO thin films with application to metal-semiconductor-metal photodetectors[J]. Journal of Applied Physics, 2006, 100(5): 053106.

[24] SHAN C X, ZHANG J Y, YAO B, et al. Ultraviolet photodetector fabricated from atomic-layer-deposited ZnO films[J]. Journal of Vacuum Science & Technology B, Measurement, and Phenomena, 2009, 27(3): 1765 – 1768.

[25] HE G H, ZHOU H, SHEN H, et al. Photodetectors for weak-signal detection fabricated from ZnO:(Li, N) films[J]. Applied Surface Science, 2017, 412: 554 – 558.

[26] YOUNG S J, JI L W, CHANG S J, et al. ZnO metal-semiconductor-metal ultraviolet sensors with various contact electrodes[J]. Journal of Crystal Growth, 2006, 293(1): 43 – 47.

[27] YOUNG S J, JI L W, CHANG S J, et al. ZnO-based MIS photodetectors[J]. Sensors and Actuators A: Physical, 2008, 141(1): 225 – 229.

[28] JIANG D Y, ZHANG J, LU Y, et al. Ultraviolet Schottky detector based on epitaxial ZnO thin film[J]. Solid-State Electronics, 2008, 52(5): 679 – 682.

[29] LIU J S, SHAN C X, LI B H, et al. High responsivity ultraviolet photodetector realized via a carrier-trapping process[J]. Applied Physics Letters, 2010, 97(25): 251102.

[30] LOOK D C, REYNOLDS D C, LITTON C W, et al. Characterization of homoepitaxial P-type ZnO grown by molecular beam epitaxy[J]. Applied Physics Letters, 2002, 81(10): 1830 – 1832.

[31] MOON T H, JEONG M C, LEE W, et al. The fabrication and characterization of ZnO UV detector[J]. Applied Surface Science, 2005, 240(1 – 4): 280 – 285.

[32] RYU Y R, LEE T S, LUBGUBAN J A, et al. ZnO devices: Photodiodes and P-type field-effect transistors[J]. Applied Physics Letters, 2005, 87(15): 153504.

[33] MANDALAPU L J, XIU F X, YANG Z, et al. P-type behavior from Sb-doped ZnO heterojunction photodiodes[J]. Applied Physics Letters, 2006, 88(11): 112108.

[34] SHEN H, SHAN C X, LI B H, et al. Reliable self-powered highly spectrum-selective ZnO ultraviolet photodetectors[J]. Applied Physics Letters, 2013, 103(23): 232112.

[35] LOPATIUK-TIRPAK O, CHERNYAK L, MANDALAPU L J, et al. Influence of electron injection on the photoresponse of ZnO homojunction diodes[J]. Applied Physics Letters, 2006, 89(14): 142114.

[36] OHTA H, HIRANO M, NAKAHARA K, et al. Fabrication and photoresponse of a pn-heterojunction diode composed of transparent oxide semiconductors, P-NiO and N-ZnO[J]. Applied Physics Letters, 2003, 83(5): 1029 – 1031.

[37] WANG K, VYGRANENKO Y, NATHAN A. ZnO-based P-I-N and N-I-P

heterostructure ultraviolet sensors: a comparative study[J]. Journal of Applied Physics, 2007, 101(11): 114508.

[38] TSAI S Y, HON M H, LU Y M. Fabrication of transparent P-NiO/N-ZnO heterojunction devices for ultraviolet photodetectors[J]. Solid-State Electronics, 2011, 63(1): 37 – 41.

[39] ZHANG X L, HUI K S, HUI K N. High photo-responsivity ZnO UV detectors fabricated by RF reactive sputtering[J]. Materials Research Bulletin, 2013, 48(2): 305 – 309.

[40] PARK N, SUN K, SUN Z, et al. High efficiency NiO/ZnO heterojunction UV photodiode by sol – gel processing[J]. Journal of Materials Chemistry C, 2013, 1(44): 7333 – 7338.

[41] LIU J, XIA Y, WANG L, et al. Electrical characteristics of UV photodetectors based on ZnO/diamond film structure[J]. Applied Surface Science, 2007, 253(12): 5218 – 5222.

[42] HUANG J, WANG L J, TANG K, et al. The fabrication and photoresponse of ZnO/diamond film heterojunction diode[J]. Applied Surface Science, 2012, 258(6): 2010 – 2013.

[43] ALIVOV Y I, ÖZGÜRÜ, DOǦAN S, et al. Photoresponse of N-ZnO/P-SiC heterojunction diodes grown by plasma-assisted molecular-beam epitaxy[J]. Applied Physics Letters, 2005, 86(24): 241108.

[44] ZHU H, SHAN C X, YAO B, et al. High spectrum selectivity ultraviolet photodetector fabricated from an N-ZnO/P-GaN heterojunction[J]. The Journal of Physical Chemistry C, 2008, 112(51): 20546 – 20548.

[45] AL-ZOUHBI A, AL-DIN N S, MANASREH M O. Characteristics of P-ZnO/N-GaN heterojunction photodetector[J]. Optical Review, 2012, 19(4): 235 – 237.

[46] ZHANG T C, GUO Y, MEI Z X, et al. Visible-blind ultraviolet photodetector based on double heterojunction of N-ZnO/insulator-MgO/P-Si[J]. Applied Physics Letters, 2009, 94(11): 113508.

[47] WANG Z L, WU W. Piezotronics and piezo-phototronics: fundamentals and applications[J]. National Science Review, 2014, 1(1): 62 – 90.

[48] WANG Z L. Nanopiezotronics[J]. Advanced Materials, 2007, 19(6): 889 – 892.

[49] WANG Z L. Piezopotential gated nanowire devices: piezotronics and piezo-phototronics[J]. Nano Today, 2010, 5(6): 540 – 552.

[50] ZHANG Y, YANG Y, WANG Z L. Piezo-phototronics effect on nano/microwire

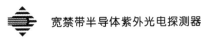

solar cells[J]. Energy & Environmental Science, 2012, 5(5): 6850 – 6856.

[51] YANG Q, GUO X, WANG W, et al. Enhancing sensitivity of a single ZnO micro-/nanowire photodetector by piezo-phototronic effect[J]. ACS Nano, 2010, 4(10): 6285 – 6291.

[52] LU S, QI J, LIU S, et al. Piezotronic interface engineering on ZnO/Au-based Schottky junction for enhanced photoresponse of a flexible self-powered UV detector [J]. ACS Applied Materials & Interfaces, 2014, 6(16): 14116 – 14122.

[53] SHEN Y, YAN X, SI H, et al. Improved photoresponse performance of self-powered ZnO/spiro-MeOTAD heterojunction ultraviolet photodetector by piezo-phototronic effect[J]. ACS Applied Materials & Interfaces, 2016, 8(9): 6137 – 6143.

[54] LIAO Q, LIANG M, ZHANG Z, et al. Strain-modulation and service behavior of Au-MgO-ZnO ultraviolet photodetector by piezo-phototronic effect [J]. Nano Research, 2015, 8(12): 3772 – 3779.

[55] SU Y, WU Z, WU X, et al. Enhancing responsivity of ZnO nanowire based photodetectors by piezo-phototronic effect[J]. Sensors and Actuators A: Physical, 2016, 241: 169 – 175.

[56] YIN B, QIU Y, ZHANG H, et al. Enhancing performance of ZnO/NiO UV photodetector by piezo-phototronic effect[J]. RSC Advances, 2016, 6(54): 48319 – 48323.

[57] ZHANG X, QIU Y, YANG D, et al. Enhancing performance of Ag-ZnO-Ag UV photodetector by piezo-phototronic effect[J]. RSC Advances, 2018, 8(28): 15290 – 15296.

[58] CHEN M, ZHAO B, HU G, et al. Piezo-Phototronic Effect Modulated Deep UV Photodetector Based on ZnO-Ga$_2$O$_3$ Heterojuction Microwire[J]. Advanced Functional Materials, 2018, 28(14): 1706379.

[59] DUAN Y, CONG M, JIANG D, et al. ZnO thin film flexible UV photodetectors: regulation on the ZnO/Au interface by piezo-phototronic effect and performance outcomes[J]. Advanced Materials Interfaces, 2019, 6(16): 1900470.

[60] YANG W, HULLAVARAD S S, NAGARAJ B, et al. Compositionally-tuned epitaxial cubic Mg$_x$Zn$_{1-x}$O on Si (100) for deep ultraviolet photodetectors[J]. Applied Physics Letters, 2003, 82(20): 3424 – 3426.

[61] LU C Y J, YAN T, CHANG L, et al. Rock-salt Zn$_{1-x}$Mg$_x$O epilayer having high Zn content grown on MgO (100) substrate by plasma-assisted molecular beam epitaxy [J]. Journal of Crystal Growth, 2013, 378: 168 – 171.

[62] YANG W, VISPUTE R D, CHOOPUN S, et al. Ultraviolet photoconductive detector based on epitaxial $Mg_{0.34}Zn_{0.66}O$ thin films[J]. Applied Physics Letters, 2001, 78(18): 2787 - 2789.

[63] HAN S, ZHANG Z, ZHANG J, et al. Photoconductive gain in solar-blind ultraviolet photodetector based on $Mg_{0.52}Zn_{0.48}O$ thin film[J]. Applied Physics Letters, 2011, 99 (24): 242105.

[64] NAKANO M, MAKINO T, TSUKAZAKI A, et al. $Mg_xZn_{1-x}O$-based Schottky photodiode for highly color-selective ultraviolet light detection[J]. Applied Physics Express, 2008, 1(12): 121201.

[65] ENDO H, SUGIBUCHI M, TAKAHASHI K, et al. Fabrication and characteristics of a $Pt/Mg_xZn_{1-x}O$ Schottky photodiode on a ZnO single crystal[J]. Physica Status Solidi C, 2008, 5(9): 3119 - 3121.

[66] ZHU H, SHAN C X, WANG L K, et al. Metal-oxide-semiconductor-structured MgZnO ultraviolet photodetector with high internal gain[J]. The Journal of Physical Chemistry C, 2010, 114(15): 7169 - 7172.

[67] XIE X H, ZHANG Z Z, LI B H, et al. Mott-type $Mg_xZn_{1-x}O$-based visible-blind ultraviolet photodetectors with active anti-reflection layer [J]. Applied Physics Letters, 2013, 102(23): 231122.

[68] HAN S, ZHANG J Y, ZHANG Z Z, et al. Contact properties of $Au/Mg_{0.27}Zn_{0.73}O$ by different annealing processes[J]. The Journal of Physical Chemistry C, 2010, 114 (49): 21757 - 21761.

[69] TAKEUCHI I, YANG W, CHANG K S, et al. Monolithic multichannel ultraviolet detector arrays and continuous phase evolution in $Mg_xZn_{1-x}O$ composition spreads[J]. Journal of Applied Physics, 2003, 94(11): 7336 - 7340.

[70] LEE H Y, WANG M Y, CHANG K J, et al. Ultraviolet photodetector based on $Mg_xZn_{1-x}O$ thin films deposited by radio frequency magnetron sputtering [J]. IEEE Photonics Technology Letters, 2008, 20(24): 2108 - 2110.

[71] HOU Y N, MEI Z X, LIU Z L, et al. $Mg_{0.55}Zn_{0.45}O$ solar-blind ultraviolet detector with high photoresponse performance and large internal gain [J]. Applied Physics Letters, 2011, 98(10): 103506.

[72] WANG L K, JU Z G, SHAN C X, et al. MgZnO metal-semiconductor-metal structured solar-blind photodetector with fast response [J]. Solid State Communications, 2009, 149(45 - 46): 2021 - 2023.

[73] YU J, SHAN C X, LIU J S, et al. MgZnO avalanche photodetectors realized in

Schottky structures[J]. Physica Status Solidi (RRL)-Rapid Research Letters，2013，7(6)：425-428.

[74] FAN M M，LIU K W，ZHANG Z Z，et al. High-performance solar-blind ultraviolet photodetector based on mixed-phase ZnMgO thin film[J]. Applied Physics Letters，2014，105(1)：011117.

[75] LIU K W，SHEN D Z，SHAN C X，et al. $Zn_{0.76}Mg_{0.24}O$ homojunction photodiode for ultraviolet detection [J]. Applied Physics Letters，2007，91(20)：201106.

[76] SHUKLA G. ZnMgO Homo junction-based ultraviolet photodetector [J]. IEEE Photonics Technology Letters，2009，21(13)：887-889.

[77] HOU Y N，MEI Z X，LIANG H L，et al. Comparative study of N-MgZnO/P-Si ultraviolet-B photodetector performance with different device structures[J]. Applied Physics Letters，2011，98(26)：263501.

第 7 章

金刚石紫外光电探测器

7.1 引言

紫外光的波长范围是 10～400 nm，可将其分为 4 个波段：UVA 波段（400～320 nm）、UVB 波段（320～280 nm）、UVC 波段（280～200 nm）以及真空紫外波段（200～10 nm）。紫外光电探测器可以广泛地应用在军用以及民用设施当中，如生物/化学分析、火焰探测、紫外光通信、发射器校准、天文研究以及环境监测等[1]。响应范围位于真空紫外波段的光电探测器被称作可见盲探测器，其响应截止波长小于 400 nm。地球上大部分光辐射来自太阳，然而波长小于280 nm 的太阳辐射被大气中的臭氧强烈吸收，无法到达地球表面，从而为精准探测创造了一个低背景窗口。因此，探测范围在上述区域的光电探测器被称为深紫外日盲光电探测器，简称深紫外光电探测器。深紫外光电探测器与红外、可见光以及近紫外光电探测器相比，具有更高的探测精度和准确度以及更低的虚警率。因此，深紫外光电探测器在导弹跟踪、卫星间通信、紫外光刻以及臭氧监测等领域具有极大的潜在应用前景[2-7]。通常高性能的光电探测器的评价指标包括高灵敏度、高信噪比、高光谱选择性、高响应速度以及高稳定性[8-9]。

目前，常见的深紫外日盲光电探测器有光电倍增管（photomultiplier tube，PMT）、电荷耦合器件（charge-coupled device，CCD）以及半导体光电探测器等。PMT 因其具有高增益和低噪声的特性，被广泛地应用在紫外检测等应用中。但是 PMT 具有真空管结构易碎、需要工作在高偏压下、易受磁场干扰、尺寸较大等缺点。近年来，便携式设备不断小型化，可靠的紫外探测系统需求不断增长，极大地促进了基于半导体的光电探测器的发展。作为固态器件，半导体光电二极管和 CCD 都可以在适度偏压下工作，并且比 PMT 更安全，更可靠。然而 CCD 探测器具有较差的光谱选择性，半导体光电探测器不仅具有优异的波长选择性，还具有体积小、重量轻、灵敏度高以及响应速度快的特点，因此能更好地满足深紫外探测系统的发展要求[10-11]。

根据器件结构的不同，半导体光电探测器可以分为以下类型：光电导型、肖特基光电二极管、金属-半导体-金属（metal－semiconductor－metal，MSM）光电二极管、金属-绝缘体-半导体（metal－insulator－semiconductor，MIS）结构、P－N 和 P－I－N 光电二极管、异质结和光电晶体管。基于宽禁带（wide bandgap，WBG）半导体的光电探测器已经被广泛研究使用并且被认为有望替代 PMT 和硅基紫外光电探测器。相对于窄带隙半导体，基于宽禁带半导体的光电探测器具有本征可见盲的优点，从而能够避免使用光学滤波器并且能够实现室温工作。宽禁带半导体的另外一个优点是它们通常具有高的抗辐射强度，这对于延长光电探测器的寿命至关重要。在宽禁带半导体中，金刚石具有很多独特的性质，包括高热导率、高击穿电压、高载流子迁移率以及高饱和速率等。表 7 - 1 列出了常见半导体材料的性能对比。这些优异的性能使得金刚石成为制备高温、高功率以及高频器件的理想候选材料。此外，金刚石的带隙为 5.47 eV，对应的本征吸收边位于 225 nm，使其成为制备深紫外日盲光电探测器的理想候选材料。经大量研究，目前研究人员已经制备出了多种结构的金刚石基光电探测器。

表 7 - 1 常见半导体材料的性能对比

材料	禁带宽度 /eV	击穿电场 /(MV·cm^{-1})	电子迁移率 /(cm^2·V^{-1}·s^{-1})	空穴迁移率 /(cm^2·V^{-1}·s^{-1})
天然金刚石	5.47	10	20~2800	1800~2100
单晶 CVD 金刚石	5.47	10	4500	3800
MgO	7.83	—	10	2
AlN	6.2	2	135	14
GaN	3.4	2.6	1000	30
ZnO	3.37	—	170	—
Si	1.12	0.3	1400	600

材料	热导率 /(W·cm^{-1}·K^{-1})	电子饱和速率 (×10^7)/(cm·s^{-1})	介电常数
天然金刚石	22	2	5.7
单晶 CVD 金刚石	24	2	5.7
MgO	4.82	—	9.8
AlN	3.19	1.4	8.1
GaN	1.3	2.5	8.9
ZnO	5.4	—	9.1
Si	1.5	0.3	11.8

7.2 金刚石的合成

金刚石是由碳元素构成的具有金刚石立方晶体结构的固体。根据来源不同，金刚石可分为天然金刚石和合成金刚石。天然金刚石是从地球中开采出来

的，而合成金刚石是在实验室里人工制造的。目前，常用的合成金刚石的方法主要有高温高压（high pressure high temperature，HPHT）法和化学气相沉积（chemical vapor deposition，CVD）法。电子级品质的天然金刚石罕见，且天然金刚石非常昂贵，这就使得天然金刚石在半导体领域的应用受到了限制。HPHT法是在20世纪50年代发展起来的，是目前制造合成金刚石最为广泛的方法[12-13]。在HPHT工艺中，石墨在大容量高压设备中被压缩，并且在过渡金属（Fe、Co、Ni或者其混合物）存在的条件下转化为金刚石，这些过渡金属在其中充当溶剂，起催化剂的作用。在高温高压生长金刚石的过程中最常使用的压力为6～7 GPa，常用的温度为1500～1700℃。HPHT法的主要优点是成本相对较低，产量高。采用HPHT法制造的金刚石广泛地应用在工业磨料以及切割和抛光工具上。然而，由于半导体对杂质要求极其严格，因此金属催化剂的存在可能会对合成金刚石的性质产生重大影响，尤其对其半导体性质的影响尤为严重。此外，采用HPHT法时生长环境中的氮杂质难以避免，这就导致合成的金刚石具有较高的氮杂质浓度，使得采用HPHT法制造的金刚石不利于半导体光电应用。CVD法的发展改变了金刚石研究领域的状态，因为通过CVD法可以获得大规模、高纯度、低成本以及可再生的金刚石。在20世纪80年代，研究人员发明了金刚石的CVD合成工艺，其与目前半导体掺杂和器件制造工艺技术相兼容[14]。因为在低压条件下，石墨是最稳定的相，所以在CVD工艺过程中，在生长表面上生长金刚石相的同时也形成了石墨相。为了获得连续的金刚石相，必须有效地去除石墨。人们发现，原子氢可以有选择性地刻蚀石墨相，同时保持金刚石相处于稳定状态。因此，在CVD工艺过程中必须用氢气高度稀释碳源气体。高纯度甲烷被广泛用作采用CVD法制备金刚石的碳源气体，甲烷-氢气混合物中甲烷的浓度通常低于5%。生长气体的净化，尤其是氢气的净化，对提高金刚石的纯度是非常有效的。在生长期间，衬底温度通常为700～1000℃，腔室中的压力为20～100 torr（托），提高衬底温度和生长室压强可以有效提高金刚石的生长速度。天然金刚石和HPHT法制造的金刚石通常用于同质外延金刚石衬底以获得单晶金刚石，而硅、钼和其他基底可用于沉积多晶金刚石。对于CVD法，通常使用两种技术：热丝化学气相沉积（hot filament chemical vapor deposition，HFCVD）和微波等离子体化学气相沉积（microwave plasma chemical vapor deposition，MPCVD）。采用HFCVD技术时，氢被加热至高温（>1800℃）的难熔金属丝热裂解，以形成H自由基。低压CVD金刚石采用HFCVD实现，在金刚石研究的早期阶段广泛用于同质外延和异质外延金刚石沉积。然而，这种技术因受热丝材料的污染，会严重降低金刚石的质量。MPCVD设备通过高能微波等离子体产生高密度的

H 自由基，其反应室内没有放电电极。因此，MPCVD 是用于生长高质量的金刚石最为广泛的方法，特别适用于合成电子级金刚石。用于商业生产的 MPCVD 设备通常包括微波发生器。常见的微波发生器有用于科研的 $5\sim10$ kW 微波发生器以及用于开发和生产的 $50\sim60$ kW 微波发生器，它们相应的频率分别为 2.45 GHz 和 915 MHz。2.45 GHz 微波频率的半波长约为 2.5 英寸(in)，因此使用该频率的 MPCVD 设备一般可生长 $2\sim3$ in 的金刚石膜。而 915 MHz 的微波波长约为 2.45 GHz 波长的 2.67 倍，因此 915 MHz 的 MPCVD 设备可生长 6 英寸的金刚石膜。

与多晶金刚石相比，单晶金刚石具有更好的半导体特性。然而，商业性的大尺寸单晶金刚石衬底的缺乏限制了基于单晶金刚石的器件的制造。为了获得大面积的单晶金刚石，研究人员研究出了新的方法，并且取得了一些进展。在 2009 年，Mokuno 等人通过侧面生长技术结合离子剥离工艺成功合成了半英寸单晶金刚石片[15]。然而，合成出来这个单晶金刚石片需要花费数千小时，因此这种方法的效率非常低。图 7 - 1(a)展示了 Yamada 等人报道的另一种制备大尺寸单晶金刚石的方法，即马赛克法[16]。首先使用离子剥离工艺，由一个相同的晶种制备具有相同特性的四个单晶金刚石片(克隆基片)。随后将这四个克隆基片连接到一个平铺克隆的衬底上，在其上沉积金刚石。重复地将剥离过程应用于该平铺克隆，获得平铺克隆的几个克隆衬底。然后，重复上述过程，生长具有更大面积的金刚石。2013 年，他们生长出了边长为 1.5 英寸(面积约为 20 mm×40 mm)的自支撑金刚石晶片。随后这一研究小组宣布生长出了一块由 24 颗单晶组成的 2 英寸(40 mm×60 mm)金刚石晶片，其中金刚石晶片的面积为 10 mm×10 mm[17]。然而，他们发现采用此方法制备大尺寸金刚石很难解决开裂问题并且当衬底的面积大于 1 英寸时具有非常明显的生长不均匀性。金刚石在 SiC 或 Ir 等基底上的异质外延生长是制备大尺寸金刚石的另外一种

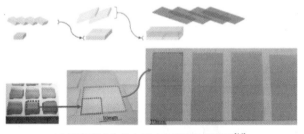

(a) 马赛克式生长大尺寸金刚石的过程图[16]

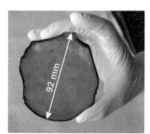

(b) 155克拉金刚石单晶[19]

图 7 - 1　大尺寸单晶金刚石

方法[18]。2017 年，Schreck 等人报道，在 Ir/YSZ（氧化钇稳定的氧化锆）/硅 (001)基底上通过异质外延生长出了直径为 92 mm、重量为 155 克拉的金刚石单晶，如图 7-1(b)所示，这是迄今为止所报道的最大的合成金刚石[19]。

7.3　金刚石光电探测器的类型

目前常用的半导体光电探测器主要有光电导型光电探测器（简称光电导型探测器）、肖特基势垒光电探测器、金属-半导体-金属（MSM）光电探测器、金属-绝缘层-半导体光电探测器、P－N 和 P－I－N 结光电探测器、场效应晶体管和双极光电晶体管等，如图 7-2 所示[20]。近年来，研究人员利用金刚石制备了多种结构的光电探测器，下面简要介绍这些研究结果。

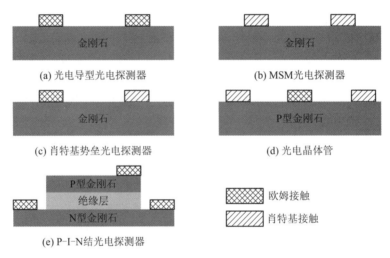

(a) 光电导型光电探测器　　　　　(b) MSM光电探测器

(c) 肖特基势垒光电探测器　　　　(d) 光电晶体管

(e) P-I-N结光电探测器

欧姆接触

肖特基接触

图 7-2　半导体光电探测器的结构示意图

7.3.1　光电导型光电探测器

光电导型探测器是结构最简单的半导体光电探测器，通常由半导体和两个欧姆接触电极组成。在两个电极之间施加偏置电压，由欧姆定理可知，在两个半导体层之间将会流过电流，我们称这个电流为暗电流。在光照下，由于光生载流子的形成，半导体的电导率随入射光强度的变化而变化。光电导型探测器的主要优点是具有高的光电导增益，这就使得光电导型探测器通常具有较高的响应度。然而，光电导型探测器难以避免响应速度慢和暗电流较高的缺点，因此其广泛地用于对响应速度和暗电流要求不是特别高的领域。由于大多数金属电极和金刚石接触时势垒高度较高且金刚石很难实现高掺杂，所以制造金刚石基光电导型探测器的主要难题在于低电阻欧姆接触的制备。目前，金刚石基光电导型探测器已有很多报道，为制备欧姆接触电极，通常选用金、钛/金、钛/氮化钛或者钛/碳化钨等电极材料。

2004 年，Teraji 等人利用高质量的单晶金刚石薄膜制备了具有平面叉指电极的金刚石基光电导型探测器[21]。Teraji 等人分别对不同电极间距的器件进行了分析表征，在 220 nm 的紫外光照射下，电极间距为 43 μm 的器件具有小于 1 pW 的噪声等效功率，比硅基紫外光电探测器的小 4 个数量级，其紫外-可见光抑制比约为 10^4。随后，Liao 等人报道了一种基于未掺杂的同质外延金刚石薄膜的高性能 MSM 平面光电导型探测器，在 3 V 偏压下，220 nm 处的响应度约为 6 A/W，增益约为 33，紫外-可见光抑制比高达 10^8，暗电流低至 10^{-12} A，响应时间小于 10 ns[22]。与 MSM 光电探测器相比，MSM 平面光电导型探测器表现出更高的光电流和响应度(见图 7-3)。2018 年，Lin 等人报道了具有叉指状石墨电极的全碳金刚石光电探测器，其制备示意图如图 7-4(a)所示[23]。石墨叉指电极是通过激光直写系统将金刚石石墨化得到的。图 7-4(b)和(c)分别为基于石墨 G 峰(1560～1600 cm^{-1})和金刚石峰(1325～1340 cm^{-1})测试的拉曼光谱强度，器件结构清晰，说明全碳金刚石光电探测器制备成功。该器件的 I-V 特性曲线如图 7-4(d)所示，呈线性，说明金刚石和石墨之间形成的是欧姆接触。该器件的响应峰位于 218 nm，截止波长约为 225 nm，在 50 V 偏压下，响应度峰值为 21.8 A/W，探测效率为 1.39×10^{12} cm·$Hz^{1/2}$·W^{-1}，紫外-可见光抑制比约为 10^4。该器件的高性能归因于金刚石的结晶质量高以及石墨电极与金刚石之间的欧姆接触良好。DeSio 等人制备了平面和垂直结构的金刚石光电导型探测器，他们发现平面结构的光电导型探测器的光电导增益至少比垂直结构探测器的光电导增益高 300 倍[24]。研究人员利用沉积在硅上的多晶金刚石薄膜实现了平面叉指结构的光电导型探测器，但是由于多晶金刚石包含很多晶界，因此它的晶体质量较低，这使得基于多晶金刚石的光电探测器的响应度通常低于单晶金刚石的响应度[25-27]。为了提高器件的性能，研究人员引入背电极以优化光谱收集效率。实验证明，此方法能够显著地提高器件的性能[28-29]。另一种提高电荷收集效率的方法是制备具有叉指电极的三维(3-dimension, 3D)结构器件。相对于具有平面电极结构的光电探测器，三维电极结构的光电探测器具有更高的电荷收集效率[30-31]。研究人员通过离子刻蚀或激光处理金刚石表面，形成特定形状的石墨电极，以此来制备具有 3D 电极结构的光电探测器和粒子探测器[32-35]。2015 年，Forneris 等人使用反应离子刻蚀

技术制造了基于 CVD 单晶金刚石 3D 叉指电极的光电探测器[31]。实验结果显示，具有 3D 电极的光电探测器的电荷收集效率有了显著提高。2016 年，Liu 等人报道了采用自上而下的方法制备 3D 结构的金刚石基光电探测器。在此方法中，金刚石外延层生长在金属电极之间。该器件的结构示意图如图 7-5(a)所示[30]。在 5 V 偏压下，该光电探测器在 220 nm 处的响应度可达到 9.94 A/W，紫外-可见光抑制比为 10^3。2017 年，K. Liu 等人构建了 Ti/Au 电极的槽形 3D 金刚石基光电探测器，并与平面结构的光电探测器的性能进行了对比。该器件的结构示意图如图 7-5(b)所示[36]。该器件的白光干涉仪图像显示凹槽的侧壁不是严格垂直的，顶部和底部的宽度分别约为 10 μm 和 4 μm。与平面结构器件相比，3D 电极结构器件的响应度在 DUV 光谱范围内增加了 50%。

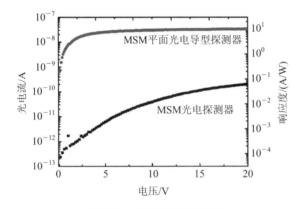

(a) 220 nm 光照下光电流对比

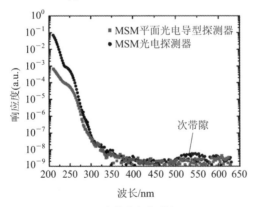

(b) 光谱响应度对比

图 7-3　MSM 平面光电导型探测器和 MSM 光电探测器的性能对比[22]

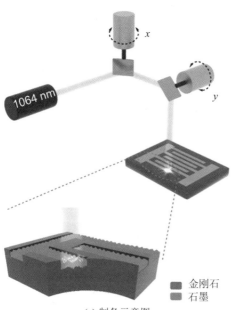

(a) 制备示意图

金刚石
石墨

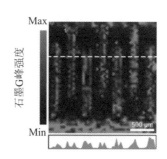

(b) 基于石墨G峰的拉曼光谱强度扫描图

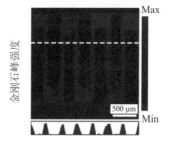

(c) 基于金刚石峰的拉曼光谱强度扫描图

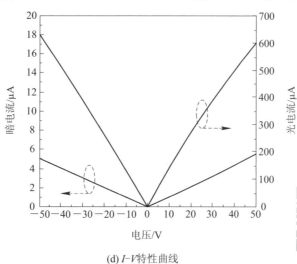

(d) I-V特性曲线

图 7 - 4　全碳金刚石光电探测器[23]

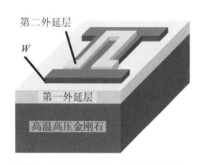

(a) 采用自下而上法制备的三维金刚石光电
探测器的结构示意图[30]

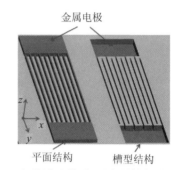

(b) 平面结构和槽型3D电极结构金刚石
基光电探测器的结构示意图[36]

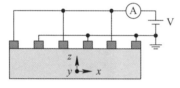

(c) 平面结构横截面

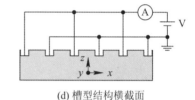

(d) 槽型结构横截面

图 7 - 5　平面和三维金刚石光电探测器

7.3.2　MSM 光电探测器

　　MSM 光电探测器是由两个背对背的肖特基势垒二极管构成的。肖特基电极通常为叉指状,在两个叉指状电极之间留下未覆盖的半导体表面,充当吸收辐射的有源区域。当施加偏置电压时,其中一个肖特基结反向偏置,另一个肖特基结正向偏置。在没有光照射的情况下,反向偏置结可以防止电流流过器件,从而有效地降低暗电流。在光照的情况下,光生载流子在施加的电场作用下移动到两个电极,产生输出电流信号。MSM 光电探测器的优点为暗电流低,响应速度快,信噪比高等[37]。此外,这种器件具有结构简单、易于制备的优点,并且仅需要未掺杂或单一导电类型的有源层,特别适合用掺杂困难的宽禁带半导体材料来制备。MSM 光电探测器的主要缺点在于部分半导体吸收层不可避免地被电极遮蔽,从而导致外量子效率相对较低。

　　1993 年,Binari 等人使用天然Ⅱa、合成Ⅰb 型以及 CVD 多晶金刚石作为有源层制造了 MSM 型金刚石基光电探测器[38]。与合成金刚石相比,天然金刚石制备的器件显示出更高的量子效率(见图 7 - 6),并且比多晶和人造金刚石探测器具有更高的响应。多晶金刚石相对较低的晶体质量和Ⅰb 型金刚石中的高杂质浓度导致基于人造金刚石制备的器件具有较差的性能。随着 MPCVD 技术的发展，研究人员获得了高质量的 CVD 金刚石，金刚石基光电探测器的性能也大大提高了。2005 年，Balducci 等人制备了 Al 叉指电极 MSM 光电探测器[39]。该探测器的紫外-可见光抑制比约为 10^6，响应时间小于 5 ns。利用此探测器可以探测到极紫外 He 光谱信号，并且检测到 He II（30.4 nm）和 He I（58.4 nm）发射线，这说明该探测器具有高信噪比，表明基于金刚石的光电探测器在极紫外线检测领域具有潜在的应用。另一方面，研究人员利用掺硼同质外延金刚石制备 MSM 探测器[37]，氢终端金刚石膜在表面附近将形成高导电性 P 型导电层。该光电探测器在 220 nm 处的光电流比暗电流高 7 个数量级，这证实了该光电探测器具有非常高的灵敏度。2016 年，Shi 等人在硼掺杂的同质外延金刚石表面设计并构建了新月形 Al 纳米阵列局部表面等离子体增强的 MSM 叉指型光电探测器。该器件的结构示意图如图 7-7(a)所示[40]。该器件的光谱响应度曲线和 $I-V$ 特性曲线对比图如图 7-7(b)和(c)所示。此光电探测器对深紫外日盲区具有高光谱选择性，并且在 225 nm 和 280 nm 之间的抑制比超过 10^3。使用 Al 纳米阵列探测器在 225 nm 处的响应度是没有纳米阵列的探测器的响应度的 10 倍。产生这种增强效果的主要原因是 Al 局域表面等离子体和金刚石激子之间的近场光学耦合改善了半导体层的光学吸收。

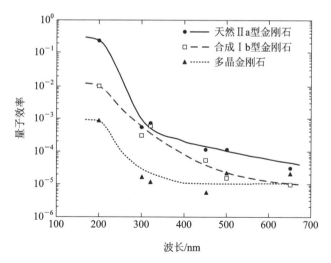

图 7-6　不同类型金刚石制备的 MSM 光电探测器在 100 V 偏压下的量子效率[38]

近年来制备的多晶金刚石薄膜的质量也有所提高，Wang 等人制造了一种基于微晶金刚石薄膜和 Al 叉指型电极的 MSM 光电探测器[41]。在 220 nm 单色光和 6 V 偏压下，该器件的响应度为 16.2 A/W，外量子效率为 92%。但是该器件的响应时间相对较长，上升时间为 6 min，下降时间为 23 min。这些结果表明，浅层少数载流子的俘获效应可能在光电探测器中起重要作用，它们导致了响应时间变长，光谱响应度增强，增益提高。2019 年，A. F. Zhou 等人在制备 B 掺杂的超纳米晶金刚石的基础上，利用反应离子刻蚀法制备了线宽为 70 nm 的金刚石纳米线，随后在纳米线表面蒸镀了 Pt 纳米颗粒。该器件的结构示意图及其光谱响应曲线如图 7-8 所示[42]。由于超纳米晶金刚石具有较大的比表面积，使得纳米线有大量的表面陷阱，因此该器件显示出较高的响应度(388 A/W，0 V)。该器件的响应时间为 24 ms(上升时间)和 20 ms(下降时间)，降低维度使得载流子输运时间缩短，相应地加快了器件的响应速度。

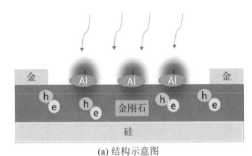

(a) 结构示意图

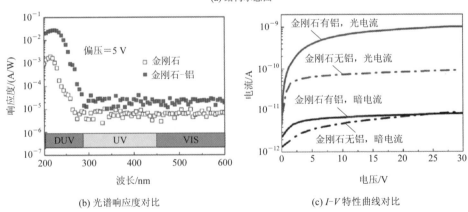

(b) 光谱响应度对比

(c) I-V 特性曲线对比

图 7-7　Al 等离子体增强 MSM 光电探测器[40]

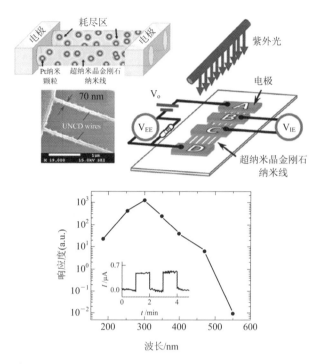

图 7-8 B 掺杂的超纳米晶金刚石光电探测器的结构示意图及其光谱响应曲线[42]

7.3.3 肖特基势垒光电探测器

肖特基势垒光电探测器简称肖特基二极管，是另一种结构简单的光电探测器，它由半导体上一个肖特基接触和一个欧姆接触构成。肖特基结的形成主要是因为金属电极和半导体的功函数不同，在金属和半导体之间出现静电屏障，使得光电二极管产生整流性质。得益于肖特基接触的整流效应，肖特基势垒光电二极管具有低暗电流而且能够在没有偏置电压的光伏模式下运行等特点。此外，与光电导型光电探测器和 MSM 光电探测器相比，肖特基二极管有量子效率高、信噪比高和响应速度快等优点[43-44]。然而，金属电极对光的反射会严重影响器件性能，因而需要制造半透明上表面电极以增强光电探测器的响应度。

在多晶金刚石薄膜上使用薄的 Au 肖特基接触和 Ti/Ag/Au 欧姆接触可制备金刚石基肖特基光电二极管[45]。将该器件在甲烷气体中 700℃ 下处理 15 min，之后在空气中 400℃ 下处理 1 h，其暗电流从 0.1 mA 下降到了 0.1 nA，紫外-可见光抑制比为 10^6。电极的稳定性会严重影响器件的稳定性，因此，热稳定性好的电极对于制造热稳定的光电探测器来说是至关重要的。金

属碳化物和氮化物等金属化合物在高温下不与金刚石反应，非常适合用来制备热稳定的金刚石基光电探测器。2006 年，Koide 等人使用 WC 和 HfN 构建肖特基接触，利用 Ti/WC 构建欧姆接触，在同质外延 P 型金刚石薄膜上构造了光电二极管[46]。这种光电二极管显示出良好的热稳定性，并且在高达 500 ℃的温度下退火不会影响器件性能。利用 WC 电极制备的光电二极管的响应度高达 10 A/W，其深紫外-可见光抑制比高达 10^6。此外，Koide 等人发现掺杂硼能显著地影响器件的持续光电导行为，器件的响应时间会随着硼掺杂浓度的降低而降低[47]。该光电二极管可以工作在光伏模式下，即工作在零偏压下，紫外-可见光抑制比为 10^5，并且在 220 nm 处的响应度为 0.5 mA/W。此器件的光谱响应曲线如图 7 - 9 所示[48]，响应时间小于 0.3 s。

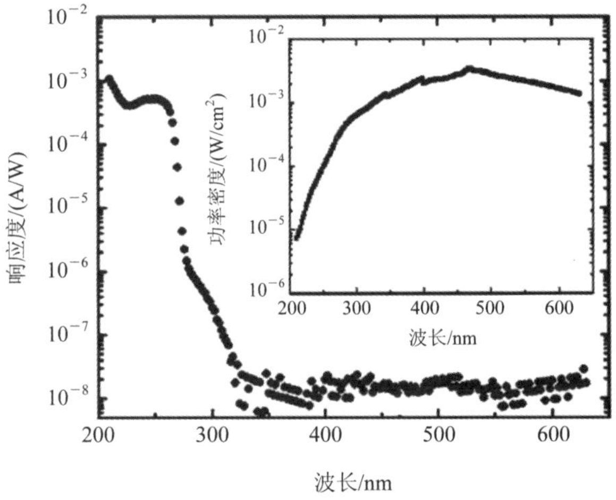

图 7 - 9　肖特基型光电二极管在 0 V 偏压下的光谱响应曲线[48]

早期制备的金刚石平面肖特基光电二极管通常由欧姆接触和半透明点状肖特基电极构成。该器件难以避免肖特基金属电极对光子的吸收，会导致量子效率降低。为了解决这个问题，Liao 等人设计了一个由欧姆接触和肖特基接触叉指电极构成的肖特基光电二极管，其结构示意图如图 7 - 10(a)所示[49]。该器件既可以在具有大光电流增益的光电导模式下工作，又可以在响应速度快的耗尽模式下工作。该器件在 −23 V 的正向偏压下可以获得 18 A/W 的响应度，在不同偏置电压下的响应谱如图 7 - 10(b)所示。在 −10 V 的正向偏压下，紫外-可见光抑制比高达 10^8，而且与传统的肖特基光电二极管相比，这类器件的光敏性和光谱响应得到了极大的改善。

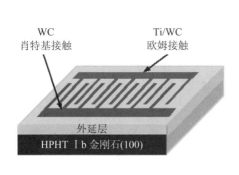

(a) 结构示意图

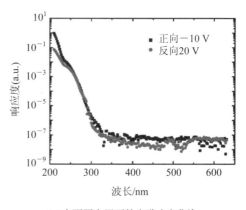

(b) 在不同电压下的光谱响应曲线

图 7-10 P 型金刚石基叉指型肖特基光电二极管[49]

7.3.4 P-I-N 和 P-N 结光电探测器

光电二极管的理想结构形式是 P-N 和 P-I-N 结型结构。P-N 结是通过将 N 型半导体与 P 型半导体组合在一起构成的，在平衡状态下，在结的周围会形成空间电荷区，可以作为探测器的有源层。该区域中的内建电场在 N 型半导体和 P 型半导体之间形成势垒。在光照下，空间电荷区域中产生的电子-空穴对被 P-N 结内建电场分离，从而形成光电流。这类光电探测器可以在光伏模式下工作，具有非常高的灵敏度。在反向偏压下，P-N 结的势垒增加，空间电荷区变宽，通过增大器件的空间电荷区电场可以显著地提高电子-空穴对的分离效率。此外，增加空间电荷区宽度的另一种方法是在 N 区和 P 区之间引入一层薄的本征半导体材料层，这就是 P-I-N 结。相对于 P-N 结二极管，P-I-N 结二极管在 P 区和 N 区之间具有额外的高场区，从而能够吸收入射光。在结区中，光生载流子可以迅速分离，从而产生快速的响应速度[43]。P-N 结和 P-I-N 结的优点有暗电流低，响应速度高，紫外-可见光抑制比高，截止边陡峭。然而，制备 P-N 和 P-I-N 结型结构的金刚石器件需要采用可靠而且可重复的掺杂技术。由于禁带宽度宽，本征金刚石的载流子浓度在室温下非常低，因此本征金刚石是电阻率超过 10^{16} $\Omega \cdot cm$ 的绝缘体。半导体的电学性质可以通过掺杂过程调控，但是金刚石中所有掺杂剂的电离能都比较高，导致室温下难以有效离化。P 型和 N 型金刚石的实现一直是金刚石基半导体器件发展进程中需要解决的重要问题。迄今为止，研究人员分别使用硼（B）和磷（P）作为掺杂剂获得了 P 型和 N 型金刚石，然而掺杂金刚石的质量远远低于预期

的要求。

在 CVD 生长过程中，硼元素可以有效地引入到金刚石的晶格中。Fujimori 等人首次实现了以硼作为受主掺杂剂的 P 型掺杂，从而引发了研究人员对硼掺杂金刚石薄膜的广泛研究[50]。在 CVD 金刚石的制备过程中，通常使用高纯乙硼烷或三甲基硼作为硼掺杂剂。在金刚石中，硼受体的离化能约为 0.36 eV，溶解度超过 10^{21} cm^{-3}。迄今为止，研究人员制备了低掺杂浓度的掺硼同质外延(100)金刚石薄膜，获得了具有 1600～2000 cm^2/(V·s)，甚至高达 3800 cm^2/(V·s)的空穴迁移率的 P 型金刚石[51-54]。由于硼的离化能很大，因此在室温下只有很少部分杂质能够离化，导致金刚石的空穴浓度低，且虽然空穴迁移率非常高，但是金刚石的导电率仍旧很低。为了提高 P 型金刚石的导电性能，研究人员制备了重掺杂的金刚石。由于杂质能带的形成，硼离化能随着硼掺杂浓度的增加而降低。当硼浓度高于 3×10^{20} cm^{-3} 时，离化能降至零，并且在室温下完全离化，金刚石的电导率可以增加到 10^2 S/cm 以上[55-57]。然而，重掺杂易引起结晶质量劣化以及杂质散射作用加强，使得空穴迁移率随着硼掺杂含量的增加而迅速降低。此外，研究人员在重掺硼 CVD 金刚石薄膜中发现了超导特性[58-61]。众所周知，由于金刚石晶格的紧密堆积和极强的键能严重阻碍了大尺寸原子的掺入，所以 N 型掺杂是极其困难的。到目前为止，研究人员主要选用磷元素作为杂质掺杂剂来研究 N 型掺杂，其离化能为 0.57 eV。Koizumi 等人首次使用(111)平面金刚石作为衬底制备了 N 型金刚石[62]。随后通过优化工艺条件，制备了磷掺杂浓度为 7×10^{16} cm^{-3} 的金刚石薄膜，其电子的霍尔迁移率高达 660 cm^2/(V·s)。随后，研究人员制备了磷重掺杂金刚石，磷浓度可以达到 5×10^{19} cm^{-3}，这意味着已经获得了接近于形成杂质带的浓度。然而由于磷具有非常高的离化能，因此在室温下仅仅很小一部分能够离化并起到有效施主的作用，这限制了磷掺杂金刚石薄膜在半导体器件中的广泛应用。尽管研究人员也尝试将多种其他元素作为施主掺杂剂，但目前尚未获得可重复的、可靠的 N 型金刚石[63-64]。尽管金刚石的 N 型掺杂问题尚未完全解决，但是研究人员已经制备出了基于金刚石的 P-N 结和 P-I-N 结。

2001 年，Koizumi 等人使用磷掺杂的 N 型层和硼掺杂的 P 型层成功地构建了一个金刚石 P-N 结发光二极管[65]。P-N 结表现出明显的二极管特性。2006 年，BenMoussa 等人制备了一种金刚石基 P-I-N 结光电探测器，它由磷掺杂(N 型)、未掺杂(本征)和硼掺杂(P 型)金刚石层以及两个欧姆接触组成。其中，两个欧姆接触分别为用于 P 型层的 Ti/Al 电极和用于 N 型层的 Al 电极。金刚石基 P-I-N 结光电探测器的照片如图 7-11(a)所示[66-67]。该探测器在 200 nm 处的响应度为 27.2 mA/W，紫外-可见光抑制比为 10^6。在长时间测试过程中，该探测器显示出良好的稳定性。P-I-N 结光电探测器和 MSM 光电探测器的时间响应曲线如图 7-11(b)所示。与 MSM 结构相比，P-I-N 结光电探测器呈现出明显更快的响应速度。

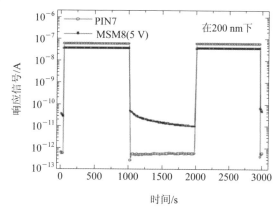

(a) P-I-N 结光电探测器的照片　　　　(b) P-I-N 结光电探测器和 MSM 光电探测器的时间响应曲线对比

图 7-11　金刚石基 P-I-N 结光电探测器[67]

7.3.5　异质结光电探测器

　　尽管研究人员已经构建了金刚石 P-N 和 P-I-N 结，但是由于制备的 N 型金刚石质量较差，因此严重影响了这些器件的性能。众所周知，N 型掺杂是金刚石研究的瓶颈问题，高质量 N 型金刚石很难制备。在这种情况下，一些研究人员试图通过将金刚石与其他材料(如 ZnO、TiO_2、NiO 和石墨烯等)结合起来构建异质结光电探测器。2007 年，Liu 等人通过将 ZnO 薄膜沉积在多晶金刚石薄膜上制备 ZnO/金刚石基光电探测器[68]。由于多晶 ZnO 薄膜会俘获载流子，因此这种光电探测器的响应时间长达 10 min。ZnO 的晶粒尺寸会影响光电探测器的性能，并且使用较大晶粒尺寸的 ZnO 可以获得具有较低暗电流和较高光电流的光电探测器。纳米结构 ZnO 通常具有非常高的结晶性质，最近报道了基于 ZnO 纳米棒/金刚石的光电探测器。Wan 等人使用水热法在 P 型掺硼金刚石膜上沉积了 ZnO 纳米棒，从而构建了异质结光电探测器[69]。异质结光电探测器的 I-V 特性显示出了典型的整流特性，并且在 3 V 偏压下具有高达 370 的高整流比。在 365 nm 照射以及 −3 V 偏压下，光电流-暗电流比(I_{light}/I_{dark})大于 40。光电探测器的响应速度较快(上升时间为 4.9 s，衰减时间为 6.4 s)归因于异质结对光生电子-空穴对的快速分离。Liu 等人采用在单晶

CVD金刚石薄膜上沉积 TiO_2 薄膜的方法制备了 TiO_2/金刚石基光电探测器[70]。在 220 nm 光照以及 30 V 偏压下，光电探测器的响应度约为 0.2 A/W，紫外-可见光抑制比约为 10^2。Liu 等人发现，降低 TiO_2 薄膜的厚度可以有效改善光电探测器的响应速度[71]。ZnO 和 TiO_2 的带隙分别为 3.37 eV 和 3.2 eV，比金刚石窄得多，因此这些异质结光电探测器的截止波长红移到 UVA 区域，导致深紫外日盲光谱的选择性降低。为了得到深紫外日盲光电探测器，Chen 等人制备了金刚石/β-Ga_2O_3 异质结光电探测器，其结构示意图如图 7-12(a) 所示[72]。由于金刚石和 Ga_2O_3 之间存在内建电场，因此该光电探测器可以作为自供能器件，如图 7-12(b) 所示，在 0 V 偏压下响应度峰值为 0.2 mA/W。该

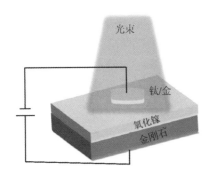

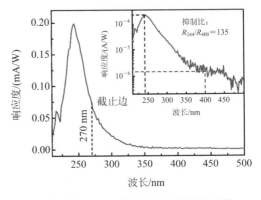

(a) 金刚石/β-Ga_2O_3 异质结光电探测器的结构示意图

(b) 金刚石/β-Ga_2O_3 异质结光电探测器的光谱响应度曲线

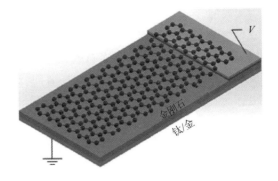

(c) 石墨烯/微米晶金刚石基光电探测器件的光学照片

(d) 石墨烯/微米晶金刚石基光电探测器的结构示意图

图 7-12 金刚石/β-Ga_2O_3 异质结光电探测器和石墨烯/微米晶金刚石基光电探测器

器件的截止波长为 270 nm，紫外-可见光抑制比大于 10^2，这说明该器件的响应主要来源于日盲紫外波段。该器件具有良好的稳定性并且作为成像系统的感光单元实现了深紫外日盲成像。2017 年，Wei 等人制备了柔性石墨烯/微米晶金刚石基光电探测器[73]。该器件的光学照片和示意图分别如图 7-12(c) 和 (d) 所示。石墨烯在紫外波段范围内是透明的，因而可以用作透明电极。由于在石墨烯和金刚石之间的界面处可以形成类似肖特基的异质结，因此该器件的 $I-V$ 特性曲线显示出明显的整流特性。在 5 V 反向偏压下，石墨烯/微米晶金刚石基光电探测器和石墨烯/硼掺杂的微米晶金刚石基光电探测器的响应度分别为 0.2 mA/W 和 1.4 mA/W。

7.3.6　光电晶体管

光电晶体管是一种光敏型晶体管，它具有与普通晶体管相同的结构。光电晶体管通常具有比普通晶体管大得多的基极和较大的集电极区域，因此其能够吸收更多的光。光电晶体管具有晶体管特性，能够有效提高光电导增益，然而光电晶体管的主要缺点之一是响应时间相对较长[74]。目前已经报道了由 H 终端 P 型金刚石制造的光电晶体管[75-76]。该晶体管使用 Al 作为肖特基栅极、Au 作为源极和漏极的增强型金属半导体 FET。在 DUV 波长（<220 nm）的光照射下，该探测器的增益约为 4，并且增益在 300 nm 附近减小到 1。

7.4　金刚石基光电探测器的应用

随着金刚石器件技术的发展，目前已经实现了原型探测器件，如单点成像探测器、位置敏感探测器和传感器阵列探测器。这些探测器可用于太阳紫外线辐射分析、光刻和眼科手术的准分子激光束定位以及成像等[77-80]。BenMoussa 等人在直径为 5 mm、厚度为 0.5 mm 的 HPHT Ⅰb 金刚石上制造出了圆形 P-I-N 结光电探测器[66]。由于辐射强度高，具有日盲特性，灵敏度高，响应快速，均匀性好，温度稳定性好，暗电流低和噪声低等优点，这些探测器被选为太阳紫外线辐射分析设备随卫星发射到太空。使用一维或二维探测器阵列构造的位置敏感探测器在测量光束的移动、物体行进的距离方面具有广泛的应用，还可作为光学中对准系统的反馈传感元件。Lin 等人制备了全碳金刚石光电探测器，并将该探测器用作成像系统的感应像素，获得了清晰可见的图像，如图 7-13 所示。这一结果使得金刚石光电探测器成为深紫外日盲成像的有力候选者[23]。基于金刚石的 1D 和 2D 光电探测器已被制造并用于定位深紫外和

同步辐射[81-82]。在这类器件中，四象限传感器通常用于现场和实时光束监测，可以通过比较四个检测器的输出信号来确定光点位置，当每个象限输出处的四个检测器具有相同值时，光束与设备的中心相交。

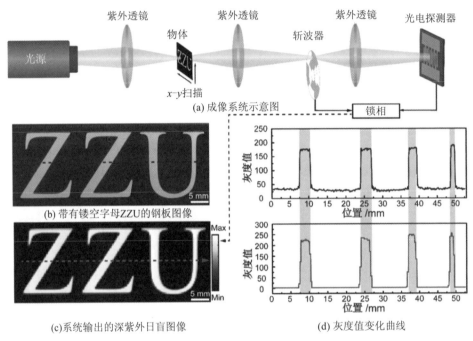

图 7 - 13　基于金刚石光电探测器的日盲成像系统[23]

目前，由于硅基器件是一种具有高空间分辨率的成熟技术，所以准分子激光束分析系统的市场主要是基于硅的 CCD 相机。然而，硅基器件的抗辐射能力非常低，需要采用衰减器以避免高功率、高能量辐射源对器件的损坏[83]。与硅基器件相比，基于金刚石的器件具有优异的抗辐射性能和深紫外日盲特性，因而它能够用于高功率紫外辐射的直接成像而无须波长转换器或衰减器。由于大面积多晶金刚石易于制备，所以基于金刚石的器件非常适合于制备紫外激光束成像的像素探测器。2011 年，Girolami 等人基于大小为 10 mm×10 mm、厚度为 270 μm 的多晶金刚石制备了 36 像素阵列探测器（大小为 750 μm×750 μm，间距为 150 μm），用于探测完整的光束轮廓。该装置的照片如图 7 - 14(a)所示[79]。图 7 - 14(b)显示了相对于单个准分子激光脉冲的光束轮廓。由于金刚石具有优异的特性（特别是其响应速度快，数据输出设备的吞吐量高），因此其可以以高重复率单独收集和处理单脉冲。这表明，金刚石基探测器可以与商用硅基器件竞争。为了提高相关性能，研究人员采用 Ti/Au 多层和无金属石墨电

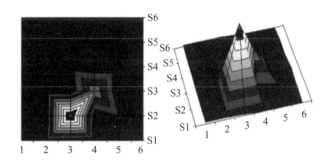

(a) 36个像素阵列探测器的照片   (b) ArF准分子激光脉冲的光束轮廓

图 7 - 14 基于单个单晶金刚石的阵列探测器[79]

极成功替代了器件的 Ag 电极[80, 84]。通过这种方式，可以提高器件的灵敏度和稳定性，使得所得到的器件适合监测各种辐射类型，包括紫外准分子激光、X 射线、中子以及带电粒子。单晶金刚石具有比多晶金刚石更好的电子特性，因此预期可以使用单晶金刚石作为有源层，从而制造出性能更好的器件。然而受金刚石横向尺寸的限制，2015 年，M. Rebai 等人构建了基于 12 像素单晶金刚石矩阵的马赛克式金刚石探测器[85]，如图 7 - 15 所示。然而采用该方法制备的器件相对昂贵，并且空间分辨率非常低，限制了其在成像系统中的广泛应用。由于强烈的散射和吸收，紫外光的强度随着传输距离的增加而迅速降低，因此紫外线通信系统非常适合于难以窃听的短距离机密通信。Lin 等人将制备的金刚石光电探测器应用于深紫外日盲通信，如图 7 - 16 所示[86]，输出信号显示出

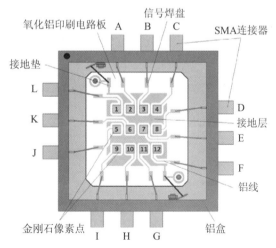

图 7 - 15 马赛克式金刚石探测器[85]

良好的完整性而没有明显的失真，并且通信系统具有较强的抗干扰能力。2020年，Zhang 等人[87]利用 2 英寸金刚石多晶制备了探测器线性阵列，并利用该探测器线阵作为感光单元搭建了成像系统，如图 7-17(a)所示。对不同对象(包括字母"+""T""H"和"Z")的输出图像如图 7-17(b)所示。输出图案清晰，这表明多晶金刚石光电探测器线性阵列有望用于日盲紫外成像。多晶金刚石在成像系统中的应用对金刚石的发展具有重大意义。

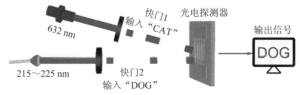

(a) 带有两个输入通道的通信系统的示意图(分别使用日盲波段光和632 nm激光作为光源)

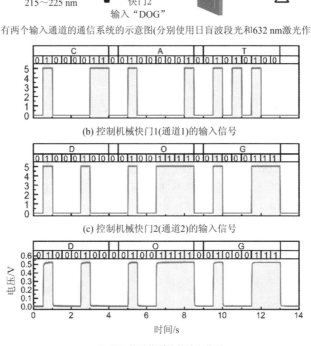

(b) 控制机械快门1(通道1)的输入信号

(c) 控制机械快门2(通道2)的输入信号

(d) 获取的通信系统的输出信号

图 7-16　基于单晶金刚石探测器的日盲通信系统[86]

　　金刚石为理想的宽禁带半导体材料，目前研究人员对金刚石基光电探测器的研究已经有了一定的进展。表 7-2 总结了不同结构类型的金刚石基光电探测器的响应度、暗电流、紫外-可见光抑制比以及响应时间。从表 7-2 中可以看出，目前制备的金刚石基光电探测器的性能尤其响应度仍需要提高才能满足实际应用。

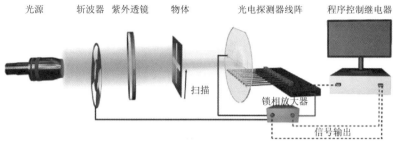

(a) 基于多晶金刚石光电探测器线性阵列的成像系统示意图

(b) "+" "T" "H" 和 "Z" 的相应成像结果

图 7-17 基于多晶金刚石线阵探测器的日盲成像系统[87]

表 7-2 不同结构类型的金刚石基光电探测器的性能

结构	金刚石	响应度/(A/W)	紫外-可见光抑制比	响应时间/ms	暗电流/A	参考文献
	天然	2		0.25	$10^{-12} \sim 10^{-11}$	[88]
	硼掺杂	6	10^8	$< 10^{-5}$	10^{-12}	[22]
	硼掺杂	0.325		1.2	10^{-11}	[89]
	单晶	0.107		1.5×10^{-10}		[36]
光电导型	单晶	21.8	8.9×10^3	上升:0.31 下降:0.33		[23]
	单晶	9.94	10^3		4.72×10^{-6}	[30]
	单晶	100	10^6			[90]
	多晶	0.63	$10^5 \sim 10^6$		3×10^{-10}	[91]
	多晶		10^6		$< 10^{-9}$	[25]
	多晶		10^8	几秒		[28]
	多晶	0.1			10^{-12}	[92]

续表

结构	金刚石	响应度 /（A/W）	紫外-可见 抑制比	响应时间 /ms	暗电流 /A	参考文献
MSM	单晶		10^6	$<5\times10^{-6}$		[39]
	单晶	7.86			3.68×10^{-13}	[93]
	天然Ⅱa型	0.063	10^3		10^{-12}	[38]
	多晶	0.02			10^{-12}	[94]
	微晶金刚石	16.2		3.6×10^5		[41]
	Al等离激元 /金刚石	0.02			10^{-12}	[40]
	硼掺杂超纳 米晶金刚石 纳米线	388	10^5	上升：24 下降：20	7×10^{-8}	[42]
肖特基 势垒	硼掺杂	0.99	10^5		10^{-12}	[95]
	硼掺杂	10	2×10^6	<1000		[47]
	硼掺杂	18	10^8	<10	10^{-14}	[49]
	多晶	10	$10^4\sim10^5$	$1\sim10$		[96]
P-I-N 结	P型（硼）或 N型（磷）	0.027	10^6		4×10^{-13}	[66]
异质结	TiO_2 /金刚石	0.2	10^2	上升：0.02 下降：1	5×10^{-13}	[70]
	石墨烯/微 晶金刚石	1.4（硼掺杂微 米晶金刚石） 0.2（微米晶 金刚石）	10^3			[73]
	Ga_2O_3 /金刚石	0.0002	1.4×10^2	—	—	[72]

参 考 文 献

[1] CHEN H, LIU H, ZHANG Z, et al. Nanostructured photodetectors: from ultraviolet to terahertz[J]. Advanced Materials, 2016, 28(3): 403 – 433.

[2] KONG W Y, WU G A, WANG K Y, et al. Graphene-β-Ga₂O₃ heterojunction for highly sensitive deep UV photodetector application[J]. Advanced Materials, 2016, 28 (48): 10725 – 10731.

[3] LU J, SHENG X, TONG G, et al. Ultrafast solar-blind ultraviolet detection by inorganic perovskite CsPbX₃ quantum dots radial junction architecture[J]. Advanced Materials, 2017, 29(23): 1700400.

[4] ZHAO B, WANG F, CHEN H, et al. An ultrahigh responsivity (9.7 mA · W⁻¹) self-powered solar-blind photodetector based on individual ZnO-Ga₂O₃ heterostructures [J]. Advanced Functional Materials, 2017, 27(17): 1700264.

[5] FAN M M, LIU K W, CHEN X, et al. A self-powered solar-blind ultraviolet photodetector based on a Ag/ZnMgO/ZnO structure with fast response speed[J]. RSC Advances, 2017, 7(22): 13092 – 13096.

[6] TENDERO Y, GILLES J. ADMIRE: a locally adaptive single-image, non-uniformity correction and denoising algorithm: application to uncooled IR camera[C]. Infrared Technology and Applications ⅩⅩⅩⅧ. International Society for Optics and Photonics, 2012, 8353: 83531O.

[7] AN Q, MENG X, XIONG K, et al. Self-powered ZnS nanotubes/Ag nanowires MSM UV photodetector with high on/off ratio and fast response speed[J]. Scientific Reports, 2017, 7(1): 1 – 12.

[8] ZOU R, ZHANG Z, LIU Q, et al. High detectivity solar-blind high-temperature deep-ultraviolet photodetector based on multi-layered (l00) facet-oriented β-Ga₂O₃ nanobelts [J]. Small, 2014, 10(9): 1848 – 1856.

[9] LIU X G, GENG D Y, ZHANG Z D. Microwave-absorption properties of FeCo microspheres self-assembled by Al₂O₃-coated FeCo nanocapsules[J]. Applied Physics Letters, 2008, 92(24): 243110.

[10] ALAIE Z, NEJAD S M, YOUSEFI M H. Recent advances in ultraviolet photodetectors[J]. Materials Science in Semiconductor Processing, 2015, 29: 16 – 55.

[11] MONROY E, OMNÈS F, CALLE F. Wide-bandgap semiconductor ultraviolet photodetectors[J]. Semiconductor Science and Technology, 2003, 18(4): R33.

[12] BUNDY F P, HALL H T, STRONG H M, et al. Man-made diamonds[J]. Nature,

1955，176(4471)：51－55.

[13] BALMER R S, BRANDON J R, CLEWES S L, et al. Chemical vapour deposition synthetic diamond：materials, technology and applications[J]. Journal of Physics：Condensed Matter, 2009, 21(36)：364221.

[14] ANGUS J C, HAYMAN C C. Low-pressure, metastable growth of diamond and "diamondlike" phases[J]. Science, 1988, 241(4868)：913－921.

[15] MOKUNO Y, CHAYAHARA A, YAMADA H, et al. Improving purity and size of single-crystal diamond plates produced by high-rate CVD growth and lift-off process using ion implantation[J]. Diamond and Related Materials, 2009, 18(10)：1258－1261.

[16] YAMADA H, CHAYAHARA A, MOKUNO Y, et al. Uniform growth and repeatable fabrication of inch-sized wafers of a single-crystal diamond[J]. Diamond and Related Materials, 2013, 33：27－31.

[17] YAMADA H, CHAYAHARA A, MOKUNO Y, et al. A 2 in mosaic wafer made of a single-crystal diamond[J]. Applied Physics Letters, 2014, 104(10)：102110.

[18] YAMADA H, CHAYAHARA A, MOKUNO Y, et al. Fabrication of 1 inch mosaic crystal diamond wafers[J]. Applied Physics Express, 2010, 3(5)：051301.

[19] SCHRECK M, GSELL S, BRESCIA R, et al. Ion bombardment induced buried lateral growth：the key mechanism for the synthesis of single crystal diamond wafers[J]. Scientific Reports, 2017, 7：44462.

[20] RAZEGHI M, ROGALSKI A. Semiconductor ultraviolet detectors[J]. Journal of Applied Physics, 1996, 79(10)：7433－7473.

[21] TERAJI T, YOSHIZAKI S, WADA H, et al. Highly sensitive UV photodetectors fabricated using high-quality single-crystalline CVD diamond films[J]. Diamond and Related Materials, 2004, 13(4－8)：858-862.

[22] LIAO M, KOIDE Y. High-performance metal-semiconductor-metal deep-ultraviolet photodetectors based on homoepitaxial diamond thin film[J]. Applied Physics Letters, 2006, 89(11)：113509.

[23] LIN C N, LU Y J, YANG X, et al. Diamond-based all-carbon photodetectors for solar-blind imaging[J]. Advanced Optical Materials, 2018, 6(15)：1800068.

[24] DE SIO A, ACHARD J, TALLAIRE A, et al. Electro-optical response of a single-crystal diamond ultraviolet photoconductor in transverse configuration[J]. Applied Physics Letters, 2005, 86(21)：213504.

[25] MCKEAG R D, JACKMAN R B. Diamond UV photodetectors：sensitivity and speed for visible blind applications[J]. Diamond and Related Materials, 1998, 7(2－5)：513－518.

[26] JIANG W, AHN J, CHUEN C Y, et al. Conceptual development and characterization of a diamond-based ultraviolet detector [J]. Review of Scientific Instruments, 1999, 70(2): 1333 – 1340.

[27] LIN C R, WEI D H, BENDAO M K, et al. Development of high-performance UV detector using nanocrystalline diamond thin film [J]. International Journal of Photoenergy, 2014:1 – 8.

[28] PACE E, DI BENEDETTO R, SCUDERI S. Fast stable visible-blind and highly sensitive CVD diamond UV photodetectors for laboratory and space applications[J]. Diamond and Related Materials, 2000, 9(3 – 6): 987 – 993.

[29] SPAZIANI F, ROSSI M C, SALVATORI S, et al. Optimized spectral collection efficiency obtained in diamond-based ultraviolet detectors using a three-electrode structure[J]. Applied Physics Letters, 2003, 82(21): 3785 – 3787.

[30] LIU Z, AO J P, LI F, et al. Fabrication of three dimensional diamond ultraviolet photodetector through down-top method[J]. Applied Physics Letters, 2016, 109 (15): 153507.

[31] FORNERIS J, TRAINA P, MONTICONE D G, et al. Electrical stimulation of non-classical photon emission from diamond color centers by means of sub-superficial graphitic electrodes[J]. Scientific Reports, 2015, 5: 15901.

[32] ALEMANNO E, MARTINO M, CARICATO A P, et al. Laser induced nano-graphite electrical contacts on synthetic polycrystalline CVD diamond for nuclear radiation detection[J]. Diamond and Related Materials, 2013, 38: 32 – 35.

[33] CAYLAR B, POMORSKI M, BERGONZO P. Laser-processed three dimensional graphitic electrodes for diamond radiation detectors [J]. Applied Physics Letters, 2013, 103(4): 043504.

[34] ALEMANNO E, CARICATO A P, CHIODINI G, et al. Excimer laser-induced diamond graphitization for high-energy nuclear applications[J]. Applied Physics B, 2013, 113(3): 373 – 378.

[35] FORNERIS J, BATTIATO A, MONTICONE D G, et al. Electroluminescence from a diamond device with ion-beam-micromachined buried graphitic electrodes [J]. Nuclear Instruments and Methods in Physics Research Section B: Beam Interactions with Materials and Atoms, 2015, 348: 187 – 190.

[36] LIU K, DAI B, RALCHENKO V, et al. Single crystal diamond UV detector with a groove-shaped electrode structure and enhanced sensitivity[J]. Sensors and Actuators A: Physical, 2017, 259: 121 – 126.

[37] ALVAREZ J, LIAO M, KOIDE Y. Large deep-ultraviolet photocurrent in metal-semiconductor-metal structures fabricated on as-grown boron-doped diamond [J].

Applied Physics Letters, 2005, 87(11): 113507.

[38] BINARI S C, MARCHYWKA M, KOOLBECK D A, et al. Diamond metal-semiconductor-metal ultraviolet photodetectors[J]. Diamond and Related Materials, 1993, 2(5 – 7): 1020 – 1023.

[39] BALDUCCI A, MARINELLI M, MILANI E, et al. Extreme ultraviolet single-crystal diamond detectors by chemical vapor deposition[J]. Applied Physics Letters, 2005, 86(19): 193509.

[40] SHI X, YANG Z, YIN S, et al. Al plasmon-enhanced diamond solar-blind UV photodetector by coupling of plasmon and excitons[J]. Materials Technology, 2016, 31(9): 544 – 547.

[41] WANG L, CHEN X, WU G, et al. Study on trapping center and trapping effect in MSM ultraviolet photo-detector on microcrystalline diamond film[J]. Physica Status Solidi (A), 2010, 207(2): 468 – 473.

[42] ZHOU A F, VELAÁ ZQUEZ R, WANG X, et al. Nanoplasmonic 1D diamond UV photodetectors with high performance[J]. ACS Applied Materials &. Interfaces, 2019, 11(41): 38068 – 38074.

[43] SCHÜHLE U, HOCHEDEZ J F. Solar-blind UV detectors based on wide band gap semiconductors[J]. Observing Photons in Space. New York: Springer, 2013: 467 – 477.

[44] KOIDE Y, LIAO M, ALVAREZ J. Development of thermally stable, solar-blind deep-ultraviolet diamond photosensor[J]. Materials Transactions, 2005, 46(9): 1965 – 1968.

[45] WHITFIELD M D, MCKEAG R D, PANG L Y S, et al. Thin film diamond UV photodetectors: photodiodes compared with photoconductive devices for highly selective wavelength response[J]. Diamond and Related Materials, 1996, 5(6 – 8): 829 – 834.

[46] KOIDE Y, LIAO M, ALVAREZ J. Thermally stable solar-blind diamond UV photodetector[J]. Diamond and Related Materials, 2006, 15(11 – 12): 1962 – 1966.

[47] KOIDE Y, LIAO M. Mechanism of photoconductivity gain for p-diamond Schottky photodiode[J]. Diamond and Related Materials, 2007, 16(4 – 7): 949 – 952.

[48] LIAO M, KOIDE Y, ALVAREZ J. Photovoltaic Schottky ultraviolet detectors fabricated on boron-doped homoepitaxial diamond layer[J]. Applied Physics Letters, 2006, 88(3): 033504.

[49] LIAO M, KOIDE Y, ALVAREZ J. Single Schottky-barrier photodiode with interdigitated-finger geometry: application to diamond[J]. Applied Physics Letters, 2007, 90(12): 123507.

[50] FUJIMORI N, NAKAHATA H, IMAI T. Properties of boron-doped epitaxial diamond films[J]. Japanese Journal of Applied Physics, 1990, 29(5R): 824.

[51] ISBERG J, HAMMERSBERG J, JOHANSSON E, et al. High carrier mobility in single-crystal plasma-deposited diamond[J]. Science, 2002, 297(5587): 1670 – 1672.

[52] MORTET V, DAENEN M, TERAJI T, et al. Characterization of boron doped diamond epilayers grown in a NIRIM type reactor [J]. Diamond and Related Materials, 2008, 17(7 – 10): 1330 – 1334.

[53] TERAJI T, WADA H, YAMAMOTO M, et al. Highly efficient doping of boron into high-quality homoepitaxial diamond films[J]. Diamond and related materials, 2006, 15(4 – 8): 602 – 606.

[54] VOLPE P N, PERNOT J, MURET P, et al. High hole mobility in boron doped diamond for power device applications[J]. Applied Physics Letters, 2009, 94(9): 092102.

[55] LAGRANGE J P, DENEUVILLE A, GHEERAERT E. Activation energy in low compensated homoepitaxial boron-doped diamond films [J]. Diamond and Related Materials, 1998, 7(9): 1390 – 1393.

[56] SUSSMANN R S. CVD diamond for electronic devices and sensors[M]. Chichester: John Wiley & Sons. , 2009.

[57] KOIZUMI S, NEBEL C, NESLADEK M. Physics and Applications of CVD Diamond [M]. Weinheim: Wiley-VCH Verlag GmbH&Co KGaA, 2008.

[58] SIDOROV V A, EKIMOV E A, BAUER E D, et al. Superconductivity in boron-doped diamond[J]. Diamond and Related Materials, 2005, 14(3 – 7): 335 – 339.

[59] TAKANO Y, NAGAO M, TAKENOUCHI T, et al. Superconductivity in polycrystalline diamond thin films[J]. Diamond and Related Materials, 2005, 14(11 – 12): 1936 – 1938.

[60] TAKANO Y, TAKENOUCHI T, ISHII S, et al. Superconducting properties of homoepitaxial CVD diamond[J]. Diamond and Related Materials, 2007, 16(4 – 7): 911 – 914.

[61] TAKANO Y, NAGAO M, SAKAGUCHI I, et al. Superconductivity in diamond thin films well above liquid helium temperature[J]. Applied Physics Letters, 2004, 85 (14): 2851 – 2853.

[62] KOIZUMI S, KAMO M, SATO Y, et al. Growth and characterization of phosphorous doped {111} homoepitaxial diamond thin films [J]. Applied Physics Letters, 1997, 71(8): 1065 – 1067.

[63] EATON S C, ANDERSON A B, ANGUS J C, et al. Diamond growth in the presence of boron and sulfur[J]. Diamond and Related Materials, 2003, 12(10 – 11): 1627 –

1632.

[64] GHEERAERT E, CASANOVA N, TAJANI A, et al. N-type doping of diamond by sulfur and phosphorus[J]. Diamond and Related Materials, 2002, 11(3 - 6): 289 - 295.

[65] KOIZUMI S, WATANABE K, HASEGAWA M, et al. Ultraviolet emission from a diamond PN junction[J]. Science, 2001, 292(5523): 1899 - 1901.

[66] BENMOUSSA A, SCHÜHLE U, SCHOLZE F, et al. Radiometric characteristics of new diamond PIN photodiodes[J]. Measurement Science and Technology, 2006, 17(4): 913.

[67] BENMOUSSA A, HOCHEDEZ J F, SCHÜHLE U, et al. Diamond detectors for LYRA, the solar VUV radiometer on board PROBA2[J]. Diamond and Related Materials, 2006, 15(4 - 8): 802 - 806.

[68] LIU J, XIA Y, WANG L, ET Al. Electrical characteristics of UV photodetectors based on ZnO/diamond film structure[J]. Applied Surface Science, 2007, 253(12): 5218 - 5222.

[69] WAN Y, GAO S, LI L, et al. Efficient UV photodetector based on heterojunction of N-ZnO nanorods/P-diamond film[J]. Journal of Materials Science: Materials in Electronics, 2017, 28(15): 11172 - 11177.

[70] LIU Z, LI F, LI S, et al. Fabrication of UV photodetector on TiO_2/diamond film [J]. Scientific Reports, 2015, 5: 14420.

[71] LIU Z, AO J P, LI F, et al. Photoelectrical characteristics of ultra thin TiO_2/diamond photodetector[J]. Materials Letters, 2017, 188: 52 - 54.

[72] CHEN Y C, LU Y J, LIN C N, et al. Self-powered diamond/β-Ga_2O_3 photodetectors for solar-blind imaging[J]. Journal of Materials Chemistry C, 2018, 6(21): 5727 - S732.

[73] WEI M, YAO K, LIU Y, et al. A solar-blind UV detector based on graphene-microcrystalline diamond heterojunctions[J]. Small, 2017, 13(34): 1701328.

[74] WENG W Y, CHANG S J, HSU C L, et al. A ZnO-nanowire phototransistor prepared on glass substrates[J]. ACS applied materials & interfaces, 2011, 3(2): 162 - 166.

[75] LANSLEY S P, LOOI H J, WANG Y, et al. A thin-film diamond phototransistor [J]. Applied Physics Letters, 1999, 74(4): 615 - 617.

[76] TANG K, WANG L, HUANG J, et al. Freestanding diamond films phototransistor [J]. Surface and Coatings Technology, 2013, 228: S401 - S403.

[77] MAZZEO G, SALVATORI S, ROSSI M C, et al. Deep UV pulsed laser monitoring by CVD diamond sensors[J]. Sensors and Actuators A: Physical, 2004, 113(3): 277

- 281.

[78] SCHEIN J, CAMPBELL K M, PRASAD R R, et al. Radiation hard diamond laser beam profiler with subnanosecond temporal resolution [J]. Review of Scientific Instruments, 2002, 73(1): 18 - 22.

[79] GIROLAMI M, ALLEGRINI P, CONTE G, et al. Diamond detectors for UV and X-ray source imaging[J]. IEEE Electron Device Letters, 2011, 33(2): 224 - 226.

[80] GIROLAMI M, BELLUCCI A, CALVANI P, et al. Mosaic diamond detectors for fast neutrons and large ionizing radiation fields[J]. Physica Status Solidi (A), 2015, 212(11): 2424 - 2430.

[81] SALVATORI S, SCALA A D, ROSSI M C. Position-sensing CVD-diamond-based UV detectors[J]. Electronics Letters, 2002, 37(8): 519 - 520.

[82] BERGONZO P, BRAMBILLA A, TROMSON D, et al. Semitransparent CVD diamond detectors for in situ synchrotron radiation beam monitoring[J]. Diamond & Related Materials, 1999, 8(2 - 5): 920 - 926.

[83] SALVATORI S, GIROLAMI M, OLIVA P, et al. Diamond device architectures for UV laser monitoring[J]. Laser Physics, 2016, 26(8): 084005.

[84] GIROLAMI M, CONTE G, SALVATORI S, et al. Optimization of X-ray beam profilers based on CVD diamond detectors[J]. Journal of Instrumentation, 2012, 7 (11): C11005.

[85] REBAI M, CAZZANIGA C, CROCI G, et al. Pixelated single-crystal diamond detector for fast neutron measurements[J]. Journal of Instrumentation, 2015, 10 (03): C03016.

[86] LIN C N, LU Y J, TIAN Y Z, et al. Diamond based photodetectors for solar-blind communication[J]. Optics Express, 2019, 27(21): 29962 - 29971.

[87] ZHANG Z, LIN C, YANG X, et al. Solar-blind imaging based on 2-inch polycrystalline diamond photodetector linear array[J]. Carbon, 173: 427 - 432.

[88] GOROKHOV E V, MAGUNOV A N, FESHCHENKO V S, et al. Solar-blind UV flame detector based on natural diamond [J]. Instruments and Experimental Techniques, 2008, 51(2): 280 - 283.

[89] IWAKAJI Y, KANASUGI M, MAIDA O, et al. Characterization of diamond ultraviolet detectors fabricated with high-quality single-crystalline chemical vapor deposition films[J]. Applied Physics Letters, 2009, 94(22): 223511.

[90] BEVILACQUA M, JACKMAN R B. Extreme sensitivity displayed by single crystal diamond deep ultraviolet photoconductive devices[J]. Applied Physics Letters, 2009, 95(24): 243501.

[91] YU J J, BOYD I W. UV detection for excimer lamps using CVD diamond in various

gaseous atmospheres[J]. Diamond and Related Materials, 2007, 16(3): 494 - 497.

[92] POLYAKOV V I, RUKOVISHNIKOV A I, ROSSUKANYI N M, et al. Photoconductive and photovoltaic properties of CVD diamond films[J]. Diamond and Related Materials, 2005, 14(3 - 7): 594 - 597.

[93] LIU Z C, LI F N, WANG W, et al. Effect of depth of buried-in tungsten electrodes on single crystal diamond photodetector[J]. MRS Advances, 2016, 1(16): 1099 - 1104.

[94] SALVATORI S, DELLA SCALA A, ROSSI M C, et al. Optimised contact-structures for metal-diamond-metal UV-detectors[J]. Diamond and Related Materials, 2002, 11(3 - 6): 458 - 462.

[95] LIAO M, KOIDE Y, ALVAREZ J. Thermally stable visible-blind diamond photodiode using tungsten carbide Schottky contact[J]. Applied Physics Letters, 2005, 87(2): 022105.

[96] SALVATORI S, PACE E, ROSSI M C, et al. Photoelectrical characteristics of diamond UV detectors: dependence on device design and film quality[J]. Diamond and Related Materials, 1997, 6(2 - 4): 361 - 366.

第 8 章

真空紫外光电探测器

8.1 真空紫外探测及其应用

近年来，紫外探测技术在人类的生产生活中发挥了十分重要的作用，而随着紫外光源的飞速发展以及人们对紫外探测技术的进一步认知，紫外探测逐渐由常规紫外波段向短波波段方向推进。顾名思义，真空紫外探测即面向真空紫外波段的探测。由于真空紫外光子的波长、能量与常规紫外波段存在较大差异，因此真空紫外探测具备其独特的性质和应用领域，不过真空紫外探测器必须满足严格的工作条件并面对严苛工作环境的考验。

8.1.1 真空紫外探测的应用

真空紫外探测按照探测波长不同分为真空紫外（VUV，10～200 nm）探测以及极紫外（EUV，10～121 nm）探测，二者在科学研究与工业生产领域均发挥着不可或缺的重要作用，同时又与人类的日常生活息息相关。

近年来，随着集成电路制备技术的飞速发展，集成电路产业正式进入7 nm 工艺线宽时代，而无论是现阶段广泛应用于集成电路产业的 193 nm 真空紫外光刻机，还是采用 13.5 nm 极紫外光作为曝光光源的第五代极紫外光刻机（见图 8-1(a)），真空紫外探测器均是其中的核心部件[1]。为保证成像质量，需要严格控制最终辐照在外延片上的光剂量，应用中通常采用真空紫外探测器对入射光的强度进行标定，从而确定入射光子的能量是否满足曝光要求，同时精确控制晶圆曝光时间。

除去在光刻机中的应用外，真空紫外探测器在空间环境探测领域也有广泛的应用，如图 8-1(b)所示[2]。太阳是现实生活中最主要的真空紫外辐射源，其辐射能量的剧烈变化将引起地球大气层和电离层的升温以及电离效应，这会导致全球定位系统（GPS）、无线电频率以及微波通信系统发生相位延迟，还会使近地轨道卫星由于高空阻力产生轨道偏移，从而对人类的生产、生活造成影响。通过真空紫外探测器对太阳真空紫外辐照进行实时监测，可以获得上层大气密度和电离层电子密度的变化信息，从而有效规避太阳辐照活动对人类社会造成的不良影响。

除此以外，真空紫外探测器在等离子体物理、天文学、生物化学、工业测量、流程控制等领域都具有十分重要的应用[3]。

(a) 极紫外光刻机[4]

(b) 空间环境探测[5]

图 8-1　真空紫外探测的部分典型应用

8.1.2　真空紫外光的特性

真空紫外探测在科学研究和工业生产中发挥着十分重要的作用，但是现阶段真空紫外探测仍然面临着诸多难点，而这与真空紫外光的特性息息相关。真空紫外光的波长介于 $10\sim200$ nm 之间，对应光子能量为 $6.2\sim124$ eV。鉴于其波长较短，光子能量较高，真空紫外光具备以下特殊性质。

（1）真空紫外光在介质中穿透深度浅。

材料的复折射率 N 的计算式为

$$N = n - \mathrm{j}K = \sqrt{\varepsilon_r} = \sqrt{\varepsilon_r' - \mathrm{j}\varepsilon_r''} \tag{8-1}$$

对于介电常数确定的介质材料，其折射率 n 和消光系数 K 为固定值，满足：

$$\begin{cases} n^2 - K^2 = \varepsilon_r' \\ 2nK = \varepsilon_r'' \end{cases} \tag{8-2}$$

当入射光在介质材料中传播时，光强随传播距离以指数规律衰减：

$$I = I_0 \exp(-\alpha x) \tag{8-3}$$

其中，I_0 为初始光强，I 为光在介质中传播 x 距离后的强度，α 为吸收系数。吸收系数 α 与消光系数 K 均用于表征介质材料对于入射光的吸收能力，二者之间的关系为

$$\alpha = \frac{4\pi K}{\lambda_0} \tag{8-4}$$

式中，λ_0 为入射光在真空中的波长。结合式（8-2）可见，对于介电常数确定的介质材料，α 与 λ_0 为负相关，入射光波长越短，光子在介质材料中的吸收系数普遍越大。因此，相较于常规紫外波段，真空紫外光在半导体、金属等介质材料中的吸收系数急剧增大，相应的穿透深度 d（光强衰减到原来的 $1/\mathrm{e}$ 时光在介质中传播的距离）随之大幅减小。图 8-2(a) 所示为 4H-SiC 在不同光子能量下的

介电常数。根据式(8-2)及式(8-4)，光子能量介于 3.5～10 eV 的入射光子在 4H-SiC 中的吸收系数和穿透深度如图 8-2(b)所示。真空紫外波段的光子的穿透深度极浅，波长为 100～160 nm 的入射紫外光在 4H-SiC 介质材料中的穿透深度甚至低于 5 nm。因此，真空紫外光子很容易被探测器表层的非有源区所吸收，入射光子激发的电子-空穴对也容易在器件表层的死区(高密度界面态/表面态层)发生复合，这导致真空紫外探测器的探测效率普遍很低。此外，由于真空紫外光会为环境中的气体分子所吸收，因此真空紫外光的应用场景以及相应的探测条件均要求高真空，这无疑给真空紫外探测的实际应用带来了严峻的考验。

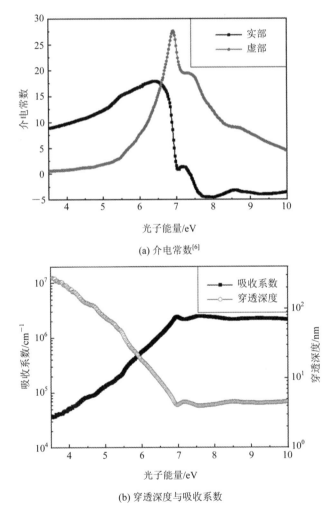

(a) 介电常数[6]

(b) 穿透深度与吸收系数

图 8-2　4H-SiC 在不同光子能量下的介电常数与光子能量介于 3.5～10 eV 的入射光子在 4H-SiC 中的吸收系数和穿透深度

（2）真空紫外光子的能量较高。

真空紫外光子的能量为 6.2～124 eV，尤其是极紫外波长区域的光子能量远高于常规紫外波段的光子能量，致使在真空紫外探测过程中会出现许多前所未有的效应。其中主要的三种效应分别如图 8 - 3(a)、(b)、(c)所示，这些效应对真空紫外探测器的稳定性提出了挑战。

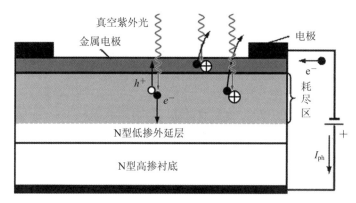

(a) 外光电效应

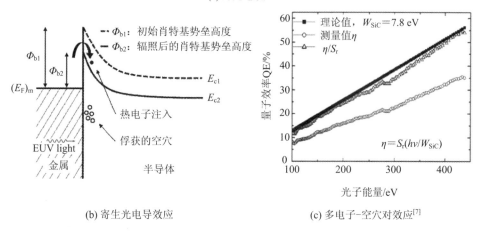

(b) 寄生光电导效应

(c) 多电子-空穴对效应[7]

图 8 - 3　高能光子辐照导致的三种效应

图 8 - 3(a)所示为外光电效应。尽管真空紫外光与物质的相互作用依然遵循光电效应原理，但是当入射光的光子能量足够高，以至超过金属的功函数或半导体禁带宽度与其电子亲和能之和时，入射光子便会与对应入射材料发生外光电效应。光子与器件表面金属电极之间的外光电效应会导致光子的大量损耗，同时，由于电子从器件表面溢出，器件为保持电中性，会在探测回路中引入外光电效应电流，从而降低器件工作的稳定性；而光子与器件表面的

SiO₂ 等钝化层之间的外光电效应可导致钝化层中产生非易恢复的正电空位，这些正电空位会降低器件内建电场强度，从而导致器件的探测性能发生退化。

图 8-3(b)所示为寄生光电导效应。在真空紫外探测器的工作过程中，光生电子-空穴对在漂移电场的作用下发生分离。其中，空穴容易被界面处的陷阱俘获，形成正电性的带电中心。对于肖特基势垒光电探测器，被俘获的空穴会降低肖特基势垒高度，导致寄生光电导产生。寄生光电导虽然可以提升器件的光电流，但会显著降低器件的响应速度和带宽，同时，寄生光电导还会引发探测器批量生产的不一致性和可靠性风险，因此在实际应用中应尽量避免产生寄生光电导。

图 8-3(c)所示为多电子-空穴对效应。图中，W_{SiC} 为 SiC 的电子-空穴对产生能，η 为量子效率 QE 的测量值。随着探测谱段向更短波长方向推进，真空紫外光子能量逐渐增大；当入射光子激发的电子的剩余动能足够高时，可以通过电子之间的散射作用激发二次电子-空穴对。因此，一个入射真空紫外光子可以激发多个电子-空穴对，从而使得探测器的量子效率超过 100%。

除了上述三种效应外，高能光子辐照还可导致真空紫外探测器的器件性能发生退化，常见的退化机制有三种：器件表面沾污、器件表面带电以及器件本征损伤。器件表面沾污主要源于高能光子使得真空环境中的残余气体发生电离并附着到器件表面上，同时电离产生的自由基使得器件表面发生氧化；器件表面带电主要源于高能光子辐照导致器件发生外光电效应，光电子从器件表面溢出，产生带正电荷的空位，进而暂时性地改变器件表面的电场，影响光生载流子的收集效率；器件本征损伤主要表现在高能光子辐照导致半导体材料产生悬挂键、缺陷态等复合中心，进而发生探测器漏电流上升和量子效率降低等不可逆的性能退化。

8.2 真空紫外光电探测器的类型和工作原理

真空紫外光穿透深度极浅、光子能量较高的特性对于探测器的探测性能提出了严格的要求，但是，这些要求也同时为真空紫外探测器的结构设计以及器件材质的选取提供了导向[8]。现阶段用于真空紫外探测的半导体探测器主要分为以下三种结构：极浅 P-N 结、肖特基结构以及 MSM 结构。

8.2.1　极浅 P - N 结光电探测器

作为应用最广、成熟度最高的半导体器件结构之一，P - N 结被广泛应用于光电探测领域。然而，考虑到真空紫外光在半导体材料中穿透深度极浅，用于常规紫外波段探测的传统 P - N 结光电二极管在应用于真空紫外探测时量子效率极低[9]。为提高 P - N 结光电二极管的探测效率，科研工作者研制了 P - N 结耗尽区贴近器件上表面的极浅 P - N 结器件，并已实现商用化。目前主流的极浅 P - N 结器件是采用特殊 CVD 和纯硼扩散掺杂工艺制备的 Pure B 结构光电探测器，如图 8 - 4(a)所示[10]。该器件是采用常压/低压 CVD 技术使得源气体中的乙硼烷(B_2H_6)被吸附在清洁的 N 型低掺杂 Si 外延层表面以实现超薄纯硼外延层的淀积，继而经由温度为 $500\sim700℃$ 的高温退火实现硼元素的扩散和重掺杂 P 型薄层的形成，从而获得的结深极浅的 P - N 结光电探测器。图 8 - 4(b)为 Pure B 结构光电探测器的探测原理示意图。如图 8 - 4(b)所示，

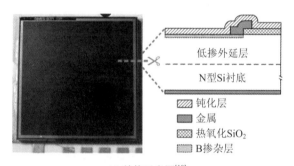

(a) 结构示意图[10]

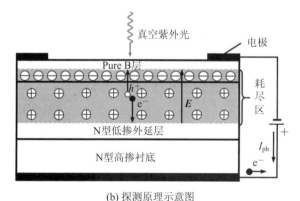

(b) 探测原理示意图

图 8 - 4　Pure B 结构光电探测器

N 型低掺外延层中的电子与硼元素扩散获得的高掺杂 P 型层中的空穴在浓度梯度的作用下相互扩散，P-N 结附近区域的自由载流子耗尽，剩余的 N 区施主正电荷与 P 区受主负电荷之间形成由 N 区指向 P 区的内建电场。Pure B 层的厚度通常小于 10 nm，因此真空紫外光子可以有效入射到贴近器件上表面的 P-N 结区，入射光子激发电子跃迁产生的电子-空穴对在内建电场的作用下发生分离，电子和空穴分别被 Pure B 光电探测器的下电极和上电极收集并形成光电流，由此实现对真空紫外光子的探测。

极浅 P-N 结器件实现了对真空紫外波段的有效探测，但是限于其工艺手段的特殊性，极浅 P-N 结器件也存在性能局限。首先，高掺杂 P 型层是通过在低掺外延层上进行异质淀积和高温退火获得的，因此高掺杂 P 型层的晶体质量以及结深的均匀性的控制难度大。此外，限于上述工艺条件的成熟度，现阶段的极浅 P-N 结器件均为 Si 基器件。由于 Si 基材料具有禁带宽度小、本征载流子浓度高等本征特性，因此现有极浅 P-N 结器件的漏电流、温度稳定性以及辐照稳定性等性能均难以进一步提升。

8.2.2 肖特基结构光电探测器

肖特基结构制备工艺相对简单，仅需在真空条件下在半导体表面蒸镀金属层即可在金属-半导体界面上形成肖特基接触。在肖特基结构应用于真空紫外探测的设计中，对于 N 型半导体，需选择功函数高、原子序数小的金属作为 N 型肖特基接触的金属电极，以提升肖特基势垒高度，同时降低入射光子在穿透金属电极过程中的损耗。现阶段用于真空紫外探测的典型肖特基结构真空紫外探测器的结构示意图如图 8-5(a) 所示。该器件是在 N 型低掺外延层上淀积厚度小于 10 nm 的半透明金属电极，通过热退火降低金属-半导体界面处的界面态以及缺陷态而形成的具备半透明金属电极的肖特基结构真空紫外探测器。图 8-5(b) 为肖特基结构光电探测器的工作原理示意图。如图 8-5(b) 所示，半透明金属膜与 N 型低掺外延层之间形成良好的肖特基接触，入射真空紫外光子在穿透器件表面的金属电极后进入肖特基接触下方的耗尽区，激发的电子-空穴对在内建电场的作用下发生分离，分别被器件阴极和阳极收集，由此实现对真空紫外光子的探测。

由于肖特基结构光电探测器容易制备，因此该器件被广泛应用于 Si、SiC、AlN 以及包含二维材料在内的各种材料体系，并在真空紫外探测领域取得了相当的进展。但是，半透明金属电极的均匀性、连续性以及肖特基接触的界面质量等已成为限制肖特基结构真空紫外探测器性能进一步提升的关键因素。

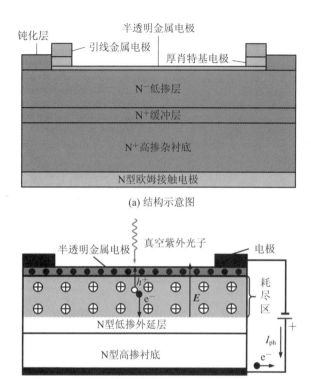

(a) 结构示意图

(b) 工作原理示意图

图 8-5　肖特基结构光电探测器

8.2.3　MSM 结构光电探测器

根据金属与半导体接触类型的不同，MSM 结构分为由两个背靠背的肖特基接触构成的肖特基结探测器和由两个对称的欧姆接触构成的光电导探测器。其中，肖特基结探测器的工作原理类似于 8.2.2 中的肖特基结构光电探测器。现考虑图 8-6(a)所示的是由两个欧姆接触构成的光电导探测器，不同于处于反向偏置状态下的肖特基接触，光电导探测器的欧姆接触界面不会限制载流子的流动，因此，光电导探测器会表现出光电导增益特性。如图 8-6(b)所示，入射真空紫外光子经由两个欧姆电极之间的空隙进入 MSM 器件内部并激发产生电子-空穴对，在外加电场的作用下，电子和空穴分别向电源的正极和负极漂移；由于电子的漂移速率大于空穴，因此电子可快速进入电源正极，而器件为保持电中性必须从电源负极引入新的电子；器件内部的电子和空穴继续漂移，直至空穴被电源负极收集或在漂移过程中与器件中的电子发生复合。在此

过程中,一个入射光子会引起多个电子在电路中的流动,由此引发光电导增益。光电导增益的大小取决于载流子漂移速率、载流子寿命以及金属电极之间的间距。

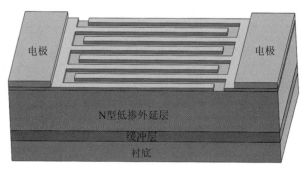

(a) 结构示意图

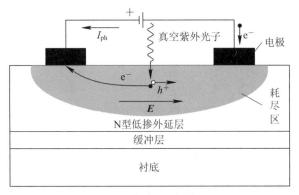

(b) 工作原理示意图

图 8-6 光电导探测器

由于器件内部存在增益,因此光电导探测器可以用于探测相对小的真空紫外光信号。然而,鉴于光电导探测器中载流子漂移速率和复合概率受环境温度、外加电压等外部条件影响严重,该探测器的总体稳定性较差。此外,由于 MSM 结构的正负电极均位于器件表面,因此 MSM 结构器件的填充因子低且难以规避外光电效应的影响。

8.3 真空紫外光电探测器的研究进展

真空紫外光电探测器的相关研究最早始于 20 世纪 50 年代,相关研究人员

338

基于热电偶、荧光涂层光电倍增管以及离子电离室等传统器件对真空紫外波段的辐照强度进行了标定[11-13]。但是，上述传统器件受限于其体积大、价格高、稳定性差等固有缺陷，无法满足现代工业、科研的要求。随着半导体制备技术的飞速发展，基于新型半导体材料的固态紫外探测器逐渐取代传统器件而成为了真空紫外探测的主要研究方向。限于工艺成熟度和材料特性等因素，目前国际上主流的真空紫外光电探测器研究主要基于 Si 材料、SiC 材料以及 AlGaN 材料开展。以下根据真空紫外探测器的不同器件类型，系统介绍真空紫外探测器的研究进展。

8.3.1　极浅 P‒N 结光电探测器的研究进展

1987 年，Korde 和 Geist 等人首次提出了"极浅结"的概念，该研究小组在 P 型 Si 衬底上淀积 P 元素薄层，并经由退火处理使 P 元素发生扩散，实现 N 型掺杂，由此在器件表面构建了结深极浅的反型掺杂层。该光电二极管的结构示意图如图 8‒7 所示[14]。该小组对器件在常规紫外波段的性能进行了表征，同时通过老化测试实验验证了该器件工作的有效性和稳定性。虽然限于当时的技术条件，该小组并没有对该器件进行真空紫外波段的测试，但是该工作对后期的相关研究具备重要的借鉴意义。

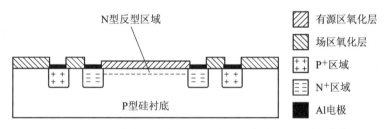

图 8‒7　反型掺杂层极浅结 Si 光电二极管的结构示意图[14]

1993 年，美国 International Radiation Detectors (IRD)公司同样采用 P 扩散技术在 P 型衬底和外延层上制备了超薄 N 型掺杂区域，从而获得了具备极浅结的 N‒P 结构真空紫外探测器(见图 8‒8(a))，并通过在 N_2O 气氛中对器件进行氮化处理，提升了器件的稳定性[15]。1996 年，IRD 公司的研究小组在上述研究的基础上利用美国劳伦斯‒伯克利国家实验室的激光等离子体光源对该探测器在真空紫外和软 X 射线波段的量子效率进行了标定。该探测器的量子效率曲线如图 8‒8(b)所示[16]。该项工作证明了极浅 P‒N 结 Si 基半导体光电二极管相较于传统光电发射器件具备更为优越的探测性能。此外，该小组通过将该器件置于束流强度为 10^{18} photons/cm^2 的 124 eV 能量光子照射下进行

辐照测试，证明高能光子辐照会在器件中引起辐照损伤，导致器件表面复合增强，使得器件的探测性能发生退化。

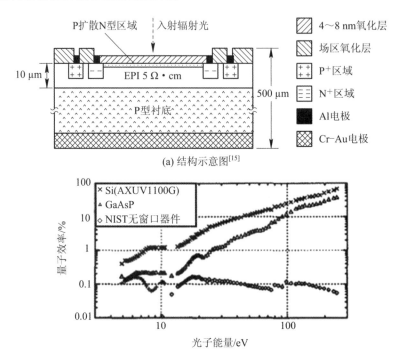

(a) 结构示意图[15]

(b) AXUV100G在真空紫外和软X射线波段的量子效率曲线[16]

图 8 - 8　美国 IRD 公司 Si 基真空紫外探测器

2006 年，美国布鲁克海文国家实验室的 Kjornrattanawanich 以及 IRD 公司的 Korde 等人对 Si 基真空紫外探测器的温度稳定性进行了研究[17]。该研究团队借助美国同步辐射国家实验室的同步辐射光源在－100～50℃温度范围内对 IRD 公司的 AXUV 系列探测器进行辐照实验，从而获得了该探测器的响应度随温度的变化曲线(见图 8 - 9)。研究显示：该类型器件的响应度随温度升高而逐渐增大，在室温条件下器件的响应的变化率随辐照波长的不同在 0.013%/℃ 到 0.053%/℃ 之间变化。该工作进一步发现，器件的响应度随温度变化的趋势与 Si 材料禁带宽度随温度变化的趋势一致，这主要因为 Si 禁带宽度减小使得电子-空穴对的产生能减少了。鉴于在极紫外光刻等应用场景中常常会由于高能光子辐照导致探测器温度上升，该工作对于未来真空紫外探测器的研究与应用有重要意义。

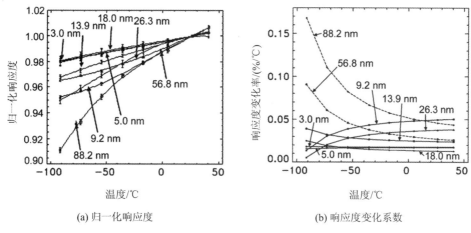

(a) 归一化响应度　　　　　　　　(b) 响应度变化系数

图 8-9　美国 IRD 公司的 AXUV 系列 Si 基真空紫外探测器的探测性能随温度的变化曲线[17]

　　2008 年，荷兰 Delft 大学的 Sarubbi 和 ASML 公司的 Nihtianov 等人提出了基于"Pure B"技术的极浅结 P-I-N 结极紫外光电探测器件[18]。该小组应用金属有机化学气相沉积(MOCVD)技术在清洁的 N 型 Si 外延层表面上淀积了纯硼外延层，并通过高温退火的方式实现了硼元素的扩散和 P 型区的重掺杂，从而获得了结深极浅的 P-I-N 结器件。入射的真空紫外光子激发的电子-空穴对在结区电场的作用下快速分离，从而有效降低了光生载流子在界面态等复合中心位置的复合概率，进而有效提升了器件的光谱响应度。2009 年，该研究小组制备了器件尺寸为 0.1 cm² 的极浅结 P-I-N 结光电探测器件，如图 8-10(a)所示[19]。该器件具备较优越的电学和光学性能，其暗电流小于 50 pA@-10 V，脉冲响应时间小于 100 ns，其在 13.5 nm 波长极紫外光辐照下的响应度达到 0.266 A/W(见图 8-10(b))，其探测性能相较于之前的商用 N⁺-P 光电二极管器件有大幅提升。

　　2010 年，该研究小组的 Shi 等人研究了 Si 基 Pure B 真空紫外探测器在真空紫外光辐照下的探测性能退化规律[10]。如图 8-11(a)所示，随着辐照时间的延长，器件的响应度逐渐降低。这是由于高能光子辐照导致器件发生外光电效应，光电子从器件表面溢出导致器件表面产生带正电荷的空位，进而暂时性地改变器件表面的电场并影响载流子的收集效率，使得器件的探测性能降低。由图 8-11(b)可知，在辐照停止以后，辐照区域产生的正电空位逐渐被填充，器件的探测性能逐渐恢复，但是无法完全恢复到未辐照的状态，这是由于高能光子辐照导致器件产生悬挂键、缺陷态等复合中心，器件的性能发生了不可逆的退化。

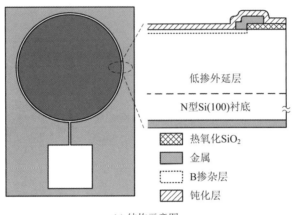

(a) 结构示意图

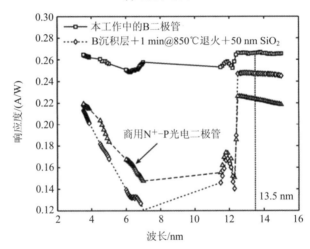

(b) 探测器在真空紫外和软X射线波段的量子效率曲线

图 8 - 10　Si 基 Pure B 结构真空紫外探测器的结构示意图及其
在真空紫外和软 X 射线波段的量子效率曲线[19]

　　2011 年，Shi 等人进一步研究了 Si 基极浅结 P - I - N 结光电探测器件的抗辐射能力，并探究了光刻过程中碳污染对器件响应度的影响[20]。2014 年，Nanver 等人探究了不同厚度的硼外延层以及不同外延温度条件对 Si 基 Pure B 结构光电探测器件性能的影响，并得出在 700℃ 温度下外延厚 2.5 nm 的硼外延层可以得到 0.266 A/W@13.5 nm 的最大响应度[21]。目前，仅有美国 Opto Diode(原 IRD)公司可提供用于真空紫外光谱辐射计量的 Si 基商用器件(见图

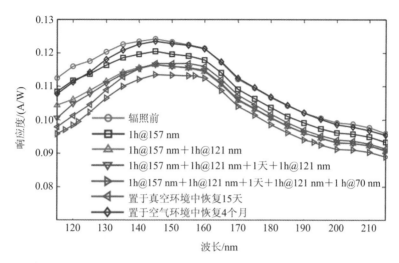

(a) 响应度随波长的变化曲线

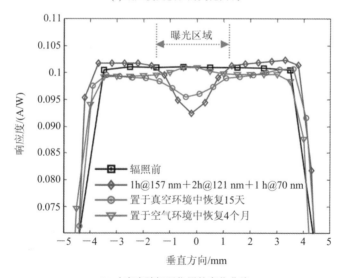

(b) 响应度随辐照位置的变化曲线

图 8 - 11　Si 基 Pure B 真空紫外探测器在不同辐照条件下的变化曲线[10]

8 - 12)[22]。Si 材料抗辐射能力弱、温度稳定性差、漏电流高等固有缺陷限制了 Si 基真空紫外探测器的进一步发展。

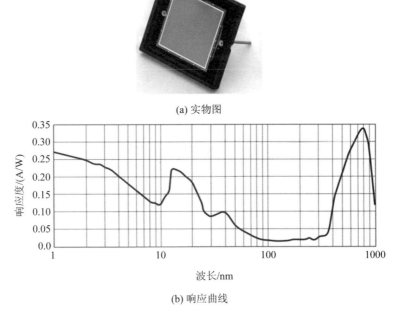

(a) 实物图

(b) 响应曲线

图 8-12　美国 Opto Diode 公司 Si 基 EUV 探测器的实物图与响应曲线[22]

8.3.2　肖特基结构光电探测器的研究进展

　　早在 1988 年，便有基于 Si 材料的肖特基结构真空紫外探测器的相关报道[23]，但是限于当时的技术条件以及 Si 材料禁带宽度小、抗辐射能力差等固有缺陷，肖特基结构真空紫外探测器并没有实质的发展。近年来，以 SiC、AlN、金刚石为代表的宽禁带半导体材料因其可见光盲、抗辐射性能好等优势成为了制备新一代短波长紫外探测器的优质材料[24]。因此，基于宽禁带半导体材料的新型肖特基结构真空紫外探测器的相关研究与应用正在蓬勃开展。

　　在当今研究的宽禁带半导体材料中，4H - SiC 以其可见光盲特性、相对成熟的加工技术和高的抗辐照性等优越性能引起了研究人员的关注。2005 年，美国罗格斯大学的研究小组分别以 10 nm Ni 和 7.5 nm Pt 作为肖特基金属电极，首次制备了 4H - SiC 基肖特基结真空紫外光电探测器[25]。如图 8 - 13 所示，该器件的面积为 2 mm×2 mm，其暗电流小于 1 pA@- 5 V。该器件在真空紫外波段以及常规紫外波段均具备优越的探测性能，其峰值量子效率位于 270 nm 处，约为 40%～45%，而在 120～200 nm 的真空紫外波段，器件的量子效率为 4%～20%。该工作指出，短波长光子辐照会引发多电子-空穴对效应，而通过对比研究发现，肖特基结真空紫外光电探测器在真空紫外波段的探测效率与 4H - SiC PIN 二极管相比具备优势。

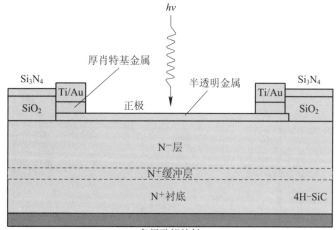

(a) 结构示意图

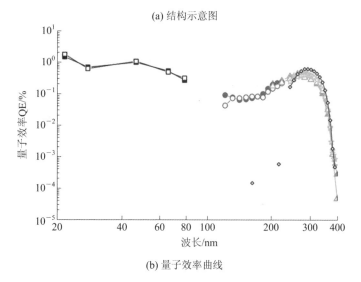

(b) 量子效率曲线

图 8 - 13　4H - SiC 基肖特基结真空紫外光电探测器[25]

2006 年，该小组进一步制备了尺寸为 5 mm×5 mm 的 Ni/4H - SiC 基肖特基结真空紫外光电探测器，并首次对真空紫外光在 4H - SiC 半导体中的损耗以及吸收机制做出了解释[7]。图 8 - 14 所示分别为 Ni/4H - SiC 基肖特基结

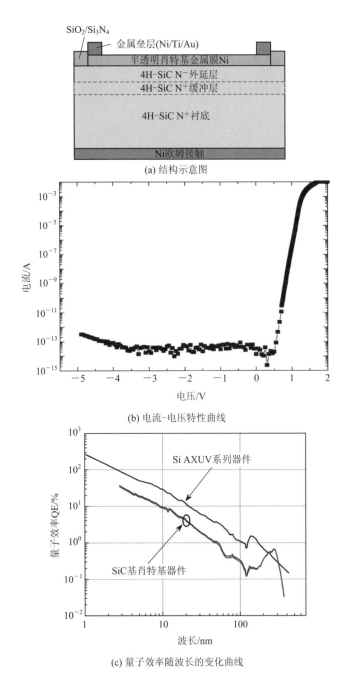

(a) 结构示意图

(b) 电流-电压特性曲线

(c) 量子效率随波长的变化曲线

图 8‑14　Ni/4H‑SiC 基肖特基结真空紫外光电探测器[7]

真空紫外光电探测器的器件示意图、电流-电压特性曲线和量子效率随波长的变化曲线。该器件采用 4.5 nm 半透明 Ni 金属作为肖特基电极，在 N 型低掺 4H-SiC 外延层表面形成极浅肖特基结，入射真空紫外光穿透半透明 Ni 金属电极后激发出的电子-空穴对在肖特基结电场的作用下快速分离并分别被电源负极和正极收集起来，从而实现对真空紫外光的探测。该器件在 4 V 反向偏置电压下的漏电流低于 0.1 pA，紫外-可见抑制比高于 1000，具备优良的光电探测性能。该工作首次对 3～400 nm 波长范围内的紫外全光谱波段进行了标定。该器件在 230～295 nm 波段的量子效率均大于 50%，并在 275 nm 处达到 65% 的峰值，此时内量子效率接近 100%。该器件在真空紫外波段的量子效率高于 14%，且当波长低于 50 nm 时量子效率超过 100%，并在 3 nm 处量子效率达到 3000%。2008 年，该小组在上述工作的基础上进一步设计制备了 1 mm× 16 mm 的 4H-SiC 基肖特基结真空紫外光电探测器阵列，并对探测器阵列相邻像元之间的串扰行为进行了分析[26]。该阵列采用 Pt 金属作为肖特基电极，漏电流约为 51fA(在 −5 V 下)，像元大小为 750 μm×15.6 mm，探测阵列的总面积为 136.5 mm²。以该探测器阵列为基础制备的真空紫外光谱仪的分辨率可达 1.5 nm/像素。

2018 年，Gottwald 等人通过在掺杂浓度为 3×10^{15} cm⁻³ 的 N 型低掺杂 SiC 外延层表面上淀积 7 nm 厚的 Cr 金属电极制备了直径为 10 mm 的 Cr/4H-SiC 基肖特基结真空紫外探测器[27]。Cr/4H-SiC 基肖特基结真空紫外探测器的量子效率随波长的变化曲线和响应度随辐照功率的曲线如图 8-15 所示。相较于 Ni/4H-SiC 器件，Cr/4H-SiC 器件具备更为平滑的光谱响应曲线，这进一步提升了器件的适用范围。同时，该小组进一步研究了 SiC 基肖特基结真空紫外探测器在不同辐照强度下器件的响应度的变化。结果证明，该器件的探测性能在辐射功率为 1～1000 nW 的 265 nm 紫外光和 70 nm 真空紫外光的辐照下均具备良好的线性度。

我国对真空紫外光电探测器的相关研究起步较晚，但是以南京大学为代表的相关单位在 4H-SiC 基常规紫外波段光电探测器方面积累了丰富的研究经验。2014 年，南京大学陆海小组报道了国内首个 4H-SiC 紫外单光子探测器[28]。该器件采用被动淬灭电路模式，单光子探测效率达到了 6%，并且在 200℃ 的高温环境下仍可进行紫外单光子探测，达到了国际先进水平。近年来，该小组在真空紫外探测领域进行了积极探索，成功制备了具备超薄肖特基金属电极的有源区尺寸为 2.5 mm×2.5 mm 的栅条状电极 Ni/4H-SiC 基肖特基结真空紫外探测器[29]。图 8-16(a) 所示为该探测器在 5～140 nm 波长范围内的量子效率的变化曲线。结果显示，栅条状电极结构的应用可以有效提升探测

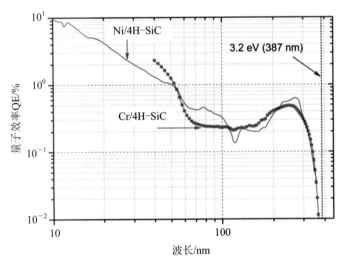

(a) 量子效率随波长的变化曲线

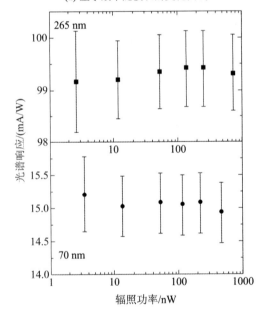

(b) 响应度随辐照功率的变化曲线

图 8-15　Cr/4H-SiC 基肖特基结真空紫外探测器[27]

器在真空紫外波段的探测效率，这主要得益于该特殊电极结构对真空紫外光子
反射与吸收的降低。此外，该小组对肖特基结真空紫外探测器在变温条件下的
真空紫外探测性能进行了进一步探究。研究结果（见图 8 - 16(b)）显示，在
298～423 K 温度范围内，该器件的暗电流发生了一定的抬升，但是该器件在
13.5 nm 真空紫外光辐照下的光响应电流基本保持恒定。由此可见，肖特基结
真空紫外探测器具备在恶劣温度条件下稳定工作的优越性能。

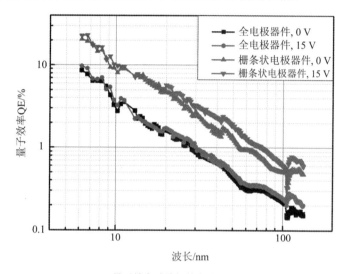

(a) 量子效率随波长的变化曲线

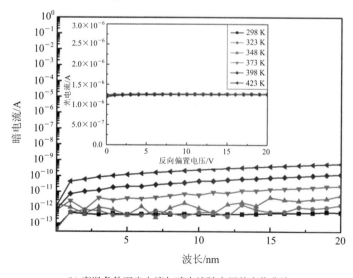

(b) 变温条件下光电流与暗电流随电压的变化曲线

图 8 - 16　栅条状电极 Ni/4H‑SiC 基肖特基结真空紫外探测器[29]

除 SiC 材料在肖特基结构真空紫外探测器领域得到了大量的关注与研究以外，近年来，基于 AlN、AlGaN 以及金刚石等宽禁带半导体材料的相关探测器的研究也有了一定的进展。但是，由于 AlN、AlGaN 材料的内部缺陷密度相对较高，而金刚石材料加工、掺杂难度大，导致基于上述材料的肖特基结器件通常界面态密度高，漏电流大，进而导致器件在真空紫外波段的量子效率仍偏低。

8.3.3 MSM 结构光电探测器的研究进展

相较于极浅 P-N 结以及肖特基结构真空紫外探测器，MSM 结构真空紫外探测器虽然稳定性相对较差，但是其制备工艺简单、增益较高、响应速度快的特点也引起了较多研究与关注。目前，代表性的 MSM 结构真空紫外探测器主要基于 AlN、金刚石以及二维材料。

2008 年，Benmoussa 等人在 AlN 外延层上制备了肖特基结 MSM 结构真空紫外探测器[30]，其结构如图 8-17(a)所示。该小组对该器件在 44~80 nm 和 115~225 nm 波长范围内的响应度进行了标定，并通过对器件电极依次施加 +30 V 和 -30 V 的偏置电压，验证了真空紫外光子激发外光电效应对 MSM 结构器件总电流的影响(见图 8-17(b))。该工作指出，当入射光子的能量超过金属电极的功函数或半导体材料的禁带宽度与电子亲和能之和时，入射光子可以引发外光电效应，使得电子获得足够能量，溢出器件表面，而系统为保持电荷守恒会从电源引入非光生响应电流；而在不同偏置电压下，电子溢出器件表面时受到的电场力影响不同，因此引入的非光生响应电流也不同，导致器件在不同偏置电压下表现出不同的光电流值。

早在 1993 年，Binari 等人便报道了分别基于天然、人造以及多晶金刚石的 MSM 结构真空紫外探测器[31]。当时的研究表明，虽然天然金刚石真空紫外探测器的探测性能远高于基于人造以及多晶金刚石的探测器，但是天然金刚石基 MSM 结构真空紫外探测器仍存在较多缺陷。如图 8-18(a)所示，该器件在产生光电流后的恢复时间较长，这说明器件存在严重的持续光电导现象。该器件在 200 nm 光辐照下的量子效率随偏置电压的增大而逐渐升高，这主要是由于载流子渡越时间随内部漂移电场强度的增大而逐渐减小，器件的增益也随之增大(见图 8-18(b))。随着微波等离子体化学气相沉积(MPCVD)技术的发展，人工合成金刚石的晶体质量和掺杂效率不断提升。2005 年，Balducci 等人通过在同质外延金刚石薄膜上淀积 Al 叉指状电极制备了 MSM 结构真空紫外探测器[32]。该小组对该器件在 58.4 nm 真空紫外光辐照下的频率响应进行了表征

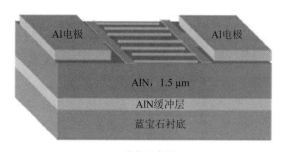

(a) 结构示意图

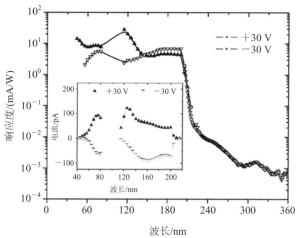

(b) 在正负偏置电压下的响应曲线(插图为电流信号的绝对值)

图 8 - 17　Al/AlN MSM 结构真空紫外探测器[30]

测试。结果显示，光电流脉冲下降沿较为陡直，恢复时间低于前置放大器的时间常数。此外，该器件在 220 nm 紫外光辐照下的脉冲响应时间低于 5 ns。因此，该器件不存在明显的持续光电导现象。

　　除了传统半导体以外，基于二维材料电极的 MSM 结构真空紫外探测器的研究也取得了一定的进展。中山大学的研究小组基于石墨烯电极开展了 AlN 基真空紫外探测器的相关研究[33]，他们制备了有源区尺寸为 5 μm×5 μm 的 MSM 结构器件，测量了器件在 185 nm 波长光辐照下的光电流。如图 8 - 19 所示，该器件的总体性能较好，但漏电流仍偏高，且响应电流随电压的增大会发生变化。近年来，各国在半导体研究领域对二维材料的研究和投入显著增加，很多新奇的物理效应被发现，二维材料的批量制备和一致性问题也一定程度上

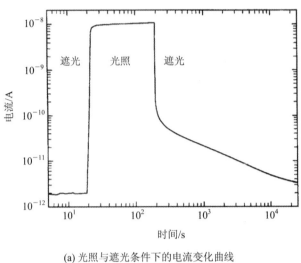

(a) 光照与遮光条件下的电流变化曲线

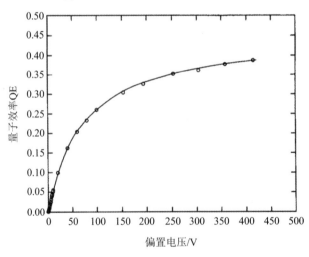

(b) 量子效率随偏置电压的变化曲线

图 8-18 金刚石 MSM 结构真空紫外探测器[31]

得到了解决。基于各种二维半导体材料，一些新型红外光电探测器已经被实现，预计二维半导体材料在紫外光电探测领域将会有新的发展和应用。

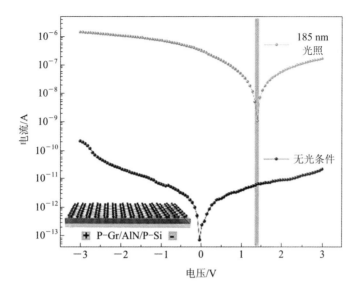

图 8 - 19 石墨烯电极 AlN 真空紫外探测器在 **185 nm** 光照和无光条件下的响应电流曲线(插图为石墨烯真空紫外探测器的结构示意图)[33]

参 考 文 献

[1] DOH J, UK LEE J, AHN J, et al. Evaluation of lithographic performance of extreme ultra violet mask using coherent scattering microscope[J]. Journal of Vacuum Science & Technology B, Nanotechnology and Microelectronics: Materials, Processing, Measurement, and Phenomena, 2012, 30(6): 06F504.

[2] VIERECK R, HANSER F, WISE J, et al. Solar extreme ultraviolet irradiance observations from GOES: design characteristics and initial performance[C]. Solar Physics and Space Weather Instrumentation II. International Society for Optics and Photonics, 2007, 6689: 66890K.

[3] SHEVELKO A P, KASYANOV Y S, KNIGHT L V, et al. X-ray and EUV spectral instruments for plasma source characterization[C]. Laser-Generated and Other Laboratory X-Ray and EUV Sources, Optics, and Applications. International Society for Optics and Photonics, 2004, 5196: 282 - 288.

[4] EUV Faces Its Most Critical Test-IEEE Spectrum. https://spectrum.ieee.org/semiconductors/devices/euv-faces-its-most-critical-test (accessed Jul. 06, 2020).

[5] European Solar Orbiter will give us our first look at the sun's poles | Space. https://

www. space. com/solar-orbiter-mission-sun-poles. html (accessed Jul. 07, 2020).

[6] COBET C, WILMERS K, WETHKAMP T, et al. Optical properties of SiC investigated by spectroscopic ellipsometry from 3. 5 to 10 eV[J]. Thin Solid Films, 2000, 364(1 – 2): 111 – 113.

[7] HU J, XIN X, ZHAO J H, et al. Highly sensitive visible-blind extreme ultraviolet Ni/4H-SiC Schottky photodiodes with large detection area[J]. Optics Letters, 2006, 31(11): 1591 – 1593.

[8] RAZEGHI M, ROGALSKI A. Semiconductor ultraviolet detectors [J]. Journal of Applied Physics, 1996, 79(10): 7433 – 7473.

[9] SEELY J F, KJORNRATTANAWANICH B, HOLLAND G E, et al. Response of a SiC photodiode to extreme ultraviolet through visible radiation[J]. Optics Letters, 2005, 30(23): 3120 – 3122.

[10] SHI L, NANVER L K, ŠAKIĆ A, et al. Optical stability investigation of high-performance Silicon-based VUV photodiodes[C]. SENSORS, 2010 IEEE. IEEE, 2010: 132 – 135.

[11] JOHNSON F S, WATANABE K, TOUSEY R. Fluorescent sensitized photomultipliers for heterochromatic photometry in the ultraviolet[J]. JOSA, 1951, 41(10): 702 – 708.

[12] WATANABE K, INN E C Y. Intensity measurements in the vacuum ultraviolet[J]. JOSA, 1953, 43(1): 32 – 35.

[13] PACKER D M, LOCK C. Thermocouple measurements of spectral intensities in the vacuum ultraviolet[J]. JOSA, 1951, 41(10): 699 – 701.

[14] KORDE R, GEIST J. Quantum efficiency stability of silicon photodiodes[J]. Applied Optics, 1987, 26(24): 5284 – 5290.

[15] KORDE R, CABLE J S, CANFIELD L R. One gigarad passivating nitrided oxides for 100% internal quantum efficiency Silicon photodiodes [J]. IEEE Transactions on Nuclear Science, 1993, 40(6): 1655 – 1659.

[16] GULLIKSON E M, KORDE R, CANFIELD L R, et al. Stable Silicon photodiodes for absolute intensity measurements in the VUV and soft X-ray regions[J]. Journal of Electron Spectroscopy and Related Phenomena, 1996, 80: 313 – 316.

[17] KJORNRATTANAWANICH B, KORDE R, BOYER C N, et al. Temperature dependence of the EUV responsivity of Silicon photodiode detectors [J]. IEEE Transactions on Electron Devices, 2006, 53(2): 218 – 223.

[18] SARUBBI F, NANVER L K, SCHOLTES T L M, et al. Pure boron-doped photodiodes: a solution for radiation detection in EUV lithography[C]. ESSDERC 2008 – 38th European Solid-State Device Research Conference. IEEE, 2008: 278 – 281.

[19] SHI L, SARUBBI F, NIHTIANOV S N, et al. High performance Silicon-based extreme ultraviolet (EUV) radiation detector for industrial application[C]. 2009 35th Annual Conference of IEEE Industrial Electronics. IEEE, 2009: 1877 – 1882.

[20] SHI L, NANVER L K, NIHTIANOV S N. Stability characterization of high-sensitivity Silicon-based EUV photodiodes in a detrimental industrial environment[C]. IECON 2011 – 37th Annual Conference of the IEEE Industrial Electronics Society. IEEE, 2011: 2651 – 2656.

[21] NANVER L K, QI L, MOHAMMADI V, et al. Robust UV/VUV/EUV PureB photodiode detector technology with high CMOS compatibility[J]. IEEE Journal of Selected Topics in Quantum Electronics, 2014, 20(6): 306 – 316.

[22] SXUV100DS. pdf. https://optodiode.com/pdf/SXUV100DS. pdf (accessed Jun. 15, 2020).

[23] KRUMREY M, TEGELER E, BARTH J, et al. Schottky type photodiodes as detectors in the VUV and soft X-ray range[J]. Applied Optics, 1988, 27(20): 4336 – 4341.

[24] XIE C, LU X T, TONG X W, et al. Ultrawide-bandgap semiconductors: recent progress in solar-blind deep-ultraviolet photodetectors based on inorganic ultrawide bandgap semiconductors (Adv. Funct. Mater. 9/2019)[J]. Advanced Functional Materials, 2019, 29(9): 1970057.

[25] XIN X, YAN F, KOETH T W, et al. Demonstration of 4H-SiC visible-blind EUV and UV detector with large detection area[J]. Electronics Letters, 2005, 41(21): 1192 – 1193.

[26] HU J, XIN X, JOSEPH C L, et al. 1×16 Pt/4H-SiC Schottky photodiode array for low-level EUV and UV spectroscopic detection[J]. IEEE Photonics Technology Letters, 2008, 20(24): 2030 – 2032.

[27] GOTTWALD A, KROTH U, KALININA E, et al. Optical properties of a Cr/4H-SiC photodetector in the spectral range from ultraviolet to extreme ultraviolet[J]. Applied Optics, 2018, 57(28): 8431 – 8436.

[28] ZHOU D, LIU F, LU H, et al. High-temperature single photon detection performance of 4H-SiC avalanche photodiodes[J]. IEEE Photonics Technology Letters, 2014, 26(11): 1136 – 1138.

[29] WANG Z, ZHOU D, XU W, et al. High-Performance 4H-SiC Schottky photodiode with semitransparent grid-electrode for EUV detection[J]. IEEE Photonics Technology Letters, 2020, 32(13): 791 – 794.

[30] BENMOUSSA A, HOCHEDEZ J F, DAHAL R, et al. Characterization of AlN metal-semiconductor-metal diodes in the spectral range of 44~360 nm: photoemission assessments[J]. Applied Physics Letters, 2008, 92(2): 022108.

[31] BINARI S C, MARCHYWKA M, KOOLBECK D A, et al. Diamond metal-semiconductor-metal ultraviolet photodetectors[J]. Diamond and Related Materials, 1993, 2(5-7): 1020-1023.

[32] BALDUCCI A, MARINELLI M, MILANI E, et al. Extreme ultraviolet single-crystal diamond detectors by chemical vapor deposition[J]. Applied Physics Letters, 2005, 86(19): 193509.

[33] ZHENG W, LIN R, JIA L, et al. Vacuum ultraviolet photovoltaic arrays[J]. Photonics Research, 2019, 7(1): 98-102.

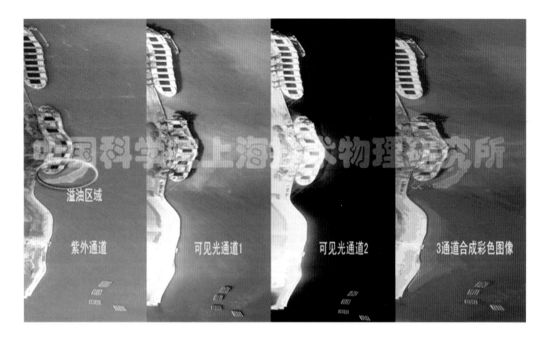

图 1-3 基于 GaN 基紫外焦平面阵列实现的渤海海域海洋溢油分布成像

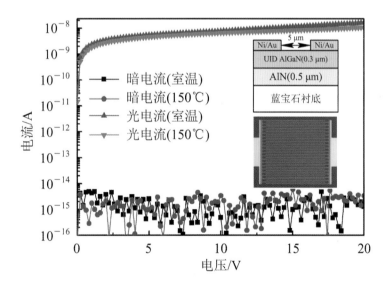

图 3-6 不同温度条件下暗场和 254 nm 紫外光照射下器件的 I-V 特性曲线

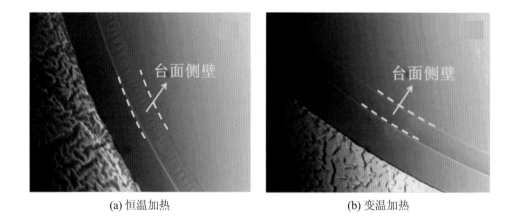

(a) 恒温加热   (b) 变温加热

图 4 - 21　采用不同加热回流方式制备的倾斜台面侧壁形貌

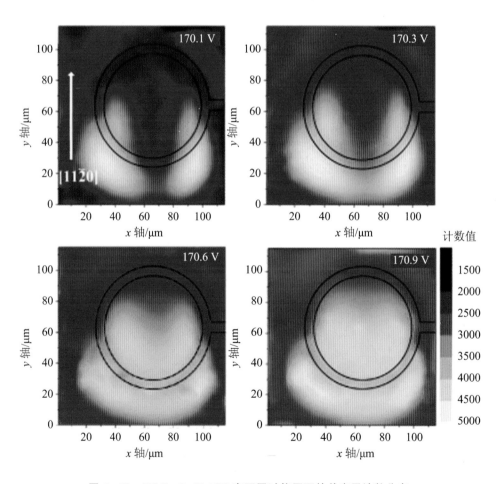

图 4 - 63　SiC P - I - N APD 在不同过偏压下的单光子计数分布

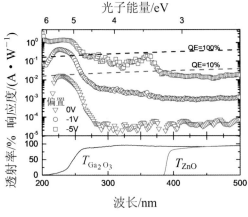

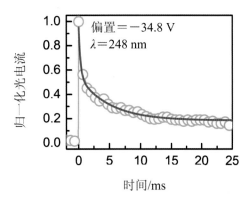

(e) Au/α-Ga₂O₃/ZnO N-N型异质结基肖特基势
　　垒雪崩光电二极管在不同偏压下的响应谱

(f) −34.8 V偏置下器件的瞬态响应谱

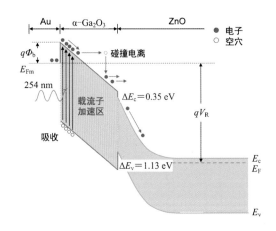

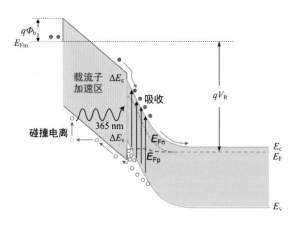

(g) 反向偏置下器件在254 nm光照下的能带
　　示意图[179]

(h) 反向偏置下器件在365 nm光照下的能带
　　示意图[179]

图 5 − 27　Ga₂O₃ 异质结构日盲紫外探测器的特性

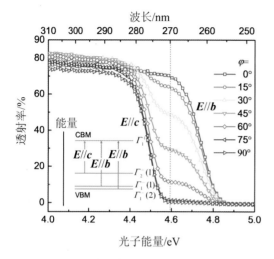

(a) β-Ga₂O₃(100)单晶在不同偏振角度光下的透射谱

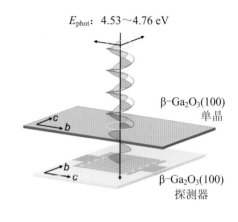

(b) β-Ga₂O₃窄带通探测器的示意图

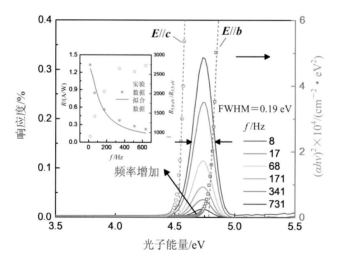

(c) 器件在不同斩波频率下的响应谱(插图中为UVC-UVA抑制比和响应度与斩波频率的关系)

图 5-31　基于 Ga₂O₃ 单晶日盲窄带通探测器